工程项目采购与合同管理

杨志勇　简迎辉
鲍莉荣　叶长结　编著

中国水利水电出版社
www.waterpub.com.cn

内 容 提 要

本书主要介绍了工程项目采购与合同管理的相关知识，根据不同类型的工程项目分别进行论述，共分为十章，主要包括：工程项目采购概述；工程项目采购法律基础；工程项目采购策划；工程项目施工采购；工程项目施工合同管理；设计施工总承包项目采购与合同管理；工程勘察设计监理采购与合同管理；PPP项目采购与合同管理；国际工程项目采购与合同管理；争议解决等。每一章都安排了基本要求、案例分析和思考题，以帮助读者加深相关理论的理解和应用。

本书除可作为高等院校工程管理及相关专业的用书外，还可供从事工程项目管理的有关人员，如政府建设主管部门人员、建设单位人员，及工程设计方、总承包方、施工方、咨询方有关的人员学习参考。

图书在版编目（CIP）数据

工程项目采购与合同管理 / 杨志勇等编著. -- 北京：中国水利水电出版社，2016.4(2018.2重印)
ISBN 978-7-5170-4234-1

Ⅰ. ①工… Ⅱ. ①杨… Ⅲ. ①基本建设项目－采购管理②基本建设项目－经济合同－管理 Ⅳ. ①F284

中国版本图书馆CIP数据核字(2016)第075170号

书　　名	工程项目采购与合同管理
作　　者	杨志勇　简迎辉　鲍莉荣　叶长结　编著
出版发行	中国水利水电出版社 （北京市海淀区玉渊潭南路1号D座　100038） 网址：www.waterpub.com.cn E-mail：sales@waterpub.com.cn 电话：(010) 68367658（营销中心）
经　　售	北京科水图书销售中心（零售） 电话：(010) 88383994、63202643、68545874 全国各地新华书店和相关出版物销售网点
排　　版	中国水利水电出版社微机排版中心
印　　刷	天津嘉恒印务有限公司
规　　格	184mm×260mm　16开本　21.25印张　504千字
版　　次	2016年4月第1版　2018年2月第2次印刷
印　　数	2001—5000册
定　　价	**49.00**元

前言

工程项目采购与合同管理是工程项目管理的重要组成部分，工程项目采购与合同管理几乎贯穿了整个工程项目生命周期。工程项目采购管理模式直接影响工程项目管理的模式和合同类型，在工程项目管理中起着举足轻重的作用。而工程项目合同管理的好坏则直接决定了工程项目的目标能否实现。

目前，在我国工程项目管理领域，采购与合同管理还是比较薄弱，伴随着工程建设领域竞争的日益激烈，工程项目采购与合同管理成为工程项目管理的一个核心内容。因此，工程项目的参与各方都应该认真学习和总结采购与合同管理的知识和经验，以高水平的采购管理能力保证项目的成功。

本书就是在此背景下，立足于工程管理专业人才的培养，内容力求紧跟工程项目管理发展的趋势，依据国家最新颁布的相关法规的规定，全面反映了工程项目采购与合同管理的理论、法律知识和操作方法。全书结合案例分析的方式，对工程项目采购与合同管理的相关知识理论等作了诠释和分析，以求提高相关从业人员综合运用理论知识解决实际问题的能力。

工程项目采购与合同管理涉及的知识面很宽，包括技术、经济、法律和管理等领域，是一项综合性很强的经济活动。本书分为工程项目采购概述；工程项目采购法律基础；工程项目采购策划；工程项目施工采购；工程项目施工合同管理；设计施工总承包项目采购与合同管理；工程勘察设计监理采购与合同管理；PPP 项目采购与合同管理；国际工程项目采购与合同管理；争议解决等 10 章，以使读者能够较全面地学习掌握工程项目采购与合同管理的相关知识，具备从事工程项目采购与合同管理相关业务的能力。本书既可以作为工程管理专业用书，也可作为相关工程技术人员和管理人员的参考书。

本书的选题及出版得到 2013 年度安徽省高等教育振兴计划、河海大学及其文天学院教改项目的支持，在此深表感谢。本书第一章至第六章由杨志勇编写、第七章由欧阳红祥编写、第八章由简迎辉编写、第九章由鲍莉荣编写、第十章由叶长结编写。本书编写过程中，得到各方专家的帮助，同时也参考了国内外相关论文和著作，在此一并向相关专家表示深深的谢意。

由于经验和理论水平所限，特别是本书所涵盖的工程项目采购与合同管理涉及内容庞杂，书中难免有错误或不妥之处，敬请读者和同行批评指正，不胜感激。

作　者

2016年2月

目　录

前言

第一章　工程项目采购概述 …… 1
　第一节　项目采购 …… 1
　第二节　项目采购管理 …… 9
　第三节　工程项目采购 …… 16
　思考题 …… 25

第二章　工程项目采购法律基础 …… 26
　第一节　法律概述 …… 26
　第二节　民法 …… 34
　第三节　合同法 …… 39
　第四节　招标投标法及实施条例 …… 47
　第五节　政府采购法及实施条例 …… 57
　第六节　担保法 …… 65
　第七节　保险 …… 70
　思考题 …… 75

第三章　工程项目采购策划 …… 76
　第一节　项目采购策划概述 …… 76
　第二节　采购战略制定 …… 79
　第三节　采购需求分析 …… 81
　第四节　采购模式策划 …… 85
　第五节　分标策划、采购方式及供方的选择原则 …… 97
　第六节　工程合同策划 …… 104
　思考题 …… 113

第四章　工程项目施工采购 …… 114
　第一节　工程项目施工采购概述 …… 114
　第二节　投标人的资格审查 …… 119
　第三节　招标文件 …… 122
　第四节　工程招标标底的编制 …… 134

第五节　开标、评标和决标 …… 137
思考题 …… 145

第五章　工程项目施工合同管理 …… 147
第一节　工程施工合同管理概述 …… 147
第二节　合同文件及其解释 …… 150
第三节　施工合同进度管理 …… 153
第四节　施工质量与安全管理 …… 157
第五节　工程款支付管理 …… 160
第六节　工程变更管理 …… 166
第七节　不可抗力 …… 167
第八节　违约责任 …… 168
第九节　索赔 …… 170
第十节　评审 …… 179
第十一节　竣工和缺陷责任期的合同管理 …… 181
第十二节　分包合同管理 …… 184
思考题 …… 187

第六章　设计施工总承包项目采购与合同管理 …… 188
第一节　设计施工总承包项目采购 …… 188
第二节　设计施工总承包合同履行管理 …… 195
思考题 …… 209

第七章　工程勘察设计监理采购与合同管理 …… 210
第一节　工程勘察设计采购概述 …… 210
第二节　工程勘察采购与合同管理 …… 212
第三节　工程设计招标 …… 218
第四节　设计合同管理 …… 228
第五节　建设工程监理采购 …… 237
第六节　建设工程监理合同管理 …… 241
思考题 …… 246

第八章　PPP 项目采购与合同管理 …… 247
第一节　PPP 项目采购 …… 247
第二节　PPP 项目合同管理 …… 254
思考题 …… 270

第九章　国际工程项目采购与合同管理 …… 271
第一节　关于国际工程项目采购的规制 …… 271
第二节　FIDIC 合同条件 …… 283
第三节　英国土木工程师学会 NEC 合同范本 …… 290

第四节　美国建筑师学会（AIA）合同文本 …… 303
思考题 …… 313
第十章　争议解决 …… 314
第一节　争议及其解决方式 …… 314
第二节　和解与调解 …… 318
第三节　仲裁 …… 321
第四节　诉讼 …… 324
思考题 …… 330
参考文献 …… 331

第一章　工程项目采购概述

基　本　要　求

◆　掌握采购的概念、分类及基本特征
◆　掌握项目采购的原则、项目采购管理的概念和过程
◆　掌握工程项目采购的内容
◆　熟悉项目采购管理的内容及项目采购的合同类型
◆　熟悉工程项目采购的特点
◆　了解采购的发展趋势
◆　了解项目采购管理的委托——代理关系
◆　了解工程项目采购的发展

工程项目采购是工程项目管理的一个重要环节，采购为工程项目的实施提供原材料、产品和服务的供给；采购工作的结果直接表现为选择哪些单位参与到项目的实施中来，是对项目的设计、施工、材料及设备采购等具体任务的落实，决定了工程项目的管理模式、合同条件等诸多重大问题，直接影响到工程项目的成败；高质量、高效率的工程项目采购是促使工程项目的投资和成本最小化、维持项目所必需的质量标准、寻找或者培养可靠供应商的必要保障；加强采购管理、提高采购管理水平对保证实现工程项目的目标具有重大意义。

第一节　项　目　采　购

一、采购

在社会分工日益细化的今天，采购是一个普遍而又重要的概念。从字面理解采购即是从多个物品中进行选择并取得某产品。采购一般是由需求引起的，没有了需求也就没有采购。

（一）采购的概念

采购（Procurement）就是以各种不同的方式，在市场上从组织或者个人外部获取所需要的有形物品或无形服务，如货物、设备、工程和服务的活动，以满足相应需求的行为。

世界银行将采购定义为“以不同方式，通过努力从系统外部获得货物（Goods）、工程（Works）、服务（Service）的整个采办过程”。该定义中强调了采购是从系统外部获得系统内不能自给的东西，包含工程、货物和服务三个方面。

采购是现代社会中一种常见的经济行为，是经济发展和社会分工发展的结果。从普通

人的日常生活到企业生产运作，从民间团体到政府机构，无论何种形式的组织，只要存在，就需要从外部环境获取所必需的各种物质，这就是广义上的采购；而且从广义上来讲，采购可以包括更广泛的途径，如购买、租赁、委托、雇佣、交换等，获得所需商品及劳务的使用权或所有权以满足使用的需要。

狭义上的采购是指以购买（Buying）的方式，由买方支付对等的代价，向卖方换取物品的行为过程。这种以货币换取物品的方式，就是最普通的采购途径。该活动的本质是通过商品交易的手段把商品从一方转到另一方，以商品交易的等价交换原则为基础。

采购要依据标的物的价值、执行机构的地位及融资背景，遵循一定的准则、程序与方式来进行。如世界贸易组织（WTO）和世界银行的采购准则、程序因其具有良好的采购效率保障机制而为国际社会当作国际惯例所接受。

（二）采购的分类

（1）就标的而言，采购可分为工程采购与非工程采购。前者包括厂房、设备、社会基础设施的营造与装备，以及与此直接相关的工程咨询和施工服务；后者指企业或其他任何组织为维持正常运转和维修、保养所需的原料、材料、配件、消费品以及与工程营造与装备无直接关系的服务。

（2）从采购的方式上讲，采购可分为招标、询价、比选、磋商、电子竞价、订单等。这些方式运作不同，各有其优点与弊端，适用于不同性质与规模的采购，同时，也取决于采购人的市场地位。一般说来，政府采购在一定的金额以上者应采用竞争性招标包括国际竞争性招标的采购方式；有国际开发机构参与融资的采购，必须在国际范围按有关开发机构采购准则规定的程序与方式进行。

（3）从采购的内容来分，项目采购可分为有形采购和无形采购，如图1-1所示。

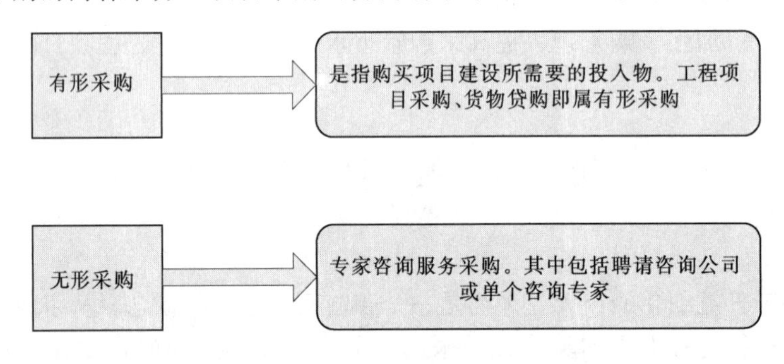

图1-1　按采购内容划分的采购类型

（4）根据采购价格形成机理来分，采购可分为标价采购、议价采购和拍卖（招标）采购，如图1-2所示。

拍卖不同于其他交易方式的特点在于：价格由竞争的方式来决定，不是由卖方说了算，也不是由买卖双方讨价还价来确定，其竞争决定价格的优越性源于非对称信息。卖方不完全知道潜在买方愿意出的真实价格，这种信息通常只有买方自己知道。每一潜在买方也不知道其他买方可能的意愿出价。拍卖的竞价过程可以帮助卖方收集这些信息，从而把物品卖给愿意付最高价的买方。这不仅达到资源有效配置，也为卖方取得最高收益。理论上看，拍卖是一种简单而又具有完备定义的信息不对称经济环境。

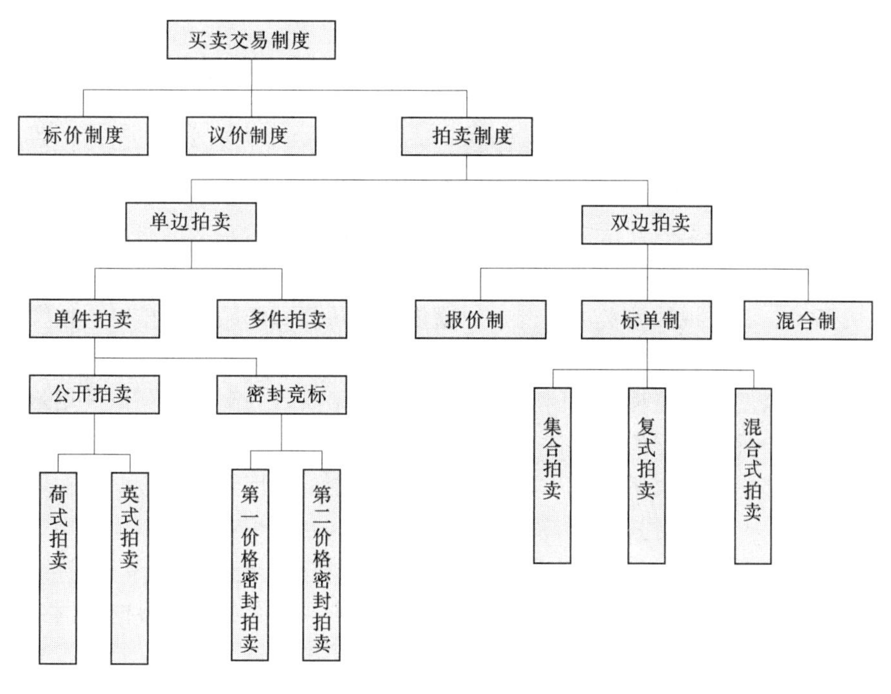

图 1-2　按价格形成机理划分的采购类型

常见的拍卖都是由买方提出越来越高的出价，拍卖最后，出价最高的人赢得拍卖品。但是并非所有的拍卖都采用涨价竞价方式。事实上，有许多各种各样的拍卖方式，不仅有广为人知的涨价竞价，而且包括降价竞价、密封竞价、同时竞价、耳语竞价等。拍卖可以分为单边拍卖和双边拍卖两大类（图 1-2）。

工程项目采购的定价正好与一般拍卖相反，价格由卖方竞争确定，卖方为了获得中标机会，在竞争性投标中出价越来越低，一般出价最低的人最终获胜。因此，工程项目招标采购定价与拍卖定价在本质上相同。以下对几种常见的拍卖方式进行介绍。

1）英式拍卖。英式拍卖是最常见的一种拍卖方式，用于公开拍卖单一物品时。所有参与竞标者都必须在拍卖会现场出价。拍卖物从较低的价格或保留价格（reserve price）开始叫价，首先出价者必须高于此价格，其他竞标者想要获得拍卖物必须出价高于前面的出价。在喊价过程中价格不断升高，直到只剩下一位出价最高者得标，而得标价格为其最后的出价。英式拍卖是一种公开拍卖，因此在拍卖进行中，每一位竞标者均知道现行价格的最高标价。对于竞标者而言，其竞标策略为竞价至超过其隐藏价格（reservation price）时退出竞标。常见的英式拍卖有古董、艺术品与法院抵押品拍卖。目前热门的在线竞标网站也大多数是采用英式拍卖。世界上大多数拍卖行都采用这种拍卖方式进行拍卖。

2）荷式拍卖。荷式拍卖的竞标方式与英式拍卖相同，在拍卖进行中，每一位竞标者均知道现行价格的最高标价，但是竞标的过程与英式正好相反，拍卖者的起始价格相当高，竞价过程中此价格不断向下调整，直到有竞标者表示满意该价格而声明愿意购买为止。得标价格即为得标者所表示的愿付价格。荷式拍卖的例子有荷兰的花卉市场、以色列的鱼市场与加拿大的烟草拍卖等。

3）第一价格密封拍卖。第一价格密封拍卖为公开一个开标日期，在开标日前某一期间内接受各竞标者的密封标价，各投标者只能提出一次竞标价而不能再修正。在开标日当天公开所有的竞标价格，由最高标价者中标，而中标价为最高标价。第一价格密封拍卖常用于工程招标、政府机构采购等。当只有一个物品被拍卖时，价格以最高叫价确定。如果有多个拍卖品，密封拍卖就被认为是“歧视性”的，因为获胜者支付的价格可能是不一样的。实际上，在只有一件物品被拍的第一价格拍卖中，每个竞买者递交自己的竞价，而不管其他人的开价。在歧视性拍卖中，密封的竞价被按从高到低的顺序排序，拍卖品依次按出价成交直至拍完为止，而且赢家们一般都支付自己的报价。从竞买者的角度来讲，递交高的出价增大了获胜的可能性，同时如果获胜则降低了获取的利润。预期效用最大化的买方必须考虑其他投标人可能的出价信息，因此，他们不会使自己的出价等于自己的保留估价，所以第一价格密封拍卖不是一种直接价格披露机制。效用最大化策略现在取决于每一个投标人的风险偏好及其对其他竞买者估价的预期，这时竞买者没有占优策略。

4）第二价格密封拍卖。第二价格密封拍卖即维克利拍卖，竞买者以密封的形式出价，最高出价者中标，但成交价采用次高出价。这种拍卖方式符合激励相容的原则，能够有效地诱导参与竞标者说出他们的真实估价。维克利证明第二价格密封拍卖是一种有效的拍卖机制，并能够使买卖双方达到帕累托最优，每个投标人都以自己的真实报价作为最优策略。但是一个潜在的缺陷是这种拍卖系统需要拍卖者有很高的诚信。如果拍卖者存在道德信任问题，他可能会在决定赢家之前打开竞价，在赢家的报价下插入一个略低的报价，使赢家付出更高的价格。在这种拍卖中，竞买者的最优策略是说出自己的真实估价，但是在实际拍卖中，竞买者可能担心自己的真实信息透露给第三方，不利于将来竞争。所以这种拍卖在实践中很少应用。

既然有第二价格密封拍卖，就可以有第三、第四……乃至第 k 级价格拍卖。显而易见的是，在第 k 级价格拍卖中，胜出者支付的价格是第 k 高的投标价格。但是目前为止还没有什么人在现实中应用过第三价格或更高阶价格的拍卖，这方面的研究仅限于学术。

以上 4 种常见拍卖方式的比较见表 1-1。

表 1-1　　4 种常见拍卖方式比较

拍卖方式 内容	英式拍卖	荷式拍卖	第一价格 密封拍卖	第二价格 密封拍卖
竞标方式	竞标者公开出价	拍卖者公开拍卖	秘密竞标—实现不知道竞标人数及竞标者出价	秘密竞标—实现不知道竞标人数及竞标者出价
出价方式	出价由低而高	出价由高而低	密封方式投标	密封方式投标
得标方式	出价最高者得标	竞标者愿意出价接受的价格	出最高价者得标	由出最高价者得标，但仅支付第二高标价格
拍卖场合	艺术品、古董	鲜花、鱼市、烟草	房屋、土地矿权	邮票、相片

5）双边拍卖。双边拍卖是买方与卖方可以重复地出现竞价，此制度可随标单的到达

而马上计算成交价格。其优点是随时都有价格出现，交易速度快。双边拍卖方式又可以分为人工呼喊式（open outcry）或计算机式拍卖。如纽约股票交易所（NYSE）于1870年改用双边拍卖，并于1976年计算机化。集合拍卖可以说是静态的双边拍卖，复式拍卖则是动态的双边拍卖。

6）复式拍卖。复式拍卖是国债发售的一种常用方式，即所有参与投标者，在开标后，按照竞标价格的高低，决定中标的顺序。竞标价格最高者先中标，然后依顺序将发行的国债数量配售完为止。

除上述拍卖方式外，研究者和实践者还设计出了多种拍卖方式的变形以及融合多种不同拍卖特点的新型拍卖机制。目前世界各国社会经济发展对拍卖机制的设计提出越来越高的要求。对拍卖机制的设计也已经成为拍卖理论研究的一个重要方面。随着电子商务的发展，拍卖的环境和应用发生了重大的变化，传统拍卖机制设计在电子商务中面对越来越多的挑战，对组合拍卖机制设计和网络拍卖中欺诈行为的预防研究已经成为目前拍卖机制研究中比较重要的方向。

（5）从采购的主体不同来分，采购可分为公共采购、企业采购和个人采购。

（6）按照采购交易主体的国别和采购标的的来源地划分，采购可分为国内采购和国际采购。

（三）采购的基本特征

1. 采购是获取资源的过程

采购的意义在于能够提供组织或个人所需求的商品，商品来源于产品或者服务的供应商或者所有者。商品可能是一个有形的物品，如家具、汽车、原材料等，也可能是无形的，如各种技术、服务。

2. 采购是信息流和物质流相结合的过程

采购的基本功能就是将商品从供应商或所有者转移到用户的过程。在这个过程中，有形物品从供应商转移到用户，属于物质流，涉及运输、储存、包装、装卸、流通等过程。无形的商品也可能存在一定的物质流。信息流伴随物质流，包括商品信息的收集、传递、加工、处理等过程。

3. 采购是一种经济活动

采购作为一种重要的经济活动，遵循一定的经济规律。企业通过采购获取了生产必需的原材料、设备等，保证了企业的正常生产经营活动和盈利可能，同时在采购过程中也会发生各种费用，存在一定的采购成本。采购活动的规律就是在保证所需商品性能和质量的条件下不断降低采购成本，以较小的成本获取更多的效益。

二、项目采购

PMBOK将项目采购定义为“为达到项目范围而从执行组织外部获取货物或服务所需的过程”。项目采购贯穿于项目的整个寿命周期，是项目管理中的一个关键环节和重要内容，关系到项目的最终成败。

项目具有的独特性决定了项目采购具有独特性。项目的广泛内涵说明项目采购的范围非常广泛，涉及社会经济活动的各个领域。项目采购主要分为工程采购、货物采购和咨询服务采购等，其中货物采购和工程采购为有形采购，咨询服务采购为无形采购。

三、项目采购的基本原则

项目采购的基本原则与项目发起人和出资者的利益密切相关，不同项目的投资者具有不同的项目采购倾向。例如使用国家资金的公共项目采购必须满足政府采购法的原则，国际金融机构贷款的项目采购必须满足相应金融机构的采购指南要求，而私人投资项目的采购原则虽然不甚明确，但是必须与相应的法律法规相一致。不论如何，项目采购的根本目标是为项目提供必要的材料、设备、技术或管理服务等，项目采购直接影响项目经济效益和项目质量。项目采购实质上是社会资源的一种重新分配方式，在市场经济制度下，社会资源的重新分配遵循市场经济规律，因此，项目采购应该遵循市场经济的普遍规律，致力于培育和维护一个健康和谐的社会和经济秩序。项目采购的基本原则如下。

（一）质量标准

项目采购必须坚持明确的质量标准，采购符合要求的材料、设备和服务。如果所采购的货物不符合项目的质量标准，则造成整个项目质量低劣，达不到客户的要求，从而造成返工重做或者项目失败。如果所采购的咨询服务不符合要求，则可能引起项目设计质量低劣，或者项目成本、进度失控等。项目质量是项目业主关注的焦点之一，项目质量可分解为项目实体质量和项目工作质量，均与采购的质量标准密切相关。坚持采购质量标准为项目质量提供了坚实的基础。

（二）经济性

项目采购的经济性既包括采购对象的经济性，也包括采购活动的经济性。项目采购作为项目管理的组成部分，项目采购的成本是项目总成本的重要组成，项目采购成本的高低将直接影响到项目的经济性。项目采购的经济性就是在坚持项目采购质量标准的前提下，尽可能降低项目采购的总成本，即采购对象（货物、工程、服务等）的成本与采购活动的成本之和最低。因此项目采购的经济性不仅关注产品购买的成本，也关注项目班子在采购活动中的成本支出，甚至关注采购活动中的社会总成本的支出。

例如，某中等规模的工程项目采用公开招标采购，符合投标条件的承包商有 100 家，投标人编制投标书平均花费 3 万元，如果 100 家承包商均参加投标，则在此项目的采购中社会总投标成本高达 300 万元；同时招标单位需要认真完成 100 家投标人的相关招投标工作，管理成本相应大量增加。如果通过资格预审将投标人限制在 10 家，则招标人的管理成本会大幅度降低，投标的社会总成本大幅降低。如果招标人采购以直接发包方式选择承包商，则采购活动的成本更低。在市场经济制度下，公开竞争是有效降低项目采购成本的方法。因此，在公共项目采购中，一般要求采用公开竞争方式招标。

（三）效率性

项目的成本和时间等约束要求项目采购必须考虑工作效率。项目采购的效率也影响采购管理的成本，甚至项目的总成本。低效率的项目采购不仅增加采购管理的成本，也可能导致项目采购周期延长，最终影响项目的实施进度和结束时间。高效率的项目采购不仅可以节省采购管理的成本，也可以缩短采购周期，保证及时供应项目所需的材料、设备、服务等。过分缩短的采购周期，虽然提高了采购决策的效率，但是可能因为采购阶段匆忙的决定而采购了不合适的材料、设备或承包商等，或者项目合同文本等存在缺陷，给项目实施埋下非常大的隐患甚至灾难因素。因此，项目采购应该避免盲目提高采购效率。

（四）竞争性

竞争性原则是市场经济的普遍原则，项目采购应该有利于市场竞争、促进市场公平竞争。既然公开竞争有利于降低项目采购成本，因此，项目采购应该提倡公开竞争。

由于公共项目主要由政府部门投资，公共项目更应该体现市场竞争性原则。世界各国普遍要求公共项目采购时必须坚持公开竞争的原则。例如，世界贸易组织（WTO）的政府采购协议要求限额以上的公共项目采购必须采用公开竞争性招标，不能歧视任何其他国家的投标人。我国招标投标法规定招标采购必须坚持公开、公平、公正的原则。世界银行和亚洲开发银行的采购指南规定鼓励采用国际竞争性招标，任何合格国家的投标人都应该获得相同的投标机会。

私营部门投资的项目对竞争性原则不是强制性要求。当此类项目可以通过其他方式更经济地采购满足项目要求的货物、工程或服务时，当然不能够予以反对。但是，不同国家的法律对此有不同的规定。

（五）透明度

项目采购的透明度就是提高采购的公开性。目前越来越多的政府和国际金融组织强调项目采购透明度的重要性。项目采购的透明度与竞争性原则一样，主要应用于公共项目采购。

项目采购的透明度主要强调采购过程透明，采购过程包括招标、投标、评标、中标等全过程。透明的采购过程有利于提高采购过程的客观性，有利于采用竞争性公开招标，也有利于反欺诈及腐败。

（六）反欺诈及腐败

项目采购所有参与者，包括业主、招标人、投标商、供货商、承包商或分包商、咨询顾问、工程师等在采购过程中和履行合同时，应该遵守最高的道德标准，任何获得非应得利益的行为都是不适当的。因此，在项目采购过程中，任何腐败活动、欺诈活动、串通活动、施加压力、妨碍行为等都应该拒绝。例如，在世界银行项目采购时出现任何腐败或欺诈现象，就可能导致采购失败、取消已分配的贷款、禁止投标、处罚等严重后果。

腐败活动（包括行贿和受贿）是指直接地或间接地提供、给予、收受或要求任何有价财物来不适当地影响另一方的行为。欺诈活动是指任何行为或隐瞒，包括歪曲事实，任何有意或不计后果的误导，或企图误导一方以获得财物或其他方面的利益或为了逃避一项义务。

串通活动是指由双方或多方设计的一种为达到不当目的的安排，包括不适当地影响另一方的行为。施加压力是指直接地或间接地削弱或伤害、或威胁削弱或伤害任何一方或其财产以不适当地影响该方的行为。

妨碍行为是指：①故意破坏、伪造、改变或隐瞒调查所需的证据材料，或提供虚假材料，严重妨碍对被指控的腐败、欺诈、施加压力或串通行为进行调查，或威胁、骚扰或胁迫任何一方，使其不得透露与调查相关的所知信息或参与调查；②企图严重妨碍调查官员进行调查和行使审计权利的行为。

（七）职业道德标准

项目采购参与者应该坚持最高的职业道德标准，对自己的行为承担责任，坚持按照技术标准和管理制度规定办事，不偏袒任何组织或个人。项目参与者应遵守所在国家的法律，在专业和业务方面对业主和客户诚实，对业务和技术工艺信息保密，及时告知业主和客户可能会发生的利益冲突，不行贿、受贿，真实报告项目采购和实施的质量、费用和进度等信息。

【案例1-1】 ××环保项目采购

1994年，××市利用世界银行贷款用于该市环境保护设备的购置和安装。该市项目办公室在与外商进行技术交流过程中，与某外商（以下称“W”）进行了合同谈判，并草签了合同，且通知该外商生产相应的产品，准备供货。同时，该市项目办公室对外实施虚假招标，其具体做法如下：

真正想采购的是商品A，但招标文件中列明的商品为A+B，且为同一合同。所有投标人对商品A和商品B进行了总体报价，W也参加了投标。但是与众不同的是，W对商品B的报价明显偏低，因而其总体报价较低，一举中标。

在合同商签阶段，业主请示世界银行，申明该项目不必采购商品B，因而业主与W签订的供货合同价应该减去商品B的报价，从而回到先前业主与外商W草签的合同条件。该项目现已实施完毕。

［**分析**］ 业主为了加快工期，采用灵活变通的方法，但是违反了世界银行的“透明性”采购原则，是十分错误且危险的。

在项目采购过程中，一定要遵循采购原则和市场经济的普遍规律，致力于培养和维护一个健康和谐的经济秩序。

四、项目采购趋势

进入21世纪，项目采购管理表现出以下一些特征。

1. 电子商务化

现代项目采购管理是用先进的信息管理技术对现代工程项目建设过程采购信息的收集、整理、存储传播和利用的过程，同时对涉及项目建设过程中采购活动的各种要素，实现资源的合理配置。采用信息的有效管理就是强调信息的准确性、有效性、及时性、集成性、共享性。信息只有经过传递交流才会产生价值，所以要有信息交流，强化采购信息活动过程的组织和控制共享机制，以利于形成信息积累和优势转化。

电子商务是随着互联网技术和新经济管理理论的发展而出现的一种新兴的商务方式。电子商务的发展可以为项目采购带来两个直接的好处：首先是实时性。电子商务由于突破了时空的限制，可以实时地获得供应商、产品、价格等市场因素，并极大地拓宽了采购部门的视野，市场空间从原先局限的空间一下子扩大到全球范围；其次是通过电子商务可以获取采购数据本身的价值。传统的采购管理对采购数据基本或根本不予管理，因此传统的管理就将蕴含极大价值的数据信息白白浪费了，现在，通过电子商务管理人员可以立即获取并分析过去的或现在的交易信息，并为未来的采购提供决策支持数据。

2. 战略性成本管理

采购管理中的关键内容是降低项目总的采购成本。项目为获取更多的利润或保持较高的竞争力，实施成本降低战略往往是首选，但随着技术、设备等领域成本降低空间的大幅度减小，以往被忽略的采购部门对成本降低带来的作用越来越明显。在 20 世纪 80 年代，项目普遍选择降低采购价格的方式来进行，而到了 90 年代，这种方式基本上被客户与供应商之间的协作降低成本（双赢）的方式所取代。目前，成本降低战略的参与者仅仅是单个的项目或与项目直接相关的关键供应商，但随着竞争的加剧，成本降低战略的参与范围将扩大，包括更多的供应链成员：项目、客户、供应商、供应商的上游供应商等供应链中的各个环节，所有这些成员将共同合作，寻求成本降低的机会，以达到“多赢”而非双赢或一赢一败的结果。为了成功地进行战略性成本管理，供应链成员除了必须面对同其他贸易伙伴协作并对他们敞开大门外，还必须正确认识战略将涵盖的内容：①对项目的业务流程加以改进，识别并消除不带来增值的成本和行为；②在供应链中制定技术性和特殊性产品和服务的价格策略；③在不同的市场中分享成本模型和节约的成本。

3. 全球采购

近一两年来，全球采购活动在我国市场上越来越频繁。①大型跨国公司和国际采购组织的采购网络正在加速向中国市场延伸；②跨国公司和国际采购组织在中国市场的采购活动日趋频繁和活跃。中国项目在参与全球采购并与跨国公司或国际企业合作的过程中，不仅能够建立起稳定的供销关系，而且能够按照国际市场的规则来进行生产，提供产品，这样可以使我们的项目直接地、更快地了解国际市场的运行规则和需求，促进项目加快自身产品结构的调整和技术的创新，提高自己的产品质量和竞争能力。

第二节 项目采购管理

一、项目采购管理的概念

采购管理是对整个企业采购活动的计划、组织、指挥、协调和控制活动，是管理活动，是面向整个企业的，不但面向企业全体采购人员，而且也面向企业组织中的其他人员。采购管理一般由高级管理人员承担。其使命要保证整个企业的物资供应，其权利是可以调动整个企业的资源。

采购只是具体的采购业务活动，是作业活动，一般由采购人员承担的工作，只涉及采购人员个人。其使命就是完成采购部门经理布置的具体采购任务，其权利只能调动采购部门经理分配的有限资源。

项目采购管理是对整个项目采购工作的计划、组织、指挥、协调和控制活动。

项目采购管理包括从项目团队外部采购或获得所需产品、服务或成果的各个过程。项目组织既可以是项目产品、服务或成果的买方，也可以是卖方。

项目采购管理包括合同管理和变更控制过程。通过这些过程，编制合同或订购单，并由具备相应权限的项目团队成员签发，然后再对合同或订购单进行管理。

项目采购管理还包括控制外部组织（买方）为从执行组织（卖方）获取项目可交付成果而签发的任何合同，以及管理该合同所规定的项目团队应承担的合同义务。

二、项目采购管理过程

图 1－3 概括了项目采购管理的各个过程，包括：

（1）规划采购管理——记录项目采购决策、明确采购方法、识别潜在卖方的过程。

（2）实施采购——获取卖方应答、选择卖方并授予合同的过程。

（3）控制采购——管理采购关系、监督合同执行情况，并根据需要实施变更和采取纠正措施的过程。

（4）结束采购——完结单次项目采购的过程。

项目采购管理

一、规划采购管理
1 输入
1.1 项目管理计划
1.2 需求文件
1.3 风险登记册
1.4 活动资源需求
1.5 项目进度计划
1.6 活动成本估算
1.7 干系人登记册
1.8 视野环境因素
1.9 组织过程资产
2 工具与技术
2.1 自制或外购分析
2.2 专家判断
2.3 市场调研
2.4 会议
3 输出
3.1 采购管理计划
3.2 采购工作说明书
3.3 采购文件
3.4 供方选择标准
3.5 资质或外购决策
3.6 变更请求
3.7 项目文件更新

二、实施采购
1 输入
1.1 项目管理计划
1.2 采购文件
1.3 供方选择标准
1.4 卖方建议书
1.5 项目文件
1.6 自制或外购决策
1.7 采购工作说明书
1.8 组织过程资产
2 工具与技术
2.1 投标人会议
2.2 建议书评价技术
2.3 独立估算
2.4 专家判断
2.5 广告
2.6 分析技术
2.7 采购谈判
3 输出
3.1 选定的卖方
3.2 协议
3.3 资源日历
3.4 变更请求
3.5 项目管理计划更新
3.6 项目文件更新

三、控制采购
1 输入
1.1 项目管理计划
1.2 采购文件
1.3 协议
1.4 批准的变更请求
1.5 工作绩效报告
1.6 工作绩效数据
2 工具与技术
2.1 合同变更控制系统
2.2 采购绩效审查
2.3 检查与审计
2.4 报告绩效
2.5 支付系统
2.6 索赔管理
2.7 记录管理系统
3 输出
3.1 工作绩效信息
3.2 变更请求
3.3 项目管理计划更新
3.4 项目文件更新
3.5 组织过程资产更新

四、结束采购
1 输入
1.1 项目管理计划
1.2 采购文件
2 工具与技术
2.1 采购审计
2.2 采购谈判
2.3 记录管理系统
3 输出
3.1 结束的采购
3.2 组织过程资产更新

图 1-3　项目采购管理的过程

三、项目采购管理内容

（一）规划采购管理

规划采购管理是记录项目采购决策、明确采购方法、识别潜在卖方的过程。本过程的主要作用是，确定是否需要外部支持，如果需要，则还要决定采购什么、如何采购、采购多少，以及何时采购。图 1-4 描述本过程的输入、工具与技术和输出图。

规划采购管理识别哪些项目需求最好或应该通过从项目组织外部采购产品、服务或成果来实现，哪些项目需求可由项目团队自行完成。如果项目需要从执行组织外部取得所需的产品、服务和成果，则每次采购都要经历从规划采购管理到结束采购的各个过程。

规划采购管理还包括评估潜在卖方，特别是如果买方希望对采购决策施加一定影响或控制。还应考虑谁将负责获得或持有相关许可证或专业执照。这些许可证和执照可能是法律、法规或组织政策对项目执行的要求。

项目进度计划对规划采购管理过程中的采购策略制定有重要影响。制定采购管理计划

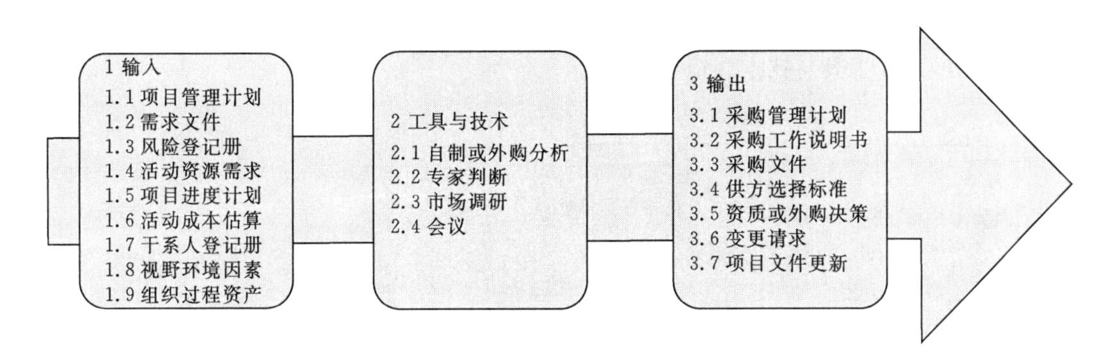

图 1-4 规划采购：输入、工具与技术和输出

时所做出的决定，又会影响项目进度计划。应该把这些决定与制定进度计划、估算活动资源和自制或外购分析的决策整合起来。

规划采购管理过程包括评估与每项自制或外购决策有关的风险，还包括审查拟使用的合同类型，以便规避或减轻风险，或者向卖方转移风险。

（二）实施采购

实施采购是获取卖方应答、选择卖方并授予合同的过程。本过程的主要作用是，通过达成协议，使内部和外部干系人的期望协调一致。图 1-5 描述本过程的输入、工具与技术和输出。

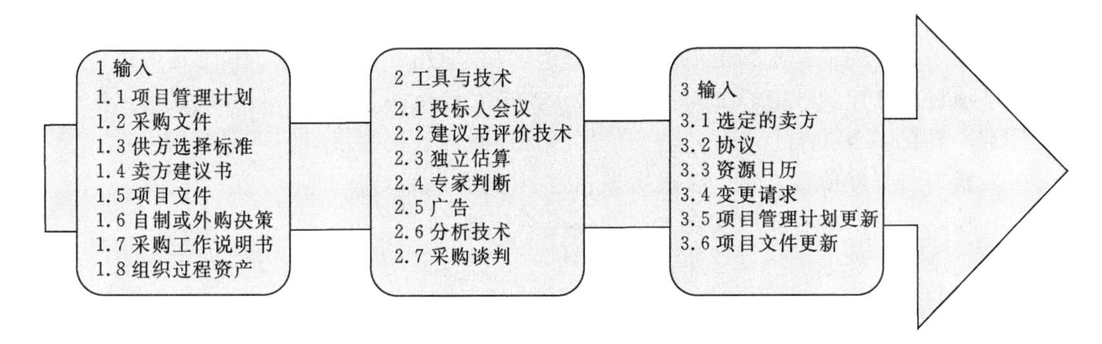

图 1-5 实施采购：输入、工具与技术和输出

在实施采购过程中，项目团队将会收到投标书或建议书，并按照事先拟定的选择标准，选择一个或多个有资格履行工作且可接受的卖方。

对于大宗采购，可以重复进行寻求卖方应答和评价应答的全过程。可根据初步建议书列出一份合格卖方的短名单，再要求他们提交更具体、全面的文件，对文件进行更详细的评价。

此外，选择卖方时，可以单独或组合使用各种工具与技术。例如，加权系统可用于：选择一个卖方，并要求卖方签署标准合同；把所有建议书按加权得分顺序排列，以确定谈判的顺序。

（三）控制采购

控制采购是管理采购关系、监督合同执行情况，并根据需要实施变更和采取纠正措施的过程。本过程的主要作用是，确保买卖双方履行法律协议，满足采购需求。图1-6描述本过程的输入、工具与技术和输出。

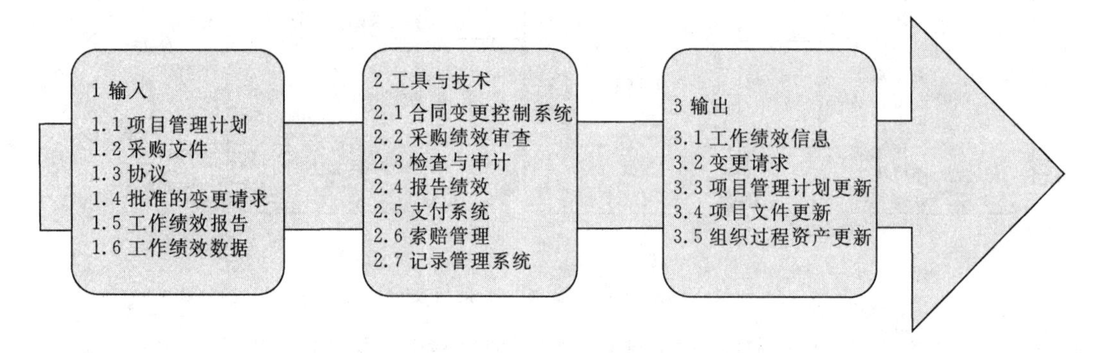

图1-6　控制采购：输入、工具与技术和输出

买方和卖方都出于相似的目的而管理采购合同。每方都必须确保双方履行合同义务，确保各自的合法权利得到保护。合同关系的法律性质，要求项目管理团队清醒地意识到其控制采购的各种行动的法律后果。对于有多个供应商的较大项目，合同管理的一个重要方面就是管理各个供应商之间的界面。

由于组织结构不同，许多组织把合同管理当作与项目组织相分离的一种管理职能。虽然采购管理员可以是项目团队成员，但他通常向另一部门的经理报告。对于为外部客户实施项目的卖方（也是执行组织），情况通常都是这样的。

在控制采购过程中，需要把适当的项目管理过程应用于合同关系，并把这些过程的输出整合进项目的整体管理中。如果项目有多个卖方，涉及多个产品、服务或成果，这种整合就经常需要在多个层次上进行。需要应用的项目管理过程包括（但不限于）：

（1）指导与管理项目工作。授权卖方在适当时间开始工作。

（2）控制质量。检查和核实卖方产品是否符合要求。

（3）实施整体变更控制。确保合理审批变更，以及干系人员都了解变更的情况。

（4）控制风险。确保减轻风险。

（5）在控制采购过程中，还需要进行财务管理工作，监督向卖方的付款。该工作旨在确保合同中的支付条款得到遵循，并按合同规定确保卖方所得的款项与实际工作进展相适应。向供应商支付时，需要重点关注的一个问题是，支付金额要与已完成工作紧密联系起来。

（6）在控制采购过程中，应该根据合同来审查和记录卖方当前的绩效或截至目前的绩效水平，并在必要时采取纠正措施。可以通过这种绩效审查，考察卖方在未来项目中执行类似工作的能力。在需要确认卖方未履行合同义务，并且买方认为应该采取纠正措施时，也应进行类似的审查。控制采购还包括记录必要的细节以管理任何合同工作的提前终止（因各种原因、求便利或违约）。这些细节会在结束采购过程中使用，以终止协议。

（7）在合同收尾前，经双方共同协商，可以根据协议中的变更控制条款，随时对协议进行修改。这种修改通常都要书面记录下来。

（四）结束采购

结束采购是完结单次项目采购的过程。本过程的主要作用是，把合同和相关文件归档以备将来参考。图 1-7 描述本过程的输入、工具与技术和输出。

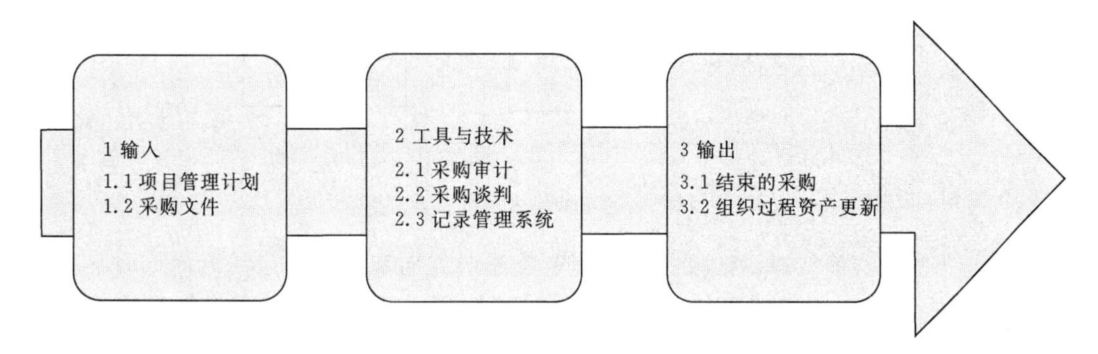

图 1-7 结束采购：输入、工具与技术和输出

结束采购过程还包括一些行政工作，例如，处理未决索赔、更新记录以反映最后的结果，以及把信息存档供未来使用等。需要针对项目或项目阶段中的每个合同，开展结束采购过程。

在多阶段项目中，合同条款可能仅适用于项目的某个特定阶段。这种情况下，结束采购过程就只能结束该项目阶段的采购。采购结束后，未决争议可能需要进入诉讼程序。合同条款和条件可以规定结束采购的具体程序。结束采购过程通过确保合同协议完成或终止，来支持结束项目或阶段过程。

合同提前终止是结束采购的一个特例。合同可由双方协商一致而提前终止，或因一方违约而提前终止，或者为买方的便利而提前终止（如果合同中有这种规定）。合同终止条款规定了双方对提前终止合同的权力和责任。根据这些条款，买方可能有权因各种原因或仅为自己的便利，而随时终止整个合同或合同的某个部分。但是，根据这些条款，买方应该就卖方为该合同或该部分所做的准备工作给予补偿，就该合同或该部分中已经完成和验收的工作支付报酬。

四、项目采购管理的委托—代理关系

在项目采购管理中主要涉及 4 个方面的利益主体，即项目业主/客户、承包商、供应商、项目分包商/专家。

（1）项目业主/客户是项目的发起方和出资方，他们既是项目最终成果的所有者或使用者，也是项目资源的最终购买者。

（2）承包商是项目业主/客户的代理人和服务提供者，他们为项目业主/客户完成项目货物和部分服务的采购，然后从项目业主那里获得补偿。

（3）供应商是为项目组织提供项目所需货物和部分服务的卖主，他们可以直接与项目业主/客户交易，也可以与承包商或项目团队交易，并提供项目所需的货物和服务。

（4）项目分包商/专家是专门从事某个方面服务的工商企业或独立工作者，当项目组织缺少某种专长人才或资源去完成某些项目任务时，他们可以雇用各种分包商或专家来完成这些任务，分包商或专家可以直接对项目实施组织负责，也可以直接对项目业主/客户负责。项目采购中各角色的关系如图1-8所示。

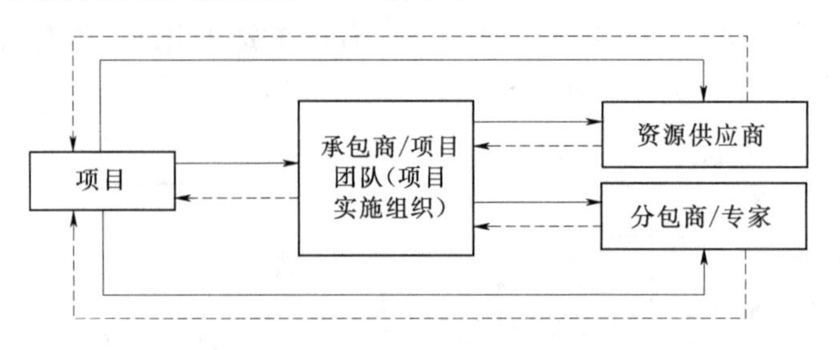

图1-8　项目采购中各角色的关系图

图1-8中的实箭线表示“委托—代理”关系的方向和项目资金的流向；而其中的虚箭线则表示项目采购中的责任关系。项目采购管理主要是管理这种资源采购的关系和行为，对这种资源采购中所发生的问题进行管理。在项目采购管理中，计划、组织、管理和实施工作主要是由项目实施组织开展的，项目业主直接进行项目采购的情况较少，因为项目实施组织是项目资源的直接需求者和提供者，他们最清楚项目各阶段的资源需求。

项目业主与承包商之间会由于信息不对称而产生委托—代理问题。首先是逆向选择问题。作为代理人的承包商，不仅对项目本身拥有更多管理优势，而且有关其自身的技术人员、管理人员、工作流程等都是私人信息，业主需要花费大量费用用于搜集信息来评定承包商的资质、商务投标和技术投标，否则将可能选定一家不合格的总承包商。其次是道德风险问题。在项目实施过程中，承包商比业主更了解项目情况、作为委托人的业主只能观测到项目的结果，对于承包商的努力程度和工作状态不清楚，双方存在信息不对称，在这种情况下，承包商可能会利用自己拥有的私人信息。追求个人利益，而损害业主利益。

在大型项目建设中存在多层委托—代理关系，包括业主与承包商，承包商与供应商的委托—代理关系。对于委托人的业主管理委托—代理关系，减少项目代理成本需要达到3个方面的目的：一是尽可能掌握委托—代理关系的全部真实信息；二是控制激励和监督；三是控制项目实际成效和收益与预期的偏差在可接受的范围内。对于监督的机制，需要程序化和合同化，并且依据程序关系和合同关系形成监督网络。

五、项目采购的合同类型

在项目采购中通常可把合同分成两大类，即总价类和成本补偿类合同。还有第三种常用的混合类，即工料合同。下面把这些常用合同类型分开来讨论，但在实践中，合并使用两种甚至更多合同类型进行单次采购的情况也并不罕见。

（一）总价合同

此类合同为既定产品、服务或成果的采购设定一个总价。总价合同也可以为达到或超过项目目标（如进度交付日期、成本和技术绩效，或其他可量化、可测量的目标）而规定财务奖励条款。卖方必须依法履行总价合同，否则就可能要承担相应的财务赔偿责任。采用总价合同，买方需要准确定义拟采购的产品或服务。虽然可能允许范围变更，但范围变更通常会导致合同价格提高。

（1）固定总价合同（FFP）。FFP是最常用的合同类型。大多数买方都喜欢这种合同，因为采购的价格在一开始就确定，并且不允许改变（除非工作范围发生变更）。卖方有义务完成工作，并且承担因不良绩效导致的任何成本增加。在FFP合同下，买方应该准确定义拟采购的产品和服务，对采购规范的任何变更都会增加买方的成本。

（2）总价加激励费用合同（FPIF）。这种总价合同为买方和卖方提供一定的灵活性，允许一定的绩效偏离，并对实现既定目标给予财务奖励。财务奖励通常与卖方的成本、进度或技术绩效有关。绩效目标一开始就要制定好，而最终的合同价格要待全部工作结束后根据卖方绩效来确定。在FPIF合同中，要设置价格上限，卖方必须完成工作并且要承担高于上限的全部成本。

（3）总价加经济价格调整合同（FP-EPA）。如果卖方的履约期将跨越相当长的时期（数年），就应该使用本合同类型。它有利于买卖方之间维持多种长期关系。它是一种特殊的总价合同，允许根据条件变化（如通货膨胀、某些特殊商品的成本增降），以事先确定的方式对合同价格进行最终调整。EPA条款必须规定用于准确调整最终价格的、可靠的财务指数。FP-EPA合同试图保护买方和卖方免受外界不可控情况的影响。

（二）成本补偿合同

此类合同向卖方支付为完成工作而发生的全部合法实际成本（可报销成本），外加一笔费用作为卖方的利润。成本补偿合同也可为卖方超过或低于预定目标（如成本、进度或技术绩效目标）而规定财务奖励条款。最常见的3种成本补偿合同是：成本加固定费用合同（CPFF）、成本加激励费用合同（CPIF）和成本加奖励费用合同（CPAF）。

如果工作范围在开始时无法准确定义，而需要在以后调整，或者，如果项目工作存在较高的风险，就可以采用成本补偿合同，使项目具有较大的灵活性，以便重新安排卖方的工作。

（1）成本加固定费用合同（CPFF）。为卖方报销履行合同工作所发生的一切可列支成本，并向卖方支付一笔固定费用，该费用以项目初始成本估算的某一百分比计算。费用只能针对已完成的工作来支付，并且不因卖方的绩效而变化。除非项目范围发生变更，否则费用金额维持不变。

（2）成本加激励费用合同（CPIF）。为卖方报销履行合同工作所发生的一切可列支成本，并在卖方达到合同规定的绩效目标时，向卖方支付预先确定的激励费用。在CPIF合同中，如果最终成本低于或高于原始估算成本，则买方和卖方需要根据事先商定的成本分摊比例来分享节约部分或分担超出部分。例如，基于卖方的实际成本，按照80/20的比例分担（分享）超过（低于）目标成本的部分。

（3）成本加奖励费用合同（CPAF）。为卖方报销一切合法成本，但只有在卖方满足合同规定的、某些笼统主观的绩效标准的情况下，才向卖方支付大部分费用。完全由买方根据自己对卖方绩效的主观判断来决定奖励费用，并且通常不允许申诉。

（三）工料合同（T&M）

工料合同是兼具成本补偿合同和总价合同的某些特点的混合型合同。在不能很快编写出准确工作说明书的情况下，经常使用工料合同来增加人员、聘请专家和寻求其他外部支持。这类合同与成本补偿合同的相似之处在于，它们都是开口合同，合同价因成本增加而变化。在授予合同时，买方可能并未确定合同的总价值和采购的准确数量。因此，如同成本补偿合同，工料合同的合同价值可以增加。很多组织要求在工料合同中规定最高价值和时间限制，以防止成本无限增加。另外，由于合同中确定了一些参数，工料合同又与固定单价合同相似。当买卖双方就特定资源的价格（如高级工程师的小时费率或某种材料的单位费率）达成一致意见时，买方和卖方也就预先设定了单位人力或材料费率（包含卖方利润）。

第三节 工程项目采购

一、工程项目采购的对象

工程项目采购的采购对象不仅包括采购货物，而且还包括雇佣承包商来实施工程建设和聘用咨询专家来从事咨询服务，是投入资金新建、改建、修建、扩建、拆除、修缮或翻新构造物及其所属设备以及改造自然环境的行为。具体包括：建造房屋、土木工程、建筑装饰装修、设备安装、管线铺设、兴修水利、改造环境、修建交通设施和铺设排水管线等建筑项目的总承包、勘察、设计、建筑材料、设备供应等。一般是以合同方式有偿取得货物、工程和服务的整个采办过程，包括购买、租赁、委托、雇佣等。这里的执行组织一般是业主、总承包商等管理项目的组织。

（一）工程采购

工程采购在项目采购中主要指土建工程施工采购，通过招标或其他方式选择合适的工程承包商，承担项目工程的施工任务。土建工程包括房屋建筑工程、道路桥梁工程、污水处理工程、厂房工程、水电工程、灌溉工程等，土建工程施工涉及施工劳务、施工管理、施工材料和设备、工程设计等。

在设计建造的工程采购中，工程采购还包括工程设计、建筑设计、现场勘察等业务，但是在传统工程采购模式下，这些业务属于咨询服务。业主有时在工程采购时将施工材料和施工管理分离采购，则施工材料设备的采购属于货物采购。

（二）货物采购

货物采购是指购买项目所需的各种实体性的投入物，例如机械设备、仪器仪表、办公设备、建筑材料（钢材、水泥、黄沙、木材、构件、成品、半成品等）、生产资料等，以及与之相关的服务，如运输、保险、安装、调试、培训、维修等。

货物采购与货物的价值、技术性能、采购量、货物来源、安装、维修等因素密切相关，国内货物采购和国际货物采购有明显的不同，当地的大宗材料采购与技术参数要求复杂的高技术产品的采购也有明显区别。同时，货物采购的采购量和供应时间与项目需求密切相关。

由于货物种类的不同，世界银行除制订货物采购的标准合同文本外，还专门制订了相关货物如药品、农药、种子、化肥、教科书、计算机、信息系统等的专项采购规定。

（三）咨询服务采购

咨询服务采购不同于一般的工程或货物采购，属于专业服务和知识的采购，主要包括聘请咨询公司或者个人提供智力、知识、甚至劳务方面的服务。咨询服务的范围非常广泛，大致可以分为以下4类：

（1）项目准备阶段的咨询服务，如项目的可行性研究、工程现场勘察、项目方案设计、决策咨询等服务。

（2）项目设计阶段和招标投标阶段的咨询服务，如项目设计和招标代理等服务。

（3）项目实施阶段的咨询服务，如项目管理、施工监理、成本控制等项目实施管理和控制的服务。

（4）项目相关的技术服务，如技术援助、培训、知识传递等服务。

二、工程项目采购的特点

工程项目采购开始于项目选定阶段，并贯穿于整个项目周期。不同于一般的采购，工程项目采购具有以下特点。

（一）采购对象复杂

1. 种类多，供应量大

工程项目施工过程中所需的材料、设备、技术服务等品种繁多、规格不一，劳动力涉及各个工种、各种级别，有各种专业工程和服务。大到钢筋、水泥、混凝土，小到灭火器、指示灯，材料涉及土建、给水排水、强电、弱电、暖通、园林绿化、装修等多个方面，材料的种类有成百上千种。如此繁多的材料所涉及的供应商也是遍及多个行业，每种材料对于工程的重要性也不尽相同。

2. 各类采购之间关系复杂

工程项目的采购从总体上看是混合型的采购，包括工程、服务、物资采购，而且各类采购之间有十分复杂的关系。它们在时间、质量要求、数量、价格、合同责任、工作流程等方面有极其复杂的内部联系。一个项目的所有采购活动之间必须相互协调，形成一个严密的体系，所以采购需有严密的计划。

（二）采购数量和时间不均衡

由于工程项目生产过程的不均衡性，使得项目的需求和供应不均衡，采购的品种和使用量在实施过程中大幅度的起伏，而且几乎没有规律可循。

（三）采购供应过程复杂

要保证工程顺利实施，必须采购高质量物资和高水平的服务，将涉及复杂的招标过程、合同的实施过程和资源的供应过程。每个环节都不能出现问题，这样才能保证工程的顺利实施。

（四）过程动态

采购计划是项目总计划的一部分，它随项目的范围、技术要求、总体的实施计划和环境的变化而变化。

（1）时间安排无法十分精确。由于工程项目的特殊性，采购计划量和采购过程的时间安排很难做到精确。

（2）采购计划与施工计划相互制约。在制订施工计划时必须考虑市场所能提供的设备和材料、供应条件、供应能力，否则施工计划会不切实际，必须变更。而项目的范围、技术设计和总体的实施计划的任何不准确、错误、修改，必然会导致采购计划和采购过程的改变，可能导致工程返工、材料积压、无效采购、多进、早进、错进，资源使用的浪费，甚至可能导致资源供应和运输方式的变化。

所以资源计划不是被动的受制于设计和施工计划（施工方案和工期），而是应积极地对它们进行制约，作为它们的前提条件。

（3）采购和供应受外部影响大，不确定因素多，难以控制。例如，业主的资金能力和供应商能力的限制，如承包商不能按时开工，供应商不能及时地交货，在项目实施过程中市场价格、供应条件变化大；物资在运输途中由于政治、自然、社会的原因造成拖延；冬期和雨期对供应的影响。

三、工程项目采购制度的演进

（一）我国工程项目采购制度的演进

新中国成立以来，随着我国经济发展需求的日益增长，工程建设事业得到迅猛发展，工程采购制度在不同时期具有明显的阶段性，工程采购管理理论得到不断完善和发展。工程采购制度作为我国建筑业市场化改革的突破口，是在政府的强制推行下逐步建立起来的。

1. 国家指令性计划分配阶段

新中国成立后，工程采购和管理均在严格的计划经济体制下进行，政府行政管理代替了企业的自主决策。从工程项目的立项、决策，到工程项目的设计、施工，到工程项目的原材料供应、劳动力供应等均必须按国家下达的计划进行，即由建设行政主管部门按照国家计划，把建设单位的工程任务以行政指令方式分配给建筑企业承包。建设单位作为发包一方（甲方），建筑企业作为承包一方（乙方），双方签订承发包合同，合同中明确规定双方的权利、义务与经济责任。国家按照行业、地区划分企业，一般不允许跨行业、跨地区组织生产经营活动。因此，此阶段的工程采购实际上是政府行政分配，工程采购缺乏竞争性。

2. 工程项目采购试点探索阶段

长期以来我国并没有对大规模的工程采购制度和管理进行总结和分析，工程采购理论近似为一片盲区。因此，改革传统的工程采购制度迫在眉睫。进入20世纪80年代，党的十一届三中全会提出要使企业成为自主经营、自负盈亏、自我改造、自我发展的经济实体。

1980年10月，国务院发布《关于开展和保护社会主义竞争的暂行规定》，提出对一些合适的工程建设项目可以试行招标投标。1981年我国在深圳市和吉林市开始进行工程建设招标投标的试点。1981年深圳国际商业大厦开始首例招标；1982年我国在鲁布革水电工程中首次按照国际惯例进行国际公开招标具有标志性意义，引起国际关注；1984年，国家发布《国务院关于改革建筑业和基本建设管理体制若干问题的暂行规定》，要求全面推行投资包干责任制，改革单纯用行政手段分配工程项目的办法，实行招标投标，鼓励竞争，择优选择设计单位和施工单位。由于当时物资供应紧张，属短缺经济，物资采购仍然实行计划供应，计划分配不足部分采用计划外议价采购。

1984年，原国家计委和原城乡建设环境保护部联合颁发《建设工程招标投标暂行规定》，规定中要求，列入国家、部门和地区计划的建设工程，除某些不适宜招标的特殊工程外，均按本规定进行招标。凡持有营业执照、资格证书的勘察设计单位、建筑安装企业、工程承包公司、城市建设综合开发公司，不论国营的还是集体的，均可参加投标。

1984年，原国家计委、原城乡建设环境保护部、建设银行和原国家物质局联合颁发《基本建设材料承包供应办法》。至此，我国建筑工程采购制度正式开始推行起来了。20世纪80年代中期，招标管理机构在全国各地陆续成立。

而值得一提的是，当时的招标方式基本以议标为主，在纳入招标管理项目当中约90%是采用议标方式发包的，工程交易活动比较分散，没有固定场所，招标投标很大程度上还流于形式，招标的公正性得不到有效监督，工程大多形成私下交易，暗箱操作。这种招标方式很大程度上违背了招标投标的宗旨，不能充分体现竞争机制。

3. 工程项目采购发展阶段

随着对外开放的不断扩大，投资主体逐渐多元化，国家单一投资的格局也发生变化，外资和外国金融机构的投资项目要求我国承包企业按照国际通用的招标投标制度进行工程承包，对我国工程采购产生了深刻影响。

1991年建设部和国家工商行政管理局联合下发《建筑市场管理规定》，对建筑市场进行了一次整顿，同时，制订颁发了《施工合同示范文本》及其管理办法，以指导工程合同的管理。1992年年底，建设部颁发《工程建设施工招标投标管理办法》，加强政府对工程建设招标投标的管理，提倡公平交易、平等竞争。1994年12月16日，建设部与原体改委下发了《关于深化建筑市场体制改革的意见》明确提出了要大力推行招标投标，强化市场竞争机制。同时，各地也纷纷制订了建筑工程招标投标管理办法，并建立起专门的招标投标管理机构，从上到下已形成招标投标管理网络，使我国工程采购制度开始日趋完善。招标方式已经从以议标为主转变到以邀请招标为主。

这一阶段是我国招标投标发展史上最重要的阶段，招标投标制度得到了长足的发展，全国的招标投标管理体系基本形成。

4. 工程项目采购法律制度初步形成阶段

1997年全国人大通过《建筑法》，标志我国从此开始严格依法管理建筑市场，工程采购制度逐步向国际通用制度看齐。在《建筑法》的基础上，1999年全国人大通过了新《合同法》，对建设工程合同专列一章。1999年年底，建设部参照国际通用的FIDIC合同，总结工程建设合同管理经验，推出新的《建设工程施工合同（示范文本）》（GF1999—0201）。2000年1月1日开始施行的《招标投标法》明确规定我国的招标方式不再包括议标方式，这是个重大的转变，它标志着我国的招标投标的发展进入了全新的历史阶段。

2001年6月施行的《房屋建筑和市政基础设施工程施工招标投标管理办法》（建设部令第89号）、2001年7月施行的《评标委员会和评标暂行规定》（国家七部委令第12号）、2000年5月施行的《工程建设项目招标范围和规模标准规定》（国家计委令第3号）和《工程建设项目施工招标投标办法》（国家七部委令第30号）、2003年4月施行的《评标专家和评标专家库管理暂行办法》（国家计委令第29号）等招标投标法律、法规规范了招标程序，明确了必须招标和必须公开招标的范围，招标覆盖面进一步扩大和延伸，工程招标已从单一的土建安装延伸到道桥、装潢、建筑设备和工程监理等。

随着政府采购工作的深入开展，政府采购工作遇到了许多难以有效克服和解决的困难和问题，在一定程度上阻碍了政府采购制度的进一步发展。为将政府采购纳入法制化管理，维护政府采购市场的竞争秩序，并依法实现政府采购的各项目标，最终建立起适应我国社会主义市场经济体制并与国际惯例接轨的政府采购制度。2002 年 6 月 29 日由全国人大常委会审议通过了《政府采购法》，自 2003 年 1 月 1 日起施行。这部法律的颁布施行，对于规范政府采购行为，提高政府采购资金的使用效益，维护国家利益和社会公共利益，保护政府采购当事人的合法权益，促进廉政建设，有着重要意义。

5. 规范完善阶段

《招标投标法》和《政府采购法》是规范我国境内招标采购活动的两大基本法律，在总结我国招标采购实践经验和借鉴国际经验的基础上，《招标投标法实施条例》和《政府采购法实施条例》作为两大法律的配套行政法规，对招标投标制度做了补充、细化和完善，进一步健全和完善了我国招标投标制度。另外，国务院各相关部门结合本部门、本行业的特点和实际情况相应制订了专门的招投标管理的部门规章、规范性文件及政策性文件。地方人大及其常委会、人民政府及其有关部门也结合本地区的特点和需要，相继制定了招标投标方面的地方性法规、规章和规范性文件。总的看来，这些规章和规范性文件使招标采购活动的主要方面和重点环节实现了有法可依、有章可循，已经构成了我国整个招标采购市场的重要组成部分，形成了覆盖全国各领域、各层级的招标采购制度体系，对扩大招投标领域，创造公平竞争的市场环境，规范招标采购行为，发挥了积极作用。随着招标投标法律体系和行政监督、社会监督体制的建立健全以及市场主体诚信自律机制的逐步完善，招标投标制度必将获得更加广阔的运用和健康、持续的发展。

（1）工程建设项目的主要规定。《招标投标法》颁布实施后，从 2000 年 5 月开始至今，国家发展改革委等有关部委就规范工程招标投标活动制定了十余部专项部门规章和规范性文件。其中，适用于各类工程招标投标的规定，一般由国家发展改革委员会同各有关部委联合制定发布，也有各部委单独制定发布仅适用于专业工程的专项规定。其中，国家发改委（含原国家计委以及与有关部委局联合）以委令形式先后颁发的有：

1）《工程建设项目招标范围和规模标准规定》令第 3 号；

2）《招标公告发布制度暂行办法》令第 4 号；

3）《工程建设项目自行招标试行办法》令第 5 号；

4）《国家重大建设项目稽查办法》令第 6 号；

5）《国家重大建设项目招标投标监督暂行办法》令第 18 号；

6）《评标专家和评标专家库管理暂行办法》令第 29 号；

7）《中央投资项目招标代理机构资格认定管理办法》令第 13 号。

上述规定对必须招标项目的招标范围、规模标准、公告发布、自行招标、评标活动、监督管理和资格认定等工作做出了明确规定。

另外，国家发改委还与有关部委一起，共同制定了有关工程建设项目勘察设计招标、工程施工招标和货物招标的具体办法，具体为：

1）《工程建设项目勘察设计招标投标办法》令第 2 号；

2)《工程建设项目施工招标投标办法》令第 30 号；

3)《工程建设项目招标投标活动投诉处理办法》令第 11 号；

4)《工程建设项目货物招标投标办法》令第 27 号；

5)《评标委员会和评标方法暂行规定》令第 12 号；

6)《电子招标投标管理办法》令第 20 号；

7)《〈标准施工招标资格预审文件〉和〈标准施工招标文件〉试行规定》令第 56 号；

8)《关于废止和修改部分招标投标规章和规范性文件的决定》2013 年令第 23 号。

另外，住建部、商务部、交通部、铁道部、水利部、工信部等部门针对所管辖行业内的招标投标工作进行对口管理，陆续发布了各部门的招投标管理办法和实施办法。各部委颁布的规章制度，基本上是根据《招标投标法》的有关条文原则和授权，结合本部门、本行业的特点和实际情况制订的。如住建部针对工程建设项目颁发了《建筑工程设计招标投标管理办法》82 号令，商务部针对机电产品国际招标 2014 年发布了令第 1 号《机电产品国际招标投标实施办法（试行）》，交通部针对公路工程施工招标投标活动发布了令第 7 号《公路工程施工招标投标管理办法》、水利部针对水利工程建设项目发布了令第 14 号《水利工程建设项目施工招标投标管理规定》、工信部为了规范通信工程建设项目招标投标活动 2014 年发布了令第 27 号《通信工程建设项目招标投标管理办法》等。

在招标标准化文件建设方面，住建部制定了《房屋建筑和市政工程标准施工招标资格预审文件》和《房屋建筑和市政工程标准施工招标文件》（建市〔2010〕88 号）；交通部制定了《公路工程标准施工招标资格预审文件》和《公路工程标准施工招标文件》（2009 年版）（交公路发〔2009〕221 号），以及《公路工程标准勘察设计招标资格预审文件》和《公路工程标准勘察设计招标文件》（交公路发〔2010〕742 号）；工信部制定了《通信建设项目施工招标文件范本（试行）》和《通信建设项目货物招标文件范本（试行）》（工信部通〔2009〕194 号）；水利部制定了《水利水电工程标准施工招标资格预审文件》和《水利水电工程标准施工招标文件》（水建管〔2009〕629 号）。此外，根据国家九部委令第 56 号，国家发改委联合工信部、财政部、住建部、交通部、铁道部、水利部、广电总局、民航局等八部委又共同颁布了《简明标准施工招标文件》和《标准设计施工总承包招标文件》（发改法规〔2011〕3018 号），基本形成了中国特色的标准化工程招标文件体系。

(2) 政府采购项目的主要规定。随着政府采购工作的深入开展，为配合《政府采购法》的贯彻实施，财政部作为政府采购监督管理部门，也相继制定了一系列配套规章和规范性文件，主要有：

1)《政府采购货物和服务招标投标管理办法》令第 18 号；

2)《政府采购信息公告管理办法》令第 19 号；

3)《政府采购供应商投诉处理办法》令第 20 号；

4)《政府采购评审专家管理办法》财库〔2003〕119 号；

5)《政府采购非招标方式管理办法》令第 74 号；

6)《政府购买服务管理办法（暂行）》财综〔2014〕96 号；

7)《政府采购竞争性磋商采购方式管理暂行办法》财库〔2014〕214 号；

8)《政府和社会资本合作项目政府采购管理办法》财库〔2014〕215 号等。

上述规定在信息披露、操作规程、监督检查、专家评审、投诉处理、政府购买服务等方面均有了较为明确的规定，为政府采购工作提供了系统的制度保障。

我国的工程保证担保制度也得到大力推行和发展，特别是投标保证、履约保证和支付保证在我国工程管理领域得到广泛运用，推动我国的工程项目采购制度逐步走向成熟。

（二）世界银行及发达国家的工程项目采购制度

选定承包人的方法，不管公共工程还是民间工程，每个国家或地区都是多种多样的，究竟采用什么样的方法，是发包人的重要责任和权限。招标投标是通过竞争以最有利的条件签订合同的方法，为世界各国所广泛采用。目前在发达国家或地区，私人工程（民间工程）只要其遵守相关建筑法规，政府是不管其具体采用什么样的招标方式的，但为取得最大利润，一般也普遍采用了招标投标制。政府工程（公共工程）一般是关系到国民切身利益的基础设施工程，均采用纳税人的钱进行建设，公众监督力度大，政府颁布了一系列相关文件和操作规程，既有法规性的，也有一般指导性文件，作为政府机构发包工程时的参考依据。

英国在1782年就制定了招标立法，法国在1837年开始实行将工程承包给报价最低的投标人的制度，日本于1889年制定了会计法，开始了规范的招标投标活动。

1. 世界银行的做法

世界银行作为一个权威性的国际多边援助机构，具有雄厚的资本和丰富的组织工程承发包的经验。世界银行以其处理事务公平合理和组织实施项目强调经济实效而享有良好的信誉和绝对的权威。世界银行已积累了近50年的投资与工程招投标经验，制订了一套完整而系统的有关工程承发包的规定，且被众多国际多边援助机构尤其是国际工业发展组织和许多金融机构以及一些国家的政府援助机构视为模式，越来越广泛地被效法。

世界银行作为标的工程的资助者，从项目的选择直至整个实施过程都有权提出意见。在许多关键问题上，如授标条件、采用的招标方式、遵循的工程管理条款等都享有决定性发言权。

2. 美国的工程采购制度

美国作为现代建筑工程管理科学的发源地，成功地应用现代工程管理方式，代表了西方建设工程管理的主流。

美国工程采购的业主可分为私人业主和公共业主，因此项目可分为私人项目和公共项目两种。

（1）政府工程项目采购：美国政府要求所有政府投资工程招标信息必须完全公开，通过公开招标来确定承包或承办单位。

（2）标底编审：美国的工程施工招标全部不设标底，投标报价依据是企业内部定额和当时的市场价格信息。

（3）招标方式：采购方式一般以公开招标方式为主，但允许在一定条件下采用竞争性谈判和单一来源采购方式。

（4）评定标方法：美国一直采用最低价中标法。中标之后，招标方必须对中标的最低报价进行复核。复核工作通常在招标之后第2天开始，由2～3名预算员同时进行复核，检查有无漏项或计算错误，确保最低价已包括所有工程内容。发现错误时，报价不得修改。中标者要么明知亏损也坚持完成，要么放弃正式签约，用投标保函赔偿招标方损失，最多可达投标报价的5%。此时，次低报价者成为新的中标者，继续对其标书进行复核。如次低报价者仍不能签约，则重新招标。

（5）合同签订：美国政府投资工程的合同形式以固定价格合同为主，但同时也有多种其他类型的合同。

3. 日本的招投标制

日本工程招标方式分一般竞争招标（公开招标）、指名招标（邀请招标）、随意合同（议标）三种，但实际是以指名招标为主，占日本招标工程的90%以上，指名招标失败后可转为议标处理。具体招投标程序如下：

（1）资格审查。企业应向公团、公社等发包单位报名，接受资格审查，登记注册。一般为每年的二月份进行一次。有关部门和单位对申请企业进行资格审查，按资质、经济、技术实力、经营状况、业绩等进行分析评价，以优劣排序，分类排队、造册。

（2）指名。当有工程发包时，发包商按工程的规模、性质等情况，根据自己的要求和愿望，通常在投标日期前10天（紧急情况下是5天），利用告示或新闻媒介发布公告。然后在名册中指定10～12家相应企业作为竞标者。指名通常由发包商的负责人及工程技术和经济方面的负责人5～10人负责确定。名单确定后，书面通知企业，告知工程的性质、规模情况及投标时间。从指名到投标一般约15天以上。

（3）实际招标。指名一经确定，有关企业要按一定方式进行答辩。开标时要求全体投标者全部参加，公开开标。定标是招标的最终结果。企业报价是否接近标底或低于标底，是决定企业能否中标的关键因素。

（4）签订合同。中标单位确定后，由发包人个别通知企业，双方签订承包合同。签订合同一般规定在中标的第2天起10天之内完成。指名招标一般在决标当天就签订合同；议标则在任务成交日签订。

（5）投保。承包合同签订后，承包人必须交付一定额度的保证金或到保险公司购买一定数额的工程保险作抵押。

4. 英国的工程项目采购

招标投标最早起源于英国。传统的招标程序基本如下：资格预审—编制招标文件—发出招标文件—现场考察—对投标书的修改—疑问及答复—提交标书及接受标书—开标—评标—签订合同。英国常用的招标方式有：

（1）公开招标。一般来说，由于公平竞争性的要求，政府部门往往会采用公开招标方式来物色其所需的承包商。但这种方式最适合于一些规模较小的小型项目、维修工程及某些专业性较强的特殊项目。

（2）一阶段选择性招标。业主所需的施工队伍可从自己已掌握并认可的承包商名单或从对业主在全国性传媒和技术刊物上登载的招标广告做了回复、响应的承包商名单中挑选，邀请他们分别就业主的开发项目进行招标承建。一般可邀请5～8名承包商参与投标。

（3）两阶段选择性招标。项目两阶段选择性招标一般适用于进度要求紧迫，不容许有待设计工作完成后再着手选择承包商的项目。

第一阶段为公开招标，系通过投标竞争来优选业主需要的承包商；第二阶段为议标，即通过谈判协商来选定中意的承包商。

第一阶段的竞争性招标，其选择承包商的标准主要是价格。经过第一阶段的竞争之后，即让被选中的承包商加入设计小组，作为建筑专业人员就设计中涉及的施工质量、施工可行性、施工进度及工程成本等问题积极提出建议。

（4）议标。采用议标方法选择承包商，有利于按照自己的偏好与其认为中意的承包商主动进行接触，而这个承包商看来也是唯一乐意前来投标的一家建筑公司。业主做出这一选择的依据通常是：承包商的信誉、专业技术水平、财务状况及彼此之间已有的业务关系。

【案例1-2】　中港二航路桥建设有限公司重庆石忠高速公路B18合同段采购

中港二航路桥建设有限公司是中国港湾建设（集团）总公司在西南唯一的一支公路桥梁、港口码头、市政取水专业施工队伍，是一家多元投资主体的有限责任公司，具有公路工程施工总承包、市政公用工程施工总承包、公路路基工程专业承包、桥梁工程专业承包的一级资质。主要承建城市道路、桥梁、隧道及公共广场等工程。

中港二航路桥建设有限公司施工的项目分散、主要材料的通用性相对较大、物料品种因设计变更等原因变数不大、工期紧，这就决定了在集中物资采购的确定上需要合理选择，既能满足项目施工生产，又能达到集中的效果，比较合理的办法是“抓大放小”，即抓住重点的多数，起到集中控制的目的。确定重点多数的比较科学的办法就是ABC分类法，按种类和资金占用的大小确定其管理类别，表1-2是重庆石忠高速公路B18合同段项目的资金品种统计。

表1-2　　B18合同段资金品种统计表

类别	品种数	占品种总量百分比/%	金额/万元	占总金额的百分比/%	分类
钢材	112	20.33	1151.50	36.83	A
建材	12	2.18	234.39	7.5	B
专用材料	3	0.54	9.57	0.31	A
委外加工	1	0.18	1292.88	41.35	A
油料	15	2.72	174.10	5.57	B
五金	96	17.42	67.01	2.14	C
机电	138	25.05	129.56	4.14	C
化工	38	6.90	6.58	0.21	C
有色金属 消防 土产杂品	6	1.10	2.71	0.09	C
劳保	6	1.09	9.47	0.30	C

续表

类别	品种数	占品种总量百分比/%	金额/万元	占总金额的百分比/%	分类
工具	112	20.33	39.85	1.27	C
周转材料	1	0.17	3.97	0.13	B
机械配件	11	2	4.87	0.16	C
和		100.00	3126.46	100.00	

从表1-2可以看出，A类占采购资金总额的78.49%，数量只占总量的21.05%进行重点管理；C类占采购资金总额的8.31%，数量占总量的73.88%，进行一般管理。

因此，对于项目部、分公司的工程结构用材A类物资[包括钢材、水泥、专用材料（预应力钢绞线、锚具、支座）等]，必须由公司组织招标或议标进行集中采购，项目部协助。公司不适宜集中进行招标采购的材料则授权项目部进行招（议）标采购，并将评（议）标情况报公司生产管理部进行审批。

思　考　题

1. 简述项目采购的分类。
2. 项目采购中应遵循哪些原则？
3. 工程项目采购相对于其他采购活动有哪些特殊性？
4. 简述项目采购管理的发展趋势。

第二章　工程项目采购法律基础

基　本　要　求

◆ 掌握合同的概念、合同法基本原则及合同的订立、内容、形式与效力

◆ 掌握招标投标法对招标、投标、开标、评标及中标的基本规定

◆ 熟悉政府采购法的基本原则及采购方式

◆ 熟悉担保的概念及担保方式

◆ 熟悉工程项目采购涉及的主要保险

◆ 了解我国法律体系基本框架及法律法规体系的构成

◆ 了解招标投标中的主要法律责任

◆ 了解政府采购法的立法目的和适用范围

首先，采购作为市场竞争性经济活动，应当接受现行有效法律规范的调整和约束，也是我国法制建设的基本要求。目前调整工程项目采购活动的法律规范体系包括法律、法规、规章和规范性文件，尤其是对于不同领域的采购活动，存在大量相应的规章和规范性文件，应当充分重视和理解相关规定。

采购活动中涉及的众多事项均与法律规范的具体规定有关，从把握招标工作合法性和控制风险的角度出发，应当在采购实践中理解和运用法律规范，充分实现采购活动的合法性、公平性和权益救济。

第一节　法　律　概　述

一、我国法律体系的基本框架

法律体系，是指一国的部门法体系，即将一国现行的全部法律规范根据一定的标准和原则划分成不同的法律部门，并由这些法律部门所构成的具有内在联系的统一整体。立足中国国情和实际、适应改革开放和社会主义现代化建设需要、集中体现党和人民意志的，以宪法为统帅，以宪法相关法、民法商法等多个法律部门的法律为主干，由法律、行政法规、地方性法规等多个层次的法律规范构成的中国特色社会主义法律体系已经形成，国家经济建设、政治建设、文化建设、社会建设以及生态文明建设的各个方面实现有法可依。

1. 宪法及宪法相关法

宪法是国家的根本大法，是特定社会政治经济和思想文化条件综合作用的产物，集中反映各种政治力量的实际对比关系，确认革命胜利成果和现实的民主政治，规定国家的根本任务和根本制度，即社会制度、国家制度的原则和国家政权的组织以及公民的基本权利义务等内容。宪法相关法，是指《全国人民代表大会组织法》《地方各级人民代表大会和

地方各级人民政府组织法》《全国人民代表大会和地方各级人民代表大会选举法》《国籍法》《国务院组织法》《民族区域自治法》等法律。

2. 民商法

民法是规定并调整平等主体的公民间、法人间及公民与法人间的财产关系和人身关系的法律规范的总称。商法是调整市场经济关系中商人及其商事活动的法律规范的总称。我国采用的是民商合一的立法模式。商法被认为是民法的特别法和组成部分。《民法通则》《合同法》《物权法》《侵权责任法》《公司法》《招标投标法》等属于民商法。

3. 行政法

行政法是调整行政主体在行使行政职权和接受行政法制监督过程中而与行政相对人、行政法制监督主体之间发生的各种关系，以及行政主体内部发生的各种关系的法律规范的总称。作为行政法调整对象的行政关系，主要包括行政管理关系、行政法制监督关系、行政救济关系、内部行政关系。《行政处罚法》《行政复议法》《行政许可法》《环境影响评价法》《城市房地产管理法》《城乡规划法》《建筑法》等属于行政法。

4. 经济法

经济法是调整在国家协调、干预经济运行的过程中发生的经济关系的法律规范的总称。《统计法》《土地管理法》《标准化法》《税收征收管理法》《预算法》《审计法》《节约能源法》《政府采购法》《反垄断法》等属于经济法。

5. 社会法

社会法是调整劳动关系、社会保障和社会福利关系的法律规范的总称。社会法是在国家干预社会生活过程中逐渐发展起来的一个法律门类，所调整的是政府与社会之间、社会不同部分之间的法律关系。《残疾人保障法》《矿山安全法》《劳动法》《职业病防治法》《安全生产法》《劳动合同法》等属于社会法。

6. 刑法

刑法是关于犯罪和刑罚的法律规范的总称。《刑法》是这一法律部门的主要内容。

7. 诉讼与非诉讼程序法

诉讼法指的是规范诉讼程序的法律的总称。我国有三大诉讼法，即《民事诉讼法》《刑事诉讼法》《行政诉讼法》。非诉讼的程序法主要是《仲裁法》。

二、法律法规体系的构成

“法律体系通常是指一个国家的全部现行法律规范分类组合为不同的法律部门而形成的有机联系的统一整体。”从法律规范的渊源和相关内容而言，招标采购法律体系的构成可以分为以下几条。

1. 法律

由全国人大及其常委会制定，通常以国家主席令的形式向社会公布，具有国家强制力和普遍约束力，一般以法、决议、决定、条例、办法、规定等为名称。如《招标投标法》《政府采购法》《合同法》等。

全国人民代表大会和全国人民代表大会常务委员会行使国家立法权。全国人民代表大会制定和修改刑事、民事、国家机构的和其他的基本法律。全国人民代表大会常务委员会制定和修改除应当由全国人民代表大会制定的法律以外的其他法律；在全国人民代表大会闭会期间，对全国人民代表大会制定的法律进行部分补充和修改，但是不得同该法律的基本原则相抵触。

第十二届全国人民代表大会第三次会议于2015年3月15日通过的《全国人民代表大会关于修改〈中华人民共和国立法法〉的决定》规定，下列事项只能制定法律：

（1）国家主权的事项。

（2）各级人民代表大会、人民政府、人民法院和人民检察院的产生、组织和职权。

（3）民族区域自治制度、特别行政区制度、基层群众自治制度。

（4）犯罪和刑罚。

（5）对公民政治权利的剥夺、限制人身自由的强制措施和处罚。

（6）税种的设立、税率的确定和税收征收管理等税收基本制度。

（7）对非国有财产的征收、征用。

（8）民事基本制度。

（9）基本经济制度以及财政、海关、金融和外贸的基本制度。

（10）诉讼和仲裁制度。

（11）必须由全国人民代表大会及其常务委员会制定法律的其他事项。

2. 法规

包括行政法规和地方性法规。

行政法规，由国务院制定，通常由总理签署国务院令公布，一般以条例、规定、办法、实施细则等为名称。行政法规可以就下列事项做出规定：①为执行法律的规定需要制定行政法规的事项；②宪法规定的国务院行政管理职权的事项。如《招标投标法实施条例》是与《招标投标法》配套的一部行政法规。

省、自治区、直辖市的人民代表大会及其常务委员会根据本行政区域的具体情况和实际需要，在不同宪法、法律、行政法规相抵触的前提下，可以制定地方性法规。设区的市的人民代表大会及其常务委员会根据本市的具体情况和实际需要，在不同宪法、法律、行政法规和本省、自治区的地方性法规相抵触的前提下，可以对城乡建设与管理、环境保护、历史文化保护等方面的事项制定地方性法规，法律对设区的市制定地方性法规的事项另有规定的，从其规定。设区的市的地方性法规须报省、自治区的人民代表大会常务委员会批准后施行。地方性法规通常以地方人大公告的方式公布，一般使用条例、实施办法等名称，如《北京市招标投标条例》。地方性法规可以就下列事项做出规定：①为执行法律、行政法规的规定，需要根据本行政区域的实际情况作具体规定的事项；②属于地方性事务需要制定地方性法规的事项。

3. 规章

包括国务院部门规章和地方政府规章。

国务院部门规章，是由国务院各部、委员会、中国人民银行、审计署和具有行政管理职能的直属机构，可以根据法律和国务院的行政法规、决定、命令，在本部门的权限范围内制定。国务院部门规章，通常以部委令的形式公布，一般以办法、规定等作名称。如《政府核准投资项目管理办法》（国家发改委2014年令第11号）等。部门规章规定的事项应当属于执行法律或者国务院的行政法规、决定、命令的事项。没有法律或者国务院的行政法规、决定、命令的依据，部门规章不得设定减损公民、法人和其他组织权利或者增加其义务的规范，不得增加本部门的权力或者减少本部门的法定职责。涉及两个以上国务院部门职权范围的事项，应当提请国务院制定行政法规或者由国务院有关部门联合制定规章。

省、自治区、直辖市和设区的市、自治州的人民政府，可以根据法律、行政法规和本省、自治区、直辖市的地方性法规，制定规章。地方政府规章可以就下列事项做出规定：

①为执行法律、行政法规、地方性法规的规定需要制定规章的事项；②属于本行政区域的具体行政管理事项。设区的市、自治州的人民政府制定地方政府规章，限于城乡建设与管理、环境保护、历史文化保护等方面的事项，通常以地方人民政府令的形式发布，一般以规定、办法等为名称。如北京市人民政府制定的《北京市重大建设项目稽查办法》（北京市人民政府 2014 年令第 260 号）。

4. 行政规范性文件

各级政府及其所属部门和派出机关在其职权范围内，依据法律、法规和规章制定的具有普遍约束力的具体规定。如《国务院办公厅关于印发中央预算单位 2015—2016 年政府集中采购目录及标准的通知》（国办发〔2014〕53 号），就是依据《政府采购法》的授权做出的专项规定。

三、法律责任

依据招标采购活动中当事人承担法律责任的性质不同，其法律责任可分为民事法律责任、行政法律责任、刑事法律责任。

（一）民事法律责任

1. 民事法律责任的概念

民事法律责任简称民事责任，是指招标采购活动中主体因违反合同或者不履行其他义务，侵害国家或集体财产，侵害他人财产、人身，而依法应当承担的民事法律后果。《民法通则》第 106 条规定："公民、法人因违反合同或者不履行其他义务，应当承担民事责任。公民、法人由于过错侵害国家的、集体的财产，侵害他人财产、人身的，应当承担民事责任。没有过错，但法律规定应当承担民事责任的，应当承担民事责任。"

民事法律责任的承担并不是以法律有明确规定为前提的，这一点与行政法律责任、刑事法律责任不同。如《招标投标法》并没有对招标人以不合理的条件限制或者排斥潜在投标人、对潜在投标人实行歧视待遇的、强制要求投标人组成联合体共同投标的，或者限制投标人之间竞争等违法行为规定民事法律责任。但只要这些违法行为给投标人造成了损失，且损失与违法行为有因果关系，行为人就应当承担民事法律责任。

2. 民事法律责任的种类

民事法律责任包括合同责任和侵权责任。

（1）合同责任。合同责任包括违约责任和缔约过失责任。违约责任，是指合同当事人不履行合同义务时所依法承担的法律责任。违约责任是以合同已经成立为前提的。中标人与招标人订立合同后，中标人或者招标人拒不履行合同，均构成违约，应当承担违约责任。缔约过失责任，是指在合同订立过程中，一方因违背其依据的诚实信用原则所产生的义务，而致另一方的信赖利益的损失，并应承担损害赔偿责任。投标截止后投标人撤销投标文件的，招标人可以不退还投标保证金，投标人此时承担的就是缔约过失责任。

(2) 侵权责任。侵权责任是指民事主体因实施侵害民事权益行为而应承担的民事法律后果。民事权益，包括生命权、健康权、姓名权、名誉权、荣誉权、肖像权、隐私权、婚姻自主权、监护权、所有权、用益物权、担保物权、著作权、专利权、商标专用权、发现权、股权、继承权等人身、财产权益。在招标采购活动中，有可能侵害他人民事权益，如名誉权、担保物权等，此时应当承担的是侵权责任。

3. 民事法律责任的承担方式

按照《民法通则》第134条的规定，承担民事责任的方式主要有：停止侵害；排除妨碍；消除危险；返还财产；恢复原状；修理、重作、更换；赔偿损失；支付违约金；消除影响、恢复名誉；赔礼道歉等方式。这些方式可以单独适用，也可以合并使用。

按照《侵权责任法》第15条的规定，承担侵权责任的方式主要有：停止侵害；排除妨碍；消除危险；返还财产；恢复原状；赔偿损失；赔礼道歉；消除影响、恢复名誉等方式。这些方式可以单独适用，也可以合并使用。

《合同法》第107条规定，当事人一方不履行合同义务或者履行合同义务不符合约定的，应当承担继续履行、采取补救措施或者赔偿损失等违约责任。

《合同法》第42条规定，当事人在订立合同过程中有缔约过失情形，给对方造成损失的，应当承担损害赔偿责任。

(二) 行政法律责任

行政责任是《招标投标法》《政府采购法》规定的主要法律责任。违反《招标投标法》《政府采购法》应当承担的行政责任包括行政处分和行政处罚。

1. 行政处分

行政处分，是指国家行政机关对行政工作人员的惩戒。根据《行政监察法》第42条第1款第（1）项中规定，违反行政纪律，依法应当给予警告、记过、降级、降职、撤职、开除六种行政处分形式。

行政处分虽然是有隶属关系的上级对下级违反纪律的行为或对尚未构成犯罪的违法行为给予的纪律制裁，属于内部行政行为，但它仍具有强烈的约束力，如被处分人不予履行，行政主体可以强制执行。但因行政处分不受司法审查，故被处分人不服行政处分，只能通过行政复议和行政申诉途径解决，不能提起行政诉讼。

2. 行政处罚

行政处罚是指行政主体为了维护公共利益和社会秩序，保护公民、法人或者其他组织的合法权益，对行政相对人违反行政管理秩序但尚未构成犯罪的违法行为依法给予相应法律制裁的具体行政行为。行政处罚的种类有：警告；罚款；没收违法所得、没收非法财物；责令停产停业；暂扣或者吊销许可证、暂扣或者吊销执照；行政拘留；法律、行政法规规定的其他行政处罚。

法律可以设定各种行政处罚。限制人身自由的行政处罚，只能由法律设定。行政法规可以设定除限制人身自由以外的行政处罚。法律对违法行为已经做出行政处罚规定，行政法规需要做出具体规定的，必须在法律规定的给予行政处罚的行为、种类和幅度的范围内规定。

地方性法规可以设定除限制人身自由、吊销企业营业执照以外的行政处罚。法律、行政法规对违法行为已经做出行政处罚规定，地方性法规需要做出具体规定的，必须在法律、行政法规规定的给予行政处罚的行为、种类和幅度的范围内规定。国务院部、委员会制定的规章可以在法律、行政法规规定的给予行政处罚的行为、种类和幅度的范围内做出具体规定。尚未制定法律、行政法规的，国务院部、委员会制定的规章对违反行政管理秩序的行为，可以设定警告或者一定数量罚款的行政处罚。罚款的限额由国务院规定。省、自治区、直辖市人民政府和省、自治区人民政府所在地的市人民政府以及经国务院批准的较大的市人民政府制定的规章可以在法律、法规规定的给予行政处罚的行为、种类和幅度的范围内做出具体规定。尚未制定法律、法规的，上述人民政府制定的规章对违反行政管理秩序的行为，可以设定警告或者一定数量罚款的行政处罚。罚款的限额由省、自治区、直辖市人民代表大会常务委员会规定。

行政处罚由具有行政处罚权的行政机关在法定职权范围内实施。国务院或者经国务院授权的省、自治区、直辖市人民政府可以决定一个行政机关行使有关行政机关的行政处罚权，但限制人身自由的行政处罚权只能由公安机关行使。因招标投标活动的适用范围不同和招标投标项目的不同，对招标投标活动当事人行政法律责任规定较多，除《招标投标法》、《政府采购法》外，国务院的行政法规及各部委的部门规章规定中对当事人的行政法律责任均有规定。

（三）刑事法律责任

1. 刑事法律责任的概念

刑事法律责任简称刑事责任，是指招标投标活动中的当事人因实施刑法规定的犯罪行为所应承担的刑事法律后果。如串通投标罪、泄露国家秘密罪、行贿罪、受贿罪等刑罚。

在招标投标活动中，当事人的行为违反了我国刑法的规定需要承担刑事责任的方式是刑罚。刑罚，是人民法院在对行为人做出有罪判决的同时给予刑事制裁。这种刑事责任的承担方式是最基本的方式，也是最普遍的一种方式。

2. 刑罚的种类

依据《刑法》第32～34条的规定，刑罚主要分为主刑和附加刑两大类，其具体种类包括：主刑：管制、拘役、有期徒刑、无期徒刑、死刑。附加刑：罚金、剥夺政治权利、没收财产、驱逐出境。附加刑也可以独立适用。

据犯罪主体的不同我国刑法中又分为单位犯罪的刑事责任和自然人犯罪的刑事责任两种。单位犯罪的刑事责任是指以单位为犯罪主体因其实施刑法规定的犯罪行为所应承担的刑事法律后果。《刑法》第30条规定，“公司、企业、事业单位、机关、团体实施的危害社会的行为，法律规定为单位犯罪的，应当负刑事责任。”对单位犯罪的刑事责任我国采用的是双罚制方式。双罚制，是指对于实施犯罪行为的单位，既要处罚单位又要处罚单位中的直接责任人员。双罚制的建立对处罚单位犯罪较为合理。①双罚制是对单位组织所实施的犯罪行为进行的全面的综合性处罚。这种处罚势必使单位内部成员直接或间接的承担不同的责任；②双罚制与我国刑法中关于主刑和附加刑可以同时使用的精神相吻合，这种刑罚制度体现了我国刑罚体系的特点；③双罚制的建立对于单位犯罪的预防具有积极的重要作用，有利于实现我国的刑法目的。我国《刑法》第31条规定：“单位犯罪的，对单位判处罚金、并对其直接负责任的主管人员和其他直接责任人员判处刑罚。本法分则和其他法律另有规定的，依照规定。”本章以《招标投标法》中规定涉及的罪名为依据，具体介绍招标采购中可能涉及的罪名。

3. 串通投标罪

在招标投标活动中，有可能涉及多种罪名，很多罪名并非专门针对招标投标活动的。本部分内容仅对专门针对招标投标活动的串通投标罪予以介绍。

《刑法》第223条规定：“投标人相互串通投标报价，损害招标人或者其他投标人利益，情节严重的，处三年以下有期徒刑或者拘役，并处或者单处罚金。投标人与招标人串通投标，损害国家、集体、公民的合法利益的，依照前款的规定处罚。”串通投标罪分为两种情况：

（1）投标人相互串通投标报价，损害招标人或者其他投标人的利益，并且情节严重的行为。相互串通投标的报价，是指投标人私下串通，联手抬高标价或者压低标价，以损害招标人的利益或者排挤其他投标者。

（2）投标人与招标人串通投标，损害国家、集体、公民的合法权益。这里的串通投标，不限于对投标报价的串通，还包括就报价以外的其他事项进行串通。由于这种行为的危害性重于前一种行为，故其成立犯罪不以情节严重为要件。串通投标罪的主体分别为投标人与投标人、投标人与招标人，因而是必要的共犯。这里的投标人、招标人，包括自然人与单位。串通投标罪主观方面只能由故意构成，即使为了防止过分竞争而串通的，原则上也成立本罪。

4. 侵犯商业秘密罪

侵犯商业秘密罪，是指采取不正当手段，获取、使用、披露或者允许他人使用权利人的商业秘密，给商业秘密的权利人造成重大损失的行为。侵犯商业秘密罪侵犯的客体既包括国家对商业秘密的管理制度，又包括商业秘密的权利人享有的合法权利。商业秘密，是指不为公众所知悉，能为权利人带来经济利益，具有实用性并经权利人采取保密措施的技术信息和经营信息。在招标采购活动中，属于商业秘密的有：应当保密的与招标投标活动有关的情况和资料；标底；依法必须进行招标的项目中，已获取招标文件的潜在投标人的名称、数量或者可能影响公平竞争的有关招标投标的其他情况；对投标文件的评审和比较、中标候选人的推荐。泄露、透露上述商业秘密，如果情节严重的，有可能构成侵犯商业秘密罪。

《刑法》第219条规定：“有下列侵犯商业秘密行为之一，给商业秘密的权利人造成重大损失的，处三年以下有期徒刑或者拘役，并处或者单处罚金；造成特别严重后果的，处三年以上七年以下有期徒刑，并处罚金：①以盗窃、利诱、胁迫或者其他不正当手段获取权利人的商业秘密的；②披露、使用或者允许他人使用以前项手段获取的权利人的商业秘密的；③违反约定或者违反权利人有关保守商业秘密的要求，披露、使用或者允许他人使用其所掌握的商业秘密的。”

5. 诈骗罪

诈骗罪是指以非法占有为目的，用虚构事实或者隐瞒真相的方法，骗取数额较大的公私财物的行为。《招标投标法》第54条规定：“投标人以他人名义投标或者以其他方式弄虚作假，骗取中标的，中标无效，给招标人造成损失的，依法承担赔偿责任；构成犯罪的，依法追究刑事责任。”投标人以他人名义投标或者以其他方式弄虚作假，骗取中标的，就有可能构成诈骗罪。

《刑法》第266条规定：“诈骗公私财物，数额较大的，处三年以下有期徒刑、拘役或者管制，并处或者单处罚金；数额巨大或者有其他严重情节的，处三年以上十年以下有期徒刑，并处罚金；数额特别巨大或者有其他特别严重情节的，处十年以上有期徒刑或者无期徒刑，并处罚金或者没收财产。”

6. 受贿罪

受贿罪，是指国家工作人员利用职务上的便利，索取他人财物，或者非法收受他人财物并为他人谋取利益的行为。国有公司、企业、事业单位、人民团体中从事公务的人员和国家机关、国有公司、企业、事业单位委派到非国有公司、企业、事业单位、社会团体从事公务的人员，以及其他依照法律从事公务的人员；以国家工作人员论。《刑法》第385条规定：“国家工作人员利用职务上的便利，索取他人财物的，或者非法收受他人财物，为他人谋取利益的，是受贿罪。”具体处罚标准如下：

(1) 个人受贿数额在十万元以上的，处十年以上有期徒刑或者无期徒刑，可以并处没收财产；情节特别严重的，处死刑，并处没收财产。

(2) 个人受贿数额在五万元以上不满十万元的，处五年以上有期徒刑，可以并处没收财产；情节特别严重的，处无期徒刑，并处没收财产。

(3) 个人受贿数额在五千元以上不满五万元的，处一年以上七年以下有期徒刑；情节严重的，处七年以上十年以下有期徒刑。个人受贿数额在五千元以上不满一万元，犯罪后有悔改表现、积极退赃的，可以减轻处罚或者免予刑事处罚，由其所在单位或者上级主管机关给予行政处分。

(4) 个人受贿数额不满五千元，情节较重的，处二年以下有期徒刑或者拘役；情节较轻的，由其所在单位或者上级主管机关酌情给予行政处分。

7. 非国家工作人员受贿罪

非国家工作人员受贿罪，是指公司、企业或者其他单位的工作人员利用职务上的便利，索取他人财物或者非法收受他人财物，为他人谋取利益，数额较大的行为。

《刑法》第163条规定：“公司、企业或者其他单位的工作人员利用职务上的便利，索取他人财物或者非法收受他人财物，为他人谋取利益，数额较大的，处五年以下有期徒刑或者拘役；数额巨大的，处五年以上有期徒刑，可以并处没收财产。”

8. 行贿罪

行贿罪，指为谋取不正当利益，在经济往来中，违反国家规定，给予国家工作人员以财物，数额较大，或者违反国家规定，给予国家工作人员以各种名义的回扣费、手续费的行为。

《刑法》第391条规定：“为谋取不正当利益，给予国家机关、国有公司、企业、事业单位、人民团体以财物的，或者在经济往来中，违反国家规定，给予各种名义的回扣、手续费的，处三年以下有期徒刑或者拘役。”

9．对非国家工作人员行贿罪

对非国家工作人员行贿罪是指为谋取不正当利益，给予公司、企业或者其他单位的工作人员以财物、数额较大的行为。本罪主观上均为故意。《刑法》第164条规定："为谋取不正当利益，给予公司、企业或者其他单位的工作人员以财物，数额较大的，处三年以下有期徒刑或者拘役；数额巨大的，处三年以上十年以下有期徒刑，并处罚金。"

第二节　民　　法

《中华人民共和国民法通则》（简称《民法通则》）于1986年4月12日第六届全国人民代表大会第四次会议通过，1987年1月1日起施行。《民法通则》的立法目的在于保障公民、法人合法的民事权益，正确调整民事关系。《民法通则》共分为9章，156条。本书仅就与工程建设密切相关的部分内容进行介绍。

一、民事法律关系

民事法律关系是由民法规范调整的以权利义务为内容的社会关系，包括人身关系和财产关系。民事法律关系包括主体、客体和内容三个要素，如图2-1所示。这三个要素统一存在于某一个特定的法律关系之中，其中的任何一个要素发生了变化，就必然导致这个特定的法律关系发生变化。

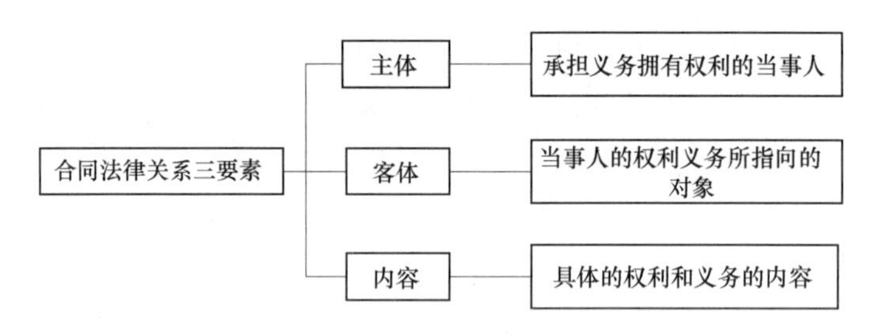

图2-1　民事法律关系构成三要素

（一）民事法律关系主体

民事法律关系主体（简称民事主体），是指民事法律关系中享受权利、承担义务的当事人和参与者，包括自然人、法人和其他组织。

1．自然人

自然人不仅包括公民，还包括外国人和无国籍人。他们都可以成为民事法律关系的主体。我国《宪法》规定，凡具有中华人民共和国国籍的人都是中华人民共和国公民。不具有中华人民共和国国籍的人不是我国的公民，但是依然属于自然人的范畴。自然人作为民事主体的一种，能否通过自己的行为取得民事权利、承担民事义务，取决于其是否具有民事行为能力。所谓民事行为能力，是指民事主体通过自己的行为取得民事权利、承担民事义务的资格。民事行为能力分为完全民事行为能力、限制民事行为能力和无民事行为能力三种。

（1）完全民事行为能力。18周岁以上的公民是成年人，具有完全民事行为能力，可以独立进行民事活动，是完全民事行为能力人。16周岁以上不满18周岁的公民，以自己的劳动收入为主要生活来源的，视为完全民事行为能力人。

（2）限制民事行为能力。10周岁以上的未成年人是限制民事行为能力人，可以进行与他的年龄、智力相适应的民事活动；其他民事活动由他的法定代理人代理，或者征得他的法定代理人的同意。不能完全辨认自己行为的精神病人是限制民事行为能力人，可以进行与他的精神健康状况相适应的民事活动；其他民事活动由他的法定代理人代理，或者征得他的法定代理人的同意。

（3）无民事行为能力。不满10周岁的未成年人是无民事行为能力人，由他的法定代理人代理民事活动。不能辨认自己行为的精神病人是无民事行为能力人，由他的法定代理人代理民事活动。中华人民共和国公民定居国外的，他的民事行为能力可以适用定居国法律。

2. 法人

法人是具有民事权利能力和民事行为能力，依法独立享有民事权利和承担民事义务的组织。

法人应当具备四个条件：

（1）依法成立。

（2）有必要的财产或经费。

（3）有自己的名称、组织机构和场所。

（4）能够独立承担民事责任。《民法通则》把法人分为企业法人和非企业法人两大类。企业法人是指以营利为目的的法人，是法人中数量最大的一种。非企业法人，是指不直接从事生产和经营活动的法人，以国家管理和非经营性的社会活动为其内容的法人。非企业法人又可分为机关法人、事业单位法人和社会团体法人，如建设行政主管部门、学校、消费者协会等。

3. 其他组织

其他组织是指合法成立、有一定的组织机构和财产，但又不具备法人资格的组织。在实践中，较为常见的主要包括：

（1）法人依法设立并领取营业执照的分支机构。

（2）依法登记领取营业执照的私营独资企业、合伙组织。

（3）依法登记领取营业执照的合伙型联营企业。

（4）依法登记领取我国营业执照的中外合作经营企业、外资企业等。

（二）民事法律关系客体

民事法律关系客体，是指民事法律关系之间权利和义务所指向的对象。因为法律关系的建立总是为了保护某种利益，获得某种利益或转移、分配某种利益，所以，任何外在的客体，一旦它承载了某种利益价值，就可能成为法律关系客体。法律关系客体的种类包括：

1. 财

一般指资金及各种有价证券。在法律关系中表现为财的客体主要是建设资金，如基本建设贷款合同的标的，即一定数量的货币。

2. 物

指法律关系主体支配的、在生产上和生活上所需要的客观实体。例如施工中使用的各种建筑材料、施工机械就都属于物的范围。

3. 行为

作为法律关系客体的行为是指义务人所要完成的能满足权利人要求的结果。这种结果表现为两种：物化的结果与非物化的结果。物化的结果指的是义务人的行为凝结于一定的物体，产生一定的物化产品。例如房屋、道路等建设工程项目。非物化的结果即义务人的行为没有转化为物化实体，而仅表现为一定的行为过程，最终产生了权利人所期望的法律效果。例如企业对员工的培训行为。

4. 非物质财富

是指人们脑力劳动的成果或智力方面的创作，也称智力成果。例如文学作品就是这种智力成果。智力成果属于非物质财富，也称为精神产品。

上述各种客体并不是孤立地存在于法律关系之中的，在一个特定的法律关系中往往会同时存在不同的客体。

（三）民事法律关系内容

民事法律关系内容，是指民事主体之间基于民事法律关系客体所形成的民事权利和民事义务。这种法律权利和法律义务的来源可以分为法定的权利、义务和约定的权利、义务。权利和义务都是在一定范围内存在的权利和义务，超过了范围的权利是不受法律保护的。同样，要求义务人作出超出范围的义务也同样是法律所禁止的。在一个特定的法律关系中，一方当事人的权利就是另一方当事人的义务。当事人在享受权利的同时也必须要履行相应的义务。

二、民事法律行为的成立要件

（一）民事法律行为的概念

民事法律行为是指公民或者法人设立、变更、终止民事权利和民事义务的合法行为。

民事法律行为不同于民事行为。民事行为指民事主体以发生一定的法律后果为目的而进行的行为。民事行为如果符合法律规定的有效条件，就发生法律效力，构成民事法律行为；如果不具备法律规定的生效条件，将自始至终不发生法律效力，也即不能转化为民事法律行为。

（二）民事法律行为的要件

民事法律行为应当具备下列条件：

（1）行为人具有相应的民事行为能力。

（2）意思表示真实。

（3）不违反法律或者社会公共利益。

三、代理制度

（一）对代理的相关规定

代理人在代理权限内，以被代理人名义实施民事法律行为，被代理人对代理人的代理行为，承担民事责任。代理涉及三方当事人，分别是被代理人、代理人和代理关系所涉及的第三人。

依照法律规定或按照双方当事人约定，应当由本人实施的民事法律行为，不得代理。

自然人和法人均可成为代理人，但法律对代理人资格有特别规定的除外。例如《招标投标法》中规定，招标投标活动中的招标代理机构应当依法设立，并具备法律规定的条件。

（二）代理的种类

代理包括委托代理、法定代理和指定代理三类。

1. 委托代理

是代理人根据被代理人授权而进行的代理。在工程建设领域，通过委托代理实施民事法律行为的情形较为常见。

2. 法定代理

是根据法律的直接规定而产生的代理。法定代理主要是为了维护限制民事行为能力人或无民事行为能力人的合法权益而设计的。法定代理不同与委托代理，属于全权代理，法定代理人原则上应代理被代理人的有关财产方面的一切民事法律行为和其他允许代理的行为。

无民事行为能力人、限制民事行为能力人的监护人是他们的法定代理人。

3. 指定代理

是根据人民法院或者有关机关的指定而产生的代理。

（三）代理人与被代理人的责任承担

1. 授权不明确的责任承担

委托书授权不明的，被代理人应当向第三人承担民事责任，代理人负连带责任。

2. 无权代理的责任承担

没有代理权、超越代理权或者代理权终止后的行为，只有经过被代理人的追认，被代理人才承担民事责任。未经追认的行为，由行为人承担民事责任。本人知道他人以本人名义实施民事行为而不作否认表示的，视为同意。

第三人知道行为人没有代理权、超越代理权或者代理权已终止还与行为人实施民事行为给他人造成损害的，由第三人和行为人负连带责任。

3. 代理人不履行职责的责任承担

代理人不履行职责而给被代理人造成损害的，应当承担民事责任。代理人和第三人串通，损害被代理人的利益的，由代理人和第三人负连带责任。

4. 代理事项违法的责任承担

代理人知道被委托代理的事项违法仍然进行代理活动的，或者被代理人知道代理人的代理行为违法不表示反对的，由被代理人和代理人负连带责任。

5. 转托他人代理的责任承担

委托代理人为被代理人的利益需要转托他人代理的，应当事先取得被代理人的同意。事先没有取得被代理人同意的，应当在事后及时告诉被代理人，如果被代理人不同意，由代理人对自己所转托的人的行为负民事责任，但在紧急情况下，为了保护被代理人的利益而转托他人代理的除外。

（四）表见代理

表见代理是指虽无代理权，但表面上有足以使人相信有代理权而需由被代理人负授权之责的代理。

（1）表见代理的构成要件包括：①行为人没有代理权；②没有代理权的代理人实施了代理的行为；③善意相对人有理由相信行为人有代理权。

（2）表见代理的法律后果。行为人没有代理权、超越代理权或代理权终止后以被代理人名义订立合同，相对人有理由相信行为人有代理权的，该代理行为有效。

（五）代理的终止

1. 委托代理的终止

有下列情形之一的，委托代理终止：①代理期间届满或代理事务完成；②被代理人取消委托或代理人辞去委托；③代理人死亡；④代理人丧失民事行为能力；⑤作为被代理人或代理人的法人终止。

2. 法定代理或指定代理的终止

有下列情形之一的，法定代理或指定代理终止：①被代理人取得或恢复民事行为能力；②被代理人或代理人死亡；③代理人丧失民事行为能力；④指定代理的人民法院或指定单位取消指定；⑤由其他原因引起的被代理人和代理人之间的监护关系消灭。

四、债权制度

（一）债的概念

债是按照合同的约定或依照法律的规定，在当事人之间产生的特定的权利和义务关系。例如在建设工程合同关系中，承包人有请求发包人按照合同约定支付工程价款的权利，而发包人则相应地有按照合同约定向承包人支付工程价款的义务。

（二）债的发生根据

债的发生根据主要包括如下几种：

1. 合同

合同是平等主体的自然人、法人和其他组织之间设立、变更、终止民事权利义务关系的协议。当事人之间通过订立合同设立的以债权债务为内容的民事法律关系，称为合同之债。

2. 不当得利

是指没有合法根据，取得不当利益，造成他人损失。当发生不当得利时，由于一方取得的利益没有法律或合同根据且给他人造成损害，在这种情况下，受损失一方依法有请求不当得利人返还其所得利益的权利，而不当得利人则依法负有返还义务。这样，在当事人之间即发生债权债务关系。这种因不当得利所发生的债，称为不当得利之债。

3. 无因管理

是指没有法定的或约定的义务，为避免他人利益受损失而进行管理或服务的行为。无因管理发生后，管理人依法有权要求受益人偿付因其实施无因管理而支付的必要费用。这种由于无因管理而产生的债，称为无因管理之债。

4. 侵权行为

是指侵害他人财产或人身权利的违法行为。在民事活动中，一方实施侵权行为时，根据法律规定，受害人有权要求侵害人承担赔偿损失等责任，而侵害人则有负责赔偿的义务。因此，侵权行为会引起侵害人和受害人之间的债权债务关系。这种因侵权行为而产生的债，称为侵权行为之债。

五、诉讼时效制度

（一）诉讼时效的概念

诉讼时效，是指权利人在法定期间内，不行使权利即丧失请求人民法院保护的权利。超过诉讼时效期间，在法律上发生的效力是权利人的胜诉权消灭，即丧失请求法院保护的权利。超过诉讼时效期间权利人起诉，如果符合民事诉讼法规定的起诉条件，法院仍然应当受理。但是，如果法院经受理后查明无中止、中断、延长事由的，判决驳回诉讼请求。应当注意的是，超过诉讼时效期间，权利人虽然丧失胜诉权，但是实体权利本身并不消灭。根据《民法通则》的相关规定，超过诉讼时效期间，当事人自愿履行的，不受诉讼时效限制。

（二）诉讼时效期间的种类

诉讼时效期间通常可划分为四类。

1. 普通诉讼时效

是指向人民法院请求保护民事权利的期间。普通诉讼时效期间通常为 2 年。

2. 短期诉讼时效

诉讼时效期间为 1 年，主要有身体受到伤害要求赔偿的；延付或拒付租金的；出售质量不合格的商品未声明的；寄存财物被丢失或损毁的。

3. 特殊诉讼时效

特殊诉讼时效不是由民法规定的，而是由特别法规定的诉讼时效。例如《合同法》规定国际货物买卖合同和技术进出口合同争议的时效为 4 年。

4. 权利的最长保护期限

诉讼时效期间从知道或应当知道权利被侵害时起计算。但是，从权利被侵害之日起超过 20 年的，人民法院不予保护。

第三节　合　同　法

《中华人民共和国合同法》（简称《合同法》）是于 1999 年 3 月 15 日第九届全国人民代表大会第二次会议通过，并于 1999 年 10 月 1 日起正式施行的。《合同法》实施后，《经济合同法》、《涉外经济合同法》和《技术合同法》同时废止，因此消除了市场交易规则之间的分歧，把纷繁复杂的市场经济生活纳入统一、有序的规范中。《合同法》包括总则、分则和附则三大部分，共计 23 章 428 条。

一、合同法概述

（一）合同的基本概念

合同是平等主体（自然人、法人、其他组织）之间就民事权利、义务关系达成的协议，但婚姻、收养、监护等有关身份关系的协议，不适用合同法的规定。

合同是合意的结果，因此合同的成立必须要有两个或两个以上的当事人，各方当事人须互相做出意思表示，且各个意思表示是一致的，才能达成协议。由于合同是两个或两个以上意思表示一致的产物，因此当事人必须在平等自愿的基础上进行协商，才能使其意思表示达成一致。如果不存在平等自愿，也就没有真正的合意。我国《民法通则》第 85 条规定："合同是当事人之间设立、变更、终止民事关系的协议。依法成立的合同，受法律保护。"强调了合同本质上是一种协议，是当事人意思表示一致的产物。

（二）合同法的基本原则

合同法的基本原则是合同法的基本指导思想和法律准则，具有规范作用和强制性，从事交易活动的当事人都必须遵守。我国《合同法》的基本原则是：平等自愿、公平守法、诚实信用和鼓励交易原则。

1. 平等自愿原则

合同双方当事人在合同法律关系中是平等的，任何一方都不能将自己的意志强加给另一方。比如，本来建筑施工企业与建设行政管理部门是管理与被管理的关系，但如果建筑施工企业与建设行政管理部门签订了建筑工程施工承包合同，则二者之间在合同关系中就具有平等的法律地位。

合同自愿原则也称合同自由原则。合同法的自由原则主要体现在以下三个方面：

（1）当事人的合意具有法律效力。合同本质上就是当事人的合意，具有法律效力，当事人应严格遵守，任何一方违约时都应承担违约责任。

（2）合同自由原则还表现在合同法赋予了当事人的合意具有优先于合同法的任意性规范而适用的效力。例如，合同法规定了各种规则，但这些规则大多可以通过当事人的自由约定加以改变；合同法规定了合同的形式，但除法律关于合同形式的特殊规定以外，并不禁止当事人创立新的合同形式。只要当事人的合意不违背法律的禁止性规定，不损害国家、社会和他人的利益，法律就承认其效力。即承认约定优先。

（3）当事人享有订立合同的自由。当事人是否订立合同、与谁订立合同、订立什么样的合同、选择什么方式签订合同等一系列问题都由当事人自愿协商。当事人订立合同的自由体现在以下6个方面，即订立合同自由；选择相对人自由；选择合同方式自由；决定合同内容自由；变更和解除合同自由；选择争议的处理方式自由。

2. 公平守法原则

公平是立法的基本原则，主要指合同当事人应当遵循公平原则确定各方的权利和义务。当事人承担的义务和享有的权利应当对等。但对于权利义务不对等的合同，如果不损害公众利益、不违反国家法律、法规，当事人又没有争议，法律并不能认定其无效。这也充分体现了合同自由原则。

《合同法》第52条第五款规定，"违反法律、行政法规的强制性规定"的合同无效。就是说如果合同内容与任意性法律规范的内容不符，只要没有其他违法之处，该合同仍然是有效的。这里要注意的是：如果合同没有违反法律、行政法规的强制性规定，但却违反了地方性法规或行政规章，不能直接将其认定为无效合同。无损公众利益的合同，即便违反了地方性法规或行政规章，也是有效的。

3. 诚实信用原则

诚实信用原则是从道德角度而言的，可以说这是合同当事人应该遵循的最高法则。在债法中诚实信用原则被称为"帝王规则"。《合同法》第六条规定："当事人行使权利、履行义务应当遵循诚实信用原则。"人们常说的"三分货，七分心"，就是指交易人的诚信比交易的货物还重要。诚实守信是市场经济最基本的道德准则。作为当事人，在合同订立、履行、合同争议的解决及合同履行完以后的各个阶段都应做到恪守诺言、以信为本、诚实无欺，只有这样才能更好地维护市场正常的交易秩序，提高交易效率，降低交易费用，保证交易安全。

4. 鼓励交易原则

鼓励交易原则在合同法中没有相应的条款与之对应，但合同法的内容却始终体现这样一种精神。比如我国《合同法》在以下多个方面都体现了鼓励交易的原则：首先，在合同形式上，《合同法》第 36 条规定："法律、行政法规规定或当事人约定采用书面形式订立合同，当事人未用书面形式但一方已经履行主要义务，对方接受的，该合同成立。"虽然在第 32 条中规定："当事人采用合同书形式订立合同的，经双方当事人签字或者盖章时合同成立。"但同时第 37 条又规定："采用合同书形式订立合同，在签字或者盖章之前，当事人一方已经履行主要义务，对方接受的，该合同成立。"

上述说明虽然有些合同在形式上不符合《合同法》的某些条款的规定，但从鼓励交易，提高效率，增加社会财富等角度考虑出发，只要当事人合意，且不损害公共利益和他人利益，法律就应该承认该合同的存在，而不能予以撤销。

在可撤销合同的处理方面，《合同法》第 54 条规定：对因重大误解或显失公平情况下订立的合同，以及一方以欺诈、胁迫的手段或乘人之危，使对方违背自己心愿订立的合同，受损方可以请求人民法院或者仲裁机构变更或者撤销合同。但若当事人（受损方）请求变更时，人民法院或者仲裁机构则不得撤销合同。这也说明合同法鼓励交易原则，鼓励当事人通过变更使不公平的合同变得公平，从而使无效合同变成有效合同，促使交易成功。

在解除合同方面，《合同法》作了较严格的规定。目的是为了尽量避免因当事人解除合同，致使交易无法进行。

二、合同的订立

合同订立是动态的缔约过程与静态的合同成立的结合。如果将合同关系的成立看作一个行为的话，那么该行为是瞬间完成的，既从当事人就权利义务关系形成合意的那一刻起，合同即告成立。而动态的合同订立则需要有一个从协商到达成一致的过程。这个过程包括要约、承诺等步骤。

（一）要约

《合同法》第 14 条规定："要约是希望和他人订立合同的意思表示，该意思表示应该符合下列规定：①内容具体确定；②表明经受要约人承诺，要约人即受该意思表示约束。"要约要发生法律效力应具备下列基本要件：

1. 要约必须具有订立合同的意图

只有以缔结合同为目的，并真实且充分地向对方表达了该目的的意思表示，才是要约。

2. 要约的内容应当具体、明确和完整

发出要约的目的是要同受要约人订立合同。所以只要受要约人同意要约，合同即告成立。为了使合同成立后能够切实履行，要约人就必须要在发出的要约中对当事人的权利义务进行尽可能完整清晰的说明，以使受要约人能够清楚了解要约人的真实意思，知道如果他接受要约会享有哪些权利，同时要承担哪些义务。所以要约的内容应该包括合同的最基本的要素：合同主体、标的物、数量、期限以及价格等条款。我国《合同法》虽然规定要约内容应当具体确定，但并没有规定"应当具体确定"哪些内容。所以如果一项要约没有上述内容，也不能认定其为无效要约，关键是要看双方当事人是否愿意达成一个有法律效力的合同。

《合同法》第61条规定："合同生效后，当事人可以就质量、价款或者报酬、履行地点等内容没有约定或者约定不明确的，进行协议补充；不能达成补充协议的，按照合同有关条款或者交易习惯确定。"若当事人就有关合同内容约定不明确的，依照合同有关条款或交易习惯仍不能确定的，可以根据《合同法》第61条规定加以确定。

3. 要约必须由要约人向受要约人发出

我国《合同法》并未明确规定具备什么资格才能发出要约，但既然承认要约是希望与他人订立合同的意思表示，又承认合同是具有法律效力的，那么要约人就应该具有法律主体资格，即要约人应当具有民事行为能力和民事权利能力。

根据合同自由原则，要约应当由愿意订立合同的当事人或其指定的代表发出。若未被授权人或授权人超过授权范围以当事人名义发出要约的，当事人若不认可，则要约中的义务对当事人不会产生约束力。

4. 要约中必须表明要约人放弃订立合同最后决定权的旨意

《合同法》第14条第2款规定要约应符合下列规定，即"表明经受要约人承诺，要约人即受该意思表示的约束"。亦即只要受要约人接到要约后，表示同意订立合同，合同就成立。

要约邀请是希望他人向自己发出要约的意思表示，要约邀请具有以下特点：①要约邀请是一方邀请对方向自己发出要约，而要约是由一方发出订立合同的意思表示；②要约是当事人旨在订立合同的意思表示，含有要约人愿意接受要约拘束的意旨，而要约邀请，不含有当事人愿意承受拘束的意旨，不具有法律的约束力；③要约在内容上，应具备与他人订立合同的必要条款，要约邀请则一般不具备足以使合同成立的必要条款。

（二）承诺

《合同法》第21条规定："承诺是受要约人同意要约的意思表示。"所以承诺的效力就是使合同成立。承诺应符合下列条件：

1. 承诺必须由受要约人向要约人做出

《合同法》没有规定受要约人是否必须是特定的。实践中大多数要约都是向特定人发出的。所以《合同法》第15条规定："……寄送的价目表、拍卖公告、招标公告、招股说明书、商业广告等为要约邀请。"但又规定"商业广告的内容符合要约规定的，视为要约。"说明《合同法》并未排除受要约人可以是非特定人。

2. 承诺的内容必须要与要约的内容一致

受要约人对要约的内容不能做实质性修改（如修改要约中有关合同的标的、数量、质量、价格或报酬、履行期限、地点、方式和违约形式及争议的解决办法等），否则要约失效。经受要约人修改后的要约称为反要约。

3. 承诺必须在要约的有效期内做出

超过要约有效期的要约失效。《合同法》第22条规定："承诺应以通知的方式做出，但根据交易习惯或者要约表明可以通过行为做出承诺的除外。"所以履行行为也可以作为承诺的方式。比如，到饭店去吃饭的顾客，明知服务员上错了菜，却也没吱声给吃了。这就是用吃这道上错的菜的行为向饭店方做出了加点这道菜的承诺。所以饭后顾客应该为这道菜付款。

（三）合同成立

一项合同成立，需要符合实质要件及形式要件的要求。实质要件包括具备资格的缔约人和当事人意思表示一致。形式要件是指要符合法律规定的形式。但我国《合同法》遵循不要式合同原则，所以一般仅具备实质要件合同就可以成立。对有瑕疵的合同或对形式要件有所欠缺时，可以通过当事人的实际履行进行补救。

（四）缔约过失责任

1. 缔约过失责任的含义及其构成要件

缔约过失责任是指缔约当事人一方在合同订立期间因没有尽到法定义务，而导致另一方当事人遭受损失时所应承担的民事责任。缔约阶段缔约人的义务如下所述：

（1）协力义务。缔约当事人应本着诚实信用态度，齐心协力促成合同成立。

（2）保密义务。当事人在合同谈判中可能会涉及双方的一些商业秘密，当事人有替对方保密的义务。

（3）保护义务。比如，商场对进入商场购物的顾客，银行对进入银行办理业务的顾客都有义务。缔约过失责任构成要件：①过失发生在订立合同过程中；②违反依诚实信用原则所应付的合同义务；③另一方的信赖利益因此而受到损失；④损失与过失之间具有因果关系。

2. 缔约过失责任的类型及其责任范围

缔约过失责任有以下4种类型：①假借订立合同，恶意进行磋商。其真实目的或是阻止对方与他人订立合同，或是使对方贻误商机，或仅为戏耍对方；②故意隐瞒与订立合同有关的重要事实或者提供虚假情况。依照诚实信用原则，缔约当事人负有如实告知义务。若有隐瞒或虚告即构成欺诈。若造成对方受损则应承担缔约过失责任；③有其他违背诚实信用原则的行为。例如，王某与某小学商定捐100万元改建校舍，8月底到账。学校为建新校舍将旧校舍拆除并贷款50万元。后来王某生意亏本拒绝捐款，因此给学校造成损失。王某理应承担缔约过失责任；④泄露或者不正当使用在订立合同中知悉的商业秘密并给对方造成损失。

在合同不成立、无效或者被撤销时，可能会由于一方的过失而导致另一方遭受损失，此时受害人有权要求过失人赔偿。过失人的赔偿范围应相当于受害人因相信合同有效成立所遭受的损失，包括缔约费用、履行准备费用以及因信赖本合同成立而错失其他缔约机会的损失。

过失人承担缔约过失责任的方式依缔约过失行为所造成的损害后果不同有不同的承担方式：①返还财产，即在缔约过程中已经取得对方财产的，过失人应当返还财产；②赔偿损失，即在因缔约过失行为造成对方损失时，应当承担赔偿责任。

三、合同的内容与形式

（一）合同的内容

合同的内容，一方面是指合同当事人的权利义务；另一方面是指合同条款。合同条款规定了当事人的权利义务。合同是否成立和有效，合同性质如何都可以通过合同条款反映出来。

《合同法》第12条做了一般性规定：合同内容可以由当事人约定，一般应有合同的标的、数量、质量、价款或报酬、履行期限、地点和方式、违约责任、解决争议的方法。同时规定："当事人可以参照种类合同的示范文本订立合同"。

（二）合同的形式

合同的形式是指合同当事人的意思表现形式，合同内容即合意的一种表现形式。

《合同法》第10条规定："当事人订立合同，有书面形式、口头形式和其他形式。法律、行政法规规定采用书面形式的，应当采用书面形式。当事人约定采用书面形式的，应当采用书面形式。"但《合同法》第36条又规定："法律、行政法规规定或当事人约定采用书面形式订立合同，当事人未采用书面形式但一方已经履行了主要义务，对方接受的，该合同成立。"说明《合同法》在合同双方意思自治和合同形式两者之间更重视前者。

合同书是指载有合同条款且有当事人双方签字或盖章的文书。合同书是合同书面表现形式中最重要的一种，它必须以书面文字凭据方式记载合同条款且应有当事人双方签字或盖章。当事人是自然人时，盖个人印章或签字同样有效。但当事人是法人时，由于其法定代表人具有自然人和法人代表双重身份，若只有其个人签字或个人印章，则很难区分其身份。所以当其作为法定代表人签订合同时应该加盖法人印章才能代表法人。盖了法人印章后，法人代表是否签字都不会影响合同生效。

合同的信件表现形式是指当事人双方以信件往来方式签订的合同。这种信件必须具有相应的合同内容。《合同法》第33条规定："当事人采用信件、数据电文等形式订立合同的，可以在合同成立之前要求签订确认书。签订确认书时合同成立。"由双方签字的载有合同条款的信件实际上就成了合同书。

如果数据电文形式的信件可以调取再现，它实际上具备了书面形式的要件。《合同法》第11条规定："书面形式是指合同书、信件和数据电文（包括电报、电传、传真、电子数据交换和电子邮件）等可以有形地表现所载内容的形式。"

默示形式也称推定方式，主要依据行为方式来推定合同是否成立，如可以根据乘客按正常秩序上公共汽车这一行为，推定该乘客与公交公司的客运合同成立。根据顾客向自动售货机投币这一行为，可以推定买卖合同成立。日常生活中存在着大量的通过实际履行主要义务来实现缔约的例子。

实际履行是否一定可以导致合同成立，这要区分不同的情况。如果当事人在合同中明确约定：如果不采用书面形式订立主要合同条款，则合同不成立，当事人就不能通过实际履行来促使合同成立。

一般如果要使实际履行缔约成立的话，必须是一方履行了主要义务，另一方接受的；或者双方都从事了履约行为。只有一方履行义务而另一方没有履行的，不能认定合同成立。另外，实际履行行为本身必须是合法的，即实际履行不损害国家以及社会的公共利益，也不损害第三者利益，否则不能推定合同成立。

（三）格式合同

《合同法》第39条第2款规定："格式条款是当事人为了重复使用而预先拟订，并在订立合同时未与对方协商的条款。"因为格式合同没有经过当事人双方协商，所以格式条款本身是不符合合同自由原则的。因此，国家为避免格式合同提供方利用自己的特别地位设立不公平的格式条款，《合同法》第39条第1款规定："采用格式条款订立合同的，提供格式条款的一方应当遵循公平原则确定当事人之间的权利和义务，并采用合理的方式提请对方注意免除或者限制其责任的条款，按照对方的要求，对该条款予以说明。"

《合同法》第40条规定："格式条款提供方免除己方责任、加重对方责任，排除对方主要权利的，一律无效。"例如，商家在其店堂贴出的"商品售出，概不退换"的告示即为商家单方面订立的格式合同条款，该条款实为免除其责任的条款，为无效条款。

当格式条款有两种以上解释时，应取对提供格式条款方不利的解释。

四、合同的效力

合同的效力是指合同在当事人之间及对第三人产生的法律约束力。合同成立不等于合同生效，只有具备合同生效要件的合同才能发生法律效力。

所谓合同生效要件，是指已经成立的合同发生完全的法律效力，应当具备的法律条件。合同生效要件是判断合同是否具有法律约束力的标准。《民法通则》第55条规定，民事法律行为应当具备下列条件：

1. 行为人具有相应的民事行为能力

企业法人设立的不能独立承担民事责任的分支机构，由该企业法人申请、登记，经登记主管机关批准，领取营业执照，在核准登记的经营范围内从事经营活动（《企业法人登记管理条例》第35条规定）。

2. 意思表示真实

是指意思表示人的表示行为应当真实地反映其内心的效果意思，不得有虚假的表示。

3. 不得违反法律和社会公共利益

行为人不允许买卖国家法律规定禁止流通物品。例如，枪支、弹药、毒品或黄色录音带和录像带等内容的违法行为，必然会导致合同的无效。

4. 必须具备法律规定的形式

在民事法律行为中可以采取书面形式、口头形式或者其他形式。如法律规定用特殊形式，应当依照法律规定办事。合同生效有法律、行政法规规定应当办理批准、登记等手续的，办理完有关手续，合同才能生效。

上述内容是合同的一般生效要件，但有些合同还有一些特殊的生效要件，如技术引进合同需要经过国家有关部门的批准后才能生效。

目前，涉及合同审批、登记的有关法律、行政法规主要有《城市房地产管理办法》《担保法》《民用航空法》《三资企业法》等。

1. 合同效力

合同效力可分为有效合同、无效合同和效力待定合同，见表2-1。

表2-1　　合同的效力

<table>
<tr><th>合同效力</th><th colspan="2">具备条件</th></tr>
<tr><td rowspan="4">有效合同</td><td colspan="2">合同主体合法：具备民事权利能力和民事行为能力</td></tr>
<tr><td colspan="2">当事人意思表示真实，符合自愿原则</td></tr>
<tr><td colspan="2">合同内容合法：不违反国家法律法规，不损害国家及公共利益</td></tr>
<tr><td colspan="2">合同格式合法：法规有规定的按规定，无规定的双方商定</td></tr>
<tr><td rowspan="3">无效合同</td><td colspan="2">恶意串通损害国家、集体及他人利益的合同无效</td></tr>
<tr><td colspan="2">以合同形式掩盖非法目的的合同无效</td></tr>
<tr><td colspan="2">损害社会公共利益及其他法律法规的合同无效</td></tr>
<tr><td rowspan="6">效力待定合同</td><td rowspan="2">当事人是限制民事能力的人</td><td>纯获利合同有效</td></tr>
<tr><td>非纯获利合同的效力看其法定代表人意见</td></tr>
<tr><td rowspan="2">以欺诈胁迫手段，强迫签订的合同</td><td>损害公众利益的违法的合同无效</td></tr>
<tr><td>否则合同效力看被胁迫或被欺诈方意见</td></tr>
<tr><td rowspan="2">无代理权人所签合同</td><td>表见代理合同有效</td></tr>
<tr><td>非表见代理合同的效力由被代理人决定</td></tr>
</table>

2. 合同免责条款的效力

如果合同中具有免除造成对方人身伤害责任的条款，则为无效条款。因故意或者重大过失造成对方财产损失的，当事人不能免除责任，及相应的免责条款无效。

3. 可撤销合同

（1）因重大误解订立的合同可以撤销。这类合同的构成要件是：第一是当事人一方因自己的原因对合同的重要事项产生了错误认识；第二是错误认识与订立合同之间有因果关系；第三是所订合同对当事人造成重大损失或达不到合同目的。

（2）显失公平的合同可以撤销。这类合同的构成要件是：客观上在订约时当事人之间的利益不平衡；主观上一方当事人故意利用自身优势或利用另一方当事人的经验不足、急躁等弱势，订立显失公平的合同。

（3）一方以欺诈、胁迫的手段或乘人之危，使对方在违背真实意思的情况下订立的合同无效。撤销权必须在法定期限内（从知道撤销事由之日起一年内）行使，超过法定期限的，撤销权作废。

4. 表见代理合同

《合同法》第49条规定："行为人没有代理权、超越代理权或者代理权终止后以被代理人名义订立合同，相对人有理由相信行为人是有代理权的，该代理行为有效。"构成表见代理合同须具备的条件：

（1）行为人无代理权而以被代理人的名义订立合同。

（2）相对人有理由相信行为人有代理权。

（3）表见代理人与相对人订立的合同具备生效条件。

(4) 相对人善意且不存在过错，即相对人不知代理人无代理权且对这一点已尽了必要的注意。

第四节　招标投标法及实施条例

《招标投标法》是第九届全国人大常委会于1999年8月30日第十一次会议审议通过，2000年1月1日正式施行。这是我国社会主义市场经济法律体系中一部非常重要的法律，是招标投标领域的基本法律。《招标投标法》共6章68条。第1章总则，主要规定了《招标投标法》的立法宗旨、适用范围、必须招标的范围、招标投标活动应遵循的基本原则以及对招标投标活动的监督；第2章招标，具体规定了招标人的定义，招标项目的条件，招标方式，招标代理机构的地位、成立条件和资格认定，招标公告和投标邀请书的发布，对潜在投标人的资格审查，招标文件的编制、澄清或修改等内容；第3章投标，具体规定了参加投标的基本条件和要求、投标人编制投标文件应当遵循的原则和要求、联合体投标，以及投标文件的递交、修改和撤回程序等内容；第4章开标、评标和中标，具体规定了开标、评标和中标环节的行为规则和时限要求等内容；第5章法律责任，规定了违反招标投标基本程序的行为规则和时限要求应承担的法律责任；第6章附则，规定了《招标投标法》的例外适用情形以及生效日期。

一、《招标投标法》对招标的基本规定

1. 招标主体

根据《招标投标法》第八条的规定，招标人是依照本法规定提出招标项目、进行招标的法人或者其他组织。首先，招标人是提出招标项目、进行招标的人。所谓招标项目，即采用招标方式进行采购的工程、货物或服务项目。

2. 招标项目的审批

根据《招标投标法》第九条第一款的规定，招标项目按照国家有关规定需要履行项目审批手续的，应当先履行审批手续，取得批准。拟招标的项目应当合法，这是开展招标工作的前提。

依据国家有关规定应批准而未经批准的项目，或违反审批权限批准的项目均不得进行招标。在项目审批前擅自开始招标工作，因项目未被批准而造成损失的，招标人应当自行承担法律责任。

3. 招标人必须有招标项目的资金保障

招标人应当有进行招标项目的相应资金或者有确定的资金来源，是招标人对项目进行招标并最终完成该项目的物质保证。招标人应该将资金数额和资金来源在招标文件中如实载明。

4. 《招标投标法》规定的招标方式

招标投标作为大额采购的一种主要交易方式在国外已有多年的历史。招标活动按照不同的标准可以划分为多种形式。比如，按其性质划分，可分为公开招标（即无限竞争性招标）和邀请招标（即有限竞争性招标）；按竞争范围划分，可分为国际竞争性招标和国内竞争性招标；按价格确定方式划分，可分为固定总价项目招标、成本加酬金项目招标和单

价不变项目招标等。

无论哪一种招标方式，都离不开招标的基本特性，即招标的公开性、竞争性和公平性。公开招标和邀请招标是国际上使用最为广泛的两种招标方式。《招标投标法》根据两种招标形式的特点及在我国使用的情况，除在第11条对国家和地方重点项目采用邀请招标做了必要的限制外，允许招标人对上述两种招标方式自行选择。

5. 对投标人资格审查的内容

招标人对投标人资格审查通常主要包括如下两个方面的内容：①对投标人投标合法性的审查，包括投标人是否是正式注册的法人或其他组织，是否具有独立签约的能力，是否处于正常经营状态；②对投标人投标能力的审查，包括投标人经营等级、资本、财务状况、以往业绩、经验与信誉、履约能力、技术和施工方法、人员配备及管理能力等。

6. 对投标人资格审查的方式

招标人对投标人的资格审查可以分为资格预审和资格后审两种方式。资格预审是指招标人在发出招标公告或招标邀请书以前，先发出资格预审的公告或邀请，要求潜在投标人提交资格预审的申请及有关证明资料，经资格预审合格的，方可参加正式的投标。资格后审是指招标人在招标文件中对资格条件提出明确要求，投标人提交的投标文件中包含相应的资格证明，经过评标资格审查合格后，再对投标人是否有能力履行合同义务进行审查。

7. 招标文件的内容

根据《招标投标法》第19条的规定，招标文件应当包括下列内容。

（1）应写明招标人对投标人的所有实质性要求和条件，包括：①投标须知；②如果招标项目是工程建设项目，招标文件中还应包括工程技术说明书，即按照工程类型和合同方式用文字说明工程技术内容的特点和要求，并通过工程技术图纸及工程量清单等对投标人提出详细、准确的技术要求。

（2）招标文件中应当包括招标人就招标项目中标后，拟签订合同的主要条款。

（3）任何一种形式的招标，招标人都应对招标项目提出相应的技术规格和标准。

8. 法定强制招标的项目

根据《招标投标法》第3条的规定，法定强制招标项目的范围有两类：①本法已明确规定必须进行招标的项目；②依照其他法律或者国务院的规定必须进行招标的项目。

（1）《招标投标法》明确规定必须进行招标采购的项目，为第3条第1款和第2款规定范围内的项目，即有关的工程建设项目，包括项目的勘察、设计、施工和监理及与工程建设项目有关的重要设备、材料等的采购。这里讲的工程建设项目，是指各类土木工程的建设项目，既包括各类房屋建筑工程项目，也包括铁路、公路、机场、港口、矿井、火电、水电、送变电、通信线路等专业工程建设项目。

（2）属于下列情形之一，才属于本法规定必须进行招标的项目：①大型的基础设施、公用事业等关系社会公共利益、公众安全的项目。所谓基础设施，是指为国民经济各行业发展提供基础性服务的铁路、公路、港口、机场、通信等设施；公用事业是指为公众提供服务的自来水、电力、燃气等行业。按照本条规定，对于大型基础设施和公用事业项目，不论其建设资金来源如何，都必须依照本法规定进行招标投标；②全部或部分使用国有资金或者国家融资的项目；③使用国际组织或者外国政府贷款、援助资金的项目。

9. 自行招标

《招标投标法》第12条规定，招标人具有编制招标文件和组织评标能力的，可以自行办理招标事宜。依法必须进行招标的项目，招标人自行办理招标事宜的，应当向有关行政监督部门备案。

10. 招标代理机构

《招标投标法》第12条规定，招标人有权自行选择招标代理机构，委托其办理招标事宜。任何单位和个人不得强制其委托招标代理机构办理招标事宜。《招标投标法》第13条第一款规定，招标代理机构是依法设立、从事招标代理业务并提供相关服务的社会中介组织。

11. 招标文件的澄清或者修改

《招标投标法》第23条规定，招标人对已发出的招标文件可以进行必要的澄清或者修改，但要遵守以下三个方面的规定：

（1）应当在招标文件要求提交投标文件截止时间至少十五日前将澄清和修改内容通知招标文件收受人。当然，由于招标人对招标文件规定的截标时间也是可以修改的，因此，如果招标人发出修改或澄清的通知较晚，致使投标人编制投标文件时间不够，则招标人应推迟提交投标文件截止日期，对截标日期做相应修改。

（2）招标人对已发出的招标文件进行必要的澄清或者修改的，应当以书面形式通知所有招标文件收受人。所谓书面形式，是指以文字形成书面形式发出通知，包括信件、电报、电传、传真、电子邮件等形式。

（3）招标人对已发出的招标文件进行的澄清或者修改的内容视为招标文件的组成部分，与已发出的招标文件具有同等的效力。

12. 法定招标项目的最短截标时间

《招标投标法》第24条规定，依法必须招标的项目，自招标文件发出之日起至投标人提交投标文件截止之日止，最短不得少于20日。

二、《招标投标法》对投标的基本规定

（一）投标主体

按照《招标投标法》第25条的规定，下述主体可以作为投标人参加投标：法人、自然人（只限于科研项目）、其他组织。

（二）投标人编制投标文件的基本要求

按照《招标投标法》第27条第1款的规定，编制投标文件应该符合下述两项基本要求：

1. 按照招标文件的要求编制投标文件

投标人只有按照招标文件载明的要求编制自己的投标文件，方有中标的可能。

2. 投标文件应当对招标文件提出的实质性要求和条件做出响应

这是指投标文件的内容应当对招标文件规定的实质要求和条件（包括招标项目的技术要求、投标报价要求和评标标准等）一一做出相对应的回答，不能存有遗漏或重大的偏离，否则将被视为废标，失去中标的可能。

（三）投标文件的内容

按照《招标投标法》第27条第2款的规定，招标项目属于建设施工的，除符合编制投标文件基本要求外，还应当包括如下内容：

1. 拟派出的项目负责人和主要技术人员的简历

包括项目负责人和主要技术人员的姓名、文化程度、职务、职称、参加过的施工项目等情况。

2. 业绩

一般是指近三年承建的施工项目，通常应具体写明建设单位、项目名称与建设地点、结构类型、建设规模、开竣工日期、合同价格和质量达标情况等。

3. 拟用于完成招标项目的机械设备

通常应将投标方自有的拟用于完成招标项目的机械设备以表格的形式列出，主要包括机械设备的名称、型号规格、数量、国别产地、制造年份、主要技术性能等内容。

（四）投标人对拟中标项目进行分包时应遵守的规定

所谓分包，是指投标人拟在中标后将自己中标的项目的一部分工作交由他人完成的行为。

根据《招标投标法》第30条的规定，投标人拟将中标的项目分包的，须遵守以下规定：

（1）是否分包由投标人决定。

（2）分包的内容为“中标项目的部分非主体、非关键性工作”。

（3）分包应在投标文件中载明。一般来讲应载明拟分包的工作内容、数量、拟分包的单位、投标单位的保证等内容。

（五）联合体投标

所谓联合体投标，是指两个以上法人或者其他组织组成一个联合体，以一个投标人的身份共同投标的行为。对于联合体投标可做如下理解：

（1）联合体承包的联合各方为法人或者法人之外的其他组织。形式可以是两个以上法人组成的联合体、两个以上非法人组织组成的联合体或者法人与其他组织组成的联合体。

（2）联合体是一个临时性的组织，不具有法人资格。组成联合体的目的是增强投标竞争能力，减少联合体各方因支付巨额履约保证而产生的资金负担，分散联合体各方的投标风险，弥补有关各方技术力量的相对不足，提高共同承担的项目完工的可靠性。如果属于共同注册并进行长期的经营活动的“合资公司”等法人形式的联合体，则不属于《招标投标法》所称的联合体。

（3）是否组成联合体由联合体各方自己决定。

（4）联合体对外“以一个投标人的身份共同投标”。

（5）联合体各方均应具备相应的资格条件。由同一专业的单位资质等级的各方组成的联合体，按照资质等级较低单位确定资质等级。

（六）禁止投标人以低于成本的报价竞争

《招标投标法》第33条规定，投标人不得以低于成本的方式投标竞争。这里所讲的低于成本，是指低于投标人为完成投标项目所需支出的个别成本。法律做出这一规定的主要目的有二：①为了避免出现投标人在以低于成本的报价中标后，再以粗制滥造、偷工减料等违法手段不正当地降低成本，挽回其低价中标的损失，给工程质量造成危害；②为了维护正常的投标竞争秩序，防止产生投标人以低于其成本的报价进行不正当竞争，损害其他以合理报价进行竞争的投标人的利益。

三、《招标投标法》对开标、评标的基本规定

1. 开标时间和地点

《招标投标法》第 34 条对于开标的时间和地点做了规定，即开标应当在招标文件确定的提交投标文件截止时间的同一时间公开进行；开标地点应当为招标文件中预先确定的地点。

2. 开标主持

按照《招标投标法》第 35 条的规定，开标由招标人主持。招标人自行办理招标事宜的，当然得自行主持开标；招标人委托招标代理机构办理招标事宜的，可以由招标代理机构按照委托招标合同的约定负责主持开标事宜。对依法必须进行招标的项目，有关行政机关可以派人参加开标，以监督开标过程严格按照法定程序进行。招标人主持开标，应当严格按照法定程序和招标文件载明的规定进行。包括：应按照规定的开标时间公布开标开始；核对出席开标的投标人身份和出席人数；安排投标人或其代表检查投标文件密封情况后指定工作人员监督拆封；组织唱标、记录；维护开标活动的正常秩序等。按照《招标投标法》第 35 条的规定，招标人应邀请所有投标人参加开标。

3. 开标应遵守的法定程序

（1）由投标人或者其推选的代表检查投标文件的密封情况。

（2）经确认无误的投标文件，由工作人员当众拆封。

（3）宣读投标人名称、投标价格和投标文件的其他主要内容。

（4）提交投标文件的截止时间以后收到的投标文件，则应不予开启，原封不动地退回。

4. 开标过程的记录

按照《招标投标法》第 36 条的规定，开标过程应当记录，并存档备查。开标过程进行记录，要求对开标过程中的重要事项进行记载，包括开标时间、开标地点、开标时具体参加单位、人员、唱标的内容、开标过程是否经过公证等都要记录在案。

5. 评标委员会

所谓评标，是指按照规定的评标标准和方法，对各投标人的投标文件进行评价比较和分析，从中选出最佳投标人的过程。按照《招标投标法》第 37 条第一款的规定，评标应由招标人依法组建的评标委员会负责，即由招标人按照法律的规定，确定符合条件的人员组成评标委员会，负责对各投标文件的评审工作。对于依法必须进行招标的项目，评标委员会的组成必须符合《招标投标法》第 37 条第 2 款、第 3 款的规定；对自愿招标项目评标委员会的组成，招标人可以自行决定。

6. 评标过程保密应采取的措施

招标应当采取必要保密措施，通常可包括：①对评标委员会成员的名单对外应当保密；②对评标地点保密。

7. 标底在评标中的作用

按照《招标投标法》第40条第1款的规定，设有标底的应当参考标底。所谓标底，是指招标人根据招标项目的具体情况所编制的完成招标项目所需的基本概算。标底价格由成本、利润、税金等组成，一般应控制在批准的总概算及投资包干的限额内。对于超过标底过多的投标一般不应考虑，对低于标底的投标，则应区别情况。从竞争角度考虑，价格的竞争是投标竞争的最重要的因素之一，在其他各项条件均满足招标文件要求的前提下，当然应以价格最低的中标。将低于标底的投标排除在中标范围之外，是不符合国际上通行做法的，也不符合招标投标活动公平竞争的要求。从我国目前情况看，一些地方和部门为防止某些投标人以不正当的手段以过低的投标报价抢标，规定对低于标底一定幅度的投标视为废标，不予考虑，这种做法需要通过完善招标投标制度，包括严格投标人资格审查制度和合同履行责任制度等逐步加以改变。

招标投标法既考虑到招标投标应遵循的公平竞争要求，又考虑到我国的现实情况，对标底的作用没有一概予以否定，而是采取了淡化的处理办法，规定作为评标的参考。当然，按照《招标投标法》第41条的规定，对低于投标人完成投标项目成本的投标报标，不应予以考虑。

8. 评标委员会在什么情况下可以否决所有投标

按照《招标投标法》第42条第1款的规定，评标委员会经评审，认为所有投标都不符合招标文件要求的，可以否决所有投标。所有的投标文件都不符合招标文件的要求，通常有以下几种情况：①最低评标价大大超过标底或合同估价，招标人无力接受投标；②所有投标人在实质上均未响应投标文件的要求；③投标人过少，没有达到预期的竞争性。在以上三种情况下，评标委员会可以否决所有投标。

四、《招标投标法》对中标的基本规定

1. 中标人的投标应符合的条件

按照《招标投标法》第41条的规定，中标人的投标应当符合下列条件之一：

（1）“能够最大限度地满足招标文件中规定的各项综合评价标准”。投标文件的评价标准按法律规定都在招标文件中载明，评标委员会在对投标文件进行评审时，应当按照招标文件中规定的评标标准进行综合性评价和比较。比如，按综合评价标准对建设项目的投标进行评审时，应当对投标人的报价、工期、质量、主要材料用量、施工方案或者组织设计、以往业绩、社会信誉等方面进行综合评定，以能够最大限度地满足招标文件规定的各项要求的投标作为中标。以综合评价标准最优作为中标条件的，在评价方法中通常采用打分的办法，在对各项评标因素进行打分后，以累计得分最高投标作为中标。

（2）“能够满足招标文件的实质性要求，并且经评审的投标价格最低，但是投标价格低于成本的除外”。这一规定包括三个方面的含义：①能够满足招标文件的实质性要求。这是一项投标中的前提条件；②经评审的投标价格最低。这是对投标文件中的各项评标因素尽可能折算为货币量，加上投标报价进行综合评审、比较之后，确定评审价格最低投标（通常称为最低评标价），以该投标为中标。这里需要指出的是，中标的是经过评审的最低投标价，而不是指报价最低的投标；③为了保证招标项目的质量，防止任意不正当的低价中标后粗制滥造、偷工减料，按照该条规定，对投标价格低于成本的投标将不予考虑。

2. 在确定中标人以前，招标人不得与投标人就实质性内容进行谈判

按照《招标投标法》第43条的规定，在确定中标人之前，招标人不得与投标人就投标价格、投标方案等实质性内容进行谈判。在确定中标人以前，如果允许招标人与个别投标人就其实质性内容进行谈判的话，招标人可能会利用一个投标人提交的投标对另一个投标人施加压力，迫使其降低投标报价或做出对招标人更有利的让步。同时还有可能导致招标人与投标人的串通行为，投标人可能会借此机会根据从招标人处得到的信息对有关投标报价等实质性内容进行修改，这对于其他投标人显然是不公正的。因此，法律禁止招标人与投标人在确定中标人以前进行谈判。

3. 中标通知书的法律性质

依照《招标投标法》第45条的规定，中标人确定后，招标人应当向中标人发出中标通知书。所谓中标通知书，是指招标人在确定中标人后向中标人发出的通知其中标的书面凭证。

中标通知书的内容应当简明扼要，通常只需告知招标项目已经由其中标，并确定签订合同的时间、地点即可。公告或者投标邀请书属于要约邀请，投标人向招标人送达的投标文件属于要约，而招标人向中标的投标人发出的中标通知书属于承诺。因此，中标通知书发出后产生承诺的法律效力。

4. 中标通知书发出后

招标人改变中标结果或者中标人放弃中标项目的，各自应承担的法律责任，依照《招标投标法》第45条的规定，中标通知书对招标人和中标人具有法律效力。中标通知书发出后，招标人改变中标结果的，或者中标人放弃中标项目的，应当依法承担法律责任。中标通知书发出后，除不可抗力外，招标人改变中标结果的，对中标人的损失承担赔偿责任。如果是中标人放弃中标项目，不与招标人签订合同的，则招标人对其已经提交的投标保证金不予退还，给招标人造成的损失超过投标保证金数额的，还应当对超过部分予以赔偿；未提交投标保证金的，对招标人的损失承担赔偿责任。

5. 将中标结果通知未中标人

依照《招标投标法》第45条的规定，中标人确定后，招标人应当向中标人发出中标通知书，并同时将中标结果通知所有未中标的投标人。

6. 招标人和中标人订立合同应遵守的规定

依照《招标投标法》第46条第一款的规定，招标人和中标人订立招标项目的书面合同应当遵守以下规定：

（1）自中标通知书发出之日起30日内订立书面合同。

（2）不得再行订立背离合同实质性内容的其他协议。

五、招标投标中的主要法律责任

1. 将必须进行招标的项目以任何方式规避招标的应当承担的法律责任

将必须进行招标的项目化整为零或者以其他任何方式规避招标的应当承担如下的法律责任：

（1）依照《招标投标法》第4条的规定，任何单位和个人不得将依照该法规定必须进

行招标的项目化整为零或者以其他任何方式规避招标。

（2）依照《招标投标法》第49条的规定，必须进行招标的项目而不招标的，将必须进行招标的项目化整为零的，或者以其他任何方式规避招标的，除应依法责令限期改正，还应承担以下法律责任：可以处以罚款。对决定处以罚款的，其罚款幅度为该项目合同金额的千分之五以上千分之十以下；该项目全部或者部分使用国有资金的，有关行政执法机关可以暂停项目执行或者暂停资金拨付，待该单位改正其行为后再恢复执行或再予拨款；对单位直接负责的主管人员和其他直接责任人员依法给予处分。

2. 招标人限制或者排斥潜在投标人等行为应当承担的法律责任

（1）依照《招标投标法》第51条的规定，对招标人以不合理的条件限制或者排斥潜在投标人的，或者对潜在投标人实行歧视待遇的，应责令其改正，重新修正其招标文件，有关行政执法机关可以根据招标人违法情节的轻重、影响大小等因素，对其处以一万元以上五万元以下的罚款。

（2）依照《招标投标法》第31条第四款的规定，招标人不得强制投标人组成联合体共同投标，不得限制投标人之间的竞争。对招标人违反这一规定的，除责令招标人改正其违法行为外，行政执法机关还可以对其处以一万元以上五万元以下的罚款。

3. 招标人透露可能影响公平竞争的事宜应当承担的法律责任

依照《招标投标法》第52条的规定，招标人违反法律规定向他人透露已获取招标文件的潜在投标人的名称、数量或者可能影响公平竞争的有关招标投标的其他情况的，或者泄露标底的，应承担以下法律责任：警告；罚款，在给予招标人警告的同时，可以并处招标人一万元以上二十万元以下的罚款；给予处分，这是对单位直接负责的主管人员和其他直接责任人员依法给予处分；构成犯罪的，依法追究刑事责任。该条可能构成的犯罪，主要是指《刑法》第219条、第220条规定的侵犯商业秘密的犯罪。

如果招标人透露其所掌握的投标人的商业秘密，构成《刑法》有关侵犯商业秘密罪的规定的，应依法追究其相应的刑事责任；中标无效，因中标无效给其他投标人造成损失的，应当承担赔偿责任。

4. 投标人相互串通或者投标人与招标人串通应当承担的法律责任

依照《招标投标法》第32条的规定，投标人不得相互串通投标，不得排挤其他投标人的公平竞争，损害招标人或者其他投标人的合法权益。投标人不得与招标人串通投标，损害国家利益、社会公共利益或者他人的合法权益。依照《招标投标法》第53条的规定，投标人相互串通投标或者与招标人串通投标，应当承担的法律责任包括：

（1）中标无效。因中标无效给其他投标人造成损失的，有串通行为的投标人、招标人应当承担赔偿责任。

（2）罚款。罚款的幅度是中标项目金额的千分之五以上千分之十以下。除对单位进行罚款外，对单位直接负责的主管人员和其他直接责任人员处以单位罚款数额百分之十以上百分之二十以下的罚款。

（3）没收违法所得。

（4）情节严重的，取消投标人一年至三年内参加依法必须招标项目的投标资格并予以公告，直至由工商行政管理机关吊销营业执照。

（5）构成犯罪的，依法追究刑事责任。

（6）给他人造成损失的，依法承担赔偿责任。

5. 投标人作假骗取中标的应承担的民事责任

根据《招标投标法》第54条的规定，投标人以他人名义投标或者以其他方式弄虚作假，骗取中标的，应承担的民事责任包括：

（1）中标无效。

（2）赔偿招标人的损失。

6. 投标人作假骗取中标构成犯罪的应承担的刑事责任

投标者弄虚作假骗取中标，可能构成的犯罪，主要是指《刑法》第224条规定的合同诈骗罪。《刑法》第224条规定："有下列情形之一，以非法占有为目的，在签订、履行合同过程中，骗取对方当事人财物，数额较大的，处三年以下有期徒刑或者拘役，并处以罚金；数额巨大或者有其他严重情节的，处三年以上十年以下有期徒刑，并处罚金；数额特别巨大或者有其他别严重情节的，处十年以上有期徒刑或者无期徒刑，并处罚金或者没收财产；虚构的单位或者冒用他人名义签订合同的；以伪造、变造的票据或者其他虚假的产权证明担保的；没有实际履约能力，诱骗对方当事人继续签订和履行合同的；收受对方当事人给付的货物、货款、预付款或者担保财产后逃匿的以及用其他方法骗取对方当事人财物的。"

7. 投标人弄虚作假骗取中标的，应承担的行政责任

根据《招标投标法》第54条第2款的规定承担以下的行政责任：罚款；有违法所得的，没收违法所得；情节严重的，取消其一至三年内参加依法必须招标的项目的投标资格并予以公告，直至由工商行政管理机关吊销营业执照。

8. 招标人与投标人就实质性内容进行谈判的应承担的责任

按照《招标投标法》第55条的规定，依法必须进行招标项目的招标人违法与投标人就投标价格、投标方案等实质性内容进行谈判的，应承担下列法律责任：①给予警告；②招标人的违法行为影响中标结果的，中标无效。根据《招标投标法》第55条的规定，对单位直接负责的主管人员和其他直接责任人员应依法给予处分。

9. 招标人违法确定中标人的应承担的法律责任

对违法行为不管是否处以行政处罚，执法机关都必须首先责令其改正。招标人除改正其违法行为外，还要承担下列法律责任：

（1）中标无效，招标人应重新选择中标人。

（2）罚款。处罚对象是实施违法行为的招标人，罚款的金额为中标项目金额千分之五以上千分之十以下，是否处以罚款及罚款的具体数额由做出行政处罚决定的行政机关根据招标项目的资金来源及招标人的违法行为的轻重决定。

（3）对单位直接负责的主管人员和其他直接责任人员给予处分，这里的处分包括行政处分和纪律处分。

10. 中标人违法转包、分包的，应承担的法律责任

按照《招标投标法》第58条的规定，中标人违法转包、分包的，应承担的法律责任

包括：

（1）转包、分包无效。

（2）罚款。处罚对象是实施违法行为的中标人，罚款的金额为转包或分包项目金额的千分之五以上千分之十以下，具体数额由做出处罚决定的行政机关根据中标人违法行为的情节轻重决定。

（3）有违法所得的，没收违法所得。

（4）责令停业整顿。

（5）情节严重的，吊销营业执照。

11. 中标人不履行与招标人订立的合同应承担的责任

（1）民事责任。履约保证金不予退还，赔偿招标人的损失。

（2）行政责任。取消其今后一段时间内参加依法必须招标项目的投标资格；情节特别严重的，吊销其营业执照。

六、招标投标法实施条例

《招标投标法实施条例》于2011年11月30日国务院第183次常务会议通过，2011年12月29日以国务院令第613号公布，2012年2月1日起施行。《招标投标法实施条例》作为《招标投标法》的配套行政法规，总结了《招标投标法》施行11年多来的实践经验，在具体化《招标投标法》已有规定，增强法律规定的可操作性的基础上，充实和完善了有关制度规定。具体表现在：

（1）确立了招标投标信用制度、电子招标投标制度、招标从业人员职业资格制度、制定和使用标准文件制度、建立综合评标专家库制度和进入招标投标交易场所交易制度等招投标配套制度。

（2）是细化和完善了招标投标法规定的程序规则，具体规定了可以不招标和可以邀请招标的情形，细化了限制排斥潜在投标人、围标串通投标、虚假招标、以他人名义投标等招标投标领域突出问题的认定标准，健全了资格审查制度，补充规定了投标保证金、投标有效期、暂估价项目招标、两阶段招标等，完善了评标规则规定，本着保障“三公”兼顾效率原则优化了主要环节的时限，体现了区别资金性质实行差别化管理的原则，强化了限制排斥潜在投标人、串通投标、弄虚作假、以他人名义投标、评标委员会成员不能公正客观履行职责、招标代理机构不规范代理行为、拒不依法签订合同、恶意投诉等的法律责任。

（3）是完善了招标投标活动的行政监督规定，进一步规范行政监督行为。

《招标投标法实施条例》共7章，85条。第1章总则，主要规定了《招标投标法实施条例》的立法目的、工程建设项目的定义、强制招标的范围、行政监督的职责分工、招标投标交易场所、鼓励电子化招标投标和禁止国家工作人员非法干预招标投标活动；第2章招标，具体规定了招标核准内容、可以不招标的项目范围、可以邀请招标的项目范围、招标代理机构资格认定、招标师职业资格、招标代理机构义务、招标公告和资格预审公告的发布、招标文件和资格预审文件编制要求、资格预审文件和招标文件的发售、招标文件和资格预审文件的澄清或者修改、对招标文件和资格预审文件的异议及其处理、资格预审和资格后审的主体和方法、投标有效期、投标保证金、标底的编制和最高限价的设定要求、总承包招标和暂估价项目招标、两阶段招标程序、终止招标的要求、禁止以不合理条件限制或者排斥潜在投标人等内容；第3章投标，具体规定了投标人与招标人以及投标人之间利益冲突的回避要求、投标保证金退还、招标人应当拒收的投标、联合体投标、投标人发生变化的处理、投标人串通投标和以他人名义投标的界定标准、招标人与投标人串通投标的界定标准以及资格预审申请人适用有关投标人的规定等内容；第4章开标、评标和中标，具体规定了开标异议的提出和处理要求、评标专家的专业分类和管理、组建综合评标专家库的主体、评标委员会成员的确定、招标人在评标环节的义务、评标委员会成员的义务、标底的使用要求、投标文件的澄清说明、中标候选人与评标报告、中标候选人公示、评标结果异议的提出和处理、中标人确定原则、中标候选人发生特定情况时的审查确认、投标保证金退还、履约保证金额度等内容；第5章投诉与处理，规定了投诉的时限和要求、三种情形下的异议是投诉的前提条件、投诉处理部门的确定原则、投诉处理的时限、应当驳回投诉的情形、投诉处理部门的权利和义务等内容；第6章法律责任，具体规定了招标投标信用制度、情节严重的情形、招标投标活动各方当事人和行政监督部门及其有关人员违反招标投标法和条例规定应承担的法律责任等内容；第7章附则，规定了招标投标协会主要职能、政府采购法律法规对货物和服务政府采购招标投标特别规定的适用以及生效日期。

第五节　政府采购法及实施条例

2002年6月29日，全国人民代表大会常务委员会审议通过了《政府采购法》，自2003年1月1日起施行。《政府采购法》的实施，使我国政府采购工作步入法制化轨道，对推动政府采购发展具有十分重要的意义。

《政府采购法》共9章88条。第1章总则共13条，规定了立法目的、适用范围、政府采购原则、政府采购工程招标投标适用的法律、政府采购组织形式、政府采购政策性规定、政府采购信息管理，以及政府采购的监督管理部门等；第2章政府采购当事人共12条，规定了政府采购当事人的范围和含义、集中采购机构的设立和要求、供应商资格条件、供应商组成联合体等；第3章政府采购方式共7条，规定了政府采购采用的方式、适用情形和有关要求等；第4章政府采购程序共10条，规定了政府采购预算编制、五种采购方式的程序和要求、履约验收和采购文件保存等；第5章政府采购合同共8条，规定了政府采购合同适用的法律、合同形式、合同必备条款、合同订立、合同备案、分包履行、补充合同、合同变更、合同中止或者终止等；第6章质疑与投诉共8条，规定了供应商就有关政府采购事项进行询问、质疑、投诉的方式、途径和时限，采购人或者采购代理机构以及政府采购监督管理部门进行答复、处理的方式和时限，供应商申请行政复议和诉讼的权利等；第7章监督检查共12条，规定了政府采购监督管理部门监督检查的主要内容和要求、集中采购机构及人员的要求和考核，审计、监察机关和其他有关部门等的监督职责等；第8章法律责任共13条，规定了各当事人、政府采购监督管理部门及其工作人员违法行为应当承担的法律责任；第9章附则共5条，规定了《政府采购法》的例外适用情形以及生效日期等。

一、政府采购法的立法目的

《政府采购法》的第1条具体规定了立法目的，即“为了规范政府采购行为，提高政府采购资金的使用效益，维护国家利益和社会公共利益，保护政府采购当事人的合法权益，促进廉政建设，制定本法”。从本条规定可以看出，《政府采购法》的立法目的包括以下5个方面的含义。

1. 规范政府采购行为

《政府采购法》将规范政府采购行为作为立法的首要目的，重点强调政府采购中各类主体的平等关系，要求各类主体在采购货物、工程和服务过程中，都必须按照法定的基本原则、采购方式、采购程序等开展采购活动，保证政府采购的效果，维护正常的市场秩序。

2. 提高政府采购资金的使用效益

《政府采购法》将公开招标确定为主要采购方式，从制度上最大限度的发挥竞争机制的作用，在满足社会公共需求的前提下，使采购到的货物、工程和服务物有所值，做到少花钱，多办事，办好事。国外经验表明，实行政府采购，采购资金节约率一般都在10%以上，这在我国的政府采购实践也得到了印证。建立健全政府采购法制，可以节省财政资金，提高资金的使用效益。

3. 维护国家利益和社会公共利益

政府采购不同于企业或私人采购，不仅要追求利益最大化，更重要的是推动实现国家经济和社会发展的政策目标，扶持民族工业，保护环境，扶持不发达地区和少数民族地区，促进中小企业发展等。政府采购强制要求采购人在政府采购中，给予绿色环保、节能等产品一定幅度的优惠，鼓励供应商生产节能环保产品。法律为实施政府采购政策目标提供保障，有利于维护国家利益和社会公共利益。

4. 保护政府采购当事人的合法权益

在政府采购活动中，采购人和供应商都是市场参与者，采购代理机构为交易双方提供中介服务，各方当事人之间是一种经济关系，应当平等互利，按照法定的权利和义务，参加政府采购活动。

5. 促进廉政建设

实行政府采购制度，可以使采购成为“阳光交易”，有利于抑制政府采购中各种腐败现象发生，净化交易环境，从源头上抑制腐败现象的发生。《政府采购法》为惩治腐败行为提供了重要的法律依据。

二、政府采购法的适用范围

《政府采购法》第2条规定：“在中华人民共和国境内进行的政府采购适用本法。本法所称政府采购，是指各级国家机关、事业单位和团体组织，使用财政性资金采购依法制定的集中采购目录以内的或者采购限额标准以上的货物、工程和服务的行为。本法所称采购，是指以合同方式有偿取得货物、工程和服务的行为，包括购买、租赁、委托、雇用等。”《政府采购法》从以下5个方面划定了适用范围。

1. 地域范围

从地域方面，适用范围划定在中华人民共和国境内。根据《香港特别行政区基本法》

和《澳门特别行政区基本法》规定，除香港、澳门因实行“一国两制”以外，所有中华人民共和国领土都属于中华人民共和国境内。

2. 主体范围

从主体方面，适用范围划定在各级国家机关、事业单位和团体组织。国家机关，是指依法享有国家赋予的行政权力，具有独立的法人地位，以国家预算作为独立活动经费的各级机关。我国现行的预算管理制度将国家机关分为五级：①中央；②省、自治区、直辖市；③设区的市、自治州；④县、自治县、不设区的市、市辖区；⑤乡、民族乡、镇。事业单位，是指国家为了社会公益目的，由国家机关举办或者其他组织利用国有资产举办的，从事教育、科技、文化、卫生等活动的社会服务组织。团体组织，是指中国公民自愿组成，为实现会员共同意愿，按照其章程开展活动的非营利性社会组织。

3. 资金范围

从资金方面，适用范围划定在财政性资金。财政性资金是指纳入预算管理的资金。以财政性资金作为还款来源的借贷资金，视同财政性资金。国家机关、事业单位和团体组织的采购项目既使用财政性资金又使用非财政性资金的，使用财政性资金采购的部分，适用《政府采购法》；财政性资金与非财政性资金无法分割采购的，统一适用《政府采购法》。按照《预算法》的规定，预算包括一般公共预算、政府性基金预算、国有资本经营预算、社会保险基金预算。一般公共预算是对以税收为主体的财政收入，安排用于保障和改善民生、推动经济社会发展、维护国家安全、维持国家机构正常运转等方面的收支预算。政府性基金预算是对依照法律、行政法规的规定在一定期限内向特定对象征收、收取或者以其他方式筹集的资金，专项用于特定公共事业发展的收支预算。国有资本经营预算是对国有资本收益做出支出安排的收支预算。社会保险基金预算是对社会保险缴款、一般公共预算安排和其他方式筹集的资金，专项用于社会保险的收支预算。

4. 调整对象范围

从调整对象方面，适用于依法制定的集中采购目录以内的或者采购限额标准以上的货物、工程和服务。政府集中采购目录和采购限额标准依照法律规定的权限制定。属于中央预算的政府采购项目，其集中采购目录由国务院确定并公布；属于地方预算的政府采购项目，其集中采购目录由省、自治区、直辖市人民政府或者其授权的机构确定并公布。所谓采购，是指以合同方式有偿取得货物、工程和服务的行为，包括购买、租赁、委托、雇佣等。其中货物，是指各种形态和各种类型的物品，包括有形和无形物品（如专利），固体、液体或气体物体，动产和不动产。工程，是指建设工程，包括建筑物和构筑物的新建、改建、扩建、装修、拆除、修缮等。政府采购工程进行招标投标的，适用《招标投标法》。服务，是指除货物和工程以外的其他政府采购对象。

5. 例外情形

按照《政府采购法》附则的规定，有三种情形，项目虽然属于政府采购范围，因其特殊性，作为例外，可以不适用《政府采购法》：①使用国际组织和外国政府贷款进行的政府采购，贷款方、资金提供方与中方达成的协议对采购的具体条件另有规定的，可以适用其规定，但不得损害国家利益和社会公共利益；②对因严重自然灾害和其他不可抗力事件所实施的紧急采购和涉及国家安全和秘密的采购；③军事采购法规由中央军事委员会另行制定。

三、政府采购法的基本原则

按照《政府采购法》第3条规定，政府采购应当遵循公开透明原则、公平竞争原则、公正原则和诚实信用原则。在这些原则中，公平竞争是核心，公开透明是体现，公正和诚实信用是保障。

在法律中明确政府采购的原则是国际惯例。在国际上，政府采购的原则表述方式很多，大致分为三个方面：①核心原则，即公平竞争，它是建立政府采购制度的基石；②通用原则，主要是透明度原则、公平交易原则、物有所值原则、公正原则等；③涉外原则，即开放政府采购市场后应当遵循的原则，主要是国民待遇和非歧视性原则。其中，国民待遇原则是指缔约国之间相互保证给以对方的自然人、法人在本国境内享有与本国自然人、法人同等的待遇。通俗地讲，就是外国供应商与本国供应商享受同等待遇，即把外国的商品当作本国商品对待，把外国企业当作本国企业对待。非歧视性原则，也就是无歧视待遇原则。

1. 公开透明原则

所谓公开透明原则，即政府采购所进行的有关活动都必须公开进行，包括采购的数量、质量、规格、要求都要公开，招标投标活动要公开，采购的过程要公开，以及采购结果要公开等。公开透明是政府采购必须遵循的基本原则之一。政府采购的资金来源于纳税缴纳的各种税金，只有坚持公开透明，才能为供应商参加政府采购提供公平竞争的环境，为公众对政府采购资金的使用情况进行有效的监督创造条件。公开透明要求政府采购的信息和行为不仅要全面公开，而且要完全透明。仅公开信息但仍搞暗箱操作属于违法行为。公开透明要求做到政府采购的法规和规章制度要公开，招标信息及中标或成交结果要公开，开标活动要公开，投诉处理结果或司法裁决决定等都要公开，使政府采购活动在完全透明的状态下运作，全面、广泛地接受监督。

2. 公平竞争原则

所谓公平竞争原则，是指政府采购在有多种选择，有多个供应商可以供货的情况下，要通过公平竞争选择最优的供应商，取得最好的采购效果。公平原则是市场经济运行的重要法则，公平竞争要求在竞争的前提下公平地开展政府采购活动。①要将竞争机制引入采购活动中，实行优胜劣汰，让采购人通过优中选优的方式，获得价廉物美的货物、工程或者服务，提高财政性资金的使用效益；②竞争必须公平，不能设置妨碍充分竞争的不正当条件，要公平地对待每一个供应商，不能有歧视某些潜在的符合条件的供应商参与政府采购活动的现象，而且采购信息要在政府采购监督管理部门指定的媒体上公平地披露。这将推进我国政府采购市场向竞争更为充分、运行更为规范、交易更为公平的方向发展，不仅使采购人获得价格低廉、质量有保证的货物、工程和服务，同时还有利于提高企业的竞争能力和自我发展能力。

3. 公正原则

所谓公正原则是指在政府采购的交易中要公允正当。公正原则是为采购人与供应商之间在政府采购活动中处于平等地位而确立的。公正原则要求政府采购要按照事先约定的条件和程序进行，对所有供应商一视同仁，不得有歧视条件和行为，任何单位或个人无权干预采购活动的正常开展。尤其是在评标活动中，要严格按照统一的评标标准评定中标或成交供应商，不得存在任何主观倾向。为了实现公正，政府采购法提出了评标委员会以及有关的小组人员必须要有一定数量的要求，要有各方面代表，而且人数必须为单数，相关人员要回避，同时规定了保护供应商合法权益及方式，这些规定都有利于实现公正原则。

4. 诚实信用原则

诚实信用原则是指在政府采购活动中无论作为采购人或者是供应商或其他当事人从事采购、代理或供货行为，发布信息等都应当诚实，讲究信用，不能有任何欺骗和欺诈的情况发生。诚实信用原则是发展市场经济的内在要求，在市场经济发展初期向成熟时期过渡阶段，尤其要大力推崇这一原则。诚实信用原则要求政府采购当事人在政府采购活动中，本着诚实、守信的态度履行各自的权利和义务，讲究信誉，兑现承诺，不得散布虚假信息，不得有欺诈、串通、隐瞒等行为，不得伪造、变造、隐匿、销毁需要依法保存的文件，不得规避法律法规，不得损害第三人的利益。坚持诚实信用原则，能够增强公众对采购过程的信任。

四、政府采购法的采购方式

按照《政府采购法》第 26 条规定，“政府采购采用以下方式：①公开招标；②邀请招标；③竞争性谈判；④单一来源采购；⑤询价；⑥国务院政府采购监督管理部门认定的其他采购方式。公开招标应作为政府采购的主要采购方式。”

1. 公开招标

所谓公开招标采购，是指采购人按照法定程序，通过发布招标公告的方式，邀请所有潜在的不特定的供应商参加投标，采购人通过某种事先确定的标准从所有投标中择优评选出中标供应商，并与之签订政府采购合同的一种采购方式。

公开招标是政府采购主要采购方式，国际经验表明，公开招标与其他采购方式相比，无论是透明度上，还是程序上，都是最富有竞争力和规范的采购方式，也能最大限度地实现公开、公正、公平原则。该方式具有信息发布透明、选择范围广、竞争范围大、公开程度高等特点。所以，公开招标成为各国的主要采购方式。如世界银行《贷款采购指南》把公开招标作为最能充分实现资金的经济和效率要求的方式，要求借款国以此作为最基本的采购方式。达到公开招标数额标准的货物、工程和服务，必须采用公开招标方式进行采购。采购人不得将应当以公开招标方式采购的货物、工程或者服务化整为零或者以其他任何方式规避公开招标采购。

国务院负责规定中央预算的政府采购项目必须公开招标方式的数额标准，省、自治区、直辖市人民政府负责规定地方预算的政府采购项目必须公开招标的数额标准。按照国务院办公厅每年均公布中央预算单位政府集中采购目录及标准，公开招标的数额标准为：单项或批量采购金额一次性达到 120 万元以上的货物或服务，200 万元以上的工程。

2. 邀请招标

政府采购的邀请招标，是指从符合相应资格条件的供应商中随机邀请三家以上供应商，并以投标邀请书的方式，邀请其参加投标。经设区的市、自治州以上人民政府财政部门同意后，可以采用邀请招标方式进行采购。有符合下列情形之一可采用邀请招标方式采购：具有特殊性，只能从有限范围的供应商处采购的；采用公开招标方式的费用占政府采购项目总价值的比例过大的。政府采购采用邀请招标方式采购的，应当在省级以上人民政府财政部门指定的政府采购信息媒体发布资格预审公告，公布投标人资格条件，资格预审公告的期限不得少于7个工作日。投标人应当在资格预审公告期结束之日起3个工作日前，按公告要求提交资格证明文件。采购人从评审合格投标人中通过随机方式选择3家以上的潜在投标人，并向其发出投标邀请书。邀请招标的后续程序与公开招标的程序相同。

3. 竞争性谈判

竞争性谈判是指谈判小组与符合资格条件的供应商就采购货物、工程和服务事宜进行谈判，供应商按照谈判文件的要求提交响应文件和最后报价，采购人从谈判小组提出的成交候选人中确定成交供应商的采购方式。经批准可以采用竞争性谈判方式采购有：招标后没有供应商投标或者没有合格标的，或者重新招标未能成立的；技术复杂或者性质特殊，不能确定详细规格或者具体要求的；非采购人所能预见的原因或者非采购人拖延造成采用招标所需时间不能满足用户紧急需要的；因艺术品采购、专利、专有技术或者服务的时间、数量不能确定等原因不能事先计算出价格总额的。

公开招标的货物、服务采购项目，招标过程中提交投标文件或者经评审实质性响应招标文件要求的供应商只有两家时，采购人经本级财政部门批准后可以与该两家供应商进行竞争性谈判采购。

4. 单一来源采购

单一来源采购，是指采购人向某一特定供应商直接采购货物或服务的采购方式。经设区的市、自治州以上人民政府财政部门同意后，采购人可以采用单一来源方式进行采购的有：只能从唯一供应商处采购的；发生了不可预见的紧急情况不能从其他供应商处采购的；必须保证原有采购项目一致性或者服务配套的要求，需要继续从原供应商处添购，且添购资金总额不超过原合同采购金额10%的。采购人对达到公开招标数额的货物、服务项目，拟采用单一来源采购方式的，采购人应当在报财政部门批准之前在省级以上财政部门指定媒体上进行公示。需要注意的是单一来源采购虽然缺乏竞争性，但也要考虑采购产品的质量，按照物有所值原则与供应商进行协商，合理确定价格。

5. 询价

询价是指从符合相应资格条件的供应商名单中确定不少于3家的供应商，向其发出询价通知书让其报价，最后从中确定成交供应商的采购方式。经设区的市、自治州以上人民政府财政部门同意后，可以采用询价方式采购的有：采购的货物规格和标准统一、现货货源充足且价格变化幅度小的政府采购项目。询价的主要程序是：成立询价小组、确定被询价的供应商名单、询价和确定成交供应商。应当注意的是询价小组在询价过程中，不得改变询价通知书所确定的技术和服务等要求、评审程序、评定成交的标准和合同文本等事项。参加询价采购活动的供应商，应当按照询价通知书的规定一次报出不得更改的价格。

6. 国务院政府采购监督管理部门认定的其他采购方式

由于政府采购的每个项目情况各不相同，还有其他一些适合的采购方式也是可以采用的，例如批量采购、小额采购和定点采购等，需要强调的是，虽然其他采购方式有很多，但只有经国务院政府采购监督管理部门认定的方式才可以用于政府采购。

五、政府采购法实施条例

《政府采购法实施条例》于2014年12月31日国务院75次常务会议通过，2015年3月1日起施行。《政府采购法实施条例》是《政府采购法》的配套行政法规，总结了《政府采购法》施行多年来的实践经验，在《政府采购法》规定的基础上，完善了有关制度，增强了法律规定的可操作性。具体表现在以下方面。

1. 从制度角度解决政府采购质次价高的问题

从近年来政府采购领域引发公众广泛关注的案件看，突出问题是质次价高。政府采购监管实践表明，解决这类问题仅依靠加强采购程序监督是不够的，还需要强化政府采购的源头管理和结果管理，做到采购需求科学合理，履约验收把关严格，减少违规操作空间，保障采购质量。为此，《政府采购法实施条例》作了以下规定：①采购人应当科学合理确定采购需求。采购需求应当完整、明确，符合法律法规以及政府采购政策规定的技术、服务、安全等要求，必要时应当就确定采购需求征求相关供应商、专家的意见；②采购标准应当依据经费预算标准、资产配置标准和技术、服务标准确定；③除紧急的小额零星货物项目和有特殊要求的服务、工程项目外，列入集中采购目录的项目，适合实行批量集中采购的，应当实行批量集中采购；④采购人或者采购代理机构应当按照采购合同规定的技术、服务、安全标准组织对供应商履约情况进行验收，并出具验收书。验收书应当包括每一项技术、服务、安全标准的履约情况。此外，为积极回应采购人提高政府采购效率的要求，《政府采购法实施条例》对电子采购、非招标采购方式的适用情形和操作程序、评审报告的确认时限、询问的答复时限等，作了较为明确的规定。

2. 提高政府采购透明度

实践中，采购人、采购代理机构往往通过隐瞒政府采购信息、改变采购方式、不按采购文件确定事项签订采购合同等手段，达到虚假采购或者让内定供应商中标、成交的目的。针对此类问题，为防止暗箱操作，遏制寻租腐败，保证政府采购公平、公正，《政府采购法实施条例》作了以下规定：①项目信息须公开。政府采购项目采购信息应当在指定媒体上发布。采购项目预算金额应当在采购文件中公开。采用单一来源采购方式，只能从唯一供应商处采购的，还应当将唯一供应商名称在指定媒体上公示；②采购文件须公开。采购人或者采购代理机构应当在中标、成交结果公告的同时，将招标文件、竞争性谈判文件、询价通知书等采购文件同时公告；③中标、成交结果须公开。中标、成交供应商确定后，应当在指定媒体上公告中标、成交结果。中标、成交结果公告内容应当包括采购人和采购代理机构的名称、地址、联系方式，项目名称和项目编号，中标或者成交供应商名称、地址和中标或者成交金额，主要中标或者成交标的的名称、规格型号、数量、单价、服务要求以及评审专家名单；④采购合同须公开。采购人应当在政府采购合同签订之日起2个工作日内，将政府采购合同在省级以上人民政府财政部门指定的媒体上公告；⑤投诉处理结果须公开。财政部门对投诉事项做出的处理决定，应当在指定媒体上公告。

3. 推进政府购买服务工作

党的十八届三中全会和2014年政府工作报告提出，加大政府购买服务力度。2013年9月，国务院办公厅发布《关于政府向社会力量购买服务的指导意见》，就推进政府向社会力量购买服务作了专门部署。为贯彻落实党中央、国务院的要求，同时为规范政府购买服务行为，《政府采购法实施条例》规定，政府采购服务包括政府自身需要的服务和政府向社会公众提供的公共服务，明确了政府向社会力量购买服务的法律地位和法律适用问题。为了保证政府购买的公共服务符合公众需求，《政府采购法实施条例》规定，政府向社会公众提供的公共服务项目，应当就确定采购需求征求社会公众的意见，验收时应当邀请服务对象参与并出具意见，验收结果向社会公告。

4. 强化政府采购政策功能

政府采购使用的是财政性资金，各国普遍重视政府采购的政策功能，发挥政府采购的宏观调控作用，实现支持国家经济和社会发展的特定目标。政府采购法第九条规定，政府采购应当有助于实现国家的经济和社会发展政策目标，包括保护环境，扶持不发达地区和少数民族地区，促进中小企业发展等。但是，实践中政府采购的政策功能发挥不够充分，影响了国家特定目标的实现。针对这一问题，《政府采购法实施条例》作了以下规定：①国务院财政部门会同国务院有关部门制定政府采购政策，通过制定采购需求标准、预留采购份额、价格评审优惠、优先采购等措施，实现节约能源、保护环境、扶持不发达地区和少数民族地区、促进中小企业发展等目标；②采购人、采购代理机构应当根据政府采购政策编制采购文件，采购需求应当符合政府采购政策的要求；③采购人为执行政府采购政策，经批准，可以依法采用公开招标以外的采购方式；④采购人、采购代理机构未按照规定执行政府采购政策，依法追究法律责任。

5. 保证评审专家公平、公正评审

为了保证评审专家公平、公正评审，从制度上堵塞政府采购寻租空间，《政府采购法实施条例》对政府采购评审专家的入库、抽取、评审、处罚、退出等环节作了全面规定：①为保证评审专家“随机”产生，防止评审专家终身固定，明确省级以上人民政府财政部门对政府采购评审专家库实行动态管理。除国务院财政部门规定的情形外，采购人或者采购代理机构应当从政府采购评审专家库中随机抽取评审专家；②明确评审专家的评审要求和责任。评审专家应当遵守评审工作纪律，根据采购文件规定的评审程序、评审方法和评审标准进行独立评审，并对自己的评审意见承担责任；③强化对评审专家的失信惩戒。各级人民政府财政部门和其他有关部门应当加强对参加政府采购活动的评审专家的监督管理，对其不良行为予以记录，并纳入统一的信用信息平台；④针对评审专家不同违法行为的性质，区别设定相应的法律责任，包括其评审意见无效，不得获取评审费，禁止其参加政府采购评审活动，给予警告、罚款、没收违法所得的行政处罚，依法承担民事责任，依法追究刑事责任等，既使其从业受到限制，又使其经济上付出代价。

6. 加强法律责任追究

《政府采购法实施条例》在政府采购法规定的基础上，进一步细化了采购人、采购代理机构、供应商等主体的违法情形及法律责任，使责任追究有法可依。一方面，《政府采购法实施条例》增列的违法情形有34种之多，例如采购人、采购代理机构通过对样品进行检测、对供应商进行考察等方式改变评审结果，供应商中标或者成交后无正当理由拒不与采购人签订政府采购合同以及供应商之间恶意串通的具体情形等。另一方面，针对采购人、采购代理机构、供应商的违法情形，明确规定给予限期改正、警告、罚款，同时还要追究直接负责的主管人员和其他直接责任人员的法律责任。

第六节　担　保　法

一、担保的概念

担保是指当事人根据法律规定或者双方约定，为促使债务人履行债务实现债权人权利的法律制度。担保通常由当事人双方订立担保合同。担保合同是被担保合同的从合同，被担保合同是主合同，主合同无效，从合同也无效。但担保合同另有约定的按照约定。担保活动应当遵循平等、自愿、公平、诚实信用的原则。

担保法是指调整因担保关系而产生的债权债务关系的法律规范总称。为促进资金融通和商品流通，保障债权的实现，发展社会主义市场经济，1995 年 6 月 30 日第八届全国人民代表大会常务委员会第十四次会议通过《中华人民共和国担保法》（简称《担保法》），自 1995 年 10 月 1 日起施行，《中华人民共和国物权法》（简称《物权法》）也对担保做出了一定的规定。

二、担保方式

我国《担保法》规定的担保方式为保证、抵押、质押、留置和定金。

（一）保证

1. 保证的概念和方式

保证是指保证人和债权人约定，当债务人不履行债务时，保证人按照约定履行债务或者承担责任的行为。保证法律关系至少必须有三方参加，即保证人、被保证人（债务人）和债权人。

保证的方式有两种，即一般保证和连带责任保证。在具体合同中，担保方式由当事人约定，如果当事人没有约定或者约定不明确的，则按照连带责任保证承担保证责任。这是对债权人权利的有效保护。

一般保证是指当事人在保证合同中约定，债务人不能履行债务时，由保证人承担责任的保证。一般保证的保证人在主合同纠纷未经审判或者仲裁，并就债务人财产依法强制执行仍不能履行债务前，对债权人可以拒绝承担担保责任。

连带责任保证是指当事人在保证合同中约定保证人与债务人对债务承担连带责任的保证。连带责任保证的债务人在主合同规定的债务履行期届满没有履行债务的，债权人可以要求债务人履行债务，也可以要求保证人在其保证范围内承担保证责任。

2. 保证人的资格

具有代为清偿债务能力的法人、其他组织或者公民，可以作为保证人。但是，以下组织不能作为保证人：

（1）企业法人的分支机构、职能部门。企业法人的分支机构有法人书面授权的，可以在授权范围内提供保证。

（2）国家机关。经国务院批准为使用外国政府或者国际经济组织贷款进行转贷的除外。

（3）学校、幼儿园、医院等以公益为目的的事业单位、社会团体。

3. 保证合同的内容

保证合同应包括以下内容：①被保证的主债权种类、数额；②债务人履行债务的期限；③保证的方式；④保证担保的范围；⑤保证的期间；⑥双方认为需要约定的其他事项。

4. 保证责任

保证合同生效后，保证人就应当在合同规定的保证范围和保证期间承担保证责任。保证担保的范围包括主债权及利息、违约金、损害赔偿金及实现债权的费用。保证合同另有约定的，按照约定。当事人对保证担保的范围没有约定或者约定不明确的，保证人应当对全部债务承担责任。一般保证的保证人未约定保证期间的，保证期间为主债务履行期届满之日起6个月。

保证期间债权人与债务人协议变更主合同或者债权人许可债务人转让债务的，应当取得保证人的书面同意，否则保证人不再承担保证责任。保证合同另有约定的按照约定。

（二）抵押

1. 抵押的概念

抵押是指债务人或者第三人向债权人以不转移占有的方式提供一定的财产作为抵押物，用以担保债务履行的担保方式。债务人不履行债务时，债权人有权依照法律规定以抵押物折价或者从变卖抵押物的价款中优先受偿。其中债务人或者第三人称为抵押人，债权人称为抵押权人，提供担保的财产为抵押物。

2. 抵押物

债务人或者第三人提供担保的财产为抵押物。由于抵押物是不转移占有的，因此能够成为抵押物的财产必须具备一定的条件。这类财产轻易不会灭失，且其所有权的转移应当经过一定的程序。下列财产可以作为抵押物：

（1）建筑物和其他土地附着物。

（2）建设用地使用权。

（3）以招标、拍卖、公开协商等方式取得的荒地等土地承包经营权。

（4）生产设备、原材料、半成品、产品。

（5）正在建造的建筑物、船舶、航空器。

（6）交通运输工具。

（7）法律、行政法规未禁止抵押的其他财产。以建筑物抵押的，该建筑物占用范围内的建设用地使用权一并抵押。以建设用地使用权抵押的，该土地上的建筑物一并抵押。但下列财产不得抵押：①土地所有权；②耕地、宅基地、自留地、自留山等集体所有的土地使用权，但法律规定可以抵押的除外；③学校、幼儿园、医院等以公益为目的的事业单位、社会团体的教育设施、医疗卫生设施和其他社会公益设施；④所有权、使用权不明或者有争议的财产；⑤依法被查封、扣押、监管的财产；⑥依法不得抵押的其他财产。

当事人以建筑物和其他土地附着物，建设用地使用权，以招标、拍卖、公开协商等方式取得的荒地等土地承包经营权的土地使用权，正在建造的建筑物抵押的，应当办理抵押登记。抵押权自登记时设立。当事人以生产设备、原材料、半成品、产品，交通运输工具，或者正在建造的船舶、航空器抵押的，抵押权自抵押合同生效时设立；未经登记，不得对抗善意第三人。

3. 抵押的效力

抵押担保的范围包括主债权及利息、违约金损害赔偿金和实现抵押权的费用。当事人也可以约定抵押担保的范围。

抵押人有义务妥善保管抵押物并保证其价值。抵押期间，抵押人转让已办理登记的抵押物，应当通知抵押权人并告知受让人转让物已经抵押的情况，否则该转让行为无效。抵押人转让抵押物的价款，应当向抵押权人提前清偿所担保的债权或者向与抵押权人约定的第三人提存。超过债权的部分归抵押人所有，不足部分由债务人清偿。转让抵押物的价款不得明显低于其价值。抵押人的行为足以使抵押物价值减少的，抵押权人有权要求抵押人停止其行为。

抵押权与其担保的债权同时存在，抵押权不得与债权分离而单独转让或者作为其他债权的担保。

4. 最高额抵押权

为担保债务的履行，债务人或者第三人对一定期间内将要连续发生的债权提供担保财产的，债务人不履行到期债务或者发生当事人约定的实现抵押权的情形，抵押权人有权在最高债权额限度内就该担保财产优先受偿。最高额抵押权设立前已经存在的债权，经当事人同意，可以转入最高额抵押担保的债权范围。

5. 抵押权的实现

债务人不履行到期债务或者发生当事人约定的实现抵押权的情形，抵押权人可以与抵押人协议以抵押财产折价或者以拍卖、变卖该抵押财产所得的价款优先受偿。协议损害其他债权人利益的，其他债权人可以在知道或者应当知道撤销事由之日起一年内请求人民法院撤销该协议。抵押权人与抵押人未就抵押权实现方式达成协议的，抵押权人可以请求人民法院拍卖、变卖抵押财产。抵押财产折价或者变卖的，应当参照市场价格。抵押物折价或者拍卖、变卖后，其价款超过债权数额的部分归抵押人所有，不足部分由债务人清偿。同一财产向两个以上债权人抵押的，拍卖、变卖抵押财产所得的价款依照下列规定清偿：

（1）抵押权已登记的，按照登记的先后顺序清偿；顺序相同的，按照债权比例清偿。

（2）抵押权已登记的先于未登记的受偿。

（3）抵押权未登记的，按照债权比例清偿。

（三）质押

1. 质押的概念

质押是指债务人或者第三人将其动产或权利移交债权人占有，用以担保债权履行的担保。质押后，当债务人不能履行债务时，债权人依法有权就该动产或权利优先得到清偿。债务人或者第三人为出质人，债权人为质权人，移交的动产或权利为质物。质权是一种约定的担保物权，以转移占有为特征。

2. 质押的分类

质押可分为动产质押和权利质押。动产质押是指债务人或者第三人将其动产移交债权人占有，将该动产作为债权的担保。能够用作质押的动产没有限制。质权人在债务履行期届满前，不得与出质人约定债务人不履行到期债务时质押财产归债权人所有。质权自出质人交付质押财产时设立。权利质押一般是将权利凭证交付质押人的担保。可以质押的权利包括：

（1）汇票、支票、本票。

（2）债券、存款单。

（3）仓单、提单。

（4）可以转让的基金份额、股权。

（5）可以转让的注册商标专用权、专利权、著作权等知识产权中的财产权。

（6）应收账款。

（7）法律、行政法规规定可以出质的其他财产权利。

（四）留置

留置，是指债权人按照合同约定占有对方（债务人）的财产，当债务人不能按照合同约定期限履行债务时，债权人有权依照法律规定留置该财产并享有处置该财产得到优先受偿的权利。留置权以债权人合法占有对方财产为前提，并且债务人的债务已经到了履行期。比如，在承揽合同中，定作方逾期不领取其定作物的，承揽方有权将该定作物折价、拍卖、变卖，并从中优先受偿。

由于留置是一种比较强烈的担保方式，必须依法行使，不能通过合同约定产生留置权。担保法规定，能够留置的财产仅限于动产，且只有因保管合同、运输合同、承揽合同发生的债权，债权人才有可能实施留置。

（五）定金

定金，是指当事人双方为了保证债务的履行，约定由当事人一方先行支付给对方一定数额的货币作为担保。定金的数额由当事人约定，但不得超过主合同标的额的20%。定金合同要采用书面形式，并在合同中约定交付定金的期限，定金合同从实际交付定金之日生效。债务人履行债务后，定金应当抵作价款或者收回。给付定金的一方不履行约定债务的，无权要求返还定金；收受定金的一方不履行约定债务的，应当双倍返还定金。

三、工程项目采购中的担保

在工程项目采购的过程中，保证是最为常用的一种担保方式。保证这种担保方式必须由第三人作为保证人，由于对保证人的信誉要求比较高，工程建设中的保证人往往是银行，也可能是信用较高的其他担保人，如担保公司。这种保证应当采用书面形式。

1. 施工投标担保

投标保证金是指在招标投标活动中，投标人随投标文件一同递交给招标人的一定形式、一定金额的投标责任担保。其主要保证投标人在递交投标文件后不得撤销投标文件，中标后不得无正当理由不与招标人订立合同，在签订合同时不得向招标人提出附加条件或者不按照招标文件要求提交履约保证金，否则，招标人有权不予返还其递交的投标保证金。招标人可以在招标文件中要求投标人提交投标保证金。投标保证金除现金外，可以是银行出具的银行保函、保兑支票、银行汇票或现金支票。投标人应提交规定金额的投标保证金，并作为其投标书的一部分，数额不得超过招标项目估算价的2%。投标人不按招标文件要求在开标前以有效形式提交投标保证金的，该投标文件将被否决。

投标保证金有效期应当与投标有效期一致，投标有效期从提交投标文件的截止之日起算。截止时间根据招标项目的情况由招标文件规定。若由于评标时间过长，而使保证到期，招标人应当通知投标人延长保函或者保证书有效期。投标保函或者保证书在评标结束之后应退还给承包商，一般有两种情况：①未中标的投标人可向招标人索回投标保函或者保证书，以便向银行或者担保公司办理注销或使押金解冻；②中标的投标人在签订合同时，向业主提交履约担保，招标人即可退回投标保函或者保证书。招标人最迟应当在书面合同签订后5日内向中标人和未中标的投标人退还投标保证金及银行同期存款利息。

下列任何情况发生时，投标保证金将被没收：①投标人在投标函格式中规定的投标有效期内撤回其投标；②中标人在规定期限内无正当理由未能根据规定签订合同，或根据规定接受对错误的修正；③中标人根据规定未能提交履约保证金；④投标人采用不正当的手段骗取中标。

2. 施工合同的履约担保

施工合同的履约保证，是为了保证施工合同的顺利履行而要求承包人提供的担保，以防止承包人在合同执行过程中违反合同规定或违约，并弥补给发包人造成的经济损失。《招标投标法》第46条规定："招标文件要求中标人提交履约保证金的，中标人应当提供。"履约保证的形式有履约担保金（又称履约保证金）、履约银行保函和履约担保书三种。履约担保金可用保兑支票、银行汇票或现金支票，一般情况下额度为合同价格的10%；履约银行保函是中标人从银行开具的保函，额度是合同价格的10%；履约担保书是由保险公司、信托公司、证券公司、实体公司或社会上担保公司出具担保书，担保额度是合同价格30%的履约保证的担保责任，主要是担保投标人中标后，将按照合同规定，在工程全过程，按期限按质量履行其义务。若发生下列情况，发包人有权凭履约保证向银行或者担保公司索取保证金作为赔偿：①施工过程中，承包人中途毁约，或任意中断工程，或不按规定施工；②承包人破产，倒闭。

履约保证的有效期限从提交履约保证起，一般情况到保修期满并颁发保修责任终止证书后15天或14天止。如果工程拖期，不论何种原因，承包人都应与发包人协商，并通知保证人延长保证有效期，防止发包人借故提款。

履约保证金不同于定金，履约保证金的目的是担保承包商完全履行合同，主要担保工期和质量符合合同的约定。承包商顺利履行完毕自己的义务，招标人必须全额返还承包商。履约保证金的功能，在于承包商违约时，赔偿招标人的损失，也即如果承包商违约，将丧失收回履约保证金的权利，并且不以此为限。如果约定了双倍返还或具有定金独特属性的内容，符合定金法则，则是定金；如果没有出现"定金"字样，也没有明确约定适用定金性质的处罚之类的约定，已经交纳的履约保证金，就不是定金，则不能适用定金罚则。

3. 施工预付款担保

预付款担保是指承包人与发包人签订合同后，承包人正确、合理使用发包人支付的预付款的担保。建设工程合同签订以后，发包人给承包人一定比例的预付款，但需由承包人的开户银行向发包人出具预付款担保，金额应当与预付款金额相同。预付款担保的主要形式为银行保函。其主要作用是保证承包人能够按合同规定进行施工，偿还发包人已支付的全部预付金额。预付款在工程的进展过程中每次结算工程款（中间支付）分次返还时，经发包人出具相应文件担保金额也应当随之减少。如果承包人中途毁约，中止工程，使发包人不能在规定期限内从应付工程款中扣除全部预付款，则发包人作为保函的受益人有权凭预付款担保向银行索赔该保函的担保金额作为补偿。

第七节　保　　险

一、保险概述

（一）保险的概念

保险是指投保人根据合同约定，向保险人支付保险费，保险人对于合同约定的可能发生的事故因其发生所造成的财产损失承担赔偿保险金责任，或者当被保险人死亡、伤残、疾病或者达到合同约定的年龄、期限时承担给付保险金责任的商业保险行为。保险是一种受法律保护的分散危险、消化损失的法律制度。保险的目的是为了分散危险，因此，危险的存在是保险产生的前提。保险制度上的危险是一种损失发生的不确定性，其表现为：①发生与否的不确定性；②发生时间的不确定性；③发生后果的不确定性。

（二）保险合同的概念

保险合同是指投保人与保险人约定保险权利义务关系的协议。投保人是指与保险人订立保险合同，并按照保险合同负有支付保险费义务的人。保险人是指与投保人订立保险合同，并承担赔偿或者给付保险金责任的保险公司。

保险合同在履行中还会涉及被保险人和受益人的概念。被保险人是指其财产或者人身受保险合同保障，享有保险金请求权的人，投保人可以为被保险人。受益人是指人身保险合同中由被保险人或者投保人指定的享有保险金请求权的人，投保人、被保险人可以为受益人。

保险合同一般是以保险单的形式订立的。

（三）保险合同的分类

1. 财产保险合同

财产保险合同是以财产及其有关利益为保险标的的保险合同。在财产保险合同中，保险合同的转让应当通知保险人，经保险人同意继续承保后，依法转让合同。在合同的有效期内，保险标的危险程度增加的，被保险人按照合同约定应当及时通知保险人，保险人有权要求增加保险费或者变更保险合同。建筑工程一切险和安装工程一切险即为财产保险合同。

2. 人身保险合同

人身保险合同是以人的寿命和身体为保险标的的保险合同。投保人应向保险人如实申报被保险人的年龄、身体状况。投保人于合同成立后，可以向保险人一次支付全部保险费，也可以按照合同规定分期支付保险费。人身保险的受益人由被保险人或者投保人指定。保险人对人身保险的保险费，不得用诉讼方式要求投保人支付。

二、工程项目采购涉及的主要险种

工程建设由于涉及的法律关系较为复杂，风险也较为多样，因此，工程建设涉及的险种也较多。主要包括：建筑工程一切险（及第三者责任险）、安装工程一切险（及第三者责任险)、机器损坏险、机动车辆险、人身意外伤害险、货物运输险等。但狭义的工程险则是针对工程的保险，只有建筑工程一切险（及第三者责任险）和安装工程一切险（及第三者责任险），其他险种则并非专门针对工程的保险。由于工程安全事关国计民生，许多国家对工程险有强制性投保的规定。我国目前施工单位职工的意外伤害险是强制险。

（一）建筑工程一切险（及第三者责任险）

1. 概述

建筑工程一切险是承保各类民用、工业和公用事业建筑工程项目，包括道路、桥梁、水坝、港口等，在建造过程中因自然灾害或意外事故而引起的一切损失的险种。因在建工程抗灾能力差，危险程度高，一旦发生损失，不仅会对工程本身造成巨大的物质财富损失，甚至可能殃及邻近人员与财物。因此，建筑工程一切险作为转移工程风险，是取得经济保障的有效手段，受到广大工程业主、承包商、分包商等工程有关人士的青睐。随着各种新建、扩建、改建工程项目日益增多，与之相适应，需要更多全方位、多层次、高水平的工程保险服务，许多保险公司已经开设了这一保险。

建筑工程一切险往往还加保第三者责任险。第三者责任险是指凡在工程期间的保险有效期内因工地上发生意外事故造成工地及邻近地区的第三者人身伤亡或财产损失，依法应由被保险人承担的经济赔偿责任。

2. 投保人与被保险人

在国外，建筑工程一切险的投保人一般是承包商。如 FIDIC 的《施工合同条件》要求，承包商以承包商和业主的共同名义对工程及其材料、配套设备装置投保保险。住房和城乡建设颁发布的《建设工程施工合同示范文本》（GF2013—0201）规定，工程开工前，发包人应当为建设工程办理保险，支付保险费用。因此，采用《建设工程施工合同示范文本》（GF2013—0201）应当由发包人投保建筑工程一切险。2007 年 11 月 1 日国家发展改革委、财政部、建设部等九部委联合发布的《标准施工招标文件》（2007 年版），建筑工程一切险的被保险人则范围较宽，所有在工程进行期间，对该项工程承担一定风险的有关各方（即具有可保利益的各方），均可作为被保险人。如果被保险人不止一家，则各家接受赔偿的权利以不超过其对保险标的的可保利益为限。被保险人具体包括：①业主或工程所有人；②承包商或者分包商；③技术顾问，包括业主聘用的建筑师、工程师及其他专业顾问。

3. 责任范围

保险人对下列原因造成的损失和费用负责赔偿：①自然事件，指地震、海啸、雷电、飓风、台风、龙卷风、风暴、暴雨、洪水、水灾、冻灾、冰雹、地崩、山崩、雪崩、火山爆发、地面下陷下沉及其他人力不可抗拒的破坏力强大的自然现象；②意外事故，指不可预料的以及被保险人无法控制并造成物质损失或人身伤亡的突发性事件，包括火灾和爆炸。

4. 除外责任

保险人对下列各项原因造成的损失不负责赔偿：

（1）设计错误引起的损失和费用。

（2）自然磨损、内在或潜在缺陷、物质本身变化、自燃、自热、氧化、锈蚀、渗漏、鼠咬、虫蛀、大气（气候或气温）变化、正常水位变化或其他渐变原因造成的保险财产自身的损失和费用。

（3）因原材料缺陷或工艺不善引起的保险财产本身的损失以及为换置、修理或矫正这些缺点错误所支付的费用。

（4）非外力引起的机械或电气装置的本身损失，或施工用机具、设备、机械装置失灵造成的本身损失。

（5）维修保养或正常检修的费用。

（6）档案、文件、账簿、票据、现金、各种有价证券、图表资料及包装物料的损失。

（7）盘点时发现的短缺。

（8）领有公共运输行驶执照的，或已由其他保险予以保障的车辆、船舶和飞机的损失。

（9）除非另有约定，在保险工程开始以前已经存在或形成的位于工地范围内或其周围的属于被保险人的财产的损失。

（10）除非另有约定，在本保险单保险期限终止以前，保险财产中已由工程所有人签发完工验收证书或验收合格或实际占有或使用或接受的部分。

5. 第三者责任险

建筑工程一切险如果加保第三者责任险，则保险人对下列原因造成的损失和费用，负责赔偿：①在保险期限内，因发生与所保工程直接相关的意外事故引起工地内及邻近区域的第三者人身伤亡、疾病或财产损失；②被保险人因上述原因而支付的诉讼费用以及事先经保险人书面同意而支付的其他费用。

6. 赔偿金额

保险人对每次事故引起的赔偿金额以法院或政府有关部门根据现行法律裁定的应由被保险人偿付的金额为准，但在任何情况下，均不得超过保险单明细表中对应列明的每次事故赔偿限额。在保险期限内，保险人经济赔偿的最高赔偿责任不得超过本保险单明细表中列明的累计赔偿限额。

7. 保险期限

建筑工程一切险的保险责任自保险工程在工地动工或用于保险工程的材料、设备运抵工地之时起始，至工程所有人对部分或全部工程签发完工验收证书或验收合格，或工程所有人实际占用或使用或接受该部分或全部工程之时终止，以先发生者为准。但在任何情况下，保险人承担损害赔偿义务的期限不超过保险单明细表中列明的建筑期保险终止日。

（二）安装工程一切险（及第三者责任险）

1. 概述

安装工程一切险是承保安装机器、设备、储油罐、钢结构工程、起重机、吊车以及包含机械工程因素的各种建造工程的险种。由于科学技术日益进步，现代工业的机器设备已进入电子计算机操纵的时代，工艺精密、构造复杂，技术高度密集、价格十分昂贵。在安装、调试机器设备的过程中遇到自然灾害和意外事故的发生都会造成巨大的经济损失。传统的财产保险适应不了现代安装工程的需要。因此，在保险市场上逐渐发展成一种保障广泛、专业性强的综合性险种——安装工程一切险，以保障机器设备在安装、调试过程中，被保险人可能遭受的损失能够得到经济补偿。

安装工程一切险往往还加保第三者责任险。安装工程一切险的第三者责任险，负责被保险人在保险期限内，因发生意外事故，造成在工地及邻近地区的第三者人身伤亡、疾病或财产损失，依法应由被保险人赔偿的经济损失，以及因此而支付的诉讼费用和经保险人书面同意支付的其他费用。

2. 责任范围

保险人对下列原因造成的损失和费用，负责赔偿：①自然灾害，指地震、海啸、雷电、飓风、台风、龙卷风、风暴、暴雨、洪水、水灾、冻灾、冰雹、地崩、山崩、雪崩、火山爆发、地面下陷下沉及其他人力不可抗拒的破坏力强大的自然现象；②意外事故，指不可预料的以及被保险人无法控制并造成物质损失或人身伤亡的突发性事件，包括火灾和爆炸。

3. 除外责任

保险人对下列各项原因造成的损失不负责赔偿：①因设计错误、铸造或原材料缺陷或工艺不善引起的保险财产本身的损失以及为换置、修理或矫正这些缺点错误所支付的费用；②由于超负荷、超电压、碰线、电弧、漏电、短路、大气放电及其他电气原因造成电气设备或电气用具本身的损失；③施工用机具、设备、机械装置失灵造成的本身损失；④自然磨损、内在或潜在缺陷、物质本身变化、自燃、自热、氧化、锈蚀、渗漏、鼠咬、虫蛀、大气（气候或气温）变化、正常水位变化或其他渐变原因造成的保险财产自身的损失和费用；⑤维修保养或正常检修的费用；⑥档案、文件、账簿、票据、现金、各种有价证券、图表资料及包装物料的损失；⑦盘点时发现的短缺；⑧领有公共运输行驶执照的，或已由其他保险予以保障的车辆、船舶和飞机的损失；⑨除非另有约定，在保险工程开始以前已经存在或形成的位于工地范围内或其周围的属于被保险人的财产的损失；⑩除非另有约定，在保险期限终止以前，保险财产中已由工程所有人签发完工验收证书或验收合格或实际占有或使用或接受的部分。

4. 保险期限

安装工程一切险的保险期限，通常应以整个工期为保险期限。一般是从被保险项目被卸至施工地点时起生效到工程预计竣工验收交付使用之日止。如验收完毕先于保险单列明的终止日，则验收完毕时保险期也终止。

（三）施工企业职工意外伤害险

《建筑法》规定，建筑施工企业必须为从事危险作业的职工办理意外伤害保险，支付保险费。《建设工程安全生产管理条例》进一步规定，施工单位应当为施工现场从事危险作业的人员办理意外伤害保险。意外伤害保险费由施工单位支付。实行施工总承包的，由总承包单位支付意外伤害保险费。意外伤害保险期限自建设工程开工之日起至竣工验收合格止。保险期限应涵盖工程项目开工之日到工程竣工验收合格日。提前竣工的，保险责任自行终止。因延长工期的，应当办理保险顺延手续。

三、保险合同管理

1. 投保决策

保险决策主要表现在两个方面：是否投保和选择保险人。针对工程建设的风险，可以自留也可以转移。在进行这一决策时，需要考虑期望损失与风险概率、机会成本、费用等因素。例如，期望损失与风险发生的概率高，则尽量避免风险自留。如果机会成本高，则可以考虑风险自留。当决定将工程建设的风险进行转移后，还需要决策是否投保。风险转移的方法包括保险风险转移和非保险风险转移。非保险风险转移是指通过各种合同将本应由自己承担的风险转移给他人，例如设备租赁、房屋出租等。保险风险转移是指通过购买保险的办法将风险转移给保险公司或者其他保险机构。在许多国家，强制规定承包商必须投保建筑工程一切险（包括第三者责任险）、安装工程一切险（包括第三者责任险）。在这些国家对于必须要求保险的险种，建设工程的主体是没有投保决策问题的。但是，在没有强制性保险规定的国家或者针对没有强制性保险规定的险种，则存在投保决策的问题。当一个项目的风险无法回避，风险自留的损失高于保险的成本时，应当进行投保。在比较风险自留的损失和保险的成本时，可以采用定量的计算方法。

在进行选择保险人决策时，一般至少应当考虑安全、服务、成本这三项因素。安全是指保险人在需要履行承诺时的赔付能力。保险人的安全性取决于保险人的信誉、承保业务的大小、盈利能力、再保险机制等。保险人的服务也是一项必须考虑的因素，在工程保险中，好的服务能够减少损失、公平合理地得到索赔。决定保险成本的最主要因素则是保险费率，当然也要考虑到资金的时间价值。在进行决策时应当选择安全性高、服务质量好、保险成本低的保险人。

2. 保险合同当事人的管理义务

保险合同订立后，当事人双方必须严格地、全面地按保险合同订立的条款履行各自的义务。在订立保险合同前，当事人双方均应履行告知义务。即保险人应将办理保险的有关事项告知投保人；投保人应当按照保险人的要求，将主要危险情况告知保险人。在保险合同订立后，投保人应按照约定期限，交纳保险费，应遵守有关消防、安全、生产操作和劳动保护方面的法规及规定。保险人可以对被保险财产的安全情况进行检查，如发现不安全因素，应及时向投保人提出清除不安全因素的建议。在保险事故发生后，投保人有责任采取一切措施，避免扩大损失，并将保险事故发生的情况及时通知保险人。保险人对保险事故所造成的保险标的损失或者引起的责任，应当按照保险合同的规定履行赔偿或给付责任。对于保险标的损坏的，保险人可以选择赔偿或者修理。如果选择赔偿，保险事故发生后，保险人已支付了全部保险金额，并且保险金额相等于保险价值的，受损保险标的全部权利归于保险人；保险金额低于保险价值的，保险人按照保险金额与保险时此保险标的的价值取得保险标的的部分权利。

3. 保险索赔

对于投保人而言，保险的根本目的是发生灾难事件时能够得到补偿，而这一目的必须通过索赔实现。

(1) 工程投保人在进行保险索赔时，必须提供必要的、有效的证明作为索赔的依据。证据应当能够证明索赔对象及索赔人的索赔资格，证明索赔能够成立且属于保险人的保险责任。这就要求投保人在日常的管理中注意证据的收集和保存；当保险事件发生后更应注意证据收集，有时还需要有关部门的证明。索赔的证据包括保单、建设工程合同、事故照片、鉴定报告、保单中规定的证明文件。

（2）投保人应当及时提出保险索赔，这不仅与索赔的成功与否有关，也与索赔是否能够获得的补偿和索赔的难易有关。因为资金有时间价值，如果保险事件发生后很长时间才取得索赔，即使是全额赔偿也不足以补偿自己的全部损失。时间一长，不论是索赔人的取证还是保险人的理赔都会增加很大的难度。

（3）要计算损失大小。如果保险单上载明的保险财产全部损失，则应当按照全损进行保险索赔。如果财产虽然没有全部毁损或者灭失，但其损坏程度已经达到无法修理，或者虽然能够修理但修理费将超过赔偿金额，都应当按照全损进行索赔。如果保险单上载明的保险财产没有全部损失，则应当按照部分损失进行保险索赔。如果一个建设项目同时由多家保险公司承保，则只能按照约定的比例分别向不同的保险公司提出索赔要求。

思　考　题

1. 简述我国法律法规体系的构成。

2. 请分析合同订立的过程及合同成立和生效的关系。

3. 请分析招标投标过程中各阶段行为的法律性质，并指出招标投标双方合同关系成立和生效的标志是什么？

4. 请分析招标投标法和政府采购法的适用范围。

5. 担保的方式有哪些？工程项目采购中有哪些常见的担保方式？

6. 保险合同包括哪些主要内容？

第三章　工程项目采购策划

基　本　要　求

◆　掌握工程项目的需求分析
◆　掌握经典工程项目采购模式及其选择/设计影响因素
◆　掌握工程项目合同类型及其选择
◆　掌握工程分标影响因素及分标原则
◆　掌握公开招标、邀请招标及两阶段招标的概念及使用条件
◆　熟悉询价采购、直接采购及竞争性谈判的概念
◆　熟悉招标采购的评标机制及其选择
◆　熟悉工程合同条款的一般内容和作用
◆　熟悉标准施工合同文本的组成
◆　熟悉服务和货物采购需求分析
◆　熟悉工程项目采购的特点
◆　了解采购战略的内容
◆　了解需求分析的要素
◆　了解选择供方的原则
◆　了解标准合同文本的特点及意义
◆　了解国内工程常见的标准合同文本
◆　了解合同界面的确定及协调

“好的开始是成功的一半”。工程采购策划作为工程采购管理运行的第一步，是启动整个采购管理的开关，采购策划是否合理、完善，直接关系到整个工程项目采购运作的成败。它的作用体现在：

(1) 能有效地规避工程项目实施的风险，减少损失。

(2) 为组织工程项目采购提供依据。

(3) 有利于项目资源的合理配置，以取得最佳的经济效益。

第一节　项目采购策划概述

一、项目采购策划的定义

项目采购策划是记录项目采购决策、明确采购方法、识别潜在卖方的过程。它识别哪些项目需求最好或必须通过从项目组织外部采购产品、服务或成果来实现，而哪些项目需求可由项目团队自行完成。

在项目采购策划过程中，要决定是否需要取得外部支持。如果需要，则还要决定采购什么、何时采购、如何采购以及采购多少。如果项目需要从执行组织外部取得所需的产品、服务和成果，则每次采购都要经历从采购策划到结束采购的各个过程。

如果买方希望对采购决定施加一定影响或控制，那么在项目采购策划过程中，还应该考虑对潜在卖方的要求。同时，也应考虑由谁负责获得或持有法律、法规或组织政策所要求的相关许可证或专业执照。在采购策划过程中，要考虑每个自制或外购决策所涉及的风险，也要审查为减轻风险（有时是向卖方转移风险）而拟使用的合同类型。

二、项目采购策划的过程

项目采购管理的首要任务是制订项目采购计划即项目采购策划，并按计划安排好项目采购工作以实现项目生产的目标。项目采购计划的制订过程就是确定从项目组织外部需要采购哪些材料和服务，从而能够更好地满足项目生产需求的过程，如图 3-1 所示。在采购计划中，应该说明是否需要采购、采购什么、何时采购、如何采购、采购多少等内容。

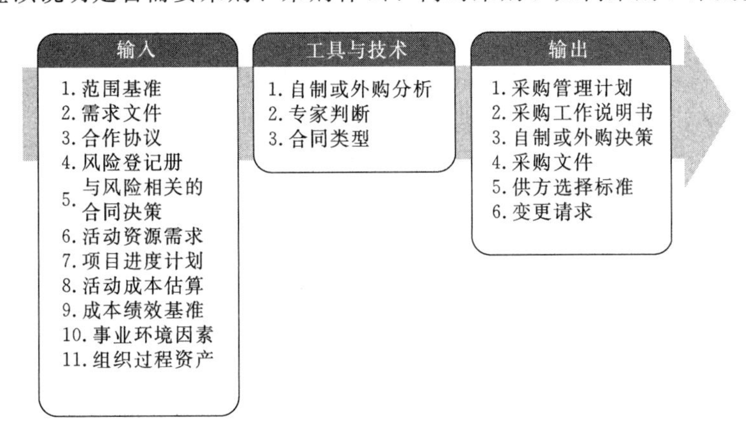

图 3-1　项目采购策划的过程

当项目从执行组织之外获得产品时，每项产品都必须经历从询价计划到合同收尾的各个过程；当项目不从执行组织之外获得产品时，就不必执行从询价计划到合同收尾之间的过程。此外，采购计划还应考虑可能的卖方，特别是买方希望以合同签订加一定程度的影响或控制时更是如此。

三、项目采购策划的内容

项目采购策划就是确定从项目组织外部采购哪些产品和服务以便能够更好地满足项目生产需求的文件，项目策划必须在定义项目范围时完成。项目采购计划需要回答一系列问题，如：采购什么、何时采购、如何采购及采购多少等。

1. 采购什么

项目采购策划中的第一要素是“采购什么”，即首先要决定采购的对象。项目策划管理要求采购的产品应具有 4 个条件：

（1）适用性，即采购的产品不一定要有最好的质量，但一定要符合项目实际生产的质量要求。

（2）通用性，即项目采购的产品最好能够通用，在项目采购中尽量不使用定制化的产品。

(3) 可获得性，即能够在需要的时间内，以适当的价格，及时得到要采购的产品。

(4) 经济性，即在保证质量的前提下，选择成本最低的供应来源，以降低项目成本。

项目组织应首先将项目采购需求写成规范的书面文件，注明要求的详细规格、质量和时间，然后将它们作为日后与供应商进行交易和开展采购合同管理的依据性文件。这种关于“采购什么”的规范性文件的主要内容应包括：产品名称、产品规格、产品质量标准和要求等。

2. 何时采购

“何时采购”是项目采购策划管理中的第二大要素，这是指项目组织需要计划和安排采购的时间。因为采购过早就会增加库存量和库存成本，而采购过迟又会因库存量不足而导致项目停工待料和工期拖延，造成资源的浪费。经济采购批量模型是一种很好的选择采购时机的定量方法。

由于从开始项目采购的订货、采购合同洽谈与签订到产品入库必须经过一定的时间间隔，所以在决定“何时采购”时需要从采购的产品投入项目使用之日算起到推测出合理的提前期，从而确定出适当的采购订货时间和采购作业时间。

对于项目策划管理而言，必须依据项目的工期进度计划和资源计划以及所需产品的生产和运输时间，合理地确定产品的采购订货时间。同时，为了项目进度需要，采购产品的交货时间也必须适时，而且只能有少许提前而不能有任何推迟，这是项目策划管理必须遵循的重要原则之一。

3. 如何采购

“如何采购”主要是指在项目采购过程中采用何种工作方式以及项目采购的大政方针和交易条件。项目策划管理这方面的工作包括：是否采用分批交货的方式，采用何种产品供给与运输方式，具体项目采购产品的交货方式和地点等。例如，如果采用分期交货的采购方式，对每批产品的交货时间和数量必须科学地制订计划、安排并逐条在该采购合同上明确予以规定。同时一定要安排和约定项目所需要产品的交货方式和地点，以确定究竟是在项目现场交货还是在买方所在地交货。另外，还必须安排和确定项目所需产品的包装和运输方式，明确究竟是由项目组织负责运输，还是由买方负责运输，抑或是由第三方物流服务上门负责运输；最后，还要计划、安排和确定项目采购的付款方式与各种付款条款，诸如预付定金、违约补偿和各种保证措施等。另外，还有一些其他方面的问题也必须予以安排和考虑，如项目采购合同的类型、格式、份数、违约条款等，这些都是需要在采购计划这一工作中确定的。

4. 采购多少

这是有关项目采购数量的管理。任何项目所需产品的采购数量一定要适当，所以都需要进行计划管理。项目所需要的产品的采购数量必须根据项目实际情况决定，如大型工厂建设项目所需生产资源多而且消耗快，所以“采购多少”可以使用经济订货批量模型和经济生产批量模型等方法来决定。另外，在计划、安排和决定“采购多少”时还应该考虑批量采购的数量优惠等因素，以及项目存货的资金时间价值等方面的问题，所以实际上项目采购策划管理中有关“采购多少”的问题涉及数量和资金成本两个方面的变量。

一般而言，项目采购策划包括从指定采购文件到合同收尾的全部采购过程，具体内容包括：

（1）采用的合同类型。

（2）如果评估标准要求有独立的估算，确定由谁进行估算。

（3）如果实施组织设有采购或者发包部门，项目管理团队本身应采取的行动。

（4）标准的采购文件（如果需要）。

（5）管理多个供应商。

（6）协调采购与项目的其他方面，如进度计划与绩效报告。

（7）能够对规划的采购造成影响的制约因素和假设条件。

（8）处理从买方购买产品所需的提前订货期，并就其与项目进度计划制订过程进行协调。

（9）处理自制或外购决策，并与活动资源需求和进度计划制订相关联。

（10）制订每个合同中规定合同可交付成果的进度计划，并与进度计划制订过程和控制过程进行协调。

（11）确定履约保函或保险合同，以降低一些项目风险。

（12）制定有关如何制定和维持合同工作分解结构的指导说明。

（13）确定合同工作说明书应使用的格式和形式。

（14）经过资格预审的优选供应商（如有）。

（15）评估买方使用的采购衡量指标。

第二节 采购战略制定

一、采购战略概述

采购中的战略管理不同于一般意义上的采购管理，采购管理关注的是防范腐败，降低采购价格，提高采购流程的效率。采购战略着眼的则是建立并提高采购人对供应方的影响力，创造新价值或降低整个供应链的总成本，驱动供应方技术革新和产业升级，提升供需双方甚至多方总体的效能，决定并维护与供应商的关系层级和合作路线。采购战略按照采购品种的性质可以分为：常规品采购战略、紧缺品采购战略、数字品采购战略、珍惜品采购战略等；按照采购品种的多寡可以分为单一品种采购战略和多品种联合采购战略。制定招标采购战略时一般应考虑：采购物资的性质；组织整体战略要求何种的采购战略；采购成本模型和成本结构如何优化；如何选择与供应商的联系渠道；现有供应商的状况与可能的新供应商；需要在采购中侧重关注哪种新技术的发展；政府行为对采购的影响等。

二、采购战略的内容

一般而言，采购战略的制定主要包括以下三个方面的内容。

1. 资源战略制定

采购部门在制定资源战略的过程中，首先要根据采购对象的风险、复杂维度和价值维度来对采购物资进行分类。第一类物资是复杂度高风险大、价值也很高的核心物资，采购部门采购该类物资，应该通过和少数关键供应商结成战略性合作关系的方式来保障采购的安全性和高品质。第二类是复杂度较高风险较大、价值较低的瓶颈类物资，在采购战略的实施过程中，采购人可以采取以下两种方法来提升采购的质量：一种是努力与供应商形成战略伙伴关系，如果对方积极性不高，可努力通过及时付款、经常性沟通等方式保持与供应商的良好关系；另一种则是尝试改变自己的需求，寻找替代物资。第三类是复杂度不高风险较低但是价值很高的杠杆型物资，采购人应努力扩大供应范围，采用招标的方式来实现采购的优化。第四类是比较简单风险很低、价值也较低的常规类物资，采购人采购这类物资应该通过标准化和自动化的采购流程来简化采购过程、降低采购成本，侧重于控制采购管理费用。

2. 供应商战略制定

供应商战略制定的核心问题是组织要决定同供应商建立何种关系以及如何建立这种关系。对于实施战略采购的标的，采购人应该同供应商建立深层次的战略伙伴关系。为了实现这种目的，采购人可以通过分阶段的方法。在初期阶段，双方建立信息平台和沟通机制，采购人与供应商分享信息，逐步培养合作的默契并增强彼此的信任。在初期阶段磨合顺利之后，采购人可以逐步与供应商建立较高层次的稳定的战略伙伴关系。在这阶段，采购人可以与供应商实现较高程度的整合，将自身的活动与供应商集成起来，将供应商作为自己的制造部门或者建立联合小组共同参与产品开发设计，双方实现利益共享和风险共担。

3. 采购控制战略制定

采购控制战略制定是通过对采购组织内部岗位的重新设定、绩效考核和流程设计的制定来保证采购战略计划的有效实施。在采购控制战略制定中，首先要注重对于采购人员的管理与培训。采购人员不仅应该得到岗位培训，而且也应该得到采购文化的培训。其次，有效的绩效考核有利于战略目标的实现，不利的绩效考核会严重影响采购人员的积极性，并最终影响采购战略的实现。在制定绩效考核指标时，对于关键业绩指标应当尽可能地标准化和量化，从而让采购战略的推动者可以对采购战略的实施进行全面的评估。

【案例3-1】 中建某工程局集中采购战略

中建股份某二级集团（以下简称“工程局”）为了匹配自身在项目管理方面的战略要求，加强企业对项目的管控能力，提出集中采购的战略，其相关战略概述如下：

1. 集中采购目标

规范采购行为，实现阳光采购，规模采购，降本增效，从传统采购模式逐步向现代化采购模式转变。

2. 集中采购范围

原则上，一定金额以上的标的物，例如，建筑材料、办公用品、机械设备、周转料具、机械租赁、专业分包、劳务分包等均纳入集中采购范围。考虑到不同标的物集中采购推进的难易程度，在现阶段主要推行大宗材料（钢材、混凝土、水泥等）、部分劳务分包和专业分包等的集中采购。

3. 集中采购模式

工程局对现行采购模式进行调整和重组，将采购权集中在二级法人单位以上层面上来。集中采购按照集中度分为：局层面战略采购、局区域集中采购和局二级单位集中采购三种模式。

局层面战略采购：以框架协议形式发展战略合作关系，局属各单位在工程局集中采购管理中心的规范下自由选择战略供应商，与之签订采购合同的采购模式。

局区域集中采购：组织区域内分子企业，通过集中招标、联合谈判的方式，共同确定供应商和采购价格（或定价机制），签订框架协议或采购合同的采购模式。

局二级单位集中采购：局二级单位整合下属单位采购需求进行集中采购的模式。

4. 集中采购的方式

集中采购方式包括公开招标、邀请招标、竞争性谈判、单一来源采购、询价采购等。

5. 集中采购组织保障

局属各单位成立采购管理委员会、集中采购领导小组，单位主要负责人任领导小组组长，明确分管领导，设立集中采购管理中心，组织集中采购工作。

6. 集中采购的核心举措

工程局集中采购核心举措是在局采购中心的引领、协调、服务下，通过对中建股份集中采购交易平台（以下简称“集采交易平台”）的全面使用，实现采购的合同条件一致、价格统一。在二级单位集中采购和局区域集中采购的基础上逐步实现局层面战略采购。

7. 集中采购推进要求

（1）总体目标。通过局总部、区域、公司、项目四层次联动，整合全局规模优势，实现集中采购、统一支付、标准化管理，提升分供商层次，提高产品质量，降低采购成本，增强企业核心竞争力，实现局资源管理“采购集中化、管理信息化”。

（2）局阶段目标。

1）集采交易平台推进目标。2013 年 6 月前，工程局总结集采交易平台使用经验，并在全局范围培训、交流和推广，70%局二级单位上线交易。

2013 年 12 月底前，95%局属各单位上线交易，12 月 31 日前完成全局 230 亿元的集采上线交易额。

2）集采模式使用推进目标。2013 年，建立健全工程局集中采购管理体系，完善集中采购管理制度，大力推进区域集中采购工作，推进局战略采购工作，实现全局大宗材料（钢材、混凝土、水泥、砌块等）、部分劳务分包和专业分包集中采购，将采购集中到二级单位以上层面上来。

2014 年，扩大集中采购范围，推广局战略采购，全局大宗材料（钢材、混凝土、木材模板、周转料具、大型机械设备等）、部分劳务分包和专业分包集中采购，全局集中采购金额占总采购金额的 50%。

2015 年，全面推进集中采购，实现全局大宗物资、专业分包、劳务分包、大型机械设备集中采购工作标准化、集约化、信息化。

第三节　采购需求分析

准确把握采购目标，科学分析各项需求是采购策划中的一项重要工作。

一、需求分析要素

1. 功能需求

商品及其伴随服务满足人们使用的属性称为功能。商品及其服务功能是否满足需求是招标采购需要着重研究的内容。一般包括以下几个方面：

（1）使用条件，即商品使用的外部条件。这当中既包括国家政策，又包括商品的使用环境，例如电梯，电梯按参数和类别分为 A、B、C 三级，国家对电梯产品实行生产许可证制度等，其电梯井尺寸、层数、载重量等直接影响电梯的选择及其功能；再比如空调主机，其安置地点、环境温度、保温措施等外部条件直接影响空调主机的选择和功能。

（2）使用要求，即商品及其伴随服务应满足哪些使用要求、具备哪些功能，这是招标采购进行功能需求分析的主要工作，也是招标采购标的需要最终实现的结果。

（3）技术标准，指重复性的技术事项在一定范围内的统一规定，包括基础技术标准、产品标准、工艺标准、检测试验方法标准以及安全、卫生、环保标准等。《产品质量法》第十三、十四条规定，可能危及人体健康和人身、财产安全的工业产品，必须符合保障人体健康和人身、财产安全的国家标准、行业标准；未制定国家标准、行业标准的，必须符合保障人体健康和人身、财产安全的要求；同时，国家参照国际先进的产品标准和技术要求，推行产品质量认证制度。经认证合格的，由认证机构颁发产品质量认证证书，准许企业在产品或者其包装上使用产品质量认证标志。

招标采购的大多数商品及其伴随服务，可以通过国家、行业设置统一的技术标准来保证，此外，招标人还可以依据招标采购项目的特点和需要，进一步提出优于国家、行业标准的技术要求，这是功能需求进一步量化的体现。

（4）可靠性，即商品及其伴随服务可信赖或可信任程度。对产品而言，可靠性越高产品可以无故障工作的时间就越长；而对于服务而言，其可靠性则靠履约方式、以往诚信履约记录、当事人自律来约束，更与市场诚信体系建设有着密切关系。

2. 价格需求

价格是商品及其伴随服务与货币交换比例的指数，即其价值的货币表现形式，为商品及其伴随服务所订立的价值数字。招标采购过程中，价格是衡量商品及其伴随服务的一项重要因素。

这里，商品价格包括有形产品、无形资产的价格，其中，有形产品是指有实物形态和物质载体的产品，包括各类建筑产品、农副产品、工业生产资料和消费品等；无形资产是指长期使用而没有实物形态的资产，比如专利权、商标权、土地使用权等。

服务价格分为两类：一类是经营性收费，即企业、事业单位以营利为目的，借助一定的场所、设备和工具提供生产、经营服务收取的费用，如咨询服务费、中介代理服务费、企业管理费等；另一类是事业性收费，即一些事业单位在向社会提供公共服务过程中，按照国家有关规定而收取的费用，如鉴证费、公证费、检验费等。

按照《价格法》规定，商品及其伴随服务的价格有三种形式，分别是市场调节价、政府指导价和政府定价。其中市场调节价在市场价格机制中占主导地位。这里的市场调节价，是指由经营者自主制定并通过市场竞争形成的价格；政府指导价，指政府价格主管部门或者其他有关部门，按照其定价权限和范围规定的商品及其伴随服务的基准价及其浮动幅度，用于指导经营者制定价格；而政府定价，则是指政府价格主管部门或者其他有关部门按照定价权限和范围制定的商品及其伴随服务价格。

招标采购过程中，价格是投标人之间竞争的主要因素之一，既包括有形产品价格，又包括服务价格，主要涉及市场调节价和政府指导价两类。

价格需求目标直接受以下两个因素的制约：

（1）采购预算，即准备花多少钱采购标的。

（2）市场价格水平，即标的的市场价位。

招标采购价格需求要满足标的价格小于或等于采购预算的原则。值得注意的是，对有形产品，其市场价格可以通过市场调查而获悉，而对于无形产品，或是需要一段时间进行加工、制造、安装的有形产品，其市场价格只有在当事人履行完合同，提供了合格产品后才能确定标的价格。所以，其招标采购的价格仅是一种预期价格。

3. 数量需求

数量需求，即按照使用要求确定的标的数量。对于产品，直接表现为多少个计量单位，例如5个锅炉、2座电梯、直径800mm、壁厚12mm的200m钢管、1栋办公楼；而对于服务性商品，通常表现为在约定时间内提供的服务。

招标采购需求数量多少直接影响到采购标的价格，一般采购数量越多，价格相对越低。

4. 其他需求

招标采购除上述功能、数量、价格等基本需求外，还需要按照采购人需求，考虑商品及其伴随服务的其他采购需求。

二、标的属性需求分析

1. 工程项目需求分析

在自然科学领域，工程是指科学的一种综合应用，以使自然界物质和能源特性能够通过各种结构、机器、产品、系统和过程，以最短的时间和人力、物力做出高效、可靠，且使人类适应自然、促进人类社会发展的手段或方法。例如，系统工程、知识创新工程、菜篮子工程和土木工程等。这里的工程项目主要指工程建设项目，且以建设工程项目居多。建设工程，是指通过组合社会资源，即社会上的人、财、物，通过工程投资策划与决策和工程勘察、设计、施工和设备、材料采购等，完成工程建设的过程，包括土木工程、建筑工程、线路管道工程、设备安装工程及装修装饰工程的新建、扩建和改建工程等。

工程用途即工程功能，例如水坝工程的功能是挡水，住房的功能是满足人类居住，而水库的功能在于蓄水，并依据人类生产、生活需要进行水量调节等。

工程各项使用功能，需要根据国民经济的发展、国家和地方中长期规划、产业政策、生产力布局、国内外市场、所在地的内外部条件等，进行投资机会研究，对拟建项目的市场需求状况、建设规模、产品方案、生产工艺、设备选型、工程建设方案、建设条件、投资估算、融资方案、财务和经济效益、环境和社会影响以及可能产生的风险等方面进行全面深入的调查、研究和论证，并通过设计优化，进而依据国家标准、规范和规程完成的建设工程设计图纸确定。工程设计的完成，标志着该工程各项使用功能的论证，以及按照国家建设标准、规范、规程，规划工程的各项功能实现途径的终结。

工程的功能需求由工程设计确定，所以，工程施工招标范围需要依据工程设计结果确定。但设计深度不同，其功能界定的准确度大不相同。一般性功能在初步设计中就可以明确，但一些细微功能，特别是需要明确其技术参数、指标的功能，只有到施工图设计时才能确定下来，有的则一直要到工程施工过程中，项目法人和设计人结合市场和工程实际情况才能具体确定。类似的，工程设计的质量直接影响工程各项功能需求的界定，设计质量越高，其功能定位越准确。

所以工程设计深度越深，其设计质量越高，其确定的施工内容就越准确，对应的合同管理事项也就越清晰；反之，合同标的不清晰，管理就越含混，需要的合同管理水平就越高。

2. 货物采购需求分析

货物是指各种形态和种类的物品以及附带服务，包括设备、产品、原材料、燃料等。例如电梯、预制混凝土构件、防水材料、柴油等。货物招标的目标，即按功能需求和国家技术标准确定货物种类、数量、质量标准、价格和供货期等事项。

货物招标采购须依据技术经济原则、货物功能需求和使用环境，确定货物种类、规格型号、数量以及对应的技术标准和要求等事项，进行采购。

货物的功能是其满足人们物质文化生活某种需求的一种属性。按特性不同，一类是货物的使用功能与美观功能，这里使用功能反映其使用属性，美观功能是反映其艺术属性；另一类是基本功能与辅助功能，这里基本功能是产品的主要功能，对实现产品的用途起着必要和最主要的作用，辅助功能是为实现基本功能而附加的功能。

对特定的货物而言，其功能只能满足人们的某一方面的需求。所以，确定货物功能需求需要考虑以下因素：

（1）基本功能。基本功能是招标采购的货物能够直接实现的功能。分析基本功能需求，是确定货物种类的前提。对使用功能单一的货物而言，其功能确定相对简单。但对一些多功能需求的货物，则需要进一步确定其各项子功能需求后才能确定该货物的基本功能。一般成套机电产品、系统集成等采购时，需进一步分析其子功能及其组合结果。

（2）扩展功能。扩展功能是在现有功能基础上，通过添加一些配套产品或产品换代升级后可以实现的功能，以满足对货物功能的进一步要求。这就要求在确定功能需求时，为今后产品升级换代、扩展功能预留一定的发展空间。

（3）使用环境。货物的使用环境包括以下几个方面：①货物安装所需平面及空间尺寸；②货物操作平面及空间尺寸；③货物使用动力，如电力、热力等要求；④货物所需环境温度、湿度、大气压等气象气候指标；⑤货物洁净要求；⑥使用环境其他要求，如防干扰、防辐射、防电磁波等。

货物的技术要求，包括货物技术规格、参数与要求、设备工作条件、环境要求等事项，通过对应的技术文件、图纸等具体明确。制定技术规格时应注意以下两点：

1）制定规格应考虑的因素。对于招标人来说，标准化是一种常见的做法，一般来说在任何有可能实现标准化的领域内，招标人都倾向于采取这种方式。标准化就是制定并采用标准的系统过程，标准化的目的不是为了挑选最便宜而是为了挑选最合适的供应商。在不同领域内的招标采购中，规格的制定往往由于领域的不同而存在较大的差异。在制造业，通常是由设计部或工程部负责产品的规格设定。在服务业，通常是由主管部门设定服务的规格。虽然规格的设定往往与技术专家密切相关，但是招标人员在提供价格趋势信息、产品的市场供需信息、潜在供应商的情况和业内最新动态等各个方面，都能够对技术专家起到非常重要的支持作用。由于招标人员并不总是技术专家，因此在制定规格时，技术专家与招标人员、市场人员、谈判人员的协调就极为重要。一般应考虑采取如下方式：①技术专家与管理人员根据组织的实际需要制定规格。这种规格更接近于功能性规格而不是一致性规格。②谈判人员、市场人员考察市场状况，与潜在供应商进行沟通，了解业内信息。③分析是否有满足采购需求的多种方法。结合市场上的价格信息，确立最优的规格。

2）在规格制定过程中外部潜在供应商的介入。

3．服务采购需求分析

服务，指服务人依据自身能力为他人做事，以使他人从中受益的一种有偿或无偿的活动，其特点是以活劳动形式满足他人某种需要。衡量服务水平高低的指标称为服务质量，指服务工作能够满足被服务者需求的程度。而服务者增强服务意识，提高服务质量，则是其市场竞争的必备条件。招标采购中的服务项目常见的有工程咨询服务项目。

工程咨询服务，如勘察、设计、监理等，其合同一般由以下几部分组成：①合同协议书；②中标通知书；③投标函及投标函附录；④专用合同条件；⑤通用合同条件等。分别载明服务范围、服务方式、服务期、服务标准、服务价格等实质性内容。

其他服务项目，其合同各有特色，但一般均需包括服务范围、服务期、服务质量、费用及支付、双方权利与义务、合同变更、违约、索赔与争议等实质性内容。

以监理项目为例，监理服务采购需求包括：需要监理服务的内容、需要多少人员配备、监理的任务大纲、监理的依据和技术规范、工期、何时需要等等。采购人的采购需求是监理服务采购文件的核心部分。

第四节 采购模式策划

一、常用的几种采购模式

工程项目采购模式是各种项目采购模式中最为复杂，但又相对规范和成熟的项目采购模式。经过近一百多年的发展，国内外已形成了多种经典的工程项目采购模式。以下是国际上常用的几种工程项目采购模式：

（一）经典工程项目采购模式

1．施工总包方式

业主首先委托咨询、设计单位进行可行性研究和工程设计，并交付整个项目的施工详图，然后业主组织施工招标，最终选定一个施工总承包商，与其签订施工总包合同。各方关系如图3－2所示。

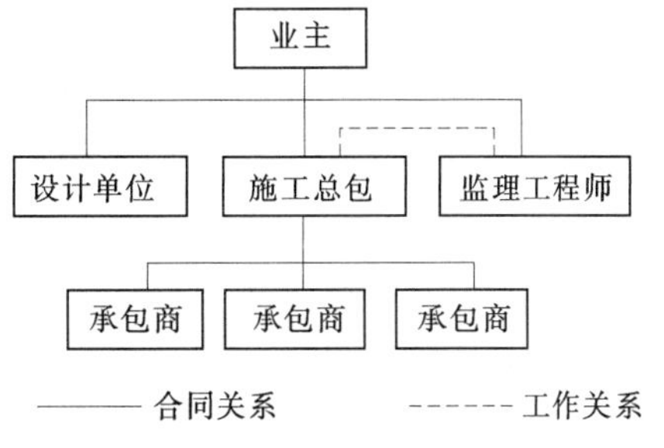

图3－2 施工总包方式各方关系图

优点：

（1）施工合同单一，业主的协调管理工作量小。业主只与施工总包商签订一个施工总包合同，施工总包商全面负责协调现场施工，业主的合同管理、协调工作量小。

(2) 监理工程师代表业主利益对施工过程进行监督和控制，以及监理工程师与承包商作为两个独立实体间的相互检查和制衡，有利于项目质量的保证。

(3) 业主对项目的实施过程和最终产品的质量具有高度的控制权。

(4) 业主在项目实施前就可以获得可靠的固定价格。

缺点：

(1) 建设周期长。施工总包是按照设计—招标—施工循序渐进的方式组织工程建设，因此这种顺序作业的生产组织方式，工期较长，对工业工程项目，不利于新产品提前进入市场，失去竞争优势。

(2) 设计与施工互相脱节，设计变更多。工程项目的设计和施工先后由不同的单位负责实施，沟通困难，设计时很少考虑施工采用的技术、方法、工艺和降低成本的措施，工程施工阶段的设计变更多，不利于业主的投资控制和合同管理。

(3) 对设计深度要求高。要求施工详图设计全部完成，能正确计算工程量和投标报价。

2. 施工平行采购模式

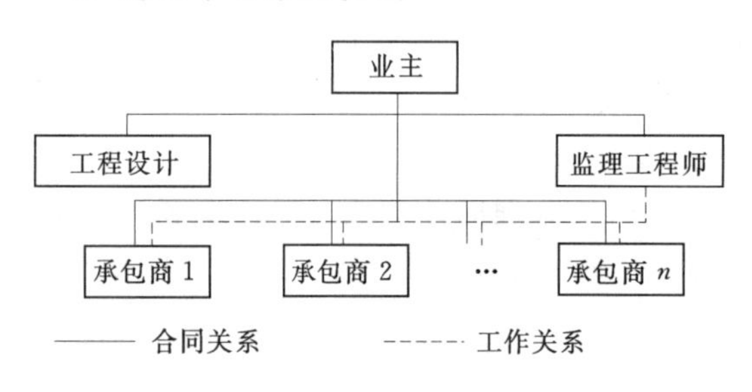

图 3-3　施工平行采购模式各方关系图

业主首先委托设计单位进行工程设计，与设计单位签订委托设计合同。在初步设计完成并经批准立项后，设计单位按业主提出的分项招标进度计划要求，分项组织招标设计或施工图设计，业主据此分期分批组织采购招标，各中标签约的承包商先后进点施工。各方关系如图 3-3 所示。

优点：

(1) 利用竞争机制，降低合同价。采用分项发包，每一个招标项目的规模相对较小，有资格投标的单位多，能形成良好的竞争环境，降低合同价，有利于业主的投资控制。

(2) 可以缩短建设周期。采用分项招标，往往在初步设计完成后就可以开始组织招标，按照“先设计、后施工”的原则，以招标项目为单元组织设计、招标、施工流水作业，使设计、招标和施工活动充分搭接，从而可以缩短工期。

缺点：

(1) 施工合同多，业主的协调管理工作量大。业主要与众多的项目建设参与者签约，特别是要与多个施工承包商（供应商）签约，施工合同多，界面管理复杂，沟通、协调工作量大，而且分标数量越多，协调工作量越大。因此，对业主的协调管理能力有较高的要求。

(2) 设计变更多。采用分项发包，设计和施工分别由不同的单位承担，设计施工互相脱节，设计者很少考虑施工采用的工艺、技术、方法和降低成本的措施，特别是在大型土木建筑工程中，往往在初步设计完成后，依据深度不足的招标设计进行招标，在施工中，设计变更多，不利于业主的投资控制。

（二）设计施工一体化的采购模式

1. DB模式

DB总包为业主提供“一站式”服务。各方关系如图3-4所示。

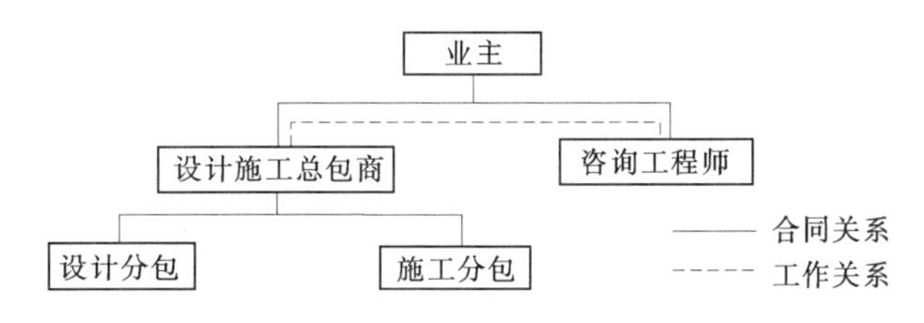

图3-4 DB模式各方关系图

优点：

（1）设计施工由DB总承包商负责，当项目出现质量问题时，责任十分明确，容易追究。

（2）项目实施可以被显著加快。设计方和施工方形成一个合同实体，便于快速路径法的实施。

（3）设计施工一体化，有利于改善设计的可施工性，减少设计变更和索赔，降低工程投资。

（4）总承包商的单一责任制，减少了业主的协调管理工作量，有利于节约管理费。

缺点：

（1）在建设市场信用缺失的情况下，DB总包商在进行设计时，有增加工程造价的动机，业主难以控制。

（2）当设计方和施工方形成一个合同实体，业主丧失了设计方代表业主利益对建设过程的监督和控制，同时也丧失了DBB方式下两个独立实体的相互监督和制衡。

（3）设计施工合同价不是建立在完成了的设计和施工图基础上，可能导致实施过程中，DB总包商为控制成本而降低质量标准。

2. EPC模式

EPC承包商承担了项目的设计、采购和施工任务，并且承担了项目实施过程中的大部分风险。各方关系与DB模式类似。

优点：

（1）缩短了建设周期。采用EPC方式，设计、采购和施工可以有序地深度交叉，从而有效地缩短了建设周期。

（2）合同关系简单，组织协调量小。EPC方式下，业主只负责提出工程项目的预期目标、功能要求和设计标准，审核承包商提供的文件，按照合同规定向承包商支付工程款，并不介入具体的工作。

缺点：

（1）承包商之间的有效竞争不够。EPC方式下，业主及其项目特性对承包商的资金、技术实力和管理能力要求高，建设市场中符合要求的承包商较少，业主方难以通过竞争性招标获得竞争带来的好处。

（2）业主面临较大的“道德风险”。尽管理论上大部分工程缺陷责任由承包商承担，但业主方难以控制承包商通过调整设计方案，包括采用不配套设备等较为隐蔽的方式来降低其自身的成本，从而影响工程质量，并最终提高项目全生命周期内的成本。

3. CM-at risk 模式

业主在设计阶段伊始选择 CM 单位，并由 CM 单位直接与各施工分包商、供应商签署合同，希望利用 CM 单位的施工经验和管理协调技能，改善设计的可施工性，减少设计变更，缩短建设工期。各方关系如图 3-5 所示。

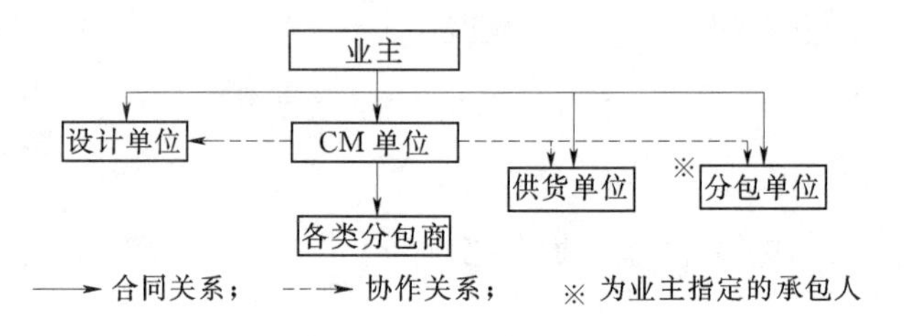

图 3-5　CM-at risk 模式各方关系图

优点：

（1）改变了传统采购模式下项目参与方之间的敌对关系，在 CM 单位的沟通协调下，项目参与方之间建立了合作关系，沟通与交流渠道畅通。

（2）CM 单位的提前介入，改善了设计的“可施工性”，提高了施工效率。

（3）缩短了建设周期。采用“快速路径法”组织施工是 CM 方式的主要特点之一。“快速路径法”的实质是在项目总体方案设计完成后，对项目的详图设计、招标工作和施工按照搭接作业的方式组织，从而大大缩短了建设周期。

缺点：

（1）CM 合同一般采用保证最大工程费用（GMP）的成本加酬金合同，并且 GMP 是在设计文件尚不十分深入的情形下确定的。因此业主方对项目成本较难控制。

（2）选择理想的 CM 公司/经理难。采用 CM 方式时，不仅要求 CM 单位具有良好的资质和信誉，而且要求 CM 单位是一个“全能”式人才，他要有丰富的施工经验、了解设计程序和高超的管理协调能力。目前，由于市场还没有形成完善的准入制度，业主难以选择到理想的 CM 单位/经理。

（三）PPP 采购模式

1. PPP 模式的概念

PPP 是“Public-Private-Partnership”的英文缩写。西方市场经济国家将其经济活动划分为公共部门和私人部门的活动，“Public-Private-Partnership”模式中的 Public 是指政府公共部门，Private 是指私人部门（企业或其他组织），PPP 模式就是公共部门和私人部门之间的共同合作模式。

我国 PPP 模式是指政府部门与社会资本之间的合作，其中社会资本是指依法设立且有效存续的具有法人资格的企业，包括民营企业、国有企业、外国企业和外商投资企业。社会资本可以是一家企业，也可以是多家企业组成的联合体。但本级人民政府下属的政府融资平台公司及其控股的其他国有企业（上市公司除外）一般不作为社会资本方参与本级政府辖区内的PPP项目。社会资本是PPP项目的实际投资人。社会资本方通常会专门针对PPP项目成立项目公司，作为PPP项目合同的签约主体，负责项目具体实施。

采用PPP模式的特许经营项目，政府和社会资本在签订项目合同后形成伙伴合作关系。政府以合作者的身份与社会投资人一同或由社会投资者独立组建项目公司。项目公司（Special Purpose Vehicle，SPV）是为PPP项目设立的自主运营、自负盈亏的具有独立法人资格的经营实体。在特许经营期限内合作运营政府特许项目，经营利益共享，运营风险共担，社会资本方依法取得合理的投资回报，政府不承担投资者或项目公司的偿债责任。

PPP项目主要有以下特点：①PPP项目中大部分是政府的特许经营项目；②PPP项目大部分具有融资功能；③PPP项目能够引入社会资本的管理和运营经验，提高经营效益。

我国应用PPP模式已有30多年历史。20世纪80年代以前，我国基础设施及公用事业项目几乎全部由政府负责投资、建设和运营。20世纪80年代初，公路、发电厂、自来水厂等项目中逐渐应用BOT模式，并取得进展。随着我国经济和投资体制改革的深入。政府为了向社会资本主体融资，优化投资结构，提高财政性资金使用效益，应用PPP模式投资建设特许经营项目日益增多。

2. PPP模式的特点

（1）具有项目风险的公私部门有效分担机制。

（2）有利于提高公共项目供给的数量和效率。

（3）有利于促进政府职能的转换。

（4）具有资金成本高和交易费用高等劣势。

（5）降低了公共部门会计账户的透明性。

3. PPP特许经营项目的范围

特许经营项目通常在公路、污水处理、垃圾处理、地铁、医疗、健康养老、资源环境和生态保护等适宜市场化运作的公共服务、基础设施类项目范围中应用。特许经营项目按照经营收支的平衡情况可分为以下三类：

（1）经营性项目。具有明确的经营收费基础，能够完全覆盖投资和运营成本的，政府授予特许经营权。

（2）准经营性项目。具有经营收费基础，但不足以覆盖投资和运营成本的，政府授予特许经营权，并补贴部分资金或资源。

（3）非经营性项目。缺乏使用者付费基础的，政府授予特许经营权，并主要依靠政府付费回收投资和运营成本。

上述项目中运营收入无法平衡投资和运营成本的，为稳定投资回报、吸引社会投资创造条件，政府可通过投资补助、基金注资、担保补贴、贷款贴息等多种方式提供资金支持，也可通过合理配置政府投资资金、土地、物业、广告等经营资源，保障项目的投资和运营收入。

4. PPP模式的分类

常见的PPP模式见表3-1。PPP项目中采用BOT模式的新建特许经营项目是最为常见和典型的。

表 3-1　　常见 PPP 模式一览表

类　型	基本含义	采购内容和范围
O&M (Operate - Maintain)	政府部门委托社会资本方负责项目运营、维修和养护	已有项目，服务
TOT (Transfer - Operate - Transfer)	政府部门将拥有的项目设施移交给社会资本方运营，社会资本方需要支付一笔转让款，运营期满后再将项目设施无偿移交给政府部门	已有项目，再融资和服务
ROT (Rehabilitate - Operate - Transfer)	在 TOT 模式的基础上，社会资本方还负责对项目进行改建、扩建	改扩建项目，再融资、工程建设和服务
BTO (Build - Transfer - Operate)	社会资本方负责项目融资及建设，完工后将项目所有权移交给政府部门，政府部门将其经营权授予该社会资本方	新建项目，融资、工程建设和服务
BOT (Build - Operate - Transfer)	社会资本方负责项目融资、建设、运营，运营期满后，社会资本方将该项目移交给政府部门	新建项目，融资、工程建设和服务
BOOT (Build - Own - Operate - Transfer)	社会资本方负责项目融资、建设、拥有、运营，运营期满后，社会资本方将该项目移交给政府部门	新建项目，融资、工程建设和服务
BOO (Build - Own - Operate)	社会资本方负责项目融资、建设、拥有，并永久运营	新建项目，融资、工程建设和服务
DBFT (Design - Build - Finance - Transfer)	社会资本方负责项目方案设计、建设、融资，完工后，社会资本方将该项目移交给政府部门	新建项目，融资、工程方案设计、建设
DBFO (Design - Build - Finance - Operate)	社会资本方负责项目方案设计、建设、融资、运营，运营期满后，社会资本方将该项目移交给政府部门	新建项目，融资、工程方案设计、建设和服务

二、采购模式选择/设计

影响工程采购模式选择/设计的因素非常复杂，但总可以从工程交易基本要素和交易环境出发，系统地分析出各类工程交易中较为普遍的选择/设计影响因素。相关研究结果表明，工程交易中，交易主体、交易客体和交易环境这几方面对工程采购模式选择/设计的影响最为深刻。

（一）交易主体的影响分析

工程交易主体包括发包主体（即业主方）和承包主体（即承包方），他们对建设工程交易模式选择或设计有着深刻的影响。

1. 建设工程发包主体/业主方的影响

选择或设计什么样的建设工程交易模式，业主方起主导的、决定性的作用。下列几方面对业主方选择或设计建设工程交易模式有不同程度的影响。

（1）业主方对建设工程项目的管理能力。建设工程项目管理基本知识领域包括了项目管理和土木工程技术两个方面。显然，建设工程管理是一项专业性较强的管理工作，并不是所有建设工程业主方均具有这种管理能力。事实上，对于大多数业主方来说，组织工程建设可能是项一次性的任务，一般不可能有建设工程管理的专门人才。对于政府投资公益性工程项目，真正的业主方是缺位的，那建设工程管理更是问题。在这种背景下，项目管理公司、代建制等概念应运而生。国内外的实践表明，公益性建设工程项目、业主方偶然组织实施的建设工程，以及业主方虽有一定的建设管理能力，但当工程项目相当复杂或工程建设规模很大，凭借自身能力难以完成建设任务或管理成本很高时，业主方总是采用委托管理的方式，委托有能力的专业化公司对建设工程的实施进行管理。一般仅当自身长期从事建设工程开发，具有一支稳定的建设队伍，如房地产开发公司、大江大河的流域开发公司、政府中具有长期建设任务的专业部门等才组织专门的队伍对建设工程的实施进行管理。显然，业主方对建设工程项目的管理能力对业主方管理方式的选择或设计起决定性作用。此外，其对建设工程交易中的采购模式也有一定的影响。例如，当业主方建设工程管理能力较强时，可以选择 DBB 采购模式，其他条件适当的话也可以采用分项采购模式；反之，当业主方建设工程管理能力较弱时，可以采用工程项目总包，或施工总包的方式，因不论是工程项目总包还是施工总包，都可以减少业主方的管理工作量。

（2）业主方对建设工程目标的要求。建设工程目标包括工期、质量和投资等目标。业主方投资建设工程，对建设工程的目标有具体的要求。例如，广东某核电站工程项目，工程开工后，业主方考虑到核电站工程的平稳、经济运行，决定投资建设抽水蓄能电站与此相配套。在这一背景下，该抽水蓄能电站工程的工期就十分紧张，业主方在工程采购模式等方面采取了一系列措施。不仅如此，业主方对建设工期的要求，还导致了 CM 模式的创立。20 世纪 60 年代后期美国的许多业主方对建设工程的工期要求很高。针对这一情况，美国建筑基金会委托美国纽约州立大学汤姆森（Charles B. Thomson）等人对建设交易模式开展研究，并于 1968 年提出了 CM 模式，CM 承包人在业主的充分授权下进行项目管理、组织协调。在项目的初步设计完成后，使施工图设计与施工搭接进行，从而能有效地缩短建设工期。CM 承包人作为业主委托一个承包人，改变了传统承发包模式使设计和施工相互分离的弊病，在一定程度上有利于设计优化，使设计和施工早期结合，减少了施工期的设计变更。

（3）业主方的偏好，包括对采购模式、工程风险的偏好。建设工程交易模式选择或设计由业主方确定，这就决定了业主方的偏好、管理文化对业主方管理方式的选择产生重要的影响。其中，业主方项目部负责人的偏好又对业主方管理方式的选择产生关键的作用。业主方及项目部负责人的偏好、企业文化是在多年的管理实践中逐步形成的。因此，建设工程交易模式优化要充分尊重管理传统，当然不能排除工程交易模式的创新。

2. 工程承包方的影响

业主方为获得建设工程产品，先是要从建设工程市场上获得满足要求的建设工程承包方，即建设工程交易中的卖方。一般而言，不同的采购模式，即不同的二元结构单元，业主方对承包方的要求不同，即对承包方的资质和能力要求不同。当建设市场发育较充分，有足够多的不同类型的承包人可供选择时，对采购模式的选择限制性就较小；反之对采购模式的选择就有较大的限制。如建设市场上具有工程项目总承包能力的总承包人很少或供应不足时，采用 EPC 或 DB 方式也许不太现实。原因有两方面：一是在市场经济条件下，总承包人很少时，应用并不普遍，说明工程总承包条件还不成熟；二是总承包人很少时，参与工程投标竞争的对手就少，理论上可以证明，此时工程的承包合同价就较高。因此。设计工程采购模式时，有必要考虑建设市场相应承包主体数量的多少，即建设市场承包主体的状态对建设工程采购模式选择或设计有影响。

（二）交易客体的影响分析

工程交易客体，常指被交易的建设工程产品/实体，或建设工程设计，或管理服务，其中最主要的是工程产品/实体，建设工程设计或管理服务均是服务于工程产品/实体的形成。工程产品/实体对交易模式的影响可作下列几方面的分析。

1. 工程经济属性的影响

根据建设工程项目投产或运营后能否产生经济效益，分为经营性项目、公益性项目，以及介于两者之间的准公益性项目。对于公益性项目一般由政府投资，业主方缺位，建设工程业主方的管理一般宜采用代理的方式。对于经营性项目，有明确的业主方，当业主方具有较强的项目管理能力时，可采用自主管理方式；当业主方缺乏项目管理能力时，业主方一般委托专业化的项目管理公司进行管理。此外，对政府投资工程项目，其工程采购模式、交易合同类型的选择还要符合政府的相关规定。

2. 工程复杂程度的影响

对于业主方，工程复杂性包括了工程技术难度、工程的不确定性、工程产品特征值的不易观察性等方面。当工程较为复杂时，工程设计与施工联系紧密，实施过程设计施工的协调管理工作会明显增加，实行设计施工一体化对工程整体优化、提高“可建造性”具有明显优势；但对工程承包方的能力、经验，以及信用等方面会提出较高的要求。因此，目前国际大型复杂的工程经常采用 DB 或 EPC 的采购模式，选择具有丰富的工程经验和实力强的承包人。相应地，业主方的管理也经常采用委托/代理管理方式，即委托专业化的项目管理公司进行管理；反之，对于较为简单的工程，业主方经常采用 DBB 采购模式，选择专业化的承包人，同时也多采用自主管理的方式，有时还聘请工程师/监理工程师提供管理服务。

3. 工程规模的影响

工程规模经常可用工程投资规模、工程结构尺寸等指标去衡量，并分成大型工程、中型工程和小型工程。对于大型建设工程，对承包人的能力、经验会提出较高的要求，对业主方的管理能力和经验也是挑战。因此，许多大型建设工程经常采用 M－DB 或 M－EPC 的采购模式，即将整个工程项目分成相对独立的几个子项，然后在子项工程上采用 DB 或 EPC 采购模式。例如具有 4 项世界第一的苏通长江大桥工程，不论是工程投资还是结构尺寸，都属于特大型工程。业主方根据工程结构特点，将工程合理切块，对部分相对独立的子项分别采用 EPC 方式发包，取得明显的技术经济效果。此外，对于一些大型工程，若采用 DB，或 EPC，或采用 GC，由于采用这些采购模式对承包人施工能力、资金垫付能力要求高，可能会影响到投标竞争。在这种情况下，业主方有时就选择分项采购模式，以达到提高竞争性、降低工程造价的目标。

4. 实施过程中子项工程的依赖程度的影响

不论是大型工程，还是小型工程，其子项目工程在实施过程中的依赖程度对采购模式影响很大。如水利水电枢纽工程，工程十分集中，子项间在施工中依赖性强。若将其采用

DBB（分项发包）方式，则在施工过程中不同承包人之间的干扰会十分明显，最终结果是协调管理工作量的显著增加，交易费用的大幅上升。因此，对这一类工程的施工是采用分项目发包还是施工总包，或如何分标均值得研究。但对于一些较为分散的工程，如正在实施的南水北调工程，以及轨道交通工程、高速公路工程等均是沿线分布，采用 DBB（分项发包）方式时，实施过程中承包人的相互干扰将会很少。当然采用 DBB（施工总包）、DB 或 EPC 时，一般不存在承包人之间施工期间的相互干扰。因此，当工程相对集中、子项目间施工联系紧密时，经常采用 DBB（施工总包）、DB 或 EPC；当工程相对分散或子项目间施工联系不多时，可选择 DBB（分项发包）。

（三）交易环境的影响分析

任何交易总是在一定环境下完成的，这种交易环境包括经济社会环境和自然环境。建设工程交易具有历时长、与实施过程相交织等特点，对交易环境非常敏感。因此，交易环境对交易模式和选择或设计会产生较大的影响。

1. 征地拆迁/移民的影响

征地拆迁，一些工程还包括移民，是工程经常碰到的问题，也是一个难题，这经常会左右业主方管理方式或采购模式的选择。正在实施的南水北调东线（江苏段）工程，沿线分布，业主方根据工程特点，将其分成若干子项工程，并针对不同子项采用不同管理方式。其中，对于征地拆迁难度较小的子项工程，采用 PM 的管理方式，即通过招标方式委托有能力的咨询单位提供 PM 服务；而对于征地拆迁难度较大的子项工程，采用委托管理方式，即委托工程所在地政府组建项目现场管理机构对项目进行管理。

2. 工程实施现场条件的影响

工程实施现场条件包括施工场地占用、施工道路占用和施工临时设施布置等条件。由于工程交易与工程实施相交织，且在同步进行。显然，工程实施现场条件对交易模式的设计影响较大。如南水北调东线工程江苏境内的河道工程，其沿线分布，投资规模不大却延绵数公里，甚至数十公里。这些标段施工难度并不大，但在施工过程中，所涉及的交通道路占用、废弃土料堆放、施工临时用地的征用等方面遇到较多的干扰。对此，业主方不得不委托地方政府来组建项目现场管理机构，对项目的实施进行管理。在采购模式选择上，也采用 DBB（分项发包）方式，更多地为工程所在地承包人提供竞争的机会。

3. 国家和工程所在地的政策法规的影响

工程交易是一种较为特殊的交易，经常关系到公共利益和公共安全，因此国家和工程所在地政府均有政策法规对工程交易进行限制或规范交易双方的行为。因此，国家和工程所在地的政策法规不论对工程采购模式还是业主方管理方式，均有不同程度的影响。例如，1997 年颁布的《建筑法》第 30 条规定，国家推行建筑工程监理制度，国务院还规定实行强制监理的建筑工程的范围。与此同时，水利、电力、交通、铁道等国务院相关部门对建设监理均作出了相应的规定。20 世纪 90 年代后期，所有建设工程基本上实行了监理制，建设监理企业也迅速发展。国务院 2000 年颁发的《建设工程质量管理条例》和 2004 年颁发的《建设安全生产管理条例》，均对建设监理单位在工程建设中应承担的责任和义务作出了规定。由此可见如果在业主管理方式中不考虑工程监理，目前是行不通的，尤其是政府投资工程项目。事实上，在国际上，委托建设监理仅为业主方可以选择的一种管理方式。在FIDIC的土木工程施工合同条件中，对工程师/监理工程师的职责和权力作了明确规定。这表明，国际工程的土木工程施工中，工程师/监理工程师已被广泛应用。在FIDIC的DB和交钥匙合同条件中，并没有用到工程师/监理工程师，而是应用了争端裁决委员会（DAB）；在美英等西方发达国家，其本土的合同条件中也没有一定要用工程师/监理工程师的规定，也没有普遍使用工程师/监理工程师的管理方式的迹象。又如，我国《建筑法》第29条规定，施工总承包的，建筑工程主体结构的施工必须由总承包人自行完成。我国《合同法》第272条规定，建设工程主体结构的施工必须由承包人自行完成。显然，在《建筑法》和《合同法》中，对工程总承包、施工总包有很大限制，这可能是工程总承包难以推行原因之一。总之，在国际上，还鲜见用法律的形式对采购模式进行限制。

4. 建设市场发育程度的影响

在建设工程交易中，业主方根据工程特点、交易采购模式等方面在建设市场上选择承包人，而建设市场能提供什么样的承包商与建设市场的发育程度相关。例如，我国建设市场开放仅为20多年的历史，而且在计划经济体制和传统的工程设计与施工专业分工的影响下，建设市场发育不健全。专业化设计或施工队伍庞大，水平也较高，但设计施工综合型、能扮演DB或EPC承包人队伍稀缺，即使有水平也十分有限。因此，目前要采用DB或EPC采购模式，有必要分析潜在的DB或EPC承包人是否足够多。

【案例3-2】 项目承发包模式选择

案例来源：《同济大学学报（自然科学版）》2002年第1期

作者：王广斌、张文娟、靳岩（同济大学工程管理研究所，上海市张江高科技股份公司，美国IDC工业设计工程公司）

【案例正文】

本项目为一栋高标准银行办公楼，总建筑面积约32000m，主楼高18层，裙房5层，地下1层，框架剪力墙结构；钢筋混凝土钻孔灌注桩基；外墙干挂进口大理石，少量玻璃幕墙；室内部分公共部位精装修（4星级宾馆标准）。项目进行了较广泛的设计方案竞赛（共有7个方案），业主在专家评审的基础上选定最优方案，并委托上海一家富有经验的大型设计院承担该工程的扩大初步设计和施工图设计。同时，业主也委托某工程管理单位（监理单位）承担该项目全方位全过程的工程监理任务。该项目进度要求较紧，整个建设周期必须在36个月内完成。

承发包方案一：设计施工总分包

考虑采用传统方式（Traditional Model），即设计施工总分包方式，业主在全部工程设计图纸完成后将一个项目的全部施工任务发包给一个施工总承包单位，施工总承包单位可以将部分施工任务再发包出去（不是全部）。按照工程方案设计—扩初设计—施工图设计—施工招标—施工常规工作程序进行。考虑到项目工程具体情况，工程施工分钻孔灌注桩（相对独立）和主体工程两步进行招标，在工程扩初审批后即进行桩基的招标和施工，这样主体结构施工图设计和钻孔灌注桩施工相互搭接进行。其合同方式考虑采用单价合同。按照以上承发包模式，根据工程实际情况和工作的搭接关系应用网络技术安排工程进度，整个工程总进度为35个月，满足进度目标要求。

承发包方案二：CM模式

由于工程施工图设计结束后再进行工程施工招标可能延长工程进度，方案二考虑采用国际上广泛采用的CM模式进行工程的发包。CM模式是由建设单位委托一家CM单位，以承包商的身份，采取有条件地“边设计、边施工”，即Fast-Track的生产组织方式来进行施工管理，直接指挥工程施工活动，并在一定程度上影响工程的设计。其基本指导思想是缩短项目建设周期，采用设计一部分、招标一部分、施工一部分的组织方式，以使更多的工作搭接进行，加快工程进度。CM模式可分为代理型CM模式和非代理型CM模式两种。其合同一般采用“成本加酬金”方式。按照CM发包模式进行整个工程实施安排，可考虑桩基招标—结构招标—外装饰招标—内装饰招标分段进行，每一段设计图纸完成即招标，充分利用设计与施工的搭接，实现多工作搭接进行，这样按照工程实际情况和工作的搭接关系应用网络技术安排工程进度，整个工程可在32.5个月内完成，完全满足进度目标要求。

承发包方案三：项目总承包模式

考虑采用项目总承包模式（Turnkey Model）即“设计＋施工”方式，在设计单位进行初步设计的同时，由业主和工程监理单位准备工程详细的功能描述书和房间手册，根据审批通过的初步设计图纸和功能描述书、房间手册进行项目总承包的招标，由中标的总承包单位完成工程的施工图设计和全部工程的施工，直至交付使用。工程的总承包单位一般是设计单位和施工单位组成的联合体，结合工程目前实际情况可有以下两种方案：①以负责该项目工程设计的某建筑设计院作为工程设计方（该设计院曾参与项目总承包课题的研究，并在上海的其他项目上进行过项目总承包的试点），工程施工方通过招投标方法产生，他们共同组成工程的总承包联合体承担整个工程的总承包任务；②采用向社会公开进行总承包招标，由社会上自由组织或业主意向邀请总承包联合体进行投标确定。根据工作的搭接关系按照网络技术计划排定，整个工程可在35个月完成，满足进度目标要求。

【问题】

1. 试分析上述三种承发包模式各自的特点。

2. 通过分析比较，你认为哪种方案更适合？为什么？

3. 谈谈如何进行工程项目承发包模式的分析和选择？

【案例解析】

1. 问题1

方案一：该方案严格遵守基建程序，将相对简单的桩基工程独立进行招标，对工程的投资控制、质量控制较为有利，对合同管理影响不大，符合工程实际情况。但对方案一应注意以下两点：①由于工程采用了分段招标，各个工作相互搭接安排紧凑，相应工程管理协调难度增加，组织管理上的风险较大；②由于各种工作搭接较为紧凑，网络计划中关键工作较多，任何一项工作的延迟和耽误都可能影响整个工程进度目标的实现。

方案二：该方案对缩短工程建设周期将是非常有利的，而且签订合同时不必（也不可能）确定施工总价，并在一定程度上有利于优化设计、减少设计变更的可能性。但也存在以下三点问题：①CM模式中确定CM单位以及确定CM单位后确定项目的最大保证费用（GMP）十分困难，相应增加了工程招标、投标和评标的难度，不利于工程的合同管理。

同时在工程实施过程中，对CM单位而言，需经常与设计单位协调，整个施工组织的工作量明显增加，增加了其成本控制的理论风险；②CM模式的市场供给问题。虽然CM模式在国外应用较为广泛，但在我国还处在理论研究阶段，国内能承担CM任务的施工承包单位很少，采用该模式可能需要在国际上招标，相应增加招标管理及行政手续办理上的困难，国外CM单位承包可能会因为其成本高导致整个工程投资增加；③工程的招投标工作和合同洽谈时间较长，估计需要75天。

方案三：项目总承包在国际上应用已较为成熟，国内亦有多个项目的研究和试点。从工程的施工图设计阶段进行项目总承包是总承包的一种模式。项目总承包的基本出发点在于促成设计和施工的早期结合，以充分发挥设计和施工两方面的优势，从而提高项目的经济性，这有利于项目的进度控制和投资控制。

由于业主在工程实施过程中合同较少，对项目的合同管理相对简单，同时该方案可极大减少甲方的工作量。项目总承包的招标采用功能招标，这与施工总承包方式下的构造招标完全不同。其主要的工作是项目的功能描述书和房间手册的准备，这两个文件在完整和精确方面均有较高要求，否则会直接影响工程的质量。在这样一个金融办公楼项目上应用项目总承包，对项目的质量控制的风险较大。如采用该方案，需加强功能描述书和房间手册的编写和工程招标及合同谈判签署的工作。

2. 问题2

分析比较以上三个项目承发包方案实际上反映了三个不同的项目实施方案，表3-2给出了三个方案对项目的投资控制、进度控制、质量控制、合同管理和甲方工作量的影响程度。

表3-2　　三种承发包方案的比较分析

类别	方案一	方案二	方案三
投资控制	施工图全部完成后进行施工招标，合同价易于确定	签订合同后确定最大保证成本GMP十分困难，对工程投资控制不利	利用设计和施工的有效配合降低项目的费用
进度控制	施工图全部完成后进行施工招标，不太利于缩短建设周期	利用设计与施工的搭接，对缩短工期非常有利	利用设计和施工的有效配合缩短建设工期
质量控制	符合质量由“他人控制”原则	招标评标工作复杂，需要有实际CM工作经验的承包单位参与	以功能描述书为基础的招标工作十分困难，质量目标准确定义，质量控制风险大
合同控制	甲方分别签订设计和施工合同	甲方分别签订设计和施工合同，并承担较大的协调工作量	甲方仅签订工程总承包合同，合同管理工作相对容易
甲方工作量	项目实施过程中协调工作量较大	项目实施过程中协调工作量最大	招标和合同谈判工作量大，项目实施过程中甲方工作量少

综合以上五个评价项目分析，可以看出三个承发包方案各有利弊。结合该大厦工程实际情况，方案一较方案二和方案三有利。主要原因如下：

（1）方案二虽在项目的进度控制方面具有较明显的优势，但在现实的操作和实施方面却具有相当大的困难，主要是国内缺乏承担CM任务的实际经验和合适的承包商，也缺乏此类招投标工作的具体经验，增加了业主和工程管理部门的困难，如由国外的承包商提供CM服务，则可能导致项目投资费用的增加，亦增加了具体办理有关行政手续的困难。

(2) 方案三的施工图设计和工程施工虽然能相互搭接进行，但考虑到该项目的未定因素较多（工程的精装修和特殊装修、部分工程的详细工艺要求均难以确定），采用方案三对工程的质量控制不利；同时，由于工程的招投标工作和合同洽谈时间偏长，从而使方案三在工程的进度控制方面并没有显示出优势。

(3) 方案一虽然增加了工程管理和协调方面的难度，但考虑到工程目前甲方筹建班子和工程项目管理（工程监理）方具有较强的力量，既有足够的人力资源，又有实践操作经验，可部分解决这一弊端，且方案一对项目的目标控制较为有利，适合工程目前的实际情况。

3. 问题3

在建设项目工程实践中，建设单位和工程监理单位在进行工程项目承发包模式分析和选择时必须研究分析多种因素，综合来看，应系统分析以下三个方面的情况：

(1) 业主本身情况。主要包括业主方从事项目建设的经验和人员配备两个方面。

(2) 项目及环境情况。项目情况主要包括项目特点、类型、规模大小、技术复杂程度、发包条件等；项目环境情况主要包括国家或当地的政策法规、建筑市场情况（主要包括承包商的经验、技术和能力、材料价格走势等）和项目当地气候、地理情况等技术方面的因素。

(3) 项目目标要求。在具体的项目和特定情况下，业主对项目的投资、进度或质量等目标的重视程度会有不同，如本项目特别重视项目的进度目标。

第五节　分标策划、采购方式及供方的选择原则

一、分标策划

工程项目标段划分，亦称工程分标，是工程招标中的首要工作。工程招标可针对一个工程项目，也可将一个工程项目分解为若干部分，如将一个工程分为若干个单位工程，然后分别招标，这即为工程分标。相应地，该单位工程称为一个工程标段。一个工程的若干标段可以同时招标，也可以分批招标；可以由数家承包人分别承包若干标段，也可由一个承包人承包一个工程的所有标段；同一工程中不同的标段可采用不同招标方式，也可采用相同招标方式。这些均决定于工程项目的规模、技术复杂程度、工期长短、工程建设环境等方面因素。

1. 工程分标影响因素

工程分标考虑的主要因素有：

(1) 工程特点和施工特点。对施工场地集中、工程量不大、技术上不复杂的工程，可不分标，让一家承包，以便于管理；但对工地场面大、工程量大，有特殊技术要求的工程，应考虑分标。如高速公路不仅施工战线长，而且工程量大，应根据沿线地形、河流、城镇和居民情况等对土建工程进行分标，而道路监控系统则又可是一独立的标。

(2) 对工程造价的影响。大型、复杂的工程项目，如大型水电站工程，对承包人的施

工能力、施工经验、施工设备等有较高的要求。在这种情况下，如不分标，就有可能使有资格参加此项工程投标的承包人数大大减少，竞争对手的减少必然导致报价的上涨，业主得不到比较合理的报价。而分标后，就可避免这种情况，让更多的承包人参加投标竞争。

(3) 施工进度安排。施工总进度计划安排中，施工有时间先后的子项工程可考虑单独分标。而某些子项工程在进度安排中是平行作业，则先考虑施工特性、施工干扰等情况，然后决定是否分标。

(4) 施工现场的地形地貌和主体建筑物的布置。应考虑对施工现场的管理，尽可能避免承包人之间的相互干扰，对承包人的现场分配，包括生活营地、附属厂房、材料堆放场地、交通运输道路、弃渣场地等，要进行细致而周密的安排。

(5) 资金筹措的情况。资金不足时，可以先部分工程招标；若为国际工程，外汇不足时，则将部分工程改为国内招标。

2. 工程分标的一般原则

(1) 各子项工程施工特性差异大时，尽量使每个子项工程单独招标，做到专业化施工。

(2) 根据总进度安排，对某些独立性较强，且又制约着其他工程的子项工程宜首先进行单独招标，这对加快工程进度具有重要作用。

(3) 根据施工布置，相邻两标的施工干扰尽量要少，相邻两标的交接处要有明显的实物标记，前后两标要有明确交接日期和实物标记，以减少相邻标的矛盾和合同纠纷。

(4) 标分得较多时一般能更多地降低合同价，但会给业主增加管理工作量，同时施工干扰也必然会增加，因此在分标时必须统筹考虑。

【案例 3-3】 亚洲开发银行官员打捆分包失误

某省亚洲开发银行货款高速公路项目的官员，是一位来自南亚某国曾经从事铁道建设工作十余年的资深工程师。项目执行机构原定的分包打捆计划书包括两个特大桥、3 个特长隧洞、12 个路段施工合同。但亚洲开发银行官员对此作了否定，提出新的分包打捆计划，即将两座位置相邻的特大桥合为 1 个合同，3 个特长隧洞合为两个合同（其中，相近的隧洞合为 1 个合同），而全部路段的路基分为 5 个合同，路面分为两个合同。这样，整个项目分为 10 个合同，比原先少了 7 个。

亚洲开发银行官员更改计划的理由是可以让更多的专业化筑路队伍参加竞标，降低工程造价。然而招标以及项目执行的结果并不理想。一是许多中小企业没有投标资格。大公司中标后，因其无施工实体，层层分包，导致施工管理难度加大；二是路基、路面由不同承包人施工，造成路面承包人与路基承包人对路段质量等问题相互推诿，给监理带来很大困难，最后项目无法在规定的工期内完成，此外还带来其他问题，使业主蒙受较大损失。

二、采购方式选择

项目采购按照采购方式的不同可以分为招标采购和非招标采购两种方式。招标采购分为公开招标采购和邀请招标采购，非招标采购一般包括询价采购和直接采购等。

(一) 招标采购

发包人拥有与招标项目规模和复杂程度相适应的技术、经济等方面的专业人员，具有编制招标文件和组织评标能力时，可以自行组织招标。若不具备相应能力，应委托招标代理机构负责招标工作的有关事宜。选择招标代理机构时，既要审查是否具有相应资质，还应考察其是否主持过与本次招标工程规模和复杂程度相应的经历，以便判断代理招标的能力。

招标采购是由招标人发出招标公告或投标邀请书，邀请潜在的投标人进行投标，然后由招标人对投标人所提出的投标文件进行综合评价，从而确定中标人，并与之签订采购合同的一种采购方式。按照我国《招标投标法》和《政府采购法》，招标采购又分为公开招标采购和邀请招标采购。

1. 公开招标采购

公开招标采购是向所有的潜在合格投标人提供一个公平竞争的机会来竞标，是指招标人通过报刊、广播或电视等公开传播媒介介绍、发布招标公告或信息而进行招标，是一种无限制的竞争方式。公开招标的优点是招标人有较大的选择范围，可在众多的投标人中选定报价合理、交货期较短、信誉良好的供应方，有助于打破垄断，实行公平竞争。

2. 邀请招标采购

邀请招标采购是为了减轻招标采购的工作量和成本，只邀请比较熟悉的投标人来竞标。采用邀请招标采购方式的，应当向三个以上具备产品制造或提供能力、资信良好的法人或者其他组织发出投标邀请书。它适用于采购合同金额不大，或所需特定产品的供应方数目有限，或需要尽早地交货等情况。邀请招标虽然也能够邀请到有经验的和资信可靠的投标人投标，保证合同履行，但限制了竞争范围，有可能会失去技术上和报价上有竞争力的投标人。

总之，通过招标采购可以帮助招标人以合理的最低价格获得符合质量，工期要求的货物、工程和咨询服务，可以使符合要求的投标人都有机会参与投标，能够公开办理各种手续以避免贪污、贿赂的行为。当然，招标采购也存在一些缺点，例如：手续较繁琐，不够机动灵活；耗费的人力、物力、财力和时间也较多；投标人有可能将手续费等附加费用转移到投标报价中去；可能发生抢标、围标等现象。

《中华人民共和国招标投标法实施条例》规定，“对技术复杂或者无法精确拟定技术规格的项目，招标人可以分两阶段进行招标”。两阶段招标可以采用公开招标，也可以采用邀请招标。

建设项目的规模、总体布置方案、工艺流程虽已确定，但有时涉及因技术复杂实施方案尚未确定的情况，通过两阶段招标首先寻求实施方案。如设计施工总承包招标；大型工程项目的特殊地基处理；技术升级换代较快的设备选型和安装等，希望通过两阶段招标来予以落实。在第一阶段招标中博采众议，进行评价，选出可接受的方案，然后在第二阶段中邀请被选中方案的投标者进行报价竞争。

（1）第一阶段招标。第一阶段属于工程项目实施方案选择阶段，投标人按招标文件的要求首先投“技术标”，说明项目的设计方案和实施计划。技术标内不允许附带报价，否则视为废标。

招标人在投标须知规定的时间和地点进行公开开标，会上可以由招标人宣读各投标书的内容，也可以请投标人自己讲解各自递交的投标方案。公布投标人的方案体现公平、公正、公开的原则，但不涉及具体细节以保护方案的知识产权。会后转入评标阶段，由评标委员会对各投标方案进行评审，找出每个方案的优点和缺点，淘汰那些不可接受的方案。

由于各投标人对规划招标项目的出发点不同、设计方案的指导思想不同、实现的方法不同，在可以接受的方案中会有不同利弊的反映。在对各投标书评审的基础上，招标人和评标委员会将单独约请各投标人举行澄清问题会，请他阐述投标书中主要指导思想、最终建筑产品预计达到的技术和经济指标、方案的实施计划细节等有关内容，并提出对其方案的具体改进要求。与每一个可接受方案投标人分别会谈后，将各投标书中存在的共性问题再发出招标文件的补充文件，请第一阶段合格的投标人修改投标方案后进行第二阶段投标。第一阶段不涉及报价问题，因此称为非价格竞争，第二阶段才进行价格竞争。

（2）第二阶段招标。投标人在投标须知规定的投标截止日期以前要报送分别包封的"修改技术标"和"商务标"。在招标的第二阶段将选定中标人，主要工作程序为：

1）召开第二次开标会。在招标文件规定的时间和地点进行公开开标，虽然投标人递交了修改后的技术标和就此方案编制的商务标，但会上只宣读修改后的技术标，不开商务标。凡在第一阶段被淘汰的标书，不允许投标人修改后再参加第二次投标。

2）第二阶段评标。评标委员会首先检查各投标书是否按照第一阶段提出的要求作了响应性的修改，未达到要求的标书将予淘汰。分别对各标书进行方案、设计标准、预期达到的经济技术指标、实施计划和措施、质量保证体系、实施进度计划、工程量和材料用量等方面的详细评审。对投标书中的不明确之处，召开澄清问题会要求投标人予以说明，并形成书面文件作为投标书的组成部分。

对各技术标的优劣进行横向比较，选出几个较好的投标人。然后开启技术标被选中的投标人的商务标，此时可不公开开标。技术标未通过者，商务标原封不动退还给投标人。技术标与商务标不同时启封的目的，是为了避免评标委员因商务标中的报价和优惠条件而影响对优秀技术方案的客观选择。优秀的建设方案是发包人采取两阶段招标法的最主要目的。

审查各商务标是否对招标文件作出了实质性响应，如是否对合同条款中规定的基本义务有实质性背离，以及投标书说明的优惠条件接受的可能性等，然后分析报价组成的合理性。

确定投标书的排序。对实质性响应的投标书排序原则是：总报价在发包人可接受范围内的方案明显最优者排序在前，因为投标人实施项目后的预期利润高低对项目总投资影响所占比重很小，而方案的先进性是发包人的最大收益；技术方案同等水平的投标书，按照对投标报价、技术保证措施、实施进度计划等方面的综合评比确定排列次序。

发包人依据评标委员会作出的评标报告和推荐中标人与备选中标人进行谈判，落实合同条款的内容和实施工程中的细节安排，最终定标签订合同。

（二）非招标采购

非招标采购类似于企业日常运营的采购活动，在现实生活中的应用非常广泛。非招标采购一般包括询价采购、直接采购和竞争性谈判等。

1. 询价采购

询价采购适用于对合同价值较低的标准化货物或服务的采购，一般是通过对国内外若干家（不少于三个）供应商的报价进行比较分析，综合评价各供应商的条件和价格，并最终选择一个供应商签订采购合同。

2. 直接采购

直接采购是指直接与供应商签订采购合同，这是一种非竞争性采购方式。这种采购方式一般适用于以下情况：增购与现有采购合同类似的货物或服务，而且合同价格也较低，所需的产品设计比较简单或属于专卖性质；在特殊情况下急需采购的货物或服务；要求从指定的供应商采购关键性货物或服务以保证质量。

3. 竞争性谈判

竞争性谈判是指在购货方与多个供应商进行直接谈判并从中选择满意供应商的一种采购方式。这种采购方式主要用于紧急情况下的采购或特殊产品（如高科技应用产品）的采购。

三、选择供方的原则

（一）供方选择的一般原则

供方选择（source selection）是项目采购管理中的一个重要组成部分，项目采购管理的首要任务就是从供方那里获得各种所需产品以完成既定目标，因此选择供方是项目采购管理中非常重要的一项工作。在选择供方时，应遵循一定的程序，综合考虑成本、质量、交货期、服务水平、环境、合同履行能力等诸多因素，以便选择出满意的供方，保证计划的顺利进行。

1. 平等性原则

市场经济条件下参与项目的企业是自负盈亏的经济实体，采购者与供方之间的关系是以产品为纽带，以经济效益为原则结成的相对稳定的合作关系，其法律地位是平等的。充分尊重供方有利于调动供方的积极性，因此必须坚持平等性原则。

2. 互惠互利原则

在项目采购工作中，降低采购成本是非常必要的。但是，如果过分强调节约成本则虽可能迫使供方不断降价，也还会导致采购的产品质量低劣、交付拖延，最终给项目带来不良的影响，使项目陷入困境，因此供方选择应坚持互惠互利原则。

3. 适度竞争原则

对于供方的选择既可以选择独家供应，也可以选择多家供应，这要根据项目所面临的具体情况来考虑。独家供应易于管理，也可以享受到批量大的优惠，但这种方式不容易把握市场动态，疏于管理还可能造成质量和服务下降。选择多家供方来供应可以促进相互之间的竞争，不断提高产品质量。

4. 密切合作原则

买方在考虑自身利益的同时，也要充分考虑供方的利益，应与供方保持密切合作关系。从长远利益出发，相互配合，不断改进产品质量，共同降低成本，对采购者和供方双方都是有利的。

5. 系统性原则

建立和使用一个全面的供方综合评价标准体系，对供方作出全面、具体、客观的评价，综合分析供方的业绩、设备管理、人力资源开发、质量控制、成本控制、技术开发、用户满意度、交货协议等各个方面。

6. 科学性原则

供方评价和选择过程应透明化、制度化和科学化，对供方的评价方法也应尽可能科学合理，评价体系应该客观、全面、可操作性强，同时还应注意评价标准的统一尽量减少主观因素影响。

（二）招标采购的评标原则

对于招标方式进行采购的项目，当评标工程不需要考虑工程履约过程额外的交易费用时，在投标人通过资格预审，具有承包工程能力的条件下，采用最低报价中标法应该是最合理的；当招标工程需要考虑工程合同履行过程中额外的交易费用时，采用综合评价决标方法较科学。因此，需要针对招标工程的具体情况，设计评标决标方案，而不是搞一刀切，即不能仅制定一套评标决标方案，将其应用于所有工程或一个大型工程的所有施工标段。当招标工程十分简单，如单一的土石方工程，其技术简单，在工程实施过程中工程计量、工程质量控制等方面均较简单，合同履行过程发生争端的可能性也较小。对这种情况，采用最低报价中标法是合理的。反之，对于技术较为复杂的工程，如大型土木工程、大型水电枢纽工程，对承包人的技术要求高，工程质量控制复杂、工程协调也困难，合同履行过程发生争端的可能性也较大，容易发生额外的交易费用，对这种情况，采用综合评标法较为科学。

对于不同的工程项目，工程属性，包括地质条件、技术复杂程度、质量要求等方面的差异性很大，即使是大型工程项目中的不同标段工程属性也有很大的差异。一种被认为是科学合理的评标决标方法，也有一定的适用范围，并不能适合于所有的施工标段。因此，有必要根据工程的具体情况选择适当的评标机制。

1. 简单工程评标决标机制

对于单一的土石工程等简单工程，采用最低报价中标方法比较科学。对于这种情况，需要把握两个基本原则：

（1）投标人的基本的企业资质、施工能力和经验、财务能力、企业信誉符合要求。

（2）投标报价不能低于工程成本。

2. 复杂工程评标决标机制

对于工程技术及建设环境比较复杂的施工标段，对承包人的施工技术和管理水平、建设经验、诚信度等方面提出了较高要求。这种情况，施工过程中出现较高的额外交易费用的可能性比较大，实现工程目标存在较大的风险。例如，若承包人的施工技术和管理水平低下，尽管该承包人主观上努力了，但在工程施工中要保证工程质量，业主方可能会付出合同之外的质量管理、提供技术支持等方面的费用，即工程交易费用；若承包方的技术和经验没问题时，但当其诚信度低时，业主方为防止偷工减料、控制工程质量，可能会支付超出正常情况的监督费用，以及多支付应对承包方道德风险的额外费用。因此，对于技术及建设环境比较复杂的施工标段需要采用综合评标的方法。综合评标，仍可将施工标划分为技术标和商务标两部分。

【案例 3-4】 某工程评标办法

为保证本次工程评标工作的顺利进行，本着客观公正的原则，依据现行有关法律、法规的规定，结合目前建筑市场的情况，制定本工程的评标定标办法。

一、评标原则和依据

（1）本工程的评标原则和依据执行现行有关法律法规和招标文件。

（2）无效标和弃权标的规定按现行有关规定及招标文件的规定执行。

（3）评标小组按照有关文件的规定，对各投标单位的报价、质量、工期、以往业绩、社会信誉、施工方案和施工组织设计等内容进行综合评标和比较。

二、评标标底的确定

1. 投标报价

当投标单位在本次所报投标文件中没有调整报价或优惠报价时，以本次投标文件投标书中的报价作为投标报价；当投标单位在本次所报投标文件中有调整报价或优惠报价时，以调整报价或优惠报价作为最终投标报价。一个投标单位不得同时有两个报价，其投标报价应控制在有效范围内，即控制在招标办审定标底的上浮3％至下调7％之间，否则视为无效报价。

2. 评标标底

评标标底由有效范围上浮3％至下调7％内的各投标单位投标报价平均值的50％与招标办审定标底的50％之和得出。

三、评分方法及说明

1. 报价最高60分

（1）当投标报价在评标标底合理浮动范围＋3％之内的得基本分30分。

（2）报价竞争分最高30分，当投标报价为评标标底的＋3％时得0分，每降低1％增加5分，中间值采取插值法（保留两位小数）。

（3）报价总分＝基本得分（30分）＋竞争得分。

2. 质量2分

当质量标准承诺符合招标文件要求的质量标准时得2分。

3. 工期2分

当工期承诺符合招标文件要求的工期时得2分。

4. 施工组织设计或施工方案最高10分

施工组织设计或施工方案合理、可行，施工组织设计或施工方案应包括。综合说明、平面布置、主要部位的施工方法、质量保证措施、主要机械设备（型号、数量）、现场文明施工、环保措施和经审计的年度报告等主要内容，满分得10分。

5. 企业信誉及实力最高得分15分

（1）“信誉称号”分为“国家级荣誉称号”和“省（自治区、直辖市）级荣誉称号”。“国家级荣誉称号”指“中国建筑工程鲁班奖”、“国家金质工程奖”、“国家银质工程奖”和国家有关部委命名的“重合同守信誉企业”、“优秀施工企业”等；“省（自治区、直辖市）级荣誉称号”指“重合同守信誉企业”及上一年度在工程质量和项目管理上作出优秀成绩，被建设行政主管部门评为的“优秀企业”。

（2）“国家级荣誉称号”有效期为5年，“省（自治区、直辖市）级荣誉称号”有效期为3年，有效期自证书签发之日算起。“荣誉称号”在颁布年度内有效。

(3)“国家级荣誉称号”每一项得3分,“省(自治区、直辖市)级荣誉称号”每一项得1分。如遇同一项工程同获上述两项荣誉称号的按最高奖项计分,不重复计分。“国家级荣誉称号”的工程奖仅限于在本地区承建的工程。

(4)评标时上述奖项得分可累计计算,但最高得分为15分。

6.企业及项目经理资质等级最高5分

(1)企业资质等级得分:①一级施工资质3分;②二级施工资质2分;③三级施工资质1分。

(2)项目经理等级得分:①一级项目经理2分;②二级项目经理1分。

7.企业遵纪守法状况最高6分

(1)企业无质量事故处罚记录的得2分。企业有质量事故处罚记录的,在受处罚期内不得分。

(2)企业无安全事故处罚记录的得2分。企业有安全事故处罚记录的,在受处罚期内不得分。

(3)企业无违规违纪处罚记录的得2分。企业有违规违纪处罚记录的,在受处罚期内不得分。

第六节 工程合同策划

一、工程合同策划的内容有:

1.合同类型选择

按工程计价方式,可将工程合同分为:总价合同(Lump Sum Contract)、单价合同(Unit Price Contract)、实际成本类合同及其衍生类合同。应根据工程特点、进度要求和设计深度等方面选择适当的合同类型。

2.工程合同文本选择

目前国内外已经存在了多种格式化/标准化工程合同文本,一般应选择符合工程特点的格式化合同文本。

3.特殊条款编制

格式化工程合同文本对一般工程合同履行过程中可能遇到的问题作了较为合理的规定,有必要针对所策划工程的特殊的方面设计专门条款。

4.合同界面的协调

对一个工程项目来说,各个合同都是为完成该项目服务的,它们在内容、时间、组织、技术等方面可能有衔接、交叉甚至矛盾,这需要在合同策划时就给予考虑,并制定相应的协调解决方案。

二、合同类型及其选择

(一)合同类型

对工程交易合同可从不同角度,将其分为不同类型。依计价方式的不同,可将工程合同分为:

1. 总价合同（Lump Sum Contract）

总价合同是指在合同中确定一个完成项目的总价，承包单位据此完成项目全部内容的合同。这种合同类型能够使建设单位在评标时易于确定报价最低的承包人、易于进行支付计算。但这类合同仅适用于工程量不太大且能精确计算、工期较短、技术不太复杂，风险不大的项目。因而采用这种合同类型要求建设单位必须准备详细而全面的设计图纸（一般要求施工详图）和各项说明，使承包人能准确计算工程量。

总价合同又可分：

（1）固定价总价合同（固定总价合同）。这种合同以图纸和工程说明为依据，按照商定的总价进行承包，并一笔包死。在合同执行过程中，除非业主要求变更原定的承包内容，否则承包人不得要求变更总价。这种合同方式一般适用于工程规模较小，技术不太复杂，工期较短，且签订合同时已具备详细设计文件的情况。

（2）可调价总价合同。在招标及签订合同时，以设计图纸及当时的市场价格计算签订总价合同，但在合同条款中双方商定，若在执行合同过程中由于发生合同内约定的风险，如物价上涨，引起工料成本增加时，合同总价应相应调整，并规定了调整方法。这时业主承担了物价上涨这一不可预测费用因素的风险。这种合同方式一般适用于工期较长，通货膨胀率难以预测，但现场条件较为简单的工程项目。

2. 单价合同（Unit Price Contract）

单价合同是承包人在投标时，按招标文件就分部分项工程所列出的工程量清单确定各分部分项工程费用的合同类型。这类合同的适用范围比较宽，其风险可以得到合理的分摊，并且能鼓励承包人通过提高工效等手段从成本节约中提高利润。这类合同能够成立的关键在于双方对单价和工程量计算方法的确认。在合同履行中需要注意的问题则是双方对实际工程量计量的确认。可分为：

（1）固定价单价合同，即单价在合同约定的风险范围内（一般主要指市场价格波动、政策法规变化等风险）不可调整。

（2）可调价单价合同即单价在合同实施期内，根据合同约定的办法在约定的风险范围内调整。单价合同又可分为：①估计工程量单价合同。这种合同要求承包人投标时按工程量表中的估计工程量为基础，填入相应的单价作为报价。合同总价是根据结算单中每项的工程数量和相应的单价计算得出，但合同总价一般不是支付工程款项的最终金额，因单价合同中的工程数量是一估计值。支付工程款项应按实际发生工程量计，但当实际工程量与估计工程量相差过大，超过规定的幅度时，允许调整单价以补偿承包人；②纯单价合同。这种合同方式的招标文件只给出各分项工程内的工作项目一览表、工程范围及必要说明，而不提供工程量。承包人只要给出各项目的单价即可，将来实施时按实际工程量计算。

3. 实际成本加酬金类合同

这类合同在实际中又有下列几种衍生类型。

（1）实际成本加固定费用合同（Cost Plus Fixed - Fee Contract）。这种合同的基本特点是以工程实际成本，加上商定的固定费用来确定业主应向承包人支付的款项数目。这种合同方式主要适用于开工前对工程内容尚不十分确定的情况。

（2）实际成本加百分比合同（Cost Plus Percentage - of - Cost Contract）。这种合同

的基本特点是以工程实际成本加上实际成本的百分数作为付给承包人的酬金。这种合同方式不能鼓励承包人关心缩短建设工期和降低施工成本，因此较少采用。

(3) 实际成本加奖金合同 (Cost Plus Incentive - Fee Contract)。这种合同的基本特点是先商定一个目标成本，另外规定一个百分数作为酬金。最后结算时，若实际成本超过商定的目标成本，则减少酬金；若实际成本低于商定的目标成本，则增加酬金。这种合同方式鼓励承包人关心缩短建设工期和降低施工成本，业主和承包人均不会有太大的风险，因此采用得较多。但目标成本的确定常比较复杂。

4. 混合型合同 (Mixed Contract)

它是指有部分固定价格、部分实际成本加酬金合同和阶段转换合同形式的情况。前者是对重要的设计内容已具体化的项目采用得较多，而后者对次要的、设计还未具体化的项目较适用。

(二) 合同类型选择的依据

招标工程合同类型的选择取决于工程项目的具体内容、工程项目的性质、业主和承包人双方的兴趣及合作基础、项目复杂程度及项目客观条件、项目风险程度等多种因素。一般而言，合同类型选择需考虑下列因素。

1. 业主和承包人的意愿

业主从自己的角度出发，一般都希望自己少承担风险，简化管理手续，并期望通过各种合同条件将项目目标、责任及约束条件由承包人全部承担下来。因此，许多业主对固定总价合同更感兴趣。从承包人角度出发，一般都不愿对大型复杂项目搞总价包死的合同，以免承担过大风险。若业主坚持采用固定总价合同，承包人往往会提高风险应变费，以应付可能出现的风险。

2. 工程项目规模和复杂程度

一般而言，项目规模越大，技术越复杂，越难于采用固定价总价的合同，因为承包人要为此承担全部风险。从业主角度看，则刚好相反。

3. 工程项目的明确程度和设计深度

总价合同要求工程细节明确，单价合同要求工程设计具有一定的深度，以便准确地估算工程成本。若工程细节不够明确，设计没有达到一定深度，则一般采用成本加酬金合同较合适。

4. 工程进度的紧迫程度

工期要求过紧的项目一般不宜采用总价合同。这种项目由于仓促上马，图纸不全，准备不充分，实施中变更频繁，很难以固定价格成交，多采用成本加酬金合同。

5. 项目竞争激烈程度和市场供求状况

当建筑承包市场呈现供过于求的买方市场时，业主对合同类型的选择拥有较大主动权。由于竞争激烈，承包人只能尽量满足业主意愿。相反，若施工任务多于施工力量，或承包人对项目某种特殊技术处于垄断地位，则承包人对合同类型选择起主导作用。

6. 项目外部因素和风险

项目实施要受到项目外部条件和环境的影响，当项目外部风险较大时，大型项目一般难以采用总价合同。比如通货膨胀率较高、政局不稳或者气候恶劣地区，由于物价、政治和自然条件多变，可能导致项目风险加大，承包人一般难以接受固定总价合同，因为这些不可控制因素可能导致项目成本大幅度上升。

三、标准合同文本的选择

（一）标准合同文本的特点

标准合同文本即合同示范文本。我国《合同法》第12条规定："当事人可以参照各类合同的示范文本订立合同。"合同示范文本是将各类合同的主要条款、式样等制定出规范的、指导性的文本，在全国范围内积极宣传和推广，引导当事人采用示范文本签订合同，以实现合同签订的规范化。我国推行合同示范文本制度已经有20多年了。推行合同示范文本的实践证明，示范文本使当事人订立合同更加认真、更加规范，对于当事人在订立合同时明确各自的权利义务、减少合同约定缺款少项、防止合同纠纷，起到了积极的作用。

标准合同文本具有规范性、可靠性、完备性、适用性的特点。

1. 规范性

合同范本是根据有关法律、国际惯例制定的，它具有相应的规范性。当事人使用这种文本格式，实际上把自己的签约行为纳入依法办事的轨道，接受这种规范性制度的制约。广泛推行合同示范文本，其规范性作用就会更加明显，因为是建立在当事人自愿的基础之上，而广大的当事人使用范本格式会在实践中受益，从而增加使用示范合同文本的自觉性。因此，合同示范文本的规范性具有鲜明的引导、督促的作用。

2. 可靠性

由于合同示范文本，是经过审慎推敲，反复优选制定的，符合法律规范要求。它可以使经济合同具有法律约束力，使合同当事人双方的合法权益得到法律的保护。同时，便于合同管理机关和业务主管部门加强监督检查，对当事人双方发生合同纠纷时，有助于仲裁机关和人民法院的调解、仲裁和审理工作。因此，合同示范文本，可以得到当事人的信赖和自觉使用。

3. 完备性

合同示范文本的制订，主要是明确当事人的权利和义务，按照法律要求，把涉及双方权利和义务的条款全部开列出来，确保合同达到条款完备、符合要求的目的，以避免签约时缺款漏项和出现不符合程序的情况。当然，条款完备也是相对的，由于各类经济合同都会出现一些特殊情况，因而在示范文本内，要分别采取不同形式，规定当事人双方根据特殊要求，经协商达成一致签订条款的方法。

4. 适用性

各类合同示范文本，是依据各行业特点，归纳了涉及各行业合同的法律，行政法规制订的。签订合同当事人可以此作为协商、谈判经济合同的依据，免除当事人为起草合同条款费尽心机。合同示范文本，基本上可以满足当事人的需要，因此它具有广泛的适用性。

（二）工程合同范本的作用和意义

由于工程合同文本在合同管理中的重要性，所以合同双方都很重视。对作为合同文本条款编写者的业主方而言，必须慎重推敲每一个词句，防止出现任何不妥或有疏漏之处；对承包商而言，必须仔细研读合同条款，发现有明显错误要及时向业主指出予以更正，有模糊之处又必须及时要求业主方澄清，以便充分理解合同条款表示的真实思想与意图。还必须考虑条款可能带来的机遇和风险。只有在这些基础上才能得出一个合适的报价。因此，在订立合同过程中，双方在编制、研究、协商合同条款上要投入很多的人力、物力和时间。

各国为了减少每个工程都必须花在编制讨论合同条款上的人力物力消耗，也为了避免和减少由于合同条款的缺陷而引起的纠纷，都制订出自己国家的工程承包标准合同条款。二次世界大战以后，国际工程的招标承包日益增加，也陆续形成了一些国际工程常用的标准合同条款。

世界各国工程建设实践证明，采用标准合同条款，除了可以为合同双方减少大量资源消耗外，还有以下优点：

（1）标准合同条款能合理地平衡合同各方的权利和义务，公平地在合同各方之间分配风险和责任。因此多数情况下，合同双方都能赞同并乐于接受，这就会在很大程度上避免合同各方之间由于缺乏所需的信任而引起争端，有利于顺利完成合同。

（2）由于投标者熟悉并能掌握标准合同条款，这意味着他们可以不必为不熟悉的合同条款以及这些条款可能引起的后果担心，可以不必在报价中考虑这方面的风险，从而可能导致较低的报价。

（3）标准合同条款的广泛使用，为合同管理人员及其培训提供了一个稳定的工作内容和依据。这将有利于提高合同管理人员的水平，从而提高建设项目的管理水平。

（三）合同条款的内容及作用

工程承包合同的合同条款，一般均应包括下述主要内容：定义；合同文件的解释；业主的权利和义务；承包商的权利和义务；监理工程师的权力和职责；分包商和其他承包商；工程进度、开工和完工；材料、设备和工作质量；支付与证书；工程变更；索赔；安全和环境保护；保险与担保；争议；合同解除与终止；其他。它的核心问题是规定双方的权利义务，以及分配双方的风险责任。

合同条款是合同文件的重要组成部分。它在合同订立和履行过程中，主要起着三方面的作用：

（1）合同条款是合同双方在订立合同，即邀请要约（招标）、要约（投标）和承诺（决标）过程中，讨论协商的主要内容。在施工承包合同中，业主方的标的（工程）和承包商的报酬（合同价格），一般是一方提出、一方认可，讨论余地不大。因此，规定权利义务、分配风险责任的合同条款，就成为双方协商、谈判的主要议题。

（2）合同条款是双方签署合同的主要依据。

（3）合同条款是双方为履行合同所进行一切活动的准则。

工程合同范本中的合同条款一般都包括两部分，即通用条款和专用条款。

通用条款对同一类工程都能适用，如《土木工程施工合同条件》中的通用条款可适用于任何一种土木工程。使用通用条款时，应当不作任何改动附入合同文件。

通用条款要适用于各种工程，就无法涉及某一特定工程的个性，所以就需要有专用条款来加以补充。专用条款的作用是根据本工程的具体情况和业主的某些要求对通用条款进行修改和补充。如FIDIC所编制各类合同条件中的专用条款，常有多种不同措词的范例供使用者参考，业主或工程师在编写时，可根据需要直接采用、进行修改或另行撰写。在合同中每一专用条款的编号应与其所修改或补充的相应的通用条款相同，通用条款与专用条款是一个整体，将编号相同的通用条款与专用条款一起阅读，才能全面、正确地说明该条款的内容与用意；如果通用条款与专用条款有矛盾之处，则应以专用条款为准。

（四）国内工程常见的标准合同文本

《中华人民共和国招标投标法实施条例》规定："编制依法必须进行招标的项目的资格预审文件和招标文件，应当使用国务院发展改革部门会同有关行政监督部门制定的标准文本。"

2007年11月，国家发改委、财政部、住建部、铁道部、交通部、信息产业部、水利部、民航总局、广电总局联合发布了《标准施工招标资格预审文件》和《标准施工招标文件》，在政府投资项目中试行。

为加强水利水电工程施工招标管理，规范资格预审文件和招标文件编制工作，在国家发展和改革委员会等九部委联合编制的《标准施工招标资格预审文件》和《标准施工招标文件》的基础上，水利部组织编制了《水利水电工程标准施工招标资格预审文件》（2009年版）和《水利水电工程标准施工招标文件》（2009年版）。

经过几年发展，目前已形成双轨制的合同文本体系：政府投资的基础设施领域的合同范本由国家发改委牵头制定、非政府投资的房屋建筑领域的合同范本由住建部牵头制定。

1. 国家发改委牵头制定的合同文本

（1）《标准施工招标资格预审文件》和《标准施工招标文件》（国家发改委牵头，九部委联合制定，2007年11月1日发布，2008年5月1日实施）。

（2）《简明标准施工招标文件》（国家发改委牵头，九部委联合制定，2011年12月20日发布，2012年5月1日实施）。

（3）《标准设计施工总承包招标文件》（国家发改委牵头，九部委联合制定，2011年12月20日发布，2012年5月1日实施）。

标准施工招标文件是一个完整的约束工程施工招标投标主体行为的文件体系，规定了招标投标过程中各方的行为。

简明标准施工招标文件适用于工期不超过12个月，技术相对简单、且设计和施工不是由同一承包人承担的小型项目。标准设计施工总承包招标文件适用于设计-施工一体化的总承包项目。

2. 住建部牵头制定的合同文本

（1）《建设工程施工合同示范文本》（住建部、国家工商总局制定，先后有1991版、1999版、2013版）。

（2）《房屋建筑和市政工程标准施工招标资格预审文件》和《房屋建筑和市政工程标准施工招标文件》（住建部制定，2010年6月9日发布，发布之日实施）。

（3）《建设项目工程总承包合同示范文本（试行）》（住建部、国家工商总局制定，2011年9月7日发布，2011年11月1日试行）。

3. 两套合同文本的法律效力

国家发改委文本具有强制性，必须使用。招标人编制的施工招标资格预审文件、施工招标文件，应不加修改地引用《标准施工招标资格预审文件》中的"申请人须知""资格审查办法”，以及《标准施工招标文件》中的“投标人须知”、“评标办法”、“通用合同条款”。“专用合同条款”可对《标准施工招标文件》中的“通用合同条款”进行补充、细化，除“通用合同条款”明确“专用合同条款”可作出不同约定外，补充和细化的内容不得与“通用合同条款”强制性规定相抵触，否则抵触内容无效。

住建部文本为非强制性文本。合同当事人可结合建设工程具体情况，根据《示范文本》订立合同，并按照法律法规规定和合同约定承担相应的法律责任及合同权利义务。

基于住建部文本非强制性特征，房屋建筑工程施工总承包可以适用各省、自治区、直辖市建设行政机关制定的文本，也可参考适用国际通用的 FIDIC 合同条款。

（五）标准施工合同的组成

以下以《标准施工招标文件》为例说明标准施工合同文本的内容，其标准施工合同文本提供了通用条款、专用条款和签订合同时采用的合同附件格式。

1. 通用条款

标准施工合同的通用条款包括 24 条，标题分别为：一般约定；发包人义务；监理人；承包人；材料和工程设备；施工设备和临时设施；交通运输；测量放线；施工安全、治安保卫和环境保护；进度计划；开工和竣工；暂停施工；工程质量；试验和检验；变更；价格调整；计量与支付；竣工验收；缺陷责任与保修责任；保险；不可抗力；违约；索赔；争议的解决。共计 131 款。

2. 专用条款

由于通用条款的内容涵盖各类工程项目施工共性的合同责任和履行管理程序，各行业可以结合工程项目施工的行业特点编制标准施工合同文本在专用条款内体现，具体招标工程在编制合同时，应针对项目的特点、招标人的要求，在专用条款内针对通用条款涉及的内容进行补充、细化。

工程实践应用时，通用条款中适用于招标项目的条款不必在专用条款内重复，需要补充细化的内容应与通用条款的序号一致，使得通用条款与专用条款中相同序号的条款内容共同构成对履行合同某一方面的完备约定。

为了便于行业主管部门或招标人编制招标文件和拟定合同，标准施工合同文本根据通用条款的规定，在专用条款中针对 22 条 50 款做出了应用的参考说明。

3. 合同附件格式

标准施工合同中给出的合同附件格式，是订立合同时采用的规范化文件，包括合同协议书、履约保函和预付款保函三个文件。

（1）合同协议书。合同协议书是合同组成文件中唯一需要发包人和承包人同时签字盖章的法律文书，因此标准施工合同中规定了应用格式。除了明确规定对当事人双方有约束力的合同组成文件外，具体招标工程项目订立合同时需要明确填写的内容仅包括发包人和承包人的名称；施工的工程或标段；签约合同价；合同工期；质量标准和项目经理的人选。

（2）履约保函。标准施工合同要求履约担保采用保函的形式，给出的履约保函标准格式主要表现为以下两个方面的特点：

1）担保期限。担保期限自发包人和承包人签订合同之日起，至签发工程移交证书日止。没有采用国际招标工程或使用世界银行贷款建设工程的担保期限至缺陷责任期满止的规定，即担保人对承包人保修期内履行合同义务的行为不承担担保责任。

2）担保方式。采用无条件担保方式，即持有履约保函的发包人认为承包人有严重违约情况时，即可凭保函向担保人要求予以赔偿，不需承包人确认。无条件担保有利于当出现承包人严重违约情况，由于解决合同争议而影响后续工程的施工。标准履约担保格式中，担保人承诺"在本担保有效期内，因承包人违反合同约定的义务给你方造成经济损失时，我方在收到你方以书面形式提出的在担保金额内的赔偿要求后，在7天内无条件支付"。

（3）预付款担保。标准施工合同规定的预付款担保采用银行保函形式，主要特点为：

1）担保方式。担保方式也是采用无条件担保形式。

2）担保期限。担保期限自预付款支付给承包人起生效，至发包人签发的进度付款证书说明已完全扣清预付款止。

3）担保金额。担保金额尽管在预付款担保书内填写的数额与合同约定的预付款数额一致，但与履约担保不同，当发包人在工程进度款支付中已扣除部分预付款后，担保金额相应递减。保函格式中明确说明："本保函的担保金额，在任何时候不应超过预付款金额减去发包人按合同约定在向承包人签发的进度付款证书中扣除的金额"。即保持担保金额与剩余预付款的金额相等原则。

四、合同界面的确定协调

目前在我国各种大工程越来越多，业主为了成功地实现工程目标，必须签订许多主合同；承包商为了完成他的承包责任也必须订立许多分合同。这些合同从宏观上构成项目的合同体系，从微观上每个合同都定义并安排了一些工程活动，共同构成项目的实施过程。

在这个合同体系中，相关的同级合同之间，以及主合同和分合同之间存在着复杂的关系，在国外人们又把这个合同体系称为合同网络。在工程项目中这个合同网络的建立和协调是十分重要的，要保证项目的顺利实施，就必须对此作出周密的计划和安排。在实际工作中由于这几方面的不协调而造成的工程失误是很多的。合同之间关系的安排及协调通常包含以下几方面的内容。

1. 工程和工作内容的完整性

业主的所有合同确定的工程或工作范围应能涵盖项目的所有工作，即只要完成各个合同，就可实现项目的总目标；承包商的各个分包合同与拟由自己完成的工程（或工作）应能涵盖总承包责任。在工作内容上不应有缺陷、遗漏或重叠。在实际工程中，这种缺陷会带来设计的修改、新的附加工程、计划的修改、施工现场的停工，导致双方的争执。

为避免这种现象业主应做好如下几方面的工作：

（1）在招标前认真地进行总项目的系统分析，确定总项目的系统范围。

（2）系统地进行项目的结构分解，在详细项目结构分解的基础上列出合同的工程量表。实质上，将整个项目任务分解成几个独立的合同，每个合同中有完整的工程量表，这都是项目结构分解的结果。

（3）进行项目任务（各个合同或各个承包单位，或项目单元）之间的界面分析。确定各个界面上的工作责任、成本、工期、质量的定义。工程实践证明，许多遗漏和缺陷常常发生在界面上。

2．技术上的协调

通常技术上的协调包括很复杂的内容，一般有以下几方面：

（1）几个主合同之间设计标准的一致性，如土建、设备、材料、安装等应有统一的质量、技术标准和要求。各专业工程之间，如建筑、结构、水、电、通信之间应有很好的协调。在建设项目中建筑师常常作为技术协调的中心。

（2）分包合同必须按照总承包合同的条件订立，全面反映总合同的相关内容。采购合同的技术要求必须符合承包合同中的技术规范。总包合同风险要反映在分包合同中，由相关的分包商承担。为了保证总承包合同圆满地完成，分包合同一般比总承包合同条款更为严格、周密和具体，对分包单位提出更为严格的要求，所以对分包商的风险更大。

（3）各合同所定义的专业工程之间应有明确的界面与合理的搭接。如供应合同与运输合同、土建合同和安装合同、安装合同和设备供应合同之间存在责任界面和搭接。界面上的工作容易遗漏，而产生争执。各合同只有在技术上协调，才能共同构成符合总目标的工程技术系统。

3．价格上的协调

一般在总承包合同估价前，就应向各分包商（供应商）询价，或进行洽谈，在分包报价的基础上考虑到管理费等因素，作为总包报价，所以分包报价水平常常又直接影响总包报价水平和竞争力。

（1）对大的分包（或供应）工程如果时间来得及，也应进行招标，通过竞争降低价格。

（2）作为总承包商，周围最好要有一批长期合作的分包商和供应商作为忠实的伙伴。这具有战略意义的，可以确定一些合作原则和价格水准，可保证分包价格的稳定性。

（3）对承包商来说，由于与业主的合同先签订，而与分包商和供应商的合同后签订，一般在签订承包合同前先向分包商和供应商询价；待承包合同签订后，再签订分包合同和供应合同。要防止在询价时分包商报低价，而等承包商中标后又报高价，特别是询价时对合同条件未来得及细谈，分包商有时找些理由提高价格，一般可先签订分包意向书，既要确定价格又要留有活口，防止合同不能签订。

4．时间上的协调

由各个合同所确定的工程合同不仅要与项目计划（或总合同）的时间要求一致，而且它们之间时间上要协调，即各种工程合同形成一个有序的、有计划的实施过程。例如设计图纸供应与施工，设备、材料供应与运输，土建和安装施工，工程交付和运行等之间应合理搭配。每一个合同都定义了许多工程活动，形成各自的子网络。它们又一起形成一个项目的总网络。常见的设计图纸拖延、材料设备供应脱节等都是这种不协调的表现。比如某工程，主楼基础工程施工尚未开始，而供热的锅炉设备已提前到货，要在现场停放两年才能安装，这不仅占用大量资金，占用现场场地，增加保管费，而且超过设备的保修期。由此可见，签订各份合同要有统一的时间安排。要解决这种协调的一个比较简单的手段是在一张横道图或网络图上标出相关合同所定义的里程碑事件和它们的逻辑关系，这样便于计划、协调和控制。

5. 合同管理的组织协调

在实际工程中，由于工程合同体系中的各个合同并不是同时签订的，执行时间也不一致，而且常常也不是由同一部门管理的，所以它们的协调更为重要。这个协调不仅在签约阶段，而且在工程施工阶段都要重视；不仅是合同内容的协调，而且是职能部门管理过程的协调。例如承包商对一份供应合同，必须在总承包合同技术文件分析后提出供应的数量和质量要求，向供应商询价，或签订意向书；供应时间按总合同施工计划确定；付款方式和时间应与财务人员商量；供应合同签订前或后，应就运输等合同作出安排，并报财务备案，已做资金计划或划拨款项；施工现场应就材料的进场和储存作出安排。这样形成一个有序的管理过程。如果合同中各个体系安排得比较好，这对整个项目的实施是有利的，业主可以更好地进行项目管理，承包商也易于完成工作，从而实现业主的总目标。

思　考　题

1. 简述工程项目采购策划的工作内容。
2. 企业采购战略对工程项目采购策划有哪些影响？
3. 当前常见的工程项目采购模式有哪些？各有哪些优缺点？
4. 根据计价方式，工程项目采购合同有哪些类型？分别适用什么情况？
5. 简述合同策划的主要内容。

第四章　工程项目施工采购

基　本　要　求

- 掌握工程项目施工招标的程序
- 掌握工程项目施工招标文件的内容
- 掌握工程项目施工标底的编制
- 掌握中标的相关法律规定
- 熟悉工程项目施工招标的条件和特点
- 熟悉投标人的资格审查的内容和方法
- 熟悉开标的要求和程序
- 熟悉评标委员会的组成、评标的流程及常用的评标方法

本章主要从建设工程招标的角度，详细讲述了建设工程施工招标的方式、招标的具体运作程序及内容；建设工程招标编制招标文件应包含的内容；建设工程招标标底的编制步骤及要求；建设工程招标开标、评标和定标的内容。

第一节　工程项目施工采购概述

一、施工招标的条件

按照国家有关规定，已履行项目审批、核准手续的招标项目，还需将招标范围、招标方式、招标组织形式等事项报项目审批、核准部门审查同意后才可以开始招标。

二、施工招标的特点

与设计招标和监理招标相比，施工招标的特点是发包的工作内容明确、具体，各投标人编制的投标书在评标时易于进行横向比较。虽然投标人按招标文件的工程量表中既定的工作内容和工程量编制报价，但价格的高低并非是确定中标人的唯一条件，投标过程中实际上是各投标人完成该项目的技术、经济和管理等综合能力的竞争。

三、施工招标的程序

招标过程可以粗略地划分为招标准备阶段、接受投标书阶段、评标决标阶段顺序进行。招标工作程序包括：确定招标方式；向建设主管部门申请招标；发布招标公告（或投标邀请书）；编制发放资格预审文件；确定合格投标申请人；发售招标文件；组织现场踏勘；召开投标预备会；接受投标文件；开标；评标；编写投标情况报告及备案；发中标通知书；与中标人签订施工合同，如图 4－1 所示。

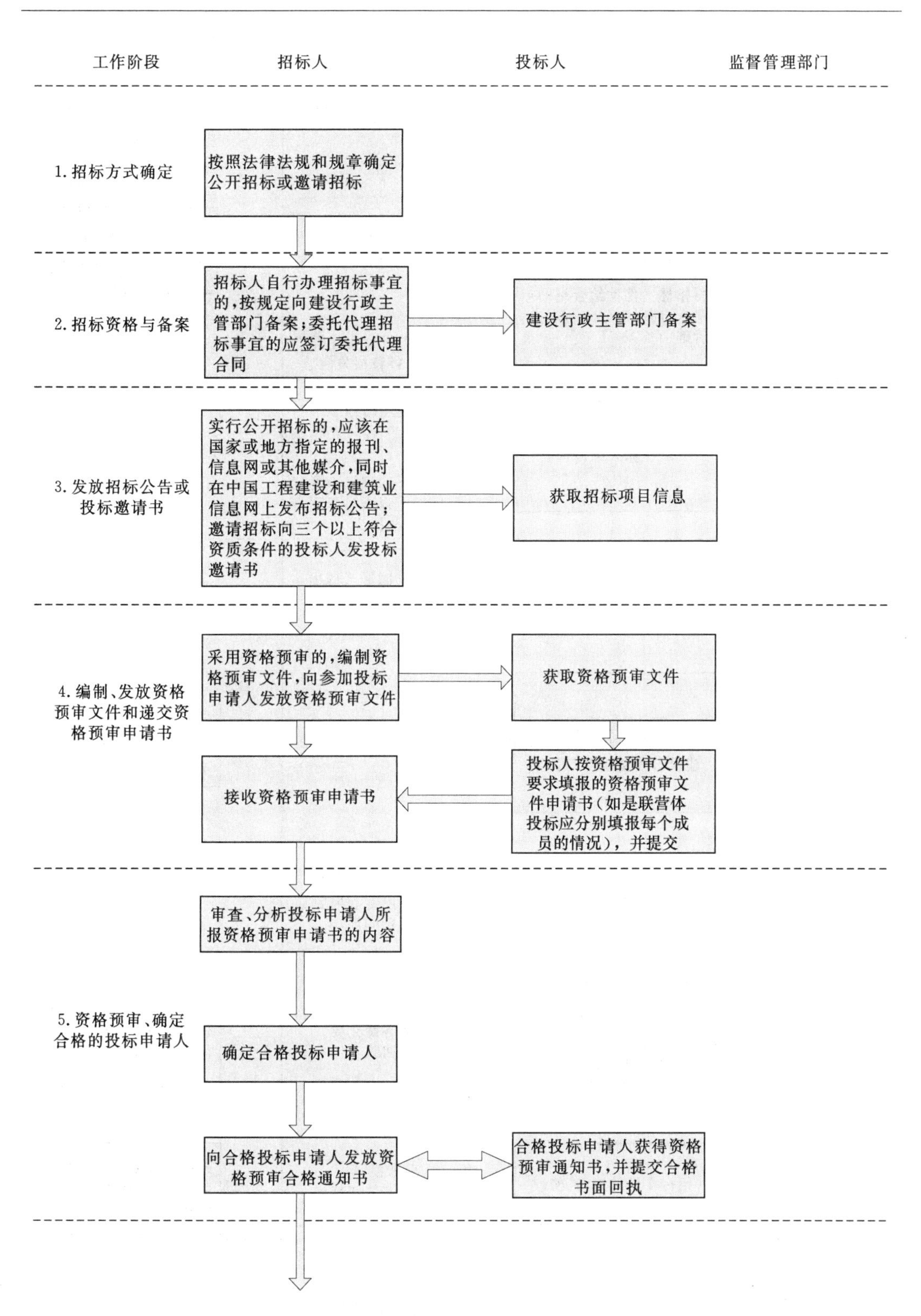

图 4-1（一）　施工招标流程图

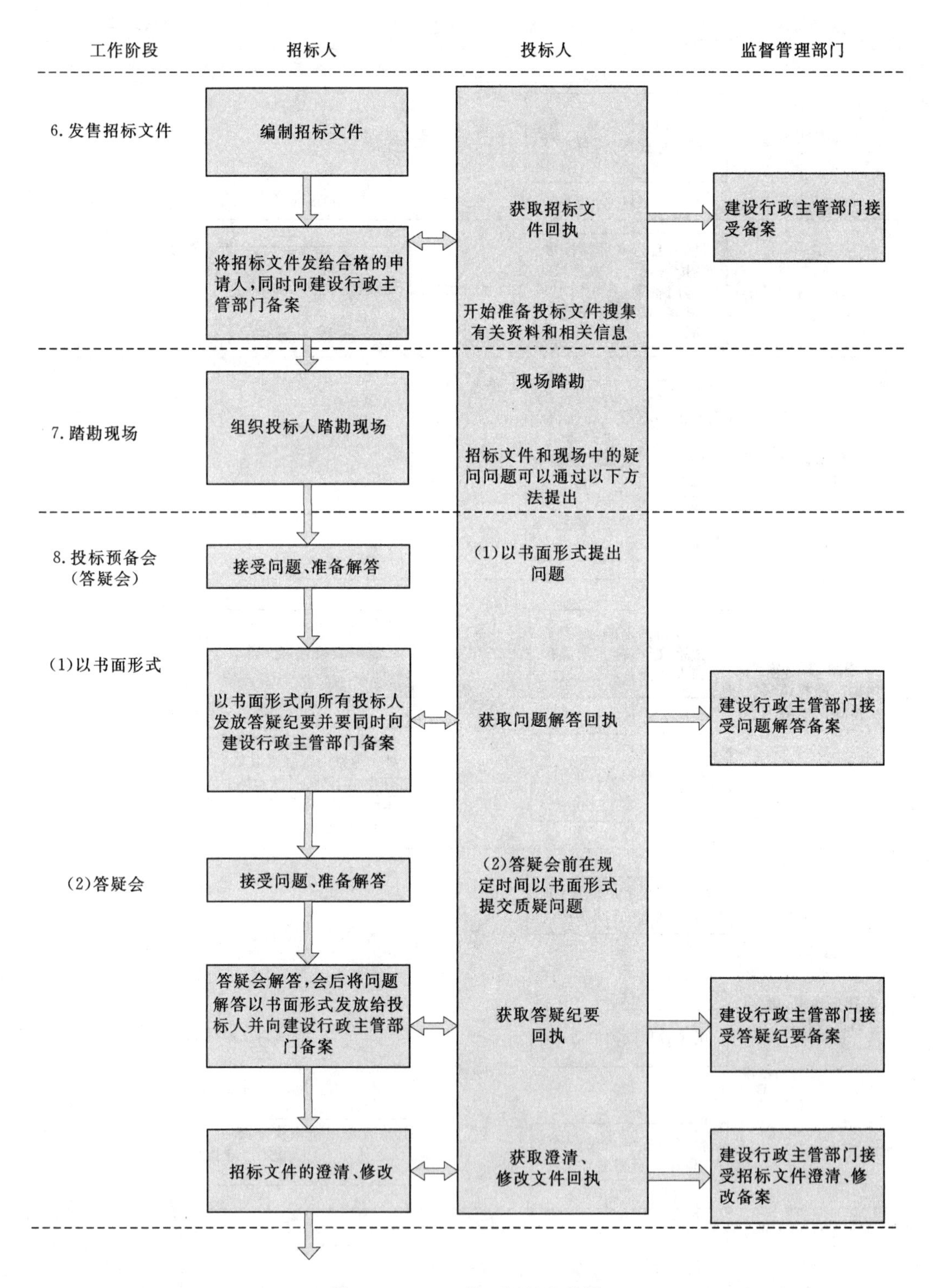

图4-1（二）　施工招标流程图

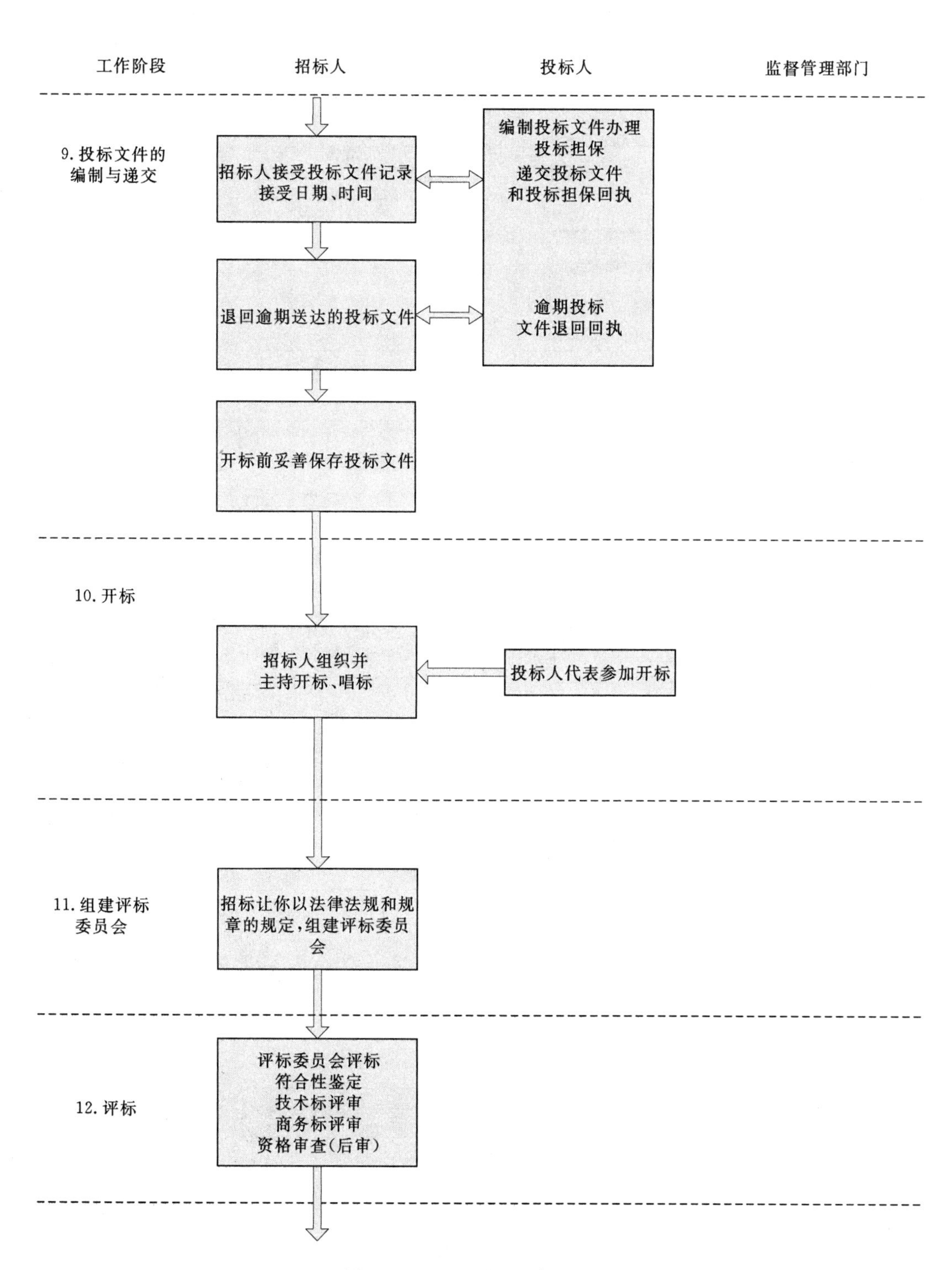

图 4-1(三) 施工招标流程图

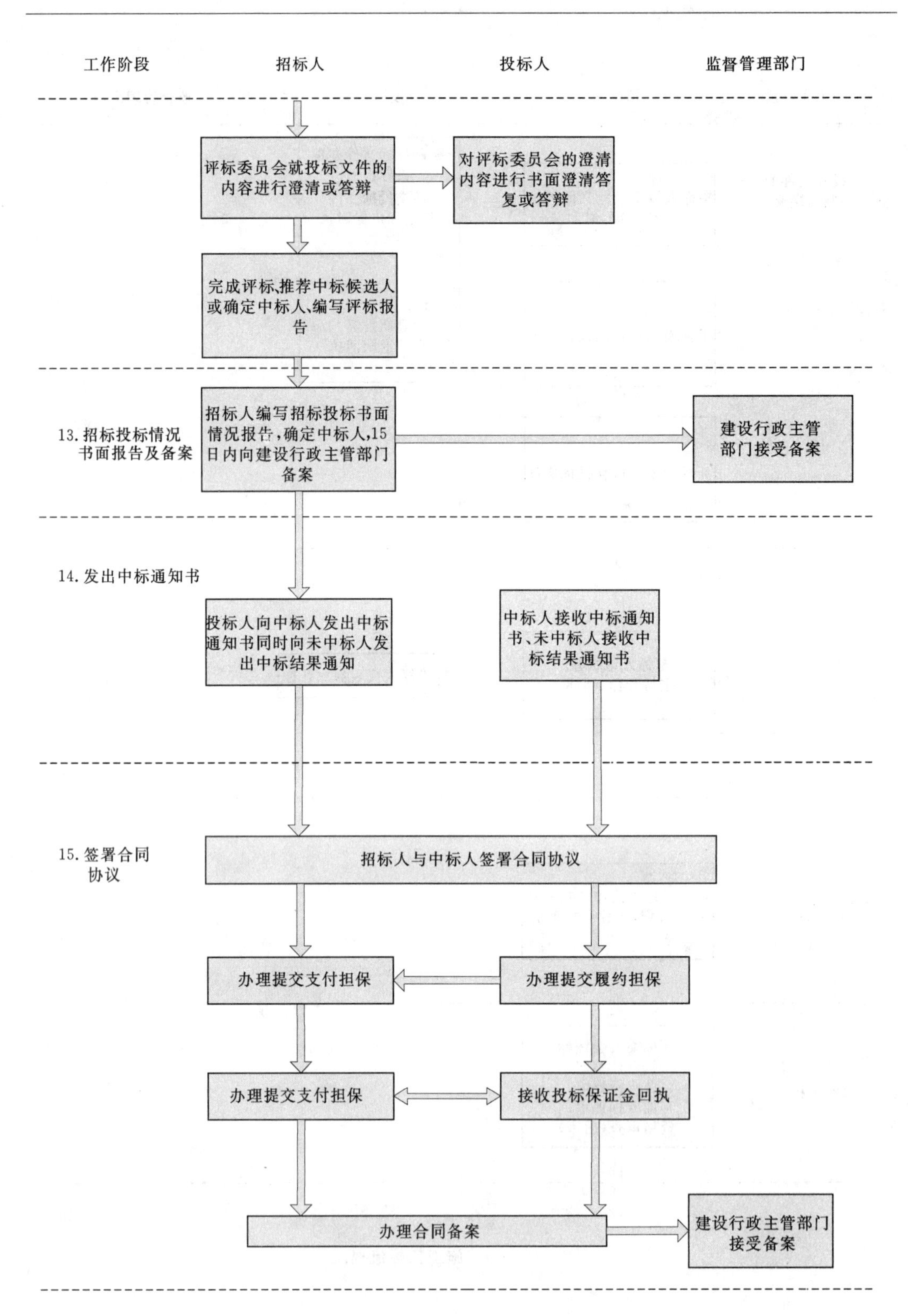

图 4-1（四） 施工招标流程图

第二节　投标人的资格审查

一、标准资格预审文件概述

九部委联合颁发的《标准施工招标资格预审文件》与《标准施工招标文件》配套使用。标准资格预审文件的使用格式与标准招标文件相同，均是正式文件内容适用于所有工程，对应于资格预审文件的部分条、目，结合招标工程项目特点和实际需要，将具体要求和说明置于申请人须知前附表中。

1. 标准资格预审文件的组成

标准资格预审文件分为资格预审公告、申请人须知、资格预审办法、资格预审申请文件格式和建设项目概况五章。

2. 标准资格预审文件的强制性使用要求

在九部委联合颁发的令第56号中明确要求，行业标准的施工招标资格预审文件应不加修改地引用《标准施工招标资格预审文件》中的“申请人须知”（《申请人须知前附表》除外）、“资格审查办法”（《资格审查办法前附表》除外）。

《申请人须知前附表》用于进一步明确“申请人须知”正文中的未尽事宜，招标人应结合招标项目具体特点和实际需要编制和填写，但不得与“申请人须知”正文内容相抵触，否则抵触内容无效。

《资格审查办法前附表》用于明确资格审查的方法、因素、标准和程序。招标人应根据招标项目具体特点和实际需要，详细列明全部审查或评审因素、标准，没有列明的因素和标准不得作为资格审查或评标的依据。

二、申请人须知

虽然资格预审公告简单介绍了招标项目的基本情况，但资格预审文件应将招标项目的基本情况、对申请投标人的要求等做出详细说明，因此这些信息均在申请人须知中描述。标准资格预审文件的申请人须知包括以下几方面的内容。

1. 对招标项目和资格预审文件的说明

（1）招标项目情况介绍。

1）招标人和招标代理机构。

2）项目名称和建设地点。

3）项目的资金来源和落实情况。

4）招标范围、计划工期和质量要求。

（2）发售的资格预审文件说明。

1）申请人应具备承担本标段施工的资质条件、能力和信誉的最低要求。

2）是否接受联合体投标。

3）拒绝作为资格预审申请人的情况，包括以下12种情况的单位：①为招标人不具有独立法人资格的附属机构或单位；②为本标段前期准备提供设计或咨询服务的，但设计施工总承包的除外；③本标段的监理人；④本标段的代建人；⑤为本标段提供招标代理服务的；⑥与本标段的监理人或代建人或招标代理机构同为一个法定代表人的；⑦与本标段的监理人或代建人或招标代理机构相互控股或参股的；⑧与本标段的监理人或代建人或招标代理机构相互任职或工作的；⑨被责令停业的；⑩被暂停或取消投标资格的；⑪财产被接管或冻结的；⑫在最近三年内有骗取中标或严重违约或重大工程质量问题的。

2. 对申请投标人编制资格预审申请文件的要求

（1）申请文件的组成。申请人提供的资格预审申请文件应包括下列内容：

1）资格预审申请函。

2）法定代表人身份证明或附有法定代表人身份证明的授权委托书。

3）联合体协议书。本次招标不接受联合体投标或申请人不组成联合体，则不需提供。

4）申请人基本情况表。

5）近年财务状况表。

6）近年完成的类似项目情况表。

7）正在施工和新承接的项目情况表。

8）近年发生的诉讼及仲裁情况。

9）其他材料，在申请人须知前附表内要求提供的材料。

（2）申请文件递交的说明。

1）申请截止时间和地点，在申请人须知前附表内规定。招标人应当合理确定提交资格预审申请文件的时间，自资格预审文件停止发售之日起不得少于5日。

2）除申请人须知前附表另有规定的外，申请人所递交的资格预审申请文件不予退还。

3）逾期送达或者未送达指定地点的资格预审申请文件，招标人不予受理。

三、对资格预审文件审查的说明

（一）审查委员会

按照招标投标法实施条例的规定，招标人在发售资格预审文件前，按照组建评标委员会的规定组建资格审查委员会，审查资格预审申请文件。审查委员会的人数在申请人前附表内说明。

（二）资格审查的内容

在申请人须知前附表内应说明资质条件、财务要求、业绩要求、信誉要求、项目经理资格和其他要求的具体规定。

（三）资格预审程序

资格审查委员会按照初步审查和详细审查两个阶段进行。

1. 初步审查

初步审查是检查申请人提交的资格预审文件是否满足申请人须知的要求，内容包括：

（1）提供资料的有效性。法定代表人授权委托书必须由法定代表人签署。

申请人基本情况表应附申请人营业执照副本及其年检合格的证明材料、资质证书副本和安全生产许可证等材料的复印件。

（2）提供资料的完整性。

1）前附表规定年份的财务状况表，应附经会计师事务所或审计机构审计的财务会计报表，包括资产负债表、现金流量表、利润表和财务情况说明书的复印件。

2）前附表规定近几年完成的类似项目情况表，应附中标通知书和（或）合同协议书、工程接收证书（工程竣工验收证书）的复印件。

3）正在施工和新承接的项目情况表，应附中标通知书和（或）合同协议书复印件。

4）前附表规定近几年发生的诉讼及仲裁情况表应说明相关情况，并附法院或仲裁机构作出的判决、裁决等有关法律文书复印件。

5）接受联合体资格预审申请的，申请人除了提供联合体协议书并明确联合体牵头人外，还应包括联合体各方按上述要求的相关情况资料。联合体各方不得再以自己名义单独或加入其他联合体在同一标段中参加资格预审。

2. 详细审查

详细审查是评定申请人的资质条件、能力和信誉是否满足招标工程的要求，但前附表没有规定的方法和标准不得作为审查依据。

（1）主要审查内容。

1）资质条件。承接工程项目施工的企业必须有与工程规模相适应的资质，不允许低资质企业承揽高等级工程的施工。由同一专业的单位组成的联合体，按照资质等级较低的单位确定资质等级。

2）财务状况。通过经审计的资产负债表、现金流量表、利润表和财务情况说明，既要审查申请投标人企业目前的运行是否良好，又要考察是否有充裕的资金支持完成项目的施工。因为申请投标人一旦中标，只有完成一定的合格工作量后，才可以获得相应工程款的支付，因此在施工准备和施工阶段需要有相应的资金维持施工的正常运转。

3）类似项目的业绩。如果申请人没有完成过与招标工程类似项目的施工经历，则缺少本次招标工程的施工经验。通过考察完成过的类似项目业绩，尤其是与本项目同规模或更大规模的施工业绩，可以反映出对项目施工的组织、技术、风险防范等方面的能力。尤其对大型复杂有特殊专业施工要求的招标项目，此点尤为重要。

4）信誉。信誉良好是能够忠实履行合同的保证，在前附表规定的最近几年不能有违约或毁约的历史。对于以往承接工程的重大合同纠纷，应通过法院判决书或仲裁裁决书分析事件的起因和责任，对其信誉进行评估。

5）项目经理资格。项目经理是施工现场的指挥者和直接责任人，对项目施工的成败起关键作用。除了审查职称、专业知识外，重点考察其参与过的工程项目施工的经历，以及在项目上担任的职务是否为主要负责人，以判断在本工程能否胜任项目经理的职责。

6）承接本招标项目的实施能力。申请人正在实施的其他工程项目施工，会对资金、施工机械、人力资源等产生分流，通过申请人提交的正在施工和新承接的项目情况表中说明的项目名称、签约合同价、开工日期、竣工日期、承担的工作、项目经理名称等，分析若该申请人中标，能否按期、按质、按量完成招标项目的施工任务。

（2）资格预审文件的澄清。审查过程中，审查委员会可以书面形式，要求申请人对所提交的资格预审申请文件中不明确的内容进行必要的澄清或说明。申请人的澄清或说明应采用书面形式，并不得改变资格预审申请文件的实质性内容。申请人的澄清和说明内容属于资格预审申请文件的组成部分。招标人和审查委员会不接受申请人主动提出的澄清或说明。

四、资格预审办法

（一）应淘汰的申请人

按照标准施工招标资格预审文件的规定，有下述情况之一的，属于资格预审不合格。

1. 不满足规定的审查标准

（1）初步审查中，有一项不符合审查标准不再进行详细审查，判为资格预审不合格。

（2）详细审查中，有一项因素不符合审查标准，不能通过资格预审。

2. 不按审查委员会要求澄清或说明

审查委员会对申请人提供的资料有疑问要求澄清，而其未予书面说明，按该项不符合标准对待，予以淘汰。

3. 在资格预审过程中有违法违规行为

（1）使用通过受让或者租借等方式获取的资格、资质证书。

（2）使用伪造、变造的许可证件。

（3）提供虚假的财务状况或者业绩。

（4）提供虚假的项目负责人或者主要技术人员简历、劳动关系证明。

（5）提供虚假的信用状况。

（6）行贿或有其他违法违规行为。

（二）资格预审合格者数量的确定

资格预审通过者的数量可以采用合格制或有限数量制中的一种，应在前附表中注明。

1. 合格制

所有初步审查和详细审查符合标准的申请人均通过资格预审，可以购买招标文件，参与投标竞争。合格制的优点是参加投标的人数较多，有利于招标人在较宽的范围内择优选择中标人，且竞争激烈可以获得较低的中标价格。但其缺点是，由于投标人数多，导致评标费用高、时间长。

2. 有限数量制

初步评审和详细评审合格申请人数量不少于 3 家且没有超过预先规定的通过数量时，均通过资格预审，不进行评分。如果合格申请人的数量多于预定数量，则对各申请人的详细评审各项要素予以评分，按总分的高低排序，选取预定数量的申请人通过资格预审。

（三）审查结果

审查委员会对资格预审申请文件完成审查后，确定通过资格预审的申请人名单，并向招标人提交书面审查报告。

如果通过详细审查申请人的数量不足 3 家，招标人应重新组织资格预审或不再组织资格预审而直接招标。重新招标前，招标人应分析通过资格预审较少的原因，相应调整评审要素的标准值，再进行第二次资格预审。

第三节 招 标 文 件

建设工程招标文件是建设工程招投标活动中最重要的法律文件，它不仅规定了完整的招标程序，而且还提出了各项技术标准和交易条件，拟列了合同的主要条款。招标文件是评标委员会评审的依据，也是签订合同的基础，同时也是投标人编制投标文件的重要依据。

发改委、建设部等九部委2007年发布的《中华人民共和国标准施工招标文件》（2007年版）[以下简称《标准施工招标文件》（2007年版）] 适用于一定规模以上，且设计和施工不是由同一承包商承担的工程施工招标。招标人可以结合工程项目具体情况，对《标准施工招标文件》（2007年版）进行调整和修改。

一、招标文件内容

《标准施工招标文件》（2007年版）共分为四卷共八章，其内容的目录如下：

第一卷

第一章　招标公告（未进行资格预审）

投标邀请书（适用于邀请招标）

投标邀请书（代资格预审通过通知书）

第二章　投标人须知

第三章　评标办法（经评审的最低投标价法和综合评估法）

第四章　合同条款及格式

第五章　工程量清单

第二卷

第六章　图纸

第三卷

第七章　技术标准和要求

第四卷

第八章　投标文件格式

现将上述内容说明如下：

二、投标人须知

投标人须知是招标文件中很重要的一部分内容，投标者在投标时必须仔细阅读和理解，按须知中的要求进行投标，其内容包括：总则、招标文件、投标文件、投标、开标、评标、合同授予、重新招标和不再招标、纪律和监督与需要补充的其他内容。一般在投标人须知前有一张"前附表"。前附表是将投标人须知中重要条款规定的内容用一个表格的形式列出来，以使投标者在整个投标过程中必须严格遵守和深入地考虑。

（一）总则

在总则中要说明项目概况、资金来源和落实情况、招标范围、计划工期和质量要求、投标人资格要求、投标费用承担、保密、语言文字、计量单位、踏勘现场、投标预备会、分包和偏离等问题。

1. 项目概况和资金来源通过前附表中条款号1.1.2～1.2.3项所述内容获得

2. 投标人资格要求（适用于未进行资格预审的）一般应说明如下内容

（1）参加投标的单位至少要求满足前附表条款号1.4.1所规定的资质等级。

（2）参加投标的单位必须具有独立法人资格和相应的施工资质，非本国注册的应按建设行政主管部门有关管理规定取得施工资质。

（3）为说明投标单位符合投标合格的条件和履行合同的能力，在提供的投标文件中应包括下列资料：

1）营业执照、资质等级证书、安全生产许可证及中国注册的施工企业建设行政主管部门核准的资质证件。

2）投标单位近年完成的类似项目情况和正在施工的和新承接的项目情况。

3）按规范格式提供项目管理机构组成表和主要人员简历表。主要人员简历表中的项目经理应附项目经理证、身份证、职称证、学历证、养老保险复印件，管理过的项目业绩须附合同协议书复印件；技术负责人应附身份证、职称证、学历证、养老保险复印件，管理过的项目业绩须附证明其所任技术职务的企业文件或用户证明；其他主要人员应附职称证（执业证或上岗证书）、养老保险复印件。

4）按规定格式提供完成本合同拟投入本标段的主要施工设备表。

5）按规定格式提供拟分包项目情况表。

6）要求投标单位提供自身的近年财务状况表。

7）要求投标单位提供近年发生的诉讼及仲裁情况。

（4）投标人须知前附表规定接受联合体投标的，除应符合本章第1.4.1项和投标人须知前附表的要求外，还应遵守以下规定：

1）联合体各方应按招标文件提供的格式签订联合体协议书，明确联合体牵头人和各方权利义务。

2）由同一专业的单位组成的联合体，按照资质等级较低的单位确定资质等级。

3）联合体各方不得再以自己名义单独或参加其他联合体在同一标段中投标。

3. 投标费用

投标单位应承担投标期间的一切费用，不管是否中标，招标单位不承担投标单位的一切投标费用。

4. 保密

参与招标投标活动的各方应对招标文件和投标文件中的商业和技术等秘密保密，违者应对由此造成的后果承担法律责任。

5. 语言文字

除专用术语外，与招标投标有关的语言均使用中文。必要时专用术语应附有中文注释。

6. 计量单位

所有计量均采用中华人民共和国法定计量单位。

7. 踏勘现场

（1）投标人须知前附表规定组织踏勘现场的，招标人按投标人须知前附表规定的时间、地点组织投标人踏勘项目现场。

（2）投标人踏勘现场发生的费用自理。

（3）除招标人的原因外，投标人自行负责在踏勘现场中所发生的人员伤亡和财产损失。

（4）招标人在踏勘现场中介绍的工程场地和相关的周边环境情况，供投标人在编制投标文件时参考，招标人不对投标人据此作出的判断和决策负责。

8. 投标预备会

（1）投标人须知前附表规定召开投标预备会的，招标人按投标人须知前附表规定的时间和地点召开投标预备会，澄清投标人提出的问题。

（2）投标人应在投标人须知前附表规定的时间前，以书面形式将提出的问题送达招标人，以便招标人在会议期间澄清。

（3）投标预备会后，招标人在投标人须知前附表规定的时间内，将对投标人所提问题的澄清，以书面方式通知所有购买招标文件的投标人。该澄清内容为招标文件的组成部分。

9. 分包

投标人拟在中标后将中标项目的部分非主体、非关键性工作进行分包的，应符合投标人须知前附表规定的分包内容、分包金额和接受分包的第三人资质要求等限制性条件。

10. 偏离

投标人须知前附表允许投标文件偏离招标文件某些要求的，偏离应当符合招标文件规定的偏离范围和幅度。

（二）招标文件

1. 招标文件的组成

招标文件包括：

（1）招标公告（或投标邀请书）。

（2）投标人须知。

（3）评标办法。

（4）合同条款及格式。

（5）工程量清单。

（6）图纸。

（7）技术标准和要求。

（8）投标文件格式。

（9）投标人须知前附表规定的其他材料。

对招标文件所作的澄清、修改，构成招标文件的组成部分。投标单位应对组成招标文件的内容全面阅读。若投标文件实质上有不符合招标文件要求的投标，将有可能被拒绝。

2. 招标文件的澄清

（1）投标人应仔细阅读和检查招标文件的全部内容。如发现缺页或附件不全，应及时向招标人提出，以便补齐。如有疑问，应在投标人须知前附表规定的时间前以书面形式（包括信函、电报、传真等可以有形地表现所载内容的形式），要求招标人对招标文件予以澄清。

（2）招标文件的澄清将在投标人须知前附表规定的投标截止时间15天前以书面形式发给所有购买招标文件的投标人，但不指明澄清问题的来源。如果澄清发出的时间距投标截止时间不足15天，相应延长投标截止时间。

（3）投标人在收到澄清后，应在投标人须知前附表规定的时间内以书面形式通知招标人，确认已收到该澄清。

3. 招标文件的修改

（1）在投标截止时间15天前，招标人可以书面形式修改招标文件，并通知所有已购买招标文件的投标人。如果修改招标文件的时间距投标截止时间不足15天，相应延长投标截止时间。

（2）投标人收到修改内容后，应在投标人须知前附表规定的时间内以书面形式通知招标人，确认已收到该修改。

（三）投标文件

1. 投标文件的组成

投标文件应包括下列内容：

（1）投标函及投标函附录。

（2）法定代表人身份证明或附有法定代表人身份证明的授权委托书。

（3）联合体协议书。

（4）投标保证金。

（5）已标价工程量清单。

（6）施工组织设计。

（7）项目管理机构。

（8）拟分包项目情况表。

（9）资格审查资料。

（10）投标人须知前附表规定的其他材料。

投标人须知前附表规定不接受联合体投标的，或者投标人没有组成联合体的，投标文件不包括联合体协议书。

2. 投标报价

（1）投标人应按工程量清单的要求填写相应表格。

（2）投标人在投标截止时间前修改投标函中的投标总报价，应同时修改工程量清单中的相应报价，修改须符合有关要求。

3. 投标有效期

（1）在投标人须知前附表规定的投标有效期内，投标人不得要求撤销或修改其投标文件。

（2）出现特殊情况需要延长投标有效期的，招标人以书面形式通知所有投标人延长投标有效期。投标人同意延长的，应相应延长其投标保证金的有效期，但不得要求或被允许修改或撤销其投标文件；投标人拒绝延长的，其投标失效，但投标人有权收回其投标保证金。

4. 投标保证金

（1）投标人在递交投标文件的同时，应按投标人须知前附表规定的金额、担保形式和投标文件格式规定的投标保证金格式递交投标保证金，并作为其投标文件的组成部分。联合体投标的，其投标保证金由牵头人递交，并应符合投标人须知前附表的规定。

（2）投标人不按要求提交投标保证金的，其投标文件作废标处理。

(3) 招标人与中标人签订合同后5个工作日内，向未中标的投标人和中标人退还投标保证金。

(4) 有下列情形之一的，投标保证金将不予退还：

1) 投标人在规定的投标有效期内撤销或修改其投标文件。

2) 中标人在收到中标通知书后，无正当理由拒签合同协议书或未按招标文件规定提交履约担保。

5. 资格审查资料（适用于已进行资格预审的）

投标人在编制投标文件时，应按新情况更新或补充其在申请资格预审时提供的资料，以证实其各项资格条件仍能继续满足资格预审文件的要求，具备承担本标段施工的资质条件、能力和信誉。

6. 资格审查资料（适用于未进行资格预审的）

(1) 投标人基本情况表应附投标人营业执照副本及其年检合格的证明材料、资质证书副本和安全生产许可证等材料的复印件。

(2) 近年财务状况表应附经会计师事务所或审计机构审计的财务会计报表，包括资产负债表、现金流量表、利润表和财务情况说明书的复印件，具体年份要求见投标人须知前附表。

(3) 近年完成的类似项目情况表应附中标通知书和（或）合同协议书、工程接收证书（工程竣工验收证书）的复印件，具体年份要求见投标人须知前附表。每张表格只填写一个项目，并标明序号。

(4) 正在施工和新承接的项目情况表应附中标通知书和（或）合同协议书复印件。每张表格只填写一个项目，并标明序号。

(5) 近年发生的诉讼及仲裁情况应说明相关情况，并附法院或仲裁机构作出的判决、裁决等有关法律文书复印件，具体年份要求见投标人须知前附表。

(6) 投标人须知前附表规定接受联合体投标的，规定的表格和资料应包括联合体各方相关情况。

7. 备选投标方案

除投标人须知前附表另有规定外，投标人不得递交备选投标方案。允许投标人递交备选投标方案的，只有中标人所递交的备选投标方案方可予以考虑。评标委员会认为中标人的备选投标方案优于其按照招标文件要求编制的投标方案的，招标人可以接受该备选投标方案。

8. 投标文件的编制

(1) 投标文件应按投标文件格式进行编写，如有必要，可以增加附页，作为投标文件的组成部分。其中，投标函附录在满足招标文件实质性要求的基础上，可以提出比招标文件要求更有利于招标人的承诺。

(2) 投标文件应当对招标文件有关工期、投标有效期、质量要求、技术标准和要求、招标范围等实质性内容作出响应。

(3) 投标文件应用不褪色的材料书写或打印，并由投标人的法定代表人或其委托代理人签字或盖单位章。委托代理人签字的，投标文件应附法定代表人签署的授权委托书。投标文件应尽量避免涂改、行间插字或删除。如果出现上述情况，改动之处应加盖单位章或由投标人的法定代表人或其授权的代理人签字确认。签字或盖章的具体要求见投标人须知前附表。

(4) 投标文件正本一份，副本份数见投标人须知前附表。正本和副本的封面上应清楚地标记“正本”或“副本”的字样。当副本和正本不一致时，以正本为准。

(5) 投标文件的正本与副本应分别装订成册，并编制目录，具体装订要求见投标人须知前附表规定。

(四) 投标

1. 投标文件的密封和标记

(1) 投标文件的正本与副本应分开包装，加贴封条，并在封套的封口处加盖投标人单位章。

(2) 投标文件的封套上应清楚地标记“正本”或“副本”字样，封套上应写明的其他内容见投标人须知前附表。

(3) 未按要求密封和加写标记的投标文件，招标人不予受理。

2. 投标文件的递交

(1) 投标人应在规定的投标截止时间前递交投标文件。

(2) 投标人递交投标文件的地点见投标人须知前附表。

(3) 除投标人须知前附表另有规定外，投标人所递交的投标文件不予退还。

(4) 招标人收到投标文件后，向投标人出具签收凭证。

(5) 逾期送达的或者未送达指定地点的投标文件，招标人不予受理。

3. 投标文件的修改与撤回

(1) 在规定的投标截止时间前，投标人可以修改或撤回已递交的投标文件，但应以书面形式通知招标人。

(2) 投标人修改或撤回已递交投标文件的书面通知应按照要求签字或盖章。招标人收到书面通知后，向投标人出具签收凭证。

(3) 修改的内容为投标文件的组成部分。修改的投标文件应按照规定进行编制、密封、标记和递交，并标明“修改”字样。

(五) 开标

1. 开标时间和地点

招标人在规定的投标截止时间（开标时间）和投标人须知前附表规定的地点公开开标，并邀请所有投标人的法定代表人或其委托代理人准时参加。

2. 开标程序

主持人按下列程序进行开标：

(1) 宣布开标纪律。

(2) 公布在投标截止时间前递交投标文件的投标人名称，并点名确认投标人是否派人到场。

(3) 宣布开标人、唱标人、记录人、监标人等有关人员姓名。

(4) 按照投标人须知前附表规定检查投标文件的密封情况。

(5) 按照投标人须知前附表的规定确定并宣布投标文件开标顺序。

(6) 设有标底的，公布标底。

(7) 按照宣布的开标顺序当众开标，公布投标人名称、标段名称、投标保证金的递交情况、投标报价、质量目标、工期及其他内容，并记录在案。

(8) 投标人代表、招标人代表、监标人、记录人等有关人员在开标记录上签字确认。

(9) 开标结束。

（六）评标

1. 评标委员会

(1) 评标由招标人依法组建的评标委员会负责。评标委员会由招标人或其委托的招标代理机构熟悉相关业务的代表，以及有关技术、经济等方面的专家组成。评标委员会成员人数及技术、经济等方面专家的确定方式见投标人须知前附表。

(2) 评标委员会成员有下列情形之一的，应当回避：①招标人或投标人的主要负责人的近亲属；②项目主管部门或行政监督部门的人员；③与投标人有经济利益关系，可能影响对投标公正评审的；④曾因在招标、评标及其他与招标投标有关活动中从事违法行为而受过行政处罚或刑事处罚的。

2. 评标原则

评标活动遵循公平、公正、科学和择优的原则。

3. 评标

评标委员会按照评标办法规定的方法、评审因素、标准和程序对投标文件进行评审。评标办法没有规定的方法、评审因素和标准，不作为评标依据。

（七）合同授予

1. 定标方式

除投标人须知前附表规定评标委员会直接确定中标人外，招标人依据评标委员会推荐的中标候选人确定中标人。评标委员会推荐的中标候选人应当限定在1～3人，并标明排列顺序，评标委员会推荐中标候选人的具体人数见投标人须知前附表。

2. 中标通知

在规定的投标有效期内，招标人以书面形式向中标人发出中标通知书，同时将中标结果通知未中标的投标人。

3. 履约担保

(1) 在签订合同前，中标人应按投标人须知前附表规定的金额、担保形式和合同条款及格式规定的履约担保格式向招标人提交履约担保。联合体中标的，其履约担保由牵头人递交，并应符合投标人须知前附表规定的金额、担保形式和合同条款及格式规定的履约担保格式要求。

(2) 中标人不能按要求提交履约担保的，视为放弃中标，其投标保证金不予退还，给招标人造成的损失超过投标保证金数额的，中标人还应当对超过部分予以赔偿。

4. 签订合同

(1) 招标人和中标人应当自中标通知书发出之日起30天内，根据招标文件和中标人的投标文件订立书面合同。中标人无正当理由拒签合同的，招标人取消其中标资格，其投标保证金不予退还；给招标人造成的损失超过投标保证金数额的，中标人还应当对超过部分予以赔偿。

（2）发出中标通知书后，招标人无正当理由拒签合同的，招标人向中标人退还投标保证金；给中标人造成损失的，还应当赔偿损失。

（八）重新招标和不再招标

1. 重新招标

有下列情形之一的，招标人将重新招标：

（1）投标截止时间止，投标人少于3人的。

（2）经评标委员会评审后否决所有投标的。

2. 不再招标

重新招标后投标人仍少于3人或所有投标被否决的，属于必须审批或核准的工程建设项目，经原审批或核准部门批准后不再进行招标。

（九）纪律和监督

1. 对招标人的纪律要求

招标人不得泄漏招标投标活动中应当保密的情况和资料，不得与投标人串通损害国家利益、社会公共利益或他人合法权益。

2. 对投标人的纪律要求

投标人不得相互串通投标或与招标人串通投标，不得向招标人或评标委员会成员行贿谋取中标，不得以他人名义投标或以其他方式弄虚作假骗取中标；投标人不得以任何方式干扰、影响评标工作。

3. 对评标委员会成员的纪律要求

评标委员会成员不得收受他人的财物或者其他好处，不得向他人透露对投标文件的评审和比较、中标候选人的推荐情况及评标有关的其他情况。在评标活动中，评标委员会成员不得擅离职守，影响评标程序正常进行，不得使用第三章“评标办法”没有规定的评审因素和标准进行评标。

4. 对与评标活动有关的工作人员的纪律要求

与评标活动有关的工作人员不得收受他人的财物或者其他好处，不得向他人透露对投标文件的评审和比较、中标候选人的推荐情况以及评标有关的其他情况。在评标活动中，与评标活动有关的工作人员不得擅离职守，影响评标程序正常进行。

5. 投诉

投标人和其他利害关系人认为本次招标活动违反法律、法规和规章规定的，有权向有关行政监督部门投诉。

（十）需要补充的其他内容

需要补充的其他内容见投标人须知前附表。

三、评标办法

《招标投标法》规定的评标方法有经评审的最低投标价法和综合评估法。

（一）经评审的最低投标价法

1. 评标方法

评标采用经评审的最低投标价法，评标委员会对满足招标文件实质要求的投标文件，根据规定的量化因素及量化标准进行价格折算，按照经评审的投标价由低到高的顺序推荐中标候选人，或者根据招标人授权直接确定中标人，但投标报价低于其成本的除外。经评审的投标价相等时，投标报价低的优先；投标报价也相等的，由招标人自行确定。

2. 评审标准

（1）初步评审标准。形式评审标准、资格评审标准（适用于未进行资格预审的）或资格预审文件、资格审查办法、详细审查标准（适用于已进行资格预审的）、响应性评审标准、施工组织设计和项目管理机构评审标准均见评标办法前附表。

（2）详细评审标准。详细评审标准见评标办法前附表。

3. 评标程序

（1）初步评审。评标委员会可以要求投标人提交投标人须知规定的有关证明和证件的原件，以便核验。评标委员会依据规定的标准对投标文件进行初步评审。有一项不符合评审标准的，作废标处理。

投标人有以下情形之一的，其投标作废标处理：

1）第二章“投标人须知”第1.4.3项规定的任何一种情形的。

2）串通投标或弄虚作假或有其他违法行为的。

3）不按评标委员会要求澄清、说明或补正的。

投标报价有算术错误的，评标委员会按以下原则对投标报价进行修正，修正的价格经投标人书面确认后具有约束力。投标人不接受修正价格的，其投标作废标处理：①投标文件中的大写金额与小写金额不一致的，以大写金额为准；②总价金额与依据单价计算出的结果不一致的，以单价金额为准修正总价，但单价金额小数点有明显错误的除外。

（2）详细评审。评标委员会按规定的量化因素和标准进行价格折算，计算出评标价，并编制价格比较一览表。

评标委员会发现投标人的报价明显低于其他投标报价，或者在设有标底时明显低于标底，使得其投标报价可能低于其成本的，应当要求该投标人作出书面说明并提供相应的证明材料。投标人不能合理说明或不能提供相应证明材料的，由评标委员会认定该投标人以低于成本报价竞标，其投标作废标处理。

（3）投标文件的澄清和补正。

1）在评标过程中，评标委员会可以书面形式要求投标人对所提交的投标文件中不明确的内容进行书面澄清或说明，或者对细微偏差进行补正。评标委员会不接受投标人主动提出的澄清、说明或补正。

2）澄清、说明和补正不得改变投标文件的实质性内容（算术性错误修正的除外）。投标人的书面澄清、说明和补正属于投标文件的组成部分。

3）评标委员会对投标人提交的澄清、说明或补正有疑问的，可以要求投标人进一步澄清、说明或补正，直至满足评标委员会的要求。

（4）评标结果。

1）除投标人须知前附表授权直接确定中标人外，评标委员会按照经评审的价格由低到高的顺序推荐中标候选人。

2）评标委员会完成评标后，应当向招标人提交书面评标报告。

（二）综合评估法

1. 评标方法

评标委员会对满足招标文件实质性要求的投标文件，按照招标文件规定的评分标准进行打分，并按得分由高到低顺序推荐中标候选人，或者根据招标人授权直接确定中标人，但投标报价低于其成本的除外。综合评分相等时，以投标报价低的优先；投标报价也相等的，由招标人自行确定。

2. 评审标准

（1）初步评审标准。形式评审标准、资格评审标准（适用于未进行资格预审的）或资格预审文件、资格审查办法、详细审查标准（适用于已进行资格预审的）、响应性评审标准均见评标办法前附表。

（2）分值构成与评分标准：

1）分值构成。施工组织设计、项目管理机构、投标报价和其他评分因素均见评标办法前附表。

2）评标基准价计算。评标基准价计算方法见评标办法前附表。

3）投标报价的偏差率计算。投标报价的偏差率计算公式见评标办法前附表。

4）评分标准。施工组织设计、项目管理机构、投标报价和其他评分标准均见评标办法前附表。

3. 评标程序

初步评审、投标文件的澄清和补正与评标结果的内容与经评审的最低投标价法的内容一样，详细评审有所不同，主要内容如下：

（1）评标委员会按规定的量化因素和分值进行打分，并计算出综合评估得分。

1）按规定的评审因素和分值对施工组织设计计算出得分 A。

2）按规定的评审因素和分值对项目管理机构计算出得分 B。

3）按规定的评审因素和分值对投标报价计算出得分 C。

4）按规定的评审因素和分值对其他部分计算出得分 D。

（2）评分分值计算保留小数点后两位，小数点后第三位“四舍五入”。

（3）投标人得分 $=A+B+C+D$。

（4）评标委员会发现投标人的报价明显低于其他投标报价，或者在设有标底时明显低于标底，使得其投标报价可能低于其个别成本的，应当要求该投标人作出书面说明并提供相应的证明材料。投标人不能合理说明或不能提供相应证明材料的，由评标委员会认定该投标人以低于成本报价竞标，其投标作废标处理。

四、合同条款

建设部发布的《标准施工招标文件》中，合同条款由两部分组成，第一部分称《建设工程施工通用合同条款》，第二部分称《建设工程施工专用合同条款》，还有三个合同附件格式。

通用合同条款包括24部分：一般约定、发包人义务、监理人、承包人、材料和工程设备、施工设备和临时设施、交通运输、测量放线、施工安全、治安保卫和环境保护、进度计划、开工和竣工、暂停施工、工程质量、试验和检验、变更、价格调整、计量与支付、竣工验收、缺陷责任与保修责任、保险、不可抗力、违约、索赔和争议的解决。

专用合同条款是招标人根据工程项目的具体情况予以明确或对通用合同条款进行修改或补充的合同条款。

三个合同附件格式包括以下内容，即合同协议书格式、履约担保格式、预付款担保格式。为了便于投标和评标，在招标文件中都用统一的格式。

五、工程量清单

1. 工程量清单说明

（1）工程量清单是根据招标文件中包括的、有合同约束力的图纸及有关工程量清单的国家标准、行业标准、合同条款中约定的工程量计算规则编制。约定计量规则中没有的子目，其工程量按照有合同约束力的图纸所标示尺寸的理论净量计算。计量采用中华人民共和国法定计量单位。

（2）工程量清单应与招标文件中的投标人须知、通用合同条款、专用合同条款、技术标准和要求及图纸等一起阅读和理解。

（3）工程量清单仅是投标报价的共同基础，实际工程计量和工程价款的支付应遵循合同条款的约定、技术标准和要求的有关规定。

（4）补充子目工程量计算规则及子目工作内容说明。

2. 投标报价说明

（1）工程量清单中的每一子目须填入单价或价格，且只允许有一个报价。

（2）工程量清单中标价的单价或金额，应包括所需人工费、施工机械使用费、材料费、其他费（运杂费、质检费、安装费、缺陷修复费、保险费及合同明示或暗示的风险、责任和义务等），以及管理费、利润等。

（3）工程量清单中投标人没有填入单价或价格的子目，其费用视为已分摊在工程量清单中其他相关子目的单价或价格之中。

（4）暂列金额的数量及拟用子目的说明。

（5）暂估价的数量及拟用子目的说明。

3. 其他说明

六、图纸

图纸是招标文件的重要组成部分，是投标单位在拟定施工方案、确定施工方法、提出替代方案、确定工程量清单和计算投标报价不可缺少的资料。

图纸的详细程度取决于设计的深度与合同的类型。实际上，在工程实施中陆续补充和修改图纸，这些补充和修改的图纸必须经监理工程师签字后正式下达，才能作为施工和结算的依据。对于地质钻孔柱状图、水文地质和气象等资料也属图纸的一部分，发包人应对这些资料的正确性负责，而投标人据此作出自己的分析判断，拟定施工方案和施工方法。

七、技术标准和要求

主要说明工程现场的自然条件、施工条件及本工程施工技术要求和采用的技术规范。

1. 工程现场的自然条件

应说明工程所处的位置、现场环境、地形、地貌、地质与水文条件、地震烈度、气温、雨雪量、风向、风力等。

2. 施工条件

应说明建设用地面积，建筑物占地面积，场地拆迁及平整情况，施工用水、用电、通信情况，现场地下埋设物及其有关勘探资料等。

3. 施工技术要求

主要说明施工的工期、材料供应、技术质量标准有关规定，以及工程管理中对分包、各类工程报告（开工报告、测量报告、试验报告、材料检验报告、工程自检报告、工程进度报告、竣工报告、工程事故报告等）、测量、试验、施工机械、工程记录、工程检验、施工安装、竣工资料的要求等。

4. 技术规范

一般可采用国际国内公认的标准及施工图中规定的施工技术要求。

在招标文件中的技术标准和要求必须由招标单位根据工程的实际要求，自行决定其具体的内容和格式，没有标准化内容和格式可以套用，由招标文件的编写人员自己编写。技术规范是检验工程质量的标准和质量管理的依据，招标单位对这部分文件编写应特别地重视。

八、投标书

投标书是由投标单位授权的代表签署的一份投标文件，投标书是对业主和承包商双方均具有约束力的合同的重要部分。与投标书跟随的有投标书附录、投标单位的法定代表人身份证明及授权委托书、联合体协议书（如果有）和投标保证金。投标书附录是对合同条件规定的重要要求的具体化。

第四节　工程招标标底的编制

一、概念

招标标底是指建设工程招标人对招标工程项目在方案、质量、期限、价格、方法、措施等方面的理想控制目标和预期要求。从狭义上讲，是招标工程预期的价格或费用，是招标人对招标工程所需要的自我测量和估计；是上级主管部门核实建设规模的依据；更是判断投标报价合理性的依据。标底一般由招标人自行编制或委托经建设行政主管部门批准具有编制标底能力的中介机构代理编制。

二、招标标底的作用

（1）是衡量投标报价的尺度。

（2）是评标的重要指标。

（3）是建设单位预先明确招标工程的投资额度，并据此筹措和安排建设资金的依据。

（4）是上级主管部门核实建设规模的依据。

三、标底的编制原则

（1）根据国家或地方公布的统一工程项目划分、统一计量单位、统一计算规则及施工图纸、招标文件，并参照国家或地方规定的技术、经济标准定额及规范，确定工程量进行编制。

（2）标底的计价内容、计价依据应与招标文件的规定完全一致。

（3）标底价格作为招标人的期望价，应力求与市场的实际变化相吻合，要有利于竞争和保证工程质量。

（4）标底价格应由成本、利润、税金等组成，一般应控制在批准的总概算或修正概算及投资包干的限额内。

（5）一个工程只能编制一个标底。

四、标底的编制依据

（1）招标文件。

（2）工程施工图、工程量计算规则。

（3）施工现场地质、水文、地下情况的有关资料。

（4）施工组织设计或施工方案和方法。

（5）国家和地方现行的工程预算定额、工期定额、工程项目计划类别和取费标准、国家或地方的价格调整文件等。

（6）招标时建筑材料及设备等的市场价格。

（7）标底价格计算书、报审的有关表格。

五、工程项目施工招标标底的主要内容

（1）标底的综合编制说明。

（2）标底报审表、标底价格计算书、带有价格的工程量清单、现场因素、各种施工措施费的测算明细及采用固定价格工程的风险系数测算明细等。

（3）主要材料用量。

（4）标底附件。如各项交底纪要，各种材料及设备的价格来源，现场的地质、水文、地上情况的有关资料，编制标底价格所依据的施工方案或施工组织、设计等。

六、招标标底编制方法

目前，我国建设工程施工招标标底主要采用工料单价法和综合单价法来编制。

1. 工料单价法

工料单价法是根据施工图纸及技术说明，按照预算定额规定的分部分项工程子目，逐项计算出工程量，再套用相应项目定额单价（或单位估价表单价）确定定额直接费，然后按规定的费用定额确定其他直接费、现场经费、间接费、计划利润和税金，还要加上材料调价系数和适当的不可预见费，经汇总后即可作为工程标底价格的基础。

2. 综合单价法

按工料单价法中的工程量计算方法，计算出工程量后，应确定其各分项工程的单价，包括人工费、材料费、机械费、管理费、材料调价、利润、税金及采用固定价格的风险金等全部费用，即称为综合单价。综合单价确定后，再与各分项工程量相乘汇总，加上设备总价、现场因素、措施费等，即可得到标底价格。如发包方要求增报保险费和暂定金额的，标底中应包含。

如果以建设程序为依据进行分类，标底的计价方法有三种：按初步设计编制、按技术

设计编制和按施工图编制。按施工图编制是现阶段采用的主要方法。首先按施工图计算工程量，将工程量汇总后套用预算定额单价，计算取费，汇总得出预算总造价，然后将总造价除以建筑面积，得出平方米造价。同时，招标单位向投标单位提供实物工程量表，以便投标报价。

七、标底的编制步骤

（1）确定标底的编制单位。标底由招标人自行编制或委托具有编制标底资格和能力的中介机构代理编制。

（2）按要求提供完整的资料，以便进行标底计算。

（3）参加交底会及现场踏勘。标底编、审人员均应参加施工图交底及现场踏勘、招标预备会，便于标底的编、审工作。

（4）编制标底。编制人员应严格按照国家的有关政策、规定，科学公正地编制标底价格。

八、标底的审定

标底的审定是指政府有关主管部门对招标人已完成的标底进行的审查认定。工程施工招标的标底价格应按规定报招标投标管理机构审查，招标投标管理机构在规定时间内完成标底的审定工作。

1. 标底审查时应提交的各类文件

标底报送招标管理机构审查时，应提交工程招标文件，施工图纸，填有单价与合价的工程量清单，标底计算书，标底汇总表，标底报审表，采用固定价格的工程的风险系数测算明细及现场因素，各种施工措施费测算明细，主要材料用量，设备清单等。

2. 标底审定内容

对采用工料单价法编制的标底价格，主要审查以下内容：工程量计算是否准确、项目套用和费用计取是否正确等。对采用综合单价法编制的标底价格，主要审查以下内容：标底计价内容、综合单价组成分析、设备市场供应价格、措施费、现场因素费用等。

3. 标底的审定时间

根据工程的规模大小和结构的复杂难易程度，在相应的规定时间内应审定完毕。

4. 标底的保密

采取暗标的标底审定完后应及时封存，直至开标时，所有接触过标底价格的人均负有保密责任，不得泄露，否则将追究其法律责任。

5. 我国建筑工程招标标底的优劣

招标标底的编制虽然重要，但也存在负面作用。

（1）价格是施工合同的核心内容之一，但高质量低价格才是一个企业的竞争能力的具体体现，若以标底价格作为确定合同价格的标准，有时难以激励企业改进技术和管理，提高本身的竞争力，因此在一定程度上限制了企业间的竞争。

（2）招标项目设置标底时，由于标底在评标中的重要作用，致使投标人特别是造价管理人员承受巨大的压力，或者不时出现一些泄露标底，为知晓标底而行贿受贿的违法行为。有鉴于此，《招标投标法》规定：设有标底的，评标时应当参考标底。说明标底只是作为评审和比较的参考标准，而不是绝对、唯一的客观标准或决定中标的标准。若被评为最低评标价的投标超过标底规定的幅度，招标人应当调查分析超出标底的原因，如果是合理的，该投标应当有效；若被评为最低评标价的投标大大低于标底的情况，招标人也应当调查分析，如果是属于合理成本价，该投标也应有效。另外，有些法规对是否设置标底也有不同的规定，如《工程建设项目施工招标投标办法》（2003年国家七部委令第30号）第三十四条规定：招标人可根据项目特点决定是否编制标底。编制标底的，标底编制过程和标底必须保密。任何单位和个人不得强制招标人编制或报审标底，或者干预其确定标底。招标项目可以不设标底，进行无标底招标。

当前确定中标价格的趋势是：实行定额的量价分离，以市场价格和施工企业内部定额确定中标价格；要逐步淡化标底的作用，引导企业在国家定额的指导下，依据自身技术和管理的情况建立内部定额，提高投标报价的技巧和水平，并积极推行工程索赔的开展，最终实现在国家宏观调控下由市场确定工程价格。

第五节　开标、评标和决标

一、开标

1. 开标及其要求

开标是指在招标文件确定的投标截止时间的同一时间，招标人依招标文件规定的地点，开启投标人提交的投标文件，并公开宣布投标人的名称、投标报价、工期等主要内容的活动。它是招标投标的一项重要程序。因此，要求：

（1）提交投标文件截止之时，即为开标之时，其中无间隔时间，以防不端行为有可乘之机。

（2）开标的主持人和参加人。主持人是招标人或招标代理机构，并负责开标全过程的工作。参加人除评标委员会成员外，还应当邀请所有投标人参加，一方面使投标人得以了解开标是否依法进行，起到监督的作用；另一方面了解其他投标人的情况，做到知彼知己，以衡量自己中标的可能性，或者衡量自己是否在中标的名单之中。

2. 开标的程序

（1）由投标人或推选的代表检查投标文件密封情况，也可以由招标人委托的公证机构检查并公证。

（2）经确认密封无误后，由工作人员当众拆封，宣读投标人名称、投标报价、工期等主要内容。

（3）记录在案，以存档备查，最后由主持人和其他工作人员签字确认。

【案例4-1】　开标会议议程

一、各与会人员签到

（1）各单位与会人员签到，投标单位可在会议正式开始前向招标人递交投标文件。

（2）将递交投标文件登记表、签到表移交给主持人，以备其介绍与会人员。

（3）会议开始前，投标截止。

二、主持人致辞

主持人宣布招标开标会议正式开始，并宣布招标简况，具体发言稿如下所示。

各位领导、各位来宾：

大家上午好！

这里是××公司在××酒店举行的招标开标会议。该公司××招标文件递交截止时间已到，共收到一份投标文件。招标人将拒绝接受在此时间之后送达的投标文件。

根据××招标文件的规定，开标会议于__年__月__日上午__时整在××酒店准时召开。参加与会的领导和专家有××公司总经理王××，副总经理贾×，总工程师张××，同时，××律师事务所对本项目招标进行依法监督和公证。在此，我们对各位来宾给予的支持表示衷心的感谢！

三、宣布会议纪律

主持人示意与会各方保持安静，强调会议进行过程中的各项纪律和注意事项，具体内容如下所示。

(1) 与会过程中请关闭通信工具或将其设置为静音状态，请勿接打电话。

(2) 各位与会代表在会议进行过程中，请勿在会场内随意走动、大声喧哗，请配合工作人员的安排。

(3) 会议结束前，各与会人员不得提前退出会场，任何单位和个人不得扰乱会场秩序。

(4) 各位代表如对开标过程有异议，请于唱标结束后举手示意，待允许后方可发言，或者以书面形式向招标人陈述。

四、介绍参加会议的各方代表

1. 介绍招标代表人

2. 介绍招标监督机构代表

3. 介绍投标代表人

五、检查投标文件

1. 请投标人检查投标文件

(1) 主持人请投标人代表检查投标文件的密封情况。

(2) 询问投标人对投标文件的密封情况有无异议，若无异议，则进入下一环节。

2. 宣布收到文件概况

主持人发言（本次开标会议，到投标文件截止时间为止，共收到投标文件××套，招标人、监督人以及各投标人对投标文件的密封情况均无异议，投标文件密封符合招标文件要求，密封完好）。

六、唱标

(1) 会议按照先投后开、后投先开的原则进行唱标。

(2) 唱标时应宣读投标书中的投标总价、质量标准、交期等主要内容。

(3) 唱标完毕后，主持人请各投标人、各投标单位法定代表人或委托代理人对唱标结果进行确认，检查本单位的投标文件主要内容的记录情况，并在开标记录表上签字。

(4) 请记录人，唱标人，监标人分别在开标记录表上签字。

七、开标异议反馈

(1) 主持人应询问各投标人对开标过程有无异议（如果有，应请投标人代表举手示意）。

（2）当投标人对开标过程均无异议时，开标会议完毕。

八、宣布开标会议结束

（1）主持人宣布开标会议结束，并宣布评标程序的相关事项，具体发言如下所示。

各位尊敬的与会人员，开标会议至此结束。会议结束后，将进入评标程序，请各投标人准备好原件在会场外等候验证，评标结果将在××××年××月××日予以公示。谢谢大家！

（2）请各位评标专家暂留。

（3）向未进入候选的投标人退还图纸和投标担保费用。

二、评标

1. 工程施工招标投标的评标组织

建设工程招标投标的评标工作由评标组织即评标委员会完成。评标委员会是在招投标管理机构的监督下，由招标人设立，负责评标的临时组织。它负责对所有投标文件进行评定、提出书面评标报告、推荐中标候选人等工作。

由于评标委员会的人员构成直接影响着评标、定标结果，评标、定标结果又涉及各方面的经济利益，同时这项工作经济性、技术性、专业性又比较强，所以评标委员会的人员应当由招标人或其委托的招标代理机构熟悉相关业务的代表，以及有关技术、经济等方面专家组成。成员人数应为5人以上单数，其中经济、技术方面的专家不得少于成员总数的2/3，该专家一般应从省级以上人民政府有关部门提供的专家名册或招标代理机构的专家库中的相应专家名单中确定。对一般工程项目，可采用随机抽取的方式确定，对技术特别复杂、专业性要求特别高或国家有特殊要求的招标项目，可以由招标人直接确定。评标委员会成员名单应在开标前确定，并且应在中标结果确定前保密。

2. 评标委员会的评标工作内容

（1）负责评标工作，向招标人推荐中标候选人或根据招标人的授权直接确定中标人。

（2）可以否决所有投标。如所有投标都不符合招标文件的要求，或者有效投标不足3家。

（3）评标委员会完成评标后，应当向招标人提出书面评标报告。

评标过程中，评标委员会处于主导地位，是评标的主体，其工作十分重要。

3. 评标专家条件

为了保证评标委员会中专家的素质，评标专家应符合下列条件：

（1）从事相关专业领域工作满8年，并具有高级职称或同等专业水平。

（2）熟悉有关招标投标的法律、法规，并具有与招标项目相关的实践经验。

（3）能够认真、公正、诚实、廉洁地履行职责。

为了保证评标能够公平、公正进行，评标委员会成员有下列情形之一的，不得担任评标委员会成员：

（1）投标人或投标主要负责人的近亲属。

（2）项目主管部门或者行政监督部门的人员。

（3）与投标人有经济利益关系，可能影响对投标公正评审的。

(4) 曾因在招标、评标及其他与招标投标有关活动中从事违法行为而受过行政或刑事处罚的。

如果评标委员会成员有以上情形之一的，应当主动提出回避。

任何单位或个人不得对评标委员会成员施加压力，影响评标工作的正常进行。评标委员会成员在评标、定标过程中不得与投标人或与招标结果有利害关系的人进行私下接触，不得收受投标人、中介人、其他利害关系人的财物或其他好处以保证评标和定标的公正、公平性。

4. 建设工程评标的原则

(1) 建设工程评标、定标活动应当遵循公平、公正和诚实信用的原则。公平是指在评标、定标过程中所涉及的一切活动对所有投标人都应该一视同仁，不得偏向某些投标人而排斥另外一些投标人。公正是指在对投标文件的评比中，应以客观内容为标准，不以主观好恶为标准，不能带有成见。

(2) 科学、合理、择优的原则。科学是指评标办法要科学合理。评标的根本目的就是择优，所以在评标过程中及中标结果的确定上都应以最优的投标人作为中标候选人。

(3) 反不正当竞争的原则。不能违反原则而以招标人的意图来确定中标结果。

(4) 贯彻业主对本工程施工承包招标的各项要求和原则。

5. 对建设工程评标委员会的要求

(1) 评标委员会成员应当客观、公正地履行职责，遵守职业道德，对所提出的评审意见承担个人责任。

(2) 评标委员会成员不得私下接触投标人，不得收受投标人的财物或其他好处。

(3) 评标委员会成员和参与评标的有关工作人员不得透露对投标文件的评审和目标候选人的推荐情况及与评标有关的其他情况。

(4) 评标委员会可以要求投标人对投标文件中含义不明确的内容作必要的澄清或说明，但是澄清或说明不得超出投标文件的范围或改变投标文件的实质性要求。

(5) 评标委员会应当按照招标文件确定的评标标准和方法，对投标文件进行评审和比较，设有标底的应当参考标底。

(6) 接受依法实施的监督。

6. 评标的准备

(1) 评标委员会成员在正式对投标文件进行评审前，应当认真研究招标文件，主要了解以下内容：①招标的目标；②招标工程项目的范围和性质；③招标文件中规定的主要技术要求、标准和商务条款；④招标文件规定的评标标准、评标方法和在评标过程中考虑的相关因素。

(2) 招标人或其委托的招标代理机构应当向评标委员会提供评标所需的重要信息和数据。

评标委员会应当根据招标文件规定的评标标准和方法对投标文件进行系统的评审和比较。招标文件中没有规定的标准和方法不得作为评标的依据。因此，评标委员会成员应当重点了解招标文件规定的评标标准和方法。

7. 初步评审

初步评审是指从所有的投标书中筛选出符合最低要求的合格投标书，剔除所有无效投标书和严重违法的投标书，以减少详细评审的工作量，保证评审工作的顺利进行。初步评审的内容包括对投标文件的符合性评审、技术性评审、商务性评审、投标文件的澄清和说明、应当作为废标处理的情况。

（1）符合性评审。投标文件的符合性评审包括商务符合性和技术符合性鉴定。投标文件应实质上响应招标文件的所有条款、条件，无显著的差异或保留。符合性评审主要有以下工作内容：

1）投标文件的有效性：①投标人及联合体形式投标的所有成员是否已通过资格预审，获得投标资格；②投标文件中是否提交了承包方的法人资格证书及投标负责人的授权委托证书；如果是联合体，是否提交了合格的联合体协议书及投标负责人的授权委托证书；③投标保证的格式、内容、金额、有效期，开具单位是否符合招标文件要求；④投标文件是否按要求进行了有效的签署。

2）投标文件的完整性。投标文件中是否包括招标文件规定应递交的全部文件，如标价的工程量清单、报价汇总表、施工进度计划、施工方案、施工人员和施工机械设备的配备等，以及应该提供的必要的支持文件和资料。

3）与招标文件的一致性：①凡是招标文件中要求投标人填写的空白栏目是否全部填写，作出明确的回答，如投标书及其附录是否完全按要求填写；②对于招标文件的任何条款、数据或说明是否有任何修改、保留和附加条件。

通常符合性鉴定是初步评审的第一步，如果投标文件实质上不响应招标文件的要求，将被列为废标予以拒绝，并不允许投标人通过修正或撤销其不符合要求的差异或保留，使之成为具有响应性投标。

（2）技术性评审。投标文件的技术性评审包括：方案可行性评估和关键工序评估；劳务、材料、机械设备、质量控制措施、工期保证措施、安全保证措施评估及对施工现场周围环境污染的保护措施评估。

（3）商务性评审。投标文件的商务性评审包括：投标报价校核，审查全部报价数据计算的正确性，分析报价构成的合理性，并与标底价格进行对比分析。如果报价中存在算术计算上的错误，应进行修正。修正后的投标报价经投标人确认后对其起约束作用。

（4）投标文件的澄清和说明。评标委员会可以要求投标人对投标文件中含意不明确、对同类问题表述不一致或有明显文字和计算错误的内容作必要的澄清或说明，但是澄清或说明不得超出投标文件的范围或改变投标文件的实质性内容。对投标文件的相关内容作出澄清和说明，其目的是有利于评标委员会对投标文件的审查、评审和比较。

（5）应当作为废标处理的情况。

1）弄虚作假。在评标过程中，评标委员会发现投标人以他人的名义投标、串通投标、以行贿手段谋取中标或以其他弄虚作假方式投标的，该投标人的投标应作废标处理。

2）报价低于其个别成本。在评标过程中，评标委员会发现投标人的报价明显低于其他投标报价或在设有标底时明显低于标底，使得其投标报价可能低于其个别成本的，应当要求该投标人作出书面说明并提供相关证明材料。投标人不能合理说明或不能提供相关证明材料的，由评标委员会认定该投标人以低于成本报价竞标，其投标应作废标处理。

3）投标人不具备资格条件或投标文件不符合形式要求，其投标也应当按照废标处理。包括：投标人资格条件不符合国家有关规定和招标文件要求的，或者拒不按照要求对投标文件进行澄清、说明或补正的，评标委员会可以否决其投标。

4）按照《工程建设项目施工招标投标办法》（2003年国家七部委令第30号）的规定，投标文件有下列情形之一的，由评标委员会初审后按废标处理：①无单位盖章并无法定代表人或法定代表人授权的代理人签字或盖章的；②未按规定的格式填写，内容不全或关键字迹模糊、无法辨认的；③投标人递交两份或多份内容不同的投标文件，或者在一份投标文件中对同一招标项目报有两个或多个报价，且未声明哪一个有效的（按招标文件规定提交备选投标方案的除外）；④投标人名称或组织结构与资格预审时不一致的；⑤未按招标文件要求提交投标保证金的；⑥联合体投标未附联合体各方共同投标协议的。

5）未能在实质上响应的投标。评标委员会应当审查每一投标文件是否对招标文件提出的所有实质性要求和条件作出响应。未能在实质上响应的投标，应作废标处理。如果投标文件与招标文件有重大偏差，也认为未能对招标文件作出实质性响应。如果招标文件对重大偏差另有规定的，服从其规定。

6）投标偏差。评标委员会应当根据投标文件，审查并逐项列出投标文件的全部投标偏差。投标偏差分为重大偏差和细微偏差。①重大偏差。下列情况属于重大偏差可作为无效投标文件：a. 没有按照招标文件要求提供投标担保或所提供的投标担保有瑕疵；b. 投标文件没有投标人授权代表签字和加盖公章；c. 投标文件载明的招标项目完成期限超过招标文件规定的期限（投标有效期）；d. 明显不符合技术规格、技术标准的要求；e. 投标文件载明的货物包装方式、检验标准和方法等不符合招标文件的要求；f. 投标文件附有招标人不能接受的条件；g. 不符合招标文件中规定的其他实质性要求；h. 招标文件应当规定一个适当的投标有效期，以保证招标人有足够的时间完成评标和与中标人确立订立合同事宜。投标有效期自截止投标之日至确定中标人或订立合同之时为止。如果在原投标有效期结束前，出现特殊情况的，招标人可以书面形式要求所有投标人延长投标有效期和延长投标保证金的有效期，投标人拒绝延长投标保证金有效期者，其投标无效。②细微偏差。细微偏差是指投标文件在实质上响应招标文件要求，但在个别地方存在漏项或提供了不完整的技术信息和数据等情况，并且补正这些遗漏或不完整不会对其他投标人造成不公平的结果。细微偏差不影响投标文件的有效性。例如投标文件中的大写金额和小写金额不一致的，以大写金额为准；总价金额与单价金额不一致的，以单价金额为准，但单价金额小数点有明显错误的除外。

评标委员会应当书面要求存在细微偏差的投标人在评标结束前予以补正。拒不补正的，在详细评审时可以对细微偏差作不利于该投标人的量化，量化标准应当在招标文件中规定。

8. 详细评审

详细评审是指在初步评审的基础上，对经初步评审合格的投标文件，按照招标文件确定的评标标准和方法，对其技术部分（技术标）和商务部分（经济标）进一步评审、比较。

（1）技术性评审。主要包括对投标人所报的施工方案或组织设计、关键工序、进度计划、人员和机械设备的配备、技术能力、质量控制措施、安全措施、文明施工方案、临时设施的布置、临时用地情况、施工现场周围环境污染的保护措施等进行评审。

（2）商务性评审。指对投标文件中的报价进行评审，包括对投标报价进行校核，审查全部报价数据是否有计算上或累计上的算术错误，分析报价构成的合理性等。

设有标底的招标项目，评标委员会在评标时应当参考标底。

9. 评标报告

评标委员会完成评标后，应向招标人提出书面评标结论性的报告，评标报告的内容有：

（1）基本情况和数据表。

（2）评标委员会成员名单。

（3）开标记录。

（4）符合要求的投标一览表。

（5）废标情况说明。

（6）评标标准、评标办法或评标因素一览表。

（7）经评审的价格或评分比较一览表。

（8）经评审的投标人排序。

（9）推荐的中标候选人名单与签订合同前要处理的事宜。

（10）澄清、说明、补正事项纪要。

被授权直接定标的评标委员会可直接确定中标人。对使用国有资金投资或国家融资的项目，招标人应当确定排名第一的中标候选人为中标人。排名第一的中标候选人放弃中标，因不可抗力提出不能履行合同，或者招标文件规定应当提交履约保证金而在规定的期限内未能提交的，招标人可以确定排名第二的中标候选人为中标人。

三、中标

《招标投标法》中有关中标的法律规定如下：

（1）在确定中标人前，招标人不得与投标人就投标价格、投标方案等实质性内容进行谈判。

（2）中标人确定后，招标人应当向中标人发出中标通知书，并同时将中标结果通知所有未中标的投标人。中标通知书对招标人和中标人具有法律效力。中标通知书发出后，招标人改变中标结果的，或者中标人放弃中标项目的，应当依法承担法律责任。

（3）招标人和中标人应当自中标通知书发出之日起三十日内，按照招标文件和中标人的投标文件订立书面合同。招标人和中标人不得再行订立背离合同实质性内容的其他协议。招标文件要求中标人提交履约保证金的，中标人应当提交。

（4）中标人应当按照合同约定履行义务，完成中标项目。中标人不得向他人转让中标项目，也不得将中标项目分解后分别向他人转让。但中标人按照合同约定或经招标人同意，可以将中标项目的部分非主体、非关键性工作分包给他人完成。接受分包的人应当具备相应的资格条件，并不得再次分包。中标人应当就分包项目向招标人负责，接受分包的人就分包项目承担连带责任。

（5）评标委员会经评审，认为所有投标都不符合招标文件要求的，可以否决所有投标。依法必须进行招标的项目所有投标被否决的，招标人应当依照《招标投标法》重新招标。重新招标后投标人少于3个的，属于必须审批的工程建设项目，报经原审批部门批准后可以不再进行招标；其他工程建设项目，招标人可自行决定不再进行招标。

【案例4-2】 某火力发电厂建设工程为国家重点建设项目，总投资额18000万元。其中对工程概算7650万元的设备安装工程进行招标。本次招标采取了邀请招标方式，由建设单位自行组织招标。2006年10月11日，向具备承担该项目能力的A、B、C、D、E等5家承包商发出投标邀请书，2006年，11月8日14时为投标截止时间，该5家承包商均接受邀请，并按规定时间提交了投标文件。但承包商A在送出投标文件后发现报价估算有较严重的失误，遂赶在投标截止时间前10分钟递交了一份书面声明，撤回已提交的投标文件。

2006年10月18日，由投资方、建设方、技术部门等各方代表参加的评标委员会组成。11月8日14时公开开标。开标时，由招标单位委托的市公证处人员检查投标文件的密封情况，确认无误后，由工作人员当众拆封。由于承包商A已撤回投标文件，故招标人宣布有B、C、D、E等4家承包商投标，并宣读该4家承包商的投标价格、工期和其他主要内容。

在评标过程中，评标委员会要求B、D两投标人分别对施工做详细说明，并对若干技术要点和难点提出问题，要求其提出具体、可靠的实施措施。作为评标委员的招标人代表希望承包商B再适当考虑一下降低报价的可能性。

通过对4家投标企业递交的标书进行评选，评标委员会向建设单位按顺序推荐了中标候选人。建设单位认为评标委员会推荐的中标候选人不如名单之外的某施工企业提出的优惠条件好（其优惠条件为垫资施工），意向让这家企业中标。但在有关单位的干预和协调下，建设单位最终从评标委员会推荐的中标候选人中选择了承包商B作为中标人。并于11月16日至12月11日招标人与承包商B多次谈判，最终双方于12月14日签订了书面合同。

[问题] 1. 从招标投标的性质看，本案例中的要约邀请、要约和承诺的具体表现是什么？

2. 对照《招标投标法》的规定，在该项目的招标投标程序中，你认为有哪些不妥之处？请逐一说明。

[答案] 问题1：本案例中的要约邀请是投标邀请书，要约是投标人的投标文件，承诺是招标人发出的中标通知书。

问题2：根据《招标投标法》的有关规定，在该项目的招标投标程序中，有以下几方面的不妥之处：

（1）招标范围不符合《招标投标法》的有关规定。该项目是国家重点建设项目，属于依法必须招标项目。本项目总投资额18000万元，只对投资7650万元的设备安装工程进行招标，显然违反了法律关于依法招标项目“包括项目的勘查、设计、施工、监理以及与工程建设有关的重要设备、材料等的采购，必须进行招标”的规定。

（2）招标方式选择不当。按规定依法招标项目应采用公开招标方式发包，即便不适宜公开招标，选用邀请招标方式也应经法定方式审批，本项目显然未经批准程序。

（3）自行招标应向有关部门进行备案。根据有关规定："依法必须进行招标的项目，招标人自行办理招标事宜的，应当向有关行政监督部门备案"。行政监督部门根据有关法规，对招标人是否具备自行招标的条件进行监督，确认其是否具备编制招标文件的能力和组织招标的能力。国家计委《工程建设项目自行招标试行办法》规定了办理经国家计委审批项目自行招标的事宜。建设部《房屋建筑和市政基础设施工程施工招标投标管理办法》规定："招标人自行办理施工招标事宜的，应当在发布招标公告或者发出投标邀请书的5日前，向工程所在地县级以上地方人民政府建设行政主管部门备案。"从案例资料看，招标人未做此备案。

（4）评标委员会组成不合法。由投资方、建设方、技术部门等部门代表参加组成评标委员会的做法，违反了法律规定的评标委员会委员"由招标人从国务院有关部门或者省、自治区、直辖市人民政府有关部门提供的专家名册或者招标代理机构的专家库内的相关专业的专家名单中确定；一般招标项目可以采取随机抽取方式，特殊招标项目可以由招标人直接确定"的规定。

（5）招标人仅宣布4家承包商参加投标不符合规定。招标人不应仅宣布4家承包商参加投标，我国《招标投标法》规定："招标人在招标文件要求提交投标文件的截止时间前收到的所有文件，开标时都应当当众拆封、宣读。"因此，虽然承包商A在投标截止时间前已撤回投标文件，但仍应作为投标人宣读其名称，但不宣读其投标文件的其他内容。

（6）评标过程中要求承包商考虑降价不合法。按照《招标投标法》的规定，评标委员会可以要求投标人对投标文件中含义不明确的内容做必要的澄清或者说明，但是澄清或者说明不得超出投标文件的范围或者改变投标文件的实质性内容，在确定中标前，招标人不得与投标人就投标价格、投标方案的实质性内容进行谈判。

（7）招标人确定推荐中标人之外的单位中标的做法违反法律规定。《招标投标法》规定："招标人根据评标委员会提出的书面评标报告和推荐的中标候选人确定中标人。"国家计委等部门在《评标委员会和评标方法暂行规定》中进一步明确："使用国有资金投资或者国家融资的项目，招标人应当确定排名第一的中标候选人为中标人。排名第一的中标候选人放弃中标的，因不可抗力提出不能履行合同，或者招标文件规定应当提交履约保证金而在规定的期限内未能提交的，招标人可以确定排名第二的中标候选人为中标人。排名第二的中标候选人因前款规定的同样原因不能签订合同的，招标人可以确定排名第三的中标候选人为中标人。"因此，本项目的中标人只能依法选择评标委员会推荐的第一人，而不是其他人。

（8）订立书面合同的时间过迟。《招标投标法》规定："招标人和中标人应当自中标通知书发出之日起30日内订立书面合同。"本案例超过了《招标投标法》规定的期限。

思　考　题

1. 工程项目施工招标采购应当具备什么条件？
2. 工程项目施工招标采购的主要程序是什么？

3. 工程项目施工招标文件包括哪些主要内容？
4. 资格预审程序中各阶段包括哪些内容？
5. 请分析经评审的最低投标价法如何对投标文件进行评审和量化比较？
6. 请分析综合评估法如何对投标文件进行评审和量化比较？

第五章　工程项目施工合同管理

基　本　要　求

- 掌握工程项目施工合同各方的基本关系
- 掌握工程项目施工合同文件的构成及解释原则
- 掌握工程项目施工进度、质量安全及支付的合同管理程序和方法
- 掌握变更管理、索赔管理的概念、程序及估价方法
- 掌握索赔管理的概念、程序及计算方法
- 熟悉合同双方的违约责任
- 熟悉不可抗力的概念及其发生后的合同管理
- 熟悉工程项目施工合同竣工及缺陷责任期的合同管理
- 熟悉工程分包合同管理的内容

工程项目施工合同是工程项目的主要合同，是工程建设质量控制、进度控制、投资控制的主要依据。因此，在建设领域加强对施工合同的管理具有十分重要的意义。

第一节　工程施工合同管理概述

一、工程施工合同的概念

工程施工合同是发包人（建设单位、业主或总包单位）与承包人（施工单位）之间为完成商定的建设工程项目，确定双方权利和义务的协议。建设工程施工合同也称为建筑安装承包合同，建筑是指对工程进行营造的行为，安装主要是指与工程有关的线路、管道、设备等设施的装配。依照施工合同，承包人应完成一定的建筑、安装工程任务，发包人应提供必要的施工条件并支付工程价款。

国家立法机关、国务院、国家建设行政管理部门都十分重视施工合同的规范工作，1999年3月15日第九届全国人民代表大会第二次会议通过、1999年10月1日生效实施的《中华人民共和国合同法》对建设工程合同做了专章规定，《中华人民共和国建筑法》、《中华人民共和国招标投标法》、《建设工程施工合同管理办法》等也有许多涉及建设工程施工合同的规定，这些法律法规是我国建设工程施工合同订立和管理的依据。

施工合同的当事人是发包人和承包人，双方是平等的民事主体，双方签订施工合同，必须具备相应资质条件和履行施工合同的能力。

二、合同各方

施工合同当事人是发包人和承包人，双方按照所签订合同约定的义务，履行相应的责任。

发包人是指在协议书中约定、具有工程发包主体资格和支付工程价款能力的当事人以

及取得该当事人资格的合法继承人。可以是具备法人资格的国家机关、事业单位、国有企业、集体企业、私营企业、经济联合体和社会团体，也可以是依法登记的个人合伙、个体经营户或个人，即一切以协议、法院判决或其他合法完备手续取得发包人的资格，承认全部合同条件，能够而且愿意履行合同规定义务的合同当事人。与发包人合并的单位、兼并发包人的单位、购买发包人合同和接受发包人出让的单位和人员（合法继承人），均可成为发包人，履行合同规定的义务，享有合同规定的权利。发包人必须具备组织协调能力或委托给具备相应资质的监理单位承担。

承包人是指在协议书中约定、被发包人接受的具有工程施工承包主体资格的当事人以及取得该当事人资格的合法继承人。承包人必须具备有关部门核定的资质等级并持有营业执照等证明文件。《建筑法》第13条规定：建筑施工企业按照其拥有的注册资本、专业技术人员、技术装备和已完成的建筑工程业绩等资质条件，划分为不同的资质等级，经资质审查合格，取得相应等级的资质证书后，方可在其资质等级许可的范围内从事建筑活动。

在施工合同实施过程中，工程师受发包人委托对工程进行管理。施工合同中的工程师是指本工程监理单位委派的总监理工程师或发包人指定的履行本合同的代表，其具体身份和职权由发包人和承包人在专用条款中约定。

三、施工合同管理有关各方的职责

（一）发包人的一般义务

1. 遵守法律

发包人在履行合同过程中应遵守法律，并保证承包人免于承担因发包人违反法律而引起的任何责任。

2. 发出开工通知

发包人应委托监理人按合同的约定向承包人发出开工通知。

3. 提供施工场地

发包人应按专用合同条款约定向承包人提供施工场地，以及施工场地内地下管线和地下设施等有关资料，并保证资料的真实、准确、完整。

4. 协助承包人办理证件和批件

发包人应协助承包人办理法律规定的有关施工证件和批件。

5. 组织设计交底

发包人应根据合同进度计划，组织设计单位向承包人进行设计交底。

6. 支付合同价款

发包人应按合同约定向承包人及时支付合同价款。

7. 组织竣工验收

发包人应按合同约定及时组织竣工验收。

8. 其他义务

发包人应履行合同约定的其他义务。

（二）承包人的一般义务

1. 遵守法律

承包人在履行合同过程中应遵守法律，并保证发包人免于承担因承包人违反法律而引起的任何责任。

2. 依法纳税

承包人应按有关法律规定纳税，应缴纳的税金包括在合同价格内。

3. 完成各项承包工作

承包人应按合同约定以及监理人根据合同作出的指示，实施、完成全部工程，并修补工程中的任何缺陷。除专用合同条款另有约定外，承包人应提供为完成合同工作所需的劳务、材料、施工设备、工程设备和其他物品，并按合同约定负责临时设施的设计、建造、运行、维护、管理和拆除。

4. 对施工作业和施工方法的完备性负责

承包人应按合同约定的工作内容和施工进度要求，编制施工组织设计和施工措施计划，并对所有施工作业和施工方法的完备性和安全可靠性负责。

5. 保证工程施工和人员的安全

承包人应按合同约定采取施工安全措施，确保工程及其人员、材料、设备和设施的安全，防止因工程施工造成的人身伤害和财产损失。

6. 负责施工场地及其周边环境与生态的保护工作

承包人应按照合同约定负责施工场地及其周边环境与生态的保护工作。

7. 避免施工对公众与他人的利益造成损害

承包人在进行合同约定的各项工作时，不得侵害发包人与他人使用公用道路、水源、市政管网等公共设施的权利，避免对邻近的公共设施产生干扰。承包人占用或使用他人的施工场地，影响他人作业或生活的，应承担相应责任。

8. 为他人提供方便

承包人应按监理人的指示为他人在施工场地或附近实施与工程有关的其他各项工作提供可能的条件。除合同另有约定外，提供有关条件的内容和可能发生的费用，由监理人按合同商定或确定。

9. 工程的维护和照管

工程接收证书颁发前，承包人应负责照管和维护工程。工程接收证书颁发时尚有部分未竣工工程的，承包人还应负责该未竣工工程的照管和维护工作，直至竣工后移交给发包人为止。

10. 其他义务

承包人应履行合同约定的其他义务。

（三）监理人

标准施工合同通用条款中对监理人的定义是，“受发包人委托对合同履行实施管理的法人或其他组织”，即属于受发包人聘请的管理人，与承包人没有任何利益关系。由于监理人不是施工合同的当事人，在施工合同的履行管理中不是“独立的第三方”，属于发包人一方的人员，但又不同于发包人的雇员，即不是一切行为均遵照发包人的指示，而是在授权范围内独立工作，以保障工程按期、按质、按量完成，实现发包人的最大利益为管理目标，依据合同条款的约定，公平合理地处理合同履行过程中的有关管理事项。

按照标准施工合同通用条款对监理人的相关规定，监理人的合同管理地位和职责主要表现在以下几个方面：

1. 受发包人委托对施工合同的履行进行管理

（1）在发包人授权范围内，负责发出指示、检查施工质量、控制进度等现场管理工作。

（2）在发包人授权范围内独立处理合同履行过程中的有关事项，行使通用条款规定的，以及具体施工合同专用条款中说明的权力。

（3）承包人收到监理人发出的任何指示，视为已得到发包人的批准，应遵照执行。

（4）在合同规定的权限范围内，独立处理或决定有关事项，如单价的合理调整、变更估价、索赔等。

2. 居于施工合同履行管理的核心地位

（1）监理人应按照合同条款的约定，公平合理地处理合同履行过程中涉及的有关事项。

（2）除合同另有约定外，承包人只从总监理工程师或被授权的监理人员处取得指示。为了使工程施工顺利开展，避免指令冲突及尽量减少合同争议，发包人对施工工程的任何想法通过监理人的协调指令来实现；承包人的各种问题也首先提交监理人，尽量减少发包人和承包人分别站在各自立场解释合同而导致争议。

（3）“商定或确定”条款规定，总监理工程师在协调处理合同履行过程中的有关事项时，应首先与合同当事人协商，尽量达成一致。不能达成一致时，总监理工程师应认真研究审慎“确定”后通知当事人双方并附详细依据。由于监理人不是合同当事人，因此对有关问题的处理不用决定，而用确定一词，即表示总监理工程师提出的方案或发出的指示并非最终不可改变，任何一方有不同意见均可按照争议的条款解决，同时体现了监理人独立工作的性质。

3. 监理人的指示

监理人给承包人发出的指示，承包人应遵照执行。如果监理人的指示错误或失误给承包人造成损失，则由发包人负责赔偿。通用条款明确规定：

（1）监理人未能按合同约定发出指示、指示延误或指示错误而导致承包人施工成本增加和（或）工期延误，由发包人承担赔偿责任。

（2）监理人无权免除或变更合同约定的发包人和承包人权利、义务和责任。由于监理人不是合同当事人，因此合同约定应由承包人承担的义务和责任，不因监理人对承包人提交文件的审查或批准，对工程、材料和设备的检查和检验，以及为实施监理做出的指示等职务行为而减轻或解除。

第二节　合同文件及其解释

一、合同文件

1. 合同文件的组成

“合同”是指构成对发包人和承包人履行约定义务过程中，有约束力的全部文件体系的总称。标准施工合同的通用条款中规定，合同的组成文件包括：

（1）合同协议书。

（2）中标通知书。

（3）投标函及投标函附录。

（4）专用合同条款。

（5）通用合同条款。

（6）技术标准和要求。

（7）图纸。

（8）已标价的工程量清单。

（9）其他合同文件（经合同当事人双方确认构成合同的其他文件）。

2. 合同文件的优先解释次序

组成合同的各文件中出现含义或内容的矛盾时，如果专用条款没有另行的约定，以上合同文件序号为优先解释的顺序。

标准施工合同条款中未明确由谁来解释文件之间的歧义，但可以结合监理工程师职责中的规定，总监理工程师应与发包人和承包人进行协商，尽量达成一致。不能达成一致时，总监理工程师应认真研究后审慎确定。

3. 几个文件的含义

（1）中标通知书。中标通知书是招标人接受中标人的书面承诺文件，具体写明承包的施工标段、中标价、工期、工程质量标准和中标人的项目经理名称。中标价应是在评标过程中对报价的计算或书写错误进行修正后，作为该投标人评标的基准价格。项目经理是中标人的投标文件中说明并已在评标时作为量化评审要素的人选，要求履行合同时必须到位。

（2）投标函及投标函附录。标准施工合同文件组成中的投标函，是投标人置于投标文件首页的保证中标后与发包人签订合同、按照要求提供履约担保、按期完成施工任务的承诺文件。

投标函附录是投标函内承诺部分主要内容的细化，包括项目经理的人选、工期、缺陷责任期、分包的工程部位、公式法调价的基数和系数等的具体说明。因此承包人的承诺文件作为合同组成部分，并非指整个投标文件。也就是说投标文件中的部分内容在订立合同后允许进行修改或调整，如施工前应编制更为详尽的施工组织设计、进度计划等。

（3）其他合同文件。其他合同文件包括的范围较宽，主要针对具体施工项目的行业特点、工程的实际情况、合同管理需要而明确的文件。签订合同协议书时，需要在专用条款中对其他合同文件的具体组成予以明确。

二、合同文件的解释

对合同文件的解释，除应遵循上述合同文件的优先次序、主导语言原则和适用法律原则，还应遵循国际上对工程承包合同文件进行解释的一些公认的原则，主要有以下几点。

1. 诚实信用原则

各国法律都普遍承认诚实信用原则（简称诚信原则），它是解释合同文件的基本原则之一。诚信原则是指合同双方当事人在签订和履行合同中都应是诚实可靠、恪守信用的。根据这一原则，法律推定当事人在签订合同之前都认真阅读和理解了合同文件，都确认合同文件的内容是自己真实意思的表示，双方自愿遵守合同文件的所有规定。因此，按这一原则解释，即“在任何法系和环境下，合同都应按其表述的规定准确而正当地予以履行”。

根据此原则对合同文件进行解释应做到：

（1）按明示意义解释，即按照合同书面文字解释，不能任意推测或附加说明。

（2）公平合理的解释，即对文件的解释不能导致明显不合理甚至荒谬的结果，也不能导致显失公平的结果。

（3）全面完整的解释，即对某一条款的解释要与合同中其他条款相容，不能出现矛盾。

2. 反义居先原则

这个原则是指：如果由于合同中有模棱两可、含糊不清之处，因而导致对合同的规定有两种不同的解释时，则按不利于文件起草方或提供方的原则进行解释，也就是以与起草方相反的解释居于优先地位。

对于工程施工承包合同，业主总是合同文件的起草或提供方，所以当出现上述情况时，承包商的理解与解释应处于优先地位。但是在实践中，合同文件的解释权通常属于监理工程师，这时，承包商可以要求监理工程师就其解释作出书面通知，并将其视为“工程变更”来处理经济与工期补偿问题。

【案例 5－1】 在钢筋混凝土框架结构工程中，有钢结构杆件的安装分项工程。钢结构杆件由业主提供，承包商负责安装。在业主提供的技术文件上，仅用一道弧线表示了钢杆件，而没有详细的图纸或说明。施工中业主将杆件提供到现场，两端有螺纹，承包商接收了这些杆件，没有提出异议，在混凝土框架上用了螺母和子杆进行连接。在工程检查中承包商也没提出额外的要求。但当整个工程快完工时，承包商提出，原安装图纸表示不清楚，自己因工程难度增加导致费用超支，要求索赔。

法院调查后表示，虽然合同曾对结构杆系的种类有含糊，但当业主提供了杆系，承包商无异议地接收了杆系，则这方面的疑问就不存在了。合同已因双方的行为得到了一致的解释，即业主提供的杆系符合合同要求。所以承包商索赔无效。

3. 明显证据优先原则

原则是指：如果合同文件中出现几处对同一问题有不同规定时，则除了遵照合同文件优先次序外，应服从以下原则：即具体规定优先于原则规定；直接规定优先于间接规定，细节的规定优先于笼统的规定。根据此原则形成了一些公认的国际惯例有：细部结构图纸优先于总装图纸；图纸上数字标志的尺寸优先于其他方式（如用比例尺换算）；数值的文字表达优先于用阿拉伯数字表达；单价优先于总价；定量的说明优先于其他方式的说明；规范优先于图纸；专用条款优先于通用条款等。

【案例 5－2】 我国某水电站建设工程，采用国际招标，选定国外某承包公司承包引水洞工程施工。合同明确规定“承包商应遵守工程所在国一切法律”，“承包商应交纳税法所规定的一切税收”并列出应由承包商承担的税赋种类和税率，但在其中遗漏了承包工程总额3.03%的营业税，因此承包商报价时没有包括该税。工程开始后，工程所在地税务部门要求承包商交纳已完工程的营业税92万元，承包商按时缴纳，同时向业主提出索赔要求。

对这个问题的责任分析为：业主在合同中仅列出几个小额税种，而忽视了大额税种，是合同文件的不完备。业主应该承担责任。索赔处理过程：索赔发生后，业主向国家申请免除营业税，并被国家批准。但对已交纳的92万元税款，经双方商定各承担50%。如果合同文件中没有给出任何税赋种类和税率，而承包商报价中遗漏税赋，本索赔要求是不能成立的。这属于承包商环境调查和报价失误，应由承包商负责。

4. 书写文字优先原则

按此原则规定：书写条文优先于打字条文；打字条文优先于印刷条文。

第三节 施工合同进度管理

一、合同履行涉及的几个时间期限

1. 合同工期

“合同工期”指承包人在投标函内承诺完成合同工程的时间期限，以及按照合同条款通过变更和索赔程序应给予顺延工期的时间之和。合同工期的作用是用于判定承包人是否按期竣工的标准。

2. 施工期

承包人施工期从监理人发出的开工通知中写明的开工日起算，至工程接收证书中写明的实际竣工日止。以此期限与合同工期比较，判定是提前竣工还是延误竣工。延误竣工承包人承担拖期赔偿责任，提前竣工是否应获得奖励需视专用条款中是否有约定。

3. 缺陷责任期

缺陷责任期从工程接收证书中写明的竣工日开始起算，期限视具体工程的性质和使用条件的不同在专用条款内约定（一般为1年）。对于合同内约定有分部移交的单位工程，按提前验收的该单位工程接收证书中确定的竣工日为准，起算时间相应提前。

由于承包人拥有施工技术、设备和施工经验，缺陷责任期内工程运行期间出现的工程缺陷，承包人应负责修复，直到检验合格为止。修复费用以缺陷原因的责任划分，经查验属于发包人原因造成的缺陷，承包人修复后可获得查验、修复的费用及合理利润。如果承包人不能在合理时间内修复缺陷，发包人可以自行修复或委托其他人修复，修复费用由缺陷原因的责任方承担。

承包人责任原因产生的较大缺陷或损坏，致使工程不能按原定目标使用，经修复后需要再行检验或试验时，发包人有权要求延长该部分工程或设备的缺陷责任期。影响工程正常运行的有缺陷工程或部位，在修复检验合格日前已经过的时间归于无效，重新计算缺陷责任期，但包括延长时间在内的缺陷责任期最长时间不得超过2年。

4. 保修期

保修期自实际竣工日起算，发包人和承包人按照有关法律、法规的规定，在专用条款内约定工程质量保修范围、期限和责任。对于提前验收的单位工程起算时间相应提前。承包人对保修期内出现的不属于其责任原因的工程缺陷，不承担修复义务。

二、开工前的工作

（一）现场查勘

承包人在投标阶段仅依据招标文件中提供的资料和较概略的图纸编制了供评标的施工

组织设计或施工方案。签订合同协议书后，承包人应对施工场地和周围环境进行查勘，核对发包人提供的有关资料，并进一步收集相关的地质、水文、气象条件、交通条件、风俗习惯以及其他为完成合同工作有关的当地资料，以便编制施工组织设计和专项施工方案。在全部合同施工过程中，应视为承包人已充分估计了应承担的责任和风险，不得再以不了解现场情况为理由而推脱合同责任。

对现场查勘中发现的实际情况与发包人所提供资料有重大差异之处，应及时通知监理人，由其做出相应的指示或说明，以便明确合同责任。

（二）编制施工实施计划

1. 施工组织设计

承包人应按合同约定的工作内容和施工进度要求，编制施工组织设计和施工进度计划，并对所有施工作业和施工方法的完备性、安全性、可靠性负责。施工组织设计完成后，按专用条款的约定，将施工进度计划和施工方案报送监理人审批。

2. 质量管理体系

承包人应在施工场地设置专门的质量检查机构，配备专职质量检查人员，建立完善的质量检查制度。在合同约定的期限内，提交工程质量保证措施文件，包括质量检查机构的组织和岗位责任、质检人员的组成、质量检查程序和实施细则等，报送监理人审批。

3. 环境保护措施计划

承包人在施工过程中，应遵守有关环境保护的法律和法规，履行合同约定的环境保护义务，按合同约定的环保工作内容，编制施工环保措施计划，报送监理人审批。

（三）施工现场内的交通道路和临时工程

承包人应负责修建、维修、养护和管理施工所需的临时道路，以及为开始施工所需的临时工程和必要的设施，满足开工的要求。

（四）施工控制网

承包人依据监理人提供的测量基准点、基准线和水准点及其书面资料，根据国家测绘基准、测绘系统和工程测量技术规范以及合同中对工程精度的要求，测设施工控制网，并将施工控制网点的资料报送监理人审批。

承包人在施工过程中负责管理施工控制网点，对丢失或损坏的施工控制网点应及时修复，并在工程竣工后将施工控制网点移交发包人。

（五）提出开工申请

承包人的施工前期准备工作满足开工条件后，向监理人提交工程开工报审表。开工报审表应详细说明按合同进度计划正常施工所需的施工道路、临时设施、材料设备、施工人员等施工组织措施的落实情况以及工程的进度安排。

三、监理人的职责

（一）审查承包人的实施方案

1. 审查的内容

监理人对承包人报送的施工组织设计、质量管理体系、环境保护措施进行认真的审查，批准或要求承包人对不满足合同要求的部分进行修改。

2. 审查进度计划

监理人对承包人的施工组织设计中的进度计划审查，不仅要看施工阶段的时间安排是否满足合同要求，更应评审拟采用的施工组织、技术措施能否保证计划的实现。监理人审查后，应在专用条款约定的期限内，批复或提出修改意见，否则该进度计划视为已得到批准。经监理人批准的施工进度计划称为“合同进度计划”。

监理人为了便于工程进度管理，可以要求承包人在合同进度计划的基础上编制并提交分阶段和分项的进度计划，特别是合同进度计划关键线路上的单位工程或分部工程的详细施工计划。

3. 合同进度计划

合同进度计划是控制合同工程进度的依据，对承包人、发包人和监理人均有约束力，不仅要求承包人按计划施工，还要求发包人的材料供应、图纸发放等不应造成施工延误，以及监理人应按照计划进行协调管理。合同进度计划的另一重要作用是，施工进度受到非承包人责任原因的干扰后，判定是否应给承包人顺延合同工期的主要依据。

（二）开工通知

1. 发出开工通知的条件

当发包人的开工前期工作已完成且临近约定的开工日期时，应委托监理人按专用条款约定的时间向承包人发出开工通知。如果约定的开工已至但发包人应完成的开工配合义务尚未完成（如现场移交延误），由于监理人不能按时发出开工通知，则要顺延合同工期并赔偿承包人的相应损失。

如果发包人开工前的配合工作已完成且约定的开工日期已届至，但承包人的开工准备还不满足开工条件，监理人仍应按时发出开工的指示，合同工期不予顺延。

2. 发出开工通知的时间

监理人征得发包人同意后，应在开工日期 7 天前向承包人发出开工通知，合同工期自开工通知中载明的开工日起计算。

四、施工过程中的进度管理

（一）合同进度计划的动态管理

为了保证实际施工过程中承包人能够按计划施工，监理人通过协调保障承包人的施工不受到外部或其他承包人的干扰，对已确定的施工计划要进行动态管理。标准施工合同的通用条款规定，不论何种原因造成工程的实际进度与合同进度计划不符，包括实际进度超前或滞后于计划进度，均应修订合同进度计划，以使进度计划具有实际的管理和控制作用。

承包人可以主动向监理人提交修订合同进度计划的申请报告，并附有关措施和相关资料，报监理人审批；监理人也可以向承包人发出修订合同进度计划的指示，承包人应按该指示修订合同进度计划后报监理人审批。

监理人应在专用合同条款约定的期限内予以批复。如果修订的合同进度计划对竣工时间有较大影响或需要补偿额超过监理人独立确定的范围时，在批复前应取得发包人同意。

（二）可以顺延合同工期的情况

1. 发包人原因延长合同工期

通用条款中明确规定，由于发包人原因导致的延误，承包人有权获得工期顺延和

（或）费用加利润补偿的情况包括：

（1）增加合同工作内容。

（2）改变合同中任何一项工作的质量要求或其他特性。

（3）发包人迟延提供材料、工程设备或变更交货地点。

（4）因发包人原因导致的暂停施工。

（5）提供图纸延误。

（6）未按合同约定及时支付预付款、进度款。

（7）发包人造成工期延误的其他原因。

2. 异常恶劣的气候条件

按照通用条款的规定，出现专用合同条款约定的异常恶劣气候条件导致工期延误，承包人有权要求发包人延长工期。监理人处理气候条件对施工进度造成不利影响的事件时，应注意两条基本原则：

（1）正确区分气候条件对施工进度影响的责任。判明因气候条件对施工进度产生影响的持续期间内，属于异常恶劣气候条件有多少天。如土方填筑工程的施工中，因连续降雨导致停工 15 天，其中 6 天的降雨强度超过专用条款约定的标准构成延长合同工期的条件，而其余 9 天的停工或施工效率降低的损失，属于承包人应承担的不利气候条件风险。

（2）异常恶劣气候条件的停工是否影响总工期。异常恶劣气候条件导致停工的是进度计划中的关键工作，则承包人有权获得合同工期的顺延。如果被迫暂停施工的工作不在关键线路上且总时差多于停工天数，仍然不必顺延合同工期，但对施工成本的增加可以获得补偿。

（三）承包人原因的延误

未能按合同进度计划完成工作时，承包人应采取措施加快进度，并承担加快进度所增加的费用。由于承包人原因造成工期延误，承包人应支付逾期竣工违约金。

订立合同时，应在专用条款内约定逾期竣工违约金的计算方法和逾期违约金的最高限额。专用条款说明中建议，违约金计算方法约定的日拖期赔偿额，可采用每天为多少钱或每天为签约合同价的千分之几。

（四）暂停施工

1. 暂停施工的责任

施工过程中发生被迫暂停施工的原因，可能源于发包人的责任，也可能属于承包人的责任。通用条款规定，承包人责任引起的暂停施工，增加的费用和工期由承包人承担；发包人暂停施工的责任，承包人有权要求发包人延长工期和（或）增加费用，并支付合理利润。

（1）承包人责任的暂停施工。①承包人违约引起的暂停施工；②由于承包人原因为工程合理施工和安全保障所必需的暂停施工；③承包人擅自暂停施工；④承包人其他原因引起的暂停施工；⑤专用合同条款约定由承包人承担的其他暂停施工。

（2）发包人责任的暂停施工。发包人承担合同履行的风险较大，造成暂停施工的原因可能来自于未能履行合同的行为责任，也可能源于自身无法控制但应承担风险的责任。大体可以分为以下几类原因致使施工暂停：

1）发包人未履行合同规定的义务。此类原因较为复杂，包括自身未能尽到管理责任，如发包人采购的材料未能按时到货致使停工待料等；也可能源于第三者责任原因，如施工过程中出现设计缺陷导致停工等待变更的图纸等。

2）不可抗力。不可抗力的停工损失属于发包人应承担的风险，如施工期间发生地震、泥石流等自然灾害导致暂停施工。

3）协调管理原因。同时在现场的两个承包人发生施工干扰，监理人从整体协调考虑，指示某一承包人暂停施工。

4）行政管理部门的指令。某些特殊情况下可能执行政府行政管理部门的指示，暂停一段时间的施工。如奥运会和世博会期间，为了环境保护的需要，某些在建工程按照政府文件要求暂停施工。

2. 暂停施工程序

（1）停工。监理人根据施工现场的实际情况，认为必要时可向承包人发出暂停施工的指示，承包人应按监理人指示暂停施工。

不论由于何种原因引起的暂停施工，监理人应与发包人和承包人协商，采取有效措施积极消除暂停施工的影响。暂停施工期间由承包人负责妥善保护工程并提供安全保障。

（2）复工。当工程具备复工条件时，监理人应立即向承包人发出复工通知，承包人收到复工通知后，应在指示的期限内复工。承包人无故拖延和拒绝复工，由此增加的费用和工期延误由承包人承担。

因发包人原因无法按时复工时，承包人有权要求延长工期和（或）增加费用，以及合理利润。

3. 紧急情况下的暂停施工

由于发包人的原因发生暂停施工的紧急情况，且监理人未及时下达暂停施工指示，承包人可先暂停施工并及时向监理人提出暂停施工的书面请求。监理人应在接到书面请求后的24小时内予以答复，逾期未答复视为同意承包人的暂停施工请求。

（五）发包人要求提前竣工

如果发包人根据实际情况向承包人提出提前竣工要求，由于涉及合同约定的变更，应与承包人通过协商达成提前竣工协议作为合同文件的组成部分。协议的内容应包括：承包人修订进度计划及为保证工程质量和安全采取的赶工措施；发包人应提供的条件；所需追加的合同价款；提前竣工给发包人带来效益应给承包人的奖励等。专用条款使用说明中建议，奖励金额可为发包人实际效益的20%。

第四节　施工质量与安全管理

一、合同双方的质量责任

（1）因承包人原因造成工程质量达不到合同约定验收标准，监理人有权要求承包人返工直至符合合同要求为止，由此造成的费用增加和（或）工期延误由承包人承担。

（2）因发包人原因造成工程质量达不到合同约定验收标准，发包人应承担由于承包人返工造成的费用增加和（或）工期延误，并支付承包人合理利润。

二、承包人的质量管理

（一）项目部的人员管理

1. 质量检查制度

承包人应在施工场地设置专门的质量检查机构，配备专职质量检查人员，建立完善的质量检查制度。

2. 规范施工作业的操作程序

承包人应加强对施工人员的质量教育和技术培训，定期考核施工人员的劳动技能，严格执行规范和操作规程。

3. 撤换不称职的人员

当监理人要求撤换不能胜任本职工作、行为不端或玩忽职守的承包人项目经理和其他人员时，承包人应予以撤换。

（二）质量检查

1. 材料和设备的检验

承包人应对使用的材料和设备进行进场检验和使用前的检验，不允许使用不合格的材料和有缺陷的设备。

承包人应按合同约定进行材料、工程设备和工程的试验和检验，并为监理人对材料、工程设备和工程的质量检查提供必要的试验资料和原始记录。按合同约定由监理人与承包人共同进行试验和检验的，承包人负责提供必要的试验资料和原始记录。

2. 施工部位的检查

承包人应对施工工艺进行全过程的质量检查和检验，认真执行自检、互检和工序交叉检验制度，尤其要做好工程隐蔽前的质量检查。

承包人自检确认的工程隐蔽部位具备覆盖条件后，通知监理人在约定的期限内检查，承包人的通知应附有自检记录和必要的检查资料。经监理人检查确认质量符合隐蔽要求，并在检查记录上签字后，承包人才能进行覆盖。监理人检查确认质量不合格的，承包人应在监理人指示的时间内修整或返工后，由监理人重新检查。

承包人未通知监理人到场检查，私自将工程隐蔽部位覆盖，监理人有权指示承包人钻孔探测或揭开检查，由此增加的费用和（或）工期延误由承包人承担。

3. 现场工艺试验

承包人应按合同约定或监理人指示进行现场工艺试验。对大型的现场工艺试验，监理人认为必要时，应由承包人根据监理人提出的工艺试验要求，编制工艺试验措施计划，报送监理人审批。

三、监理人的质量检查和试验

（一）与承包人的共同检验和试验

监理人应与承包人共同进行材料、设备的试验和工程隐蔽前的检验。收到承包人共同检验的通知后，监理人既未发出变更检验时间的通知，又未按时参加，承包人为了不延误施工可以单独进行检查和试验，将记录送交监理人后可继续施工。此次检查或试验视为监理人在场情况下进行，监理人应签字确认。

（二）监理人指示的检验和试验

1. 材料、设备和工程的重新检验和试验

监理人对承包人的试验和检验结果有疑问，或为查清承包人试验和检验成果的可靠性要求承包人重新试验和检验时，由监理人与承包人共同进行。重新试验和检验的结果证明该项材料、工程设备或工程的质量不符合合同要求，由此增加的费用和（或）工期延误由承包人承担；重新试验和检验结果证明符合合同要求，由发包人承担由此增加的费用和（或）工期延误，并支付承包人合理利润。

2. 隐蔽工程的重新检验

监理人对已覆盖的隐蔽工程部位质量有疑问时，可要求承包人对已覆盖的部位进行钻孔探测或揭开重新检验，承包人应遵照执行，并在检验后重新覆盖恢复原状。经检验证明工程质量符合合同要求，由发包人承担由此增加的费用和（或）工期延误，并支付承包人合理利润；经检验证明工程质量不符合合同要求，由此增加的费用和（或）工期延误由承包人承担。

四、对发包人提供的材料和工程设备管理

承包人应根据合同进度计划的安排，向监理人报送要求发包人交货的日期计划。发包人应按照监理人与合同双方当事人商定的交货日期，向承包人提交材料和工程设备，并在到货 7 天前通知承包人。承包人会同监理人在约定的时间内，在交货地点共同进行验收。

发包人提供的材料和工程设备验收后，由承包人负责接收、保管和施工现场内的二次搬运所发生的费用。

发包人要求向承包人提前接货的物资，承包人不得拒绝，但发包人应承担承包人由此增加的保管费用。发包人提供的材料和工程设备的规格、数量或质量不符合合同要求，或由于发包人原因发生交货日期延误及交货地点变更等情况时，发包人应承担由此增加的费用和（或）工期延误，并向承包人支付合理利润。

五、对承包人施工设备的控制

承包人使用的施工设备不能满足合同进度计划或质量要求时，监理人有权要求承包人增加或更换施工设备，增加的费用和工期延误由承包人承担。

承包人的施工设备和临时设施应专用于合同工程，未经监理人同意，不得将施工设备和临时设施中的任何部分运出施工场地或挪作他用。对目前闲置的施工设备或后期不再使用的施工设备，经监理人根据合同进度计划审核同意后，承包人方可将其撤离施工现场。

六、施工安全管理

（一）发包人的施工安全责任

发包人应按合同约定履行安全管理职责，授权监理人按合同约定的安全工作内容监督、检查承包人安全工作的实施，组织承包人和有关单位进行安全检查。发包人应对其现场机构全部人员的工伤事故承担责任，但由于承包人原因造成发包人人员工伤的，应由承包人承担责任。

发包人应负责赔偿工程或工程的任何部分对土地的占用所造成的第三者财产损失，以及由于发包人原因在施工场地及其毗邻地带造成的第三者人身伤亡和财产损失负责赔偿。

（二）承包人的施工安全责任

承包人应按合同约定的安全工作内容，编制施工安全措施计划报送监理人审批，按监理人的指示制定应对灾害的紧急预案，报送监理人审批。承包人还应按预案做好安全检查，配置必要的救助物资和器材，切实保护好有关人员的人身和财产安全。

施工过程中负责施工作业安全管理，特别应加强易燃易爆材料、火工器材、有毒与腐蚀性材料和其他危险品的管理，加强爆破作业和地下工程施工等危险作业的管理。严格按照国家安全标准制定施工安全操作规程，配备必要的安全生产和劳动保护设施，加强对承包人人员的安全教育，并发放安全工作手册和劳动保护用具。合同约定的安全作业环境及安全施工措施所需费用已包括在相关工作的合同价格中；因采取合同未约定的安全作业环境及安全施工措施增加的费用，由监理人按商定或确定方式予以补偿。

承包人对其履行合同所雇佣的全部人员，包括分包人人员的工伤事故承担责任，但由于发包人原因造成承包人人员的工伤事故，应由发包人承担责任。由于承包人原因在施工场地内及其毗邻地带造成的第三者人员伤亡和财产损失，由承包人负责赔偿。

（三）安全事故处理程序

1. 通知

施工过程中发生安全事故时，承包人应立即通知监理人，监理人应立即通知发包人。

2. 及时采取减损措施

工程事故发生后，发包人和承包人应立即组织人员和设备进行紧急抢救和抢修，减少人员伤亡和财产损失，防止事故扩大，并保护事故现场。需要移动现场物品时，应做出标记和书面记录，妥善保管有关证据。

3. 报告

工程事故发生后，发包人和承包人应按国家有关规定，及时如实地向有关部门报告事故发生的情况，以及正在采取的紧急措施。

第五节　工程款支付管理

一、通用条款中涉及支付管理的几个概念

标准施工合同的通用条款对涉及支付管理的几个涉及价格的用词做出了明确的规定。

（一）合同价格

1. 签约合同价

签约合同价指签订合同时合同协议书中写明的，包括了暂列金额、暂估价的合同总金额，即中标价。

2. 合同价格

合同价格指承包人按合同约定完成了包括缺陷责任期内的全部承包工作后，发包人应付给承包人的金额。合同价格即承包人完成施工、竣工、保修全部义务后的工程结算总价，包括履行合同过程中按合同约定进行的变更、价款调整、通过索赔应予补偿的金额。

二者的区别表现为，签约合同价是写在协议书和中标通知书内的固定数额，作为结算价款的基数；而合同价格是承包人最终完成全部施工和保修义务后应得的全部合同价款，

包括施工过程中按照合同相关条款的约定，在签约合同价基础上应给承包人补偿或扣减的费用之和。因此只有在最终结算时，合同价格的具体金额才可以确定。

（二）签订合同时签约合同价内尚不确定的款项

1. 暂估价

暂估价指发包人在工程量清单中给出的，用于支付必然发生但暂时不能确定价格的材料、设备以及专业工程的金额。该笔款项属于签约合同价的组成部分，合同履行阶段一定发生，但招标阶段由于局部设计深度不够；质量标准尚未最终确定；投标时市场价格差异较大等原因，要求承包人按暂估价格报价部分，合同履行阶段再最终确定该部分的合同价格金额。

暂估价内的工程材料、设备或专业工程施工，属于依法必须招标的项目，施工过程中由发包人和承包人以招标的方式选择供应商或分包人，按招标的中标价确定。未达到必须招标的规模或标准时，材料和设备由承包人负责提供，经监理人确认相应的金额；专业工程施工的价格由监理人进行估价确定。与工程量清单中所列暂估价的金额差以及相应的税金等其他费用列入合同价格。

2. 暂列金额

暂列金额指已标价工程量清单中所列的一笔款项，用于在签订协议书时尚未确定或不可预见变更的施工及其所需材料、工程设备、服务等的金额，包括以计日工方式支付的款项。

上述两笔款项均属于包括在签约合同价内的金额，二者的区别表现为：暂估价是在招标投标阶段暂时不能合理确定价格，但合同履行阶段必然发生，发包人一定予以支付的款项；暂列金额则指招标投标阶段已经确定价格，监理人在合同履行阶段根据工程实际情况指示承包人完成相关工作后给予支付的款项。签约合同价内约定的暂列金额可能全部使用或部分使用，因此承包人不一定能够全部获得支付。

（三）费用和利润

通用条款内对费用的定义为，履行合同所发生的或将要发生的不计利润的所有合理开支，包括管理费和应分摊的其他费用。

合同条款中费用涉及两个方面：①施工阶段处理变更或索赔时，确定应给承包人补偿的款额；②按照合同责任应由承包人承担的开支。通用条款中很多涉及应给予承包人补偿的事件，分别明确调整价款的内容为“增加的费用”，或“增加的费用及合理利润”。导致承包人增加开支的事件如果属于发包人也无法合理预见和克服的情况，应补偿费用但不计利润；若属于发包人应予控制而未做好的情况，如因图纸资料错误导致的施工放线返工，则应补偿费用和合理利润。

利润可以通过工程量清单单价分析表中相关子项标明的利润或拆分报价单费用组成确定，也可以在专用条款内具体约定利润占费用的百分比。

（四）质量保证金（保留金）

质量保证金（保留金）是将承包人的部分应得款扣留在发包人手中，用于因施工原因修复缺陷工程的开支项目。发包人和承包人需在专用条款内约定两个值：①每次支付工程进度款时应扣质量保证金的比例（例如10%）；②质量保证金总额，可以采用某一金额或签约合同价的某一百分比（通常为5%）。

质量保证金从第一次支付工程进度款时开始起扣，从承包人本期应获得的工程进度付款中，扣除预付款的支付、扣回以及因物价浮动对合同价格的调整三项金额后的款额为基数，按专用条款约定的比例扣留本期的质量保证金。累计扣留达到约定的总额为止。

质量保证金用于约束承包人在施工阶段、竣工阶段和缺陷责任期内，均必须按照合同要求对施工的质量和数量承担约定的责任。如果对施工期内承包人修复工程缺陷的费用从工程进度款内扣除，可能影响承包人后期施工的资金周转，因此规定质量保证金从第一次支付工程进度款时起扣。

监理人在缺陷责任期满颁发缺陷责任终止证书后，承包人向发包人申请到期应返还承包人质量保证金的金额，发包人应在14天内会同承包人按照合同约定的内容核实承包人是否完成缺陷修复责任。如无异议，发包人应当在核实后将剩余质量保证金返还承包人。如果约定的缺陷责任期满时，承包人还没有完成全部缺陷修复或部分单位工程延长的缺陷责任期尚未到期，发包人有权扣留与未履行缺陷责任剩余工作所需金额相应的质量保证金。

（五）外部原因引起的合同价格调整

1. 物价浮动的变化

施工工期12个月以上的工程，应考虑市场价格浮动对合同价格的影响，由发包人和承包人分担市场价格变化的风险。通用条款规定用公式法调价，但仅适用于工程量清单中单价支付部分。在调价公式的应用中，有以下几个基本原则：

（1）在每次支付工程进度款计算调整差额时，如果得不到现行价格指数，可暂用上一次价格指数计算，并在以后的付款中再按实际价格指数进行调整。

（2）由于变更导致合同中调价公式约定的权重变得不合理时，由监理人与承包人和发包人协商后进行调整。

（3）因非承包人原因导致工期顺延，原定竣工日后的支付过程中，调价公式继续有效。

（4）因承包人原因未在约定的工期内竣工，后续支付时应采用原约定竣工日与实际支付日的两个价格指数中，较低的一个作为支付计算的价格指数。

（5）人工、机械使用费按照国家或省、自治区、直辖市建设行政管理部门、行业建设管理部门或其授权的工程造价管理机构发布的人工成本信息、机械台班单价或机械使用费系数进行调整；需要调整价格的材料，以监理人复核后确认的材料单价及数量，作为调整工程合同价格差额的依据。

2. 法律法规的变化

基准日后，因法律、法规变化导致承包人的施工费用发生增减变化时，根据法律、国家或省、自治区、直辖市有关部门的规定，监理人采用商定或确定的方式对合同价款进行调整。

3. 公式法调价

（1）调价公式。施工过程中每次支付工程进度款时，用该公式综合计算本期内因市场价格浮动应增加或减少的价格调整值。

$$\Delta P = P_0 \left[A + \left(B_1 \times \frac{F_{t1}}{F_{01}} + B_2 \times \frac{F_{t2}}{F_{02}} + \cdots + B_n \times \frac{F_{tn}}{F_{0n}} \right) - 1 \right] \qquad (5-1)$$

式中　ΔP——需要调整的价格差额；

P_0——约定的付款证书中承包人应得到的已完成工程量的金额，不包括价格调整、质量保证金的扣留和支付、预付款的支付和扣回。变更及其他金额已按现行价格计价的，也不计在内；

A——定值权重；

B_1，B_2，…，B_n——各可调因子的变值权重（即可调部分的权重）为各可调因子在投标函投标总报价中所占的比例；

F_{t1}，F_{t2}，…，F_{tn}——各可调因子的现行价格指数，指约定的付款证书相关周期最后一天的前42天的各可调因子的价格指数；

F_{01}，F_{02}，…，F_{0n}——各可调因子的基本价格指数，指基准日期的各可调因子的价格指数。

（2）调价公式的基数。价格调整公式中的各可调因子、定值和变值权重，以及基本价格指数及其来源在投标函附录价格指数和权重表中约定，以基准日的价格为准，因此应在合同调价条款中予以明确。

价格指数应首先采用工程项目所在地有关行政管理部门提供的价格指数，缺乏上述价格指数时，也可采用有关部门提供的价格代替。用公式法计算价格的调整，既可以用支付工程进度款时的市场平均价格指数或价格计算调整值，而不必考虑承包人具体购买材料的价格贵贱，又可以避免采用票据法调整价格时，每次中期支付工程进度款前去核实承包人购买材料的发票或单证后，再计算调整价格的繁琐程序。通用条款给出的基准价格指数约定见表5-1。

表5-1　　基本价格指数表

名称		基本价格指数（或基本价格）		权重			价格指数来源（或价格来源）
		代号	指数值	代号	允许范围	投标单位建议值	
定值部分				A			
变值部分	人工费	F_{01}		B_1			
	水泥	F_{02}		B_2			
	钢筋	F_{03}		B_3			
	…	…		…			
合计						1.0	

二、工程量计量

已完成合格工程量计量的数据，是工程进度款支付的依据。工程量清单或报价单内承包工作的内容，既包括单价支付的项目，也可能有总价支付部分，如设备安装工程的施工。单价支付与总价支付的项目在计量和付款中有较大区别。单价子目已完成工程量按月计量；总价子目的计量周期按批准承包人的支付分解报告确定。

1. 计量对象

指应予支付的工程项目的工程量，根据该量乘以单价来确定支付金额。予以支付的工程量，必须满足下述3个条件：

（1）内容上，必须是工程量清单中所列的、工程变更包含的或监理工程师专门予以批准的项目。

（2）质量上，必须是已经通过检验，质量合格的项目的工程量。

（3）数量上，必须是按合同规定的计量原则和方法所确定的工程量，称为支付工程量。

支付工程量并不是工程量清单中所标明的工程量（称估计工程量）。估计工程量是招标时根据图纸估算的，它只是提供给投标人作标价所用，不能表示完成工程的实际的、确切的工程量。

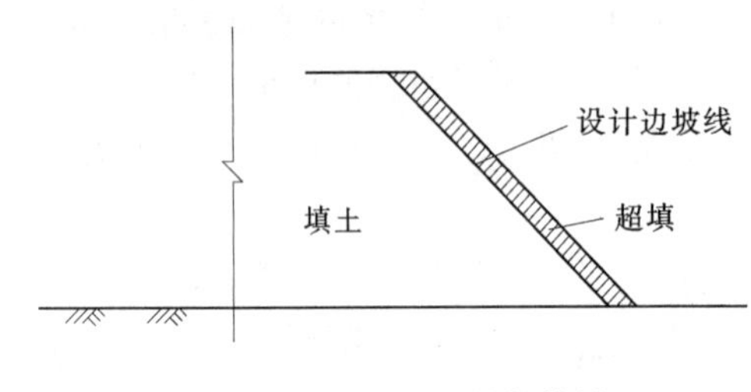

图5-1　土坝施工的超填量

支付工程量也不是承包商实际所完成的工程量（实际工程量）。一般情况下，这二者应该是相等的，即应按承包商实际完成的工程量予以支付。然而，在某些情况下，由于计量方法与工程实际施工情况不吻合或承包商工作的失误，二者有可能不相等。例如隧洞开挖，由于承包商布眼不当而过多地爆落了石方，相应地也增加了混凝土回填量，这种实际上完成的工程量是不应予以支付的，因为这是承包商工作不当造成的，理应由承包商承担。再例如碾压土坝，为了能压实到规定的密度，施工中必须在边坡线外加填部分土方，称为超填，以后再行削除，如图5-1所示。合同规定土坝工程量按设计图纸计量，则这部分实际完成的工程量不能计入支付工程量。然而，这种情况又是施工所必需的，如果由承包商来承担损失，显然是不合理的。通常对该情况采用两种方法进行处理：①在工程量清单中增加这部分合理超填，另立项目或在原工程量中加上一个百分比；②将这部分工程量（指超填部分）费用分摊到可以计量的支付工程量的单价中去。

2. 单价子目的计量

单价合同，其支付款额的基本模式就是工程量乘以单价。每个项目的单价在工程量清单中已经确定，但工程数量的确定按合同约定的计量方法进行计量。

（1）承包人对已完成的工程进行计量，向监理人提交进度付款申请单、已完成工程量报表和有关计量资料。

（2）监理人对承包人提交的工程量报表进行复核，以确定实际完成的工程量。对数量有异议的，可要求承包人按合同约定进行共同复核和抽样复测。承包人应协助监理人进行复核并按监理人要求提供补充计量资料。承包人未按监理人要求参加复核，监理人复核或修正的工程量视为承包人实际完成的工程量。

（3）监理人认为有必要时，可通知承包人共同进行联合测量、计量，承包人应遵照执行。

（4）承包人完成工程量清单中每个子目的工程量后，监理人应要求承包人派员共同对每个子目的历次计量报表进行汇总，以核实最终结算工程量。监理人可要求承包人提供补充计量资料，以确定最后一次进度付款的准确工程量。承包人未按监理人要求派员参加的，监理人最终核实的工程量视为承包人完成该子目的准确工程量。

（5）监理人应在收到承包人提交的工程量报表后的7天内进行复核，监理人未在约定时间内复核的，承包人提交的工程量报表中的工程量视为承包人实际完成的工程量，据此计算工程价款。

3. 总价子目的计量

总价子目的计量和支付应以总价为基础，不考虑市场价格浮动的调整。承包人实际完成的工程量，是进行工程目标管理和控制进度支付的依据。

承包人在合同约定的每个计量周期内，对已完成的工程进行计量，并向监理人提交进度付款申请单、专用条款约定的合同总价支付分解表所表示的阶段性或分项计量的支持性资料，以及所达到工程形象进度或分阶段完成的工程量和有关计量资料。监理人对承包人提交的资料进行复核，有异议时可要求承包人进行共同复核和抽样复测。除变更外，总价子目表中标明的工程量是用于结算的工程量，通常不进行现场计量，只进行图纸计量。

三、工程进度款的支付

1. 进度付款申请单

承包人应在每个付款周期末，按监理人批准的格式和专用条款约定的份数，向监理人提交进度付款申请单，并附相应的支持性证明文件。通用条款中要求进度付款申请单的内容包括：

（1）截至本次付款周期末已实施工程的价款。

（2）变更金额。

（3）索赔金额。

（4）本次应支付的预付款和扣减的返还预付款。

（5）本次扣减的质量保证金。

（6）根据合同应增加和扣减的其他金额。

2. 进度款支付证书

监理人在收到承包人进度付款申请单以及相应的支持性证明文件后的14天内完成核查，提出发包人到期应支付给承包人的金额以及相应的支持性材料。经发包人审查同意后，由监理人向承包人出具经发包人签认的进度付款证书。

监理人有权扣发承包人未能按照合同要求履行任何工作或义务的相应金额，如扣除质量不合格部分的工程款等。

通用条款规定，监理人出具的进度付款证书，不应视为监理人已同意、批准或接受了承包人完成的该部分工作，在对以往历次已签发的进度付款证书进行汇总和复核中发现错、漏或重复的，监理人有权予以修正，承包人也有权提出修正申请。经双方复核同意的修正，应在本次进度付款中支付或扣除。

3. 进度款的支付

发包人应在监理人收到进度付款申请单后的28天内，将进度应付款支付给承包人。发包人不按期支付，按专用合同条款的约定支付逾期付款违约金。

第六节　工程变更管理

施工过程中出现的变更包括监理人指示的变更和承包人申请的变更两类。监理人可按通用条款约定的变更程序向承包人做出变更指示，承包人应遵照执行。没有监理人的变更指示，承包人不得擅自变更。

一、变更的范围和内容

标准施工合同通用条款规定的变更范围包括：

(1) 取消合同中任何一项工作，但被取消的工作不能转由发包人或其他人实施。

(2) 改变合同中任何一项工作的质量或其他特性。

(3) 改变合同工程的基线、标高、位置或尺寸。

(4) 改变合同中任何一项工作的施工时间或改变已批准的施工工艺或顺序。

(5) 为完成工程需要追加的额外工作。

二、监理人指示变更

监理人根据工程施工的实际需要或发包人要求实施的变更，可以进一步划分为直接指示的变更和通过与承包人协商后确定的变更两种情况。

1. 直接指示的变更

直接指示的变更属于必须实施的变更，如按照发包人的要求提高质量标准、设计错误需要进行的设计修改、协调施工中的交叉干扰等情况。此时不需征求承包人意见，监理人经过发包人同意后发出变更指示要求承包人完成变更工作。

2. 与承包人协商后确定的变更

此类情况属于可能发生的变更，与承包人协商后再确定是否实施变更，如增加承包范围外的某项新增工作或改变合同文件中的要求等。

(1) 监理人首先向承包人发出变更意向书，说明变更的具体内容、完成变更的时间要求等，并附必要的图纸和相关资料。

(2) 承包人收到监理人的变更意向书后，如果同意实施变更，则向监理人提出书面变更建议。建议书的内容包括拟实施变更工作的计划、措施、竣工时间等内容的实施方案以及费用和（或）工期要求。若承包人收到监理人的变更意向书后认为难以实施此项变更，也应立即通知监理人，说明原因并附详细依据。如不具备实施变更项目的施工资质、无相应的施工机具等原因或其他理由。

(3) 监理人审查承包人的建议书。承包人根据变更意向书要求提交的变更实施方案可行并经发包人同意后，监理人发出变更指示。如果承包人不同意变更，监理人与承包人和发包人协商后确定撤销、改变或不改变变更意向书。

三、承包人申请变更

承包人提出的变更可能涉及建议变更和要求变更两类。

1. 承包人建议的变更

承包人对发包人提供的图纸、技术要求以及其他方面，提出了可能降低合同价格、缩短工期或者提高工程经济效益的合理化建议，均应以书面形式提交监理人。合理化建议书的内容应包括建议工作的详细说明、进度计划和效益以及与其他工作的协调等，并附必要的设计文件。

监理人与发包人协商是否采纳承包人提出的建议。建议被采纳并构成变更的，监理人向承包人发出变更指示。

承包人提出的合理化建议使发包人获得了降低工程造价、缩短工期、提高工程运行效益等实际利益，应按专用合同条款中的约定给予奖励。

2. 承包人要求的变更

承包人收到监理人按合同约定发出的图纸和文件，经检查认为其中存在属于变更范围的情形，如提高了工程质量标准、增加工作内容、工程的位置或尺寸发生变化等，可向监理人提出书面变更建议。变更建议应阐明要求变更的依据，并附必要的图纸和说明。

监理人收到承包人的书面建议后，应与发包人共同研究，确认存在变更的，应在收到承包人书面建议后的14天内做出变更指示。经研究后不同意作为变更的，由监理人书面答复承包人。

四、变更估价

1. 变更估价的程序

承包人应在收到变更指示或变更意向书后的14天内，向监理人提交变更报价书，详细开列变更工作的价格组成及其依据，并附必要的施工方法说明和有关图纸。变更工作如果影响工期，承包人应提出调整工期的具体细节。

监理人收到承包人变更报价书后的14天内，根据合同约定的估价原则，商定或确定变更价格。

2. 变更的估价原则

（1）已标价工程量清单中有适用于变更工作的子目，采用该子目的单价计算变更费用。

（2）已标价工程量清单中无适用于变更工作的子目，但有类似子目，可在合理范围内参照类似子目的单价，由监理人商定或确定变更工作的单价。

（3）已标价工程量清单中无适用或类似子目的单价，可按照成本加利润的原则，由监理人商定或确定变更工作的单价。

五、不利物质条件的影响

不利物质条件属于发包人应承担的风险，指承包人在施工场地遇到的不可预见的自然物质条件、非自然的物质障碍和污染物，包括地下和水文条件，但不包括气候条件。

承包人遇到不利物质条件时，应采取适应不利物质条件的合理措施继续施工，并通知监理人。监理人应当及时发出指示，构成变更的，按变更对待。监理人没有发出指示，承包人因采取合理措施而增加的费用和工期延误，由发包人承担。

第七节　不　可　抗　力

一、不可抗力事件

不可抗力是指承包人和发包人在订立合同时不可预见，在工程施工过程中不可避免发生并不能克服的自然灾害和社会性突发事件，如地震、海啸、瘟疫、水灾、骚乱、暴动、战争和专用合同条款约定的其他情形。

二、不可抗力事件发生后的管理

1. 通知并采取措施

合同一方当事人遇到不可抗力事件，使其履行合同义务受到阻碍时，应立即通知合同另一方当事人和监理人，书面说明不可抗力和受阻碍的详细情况，并提供必要的证明。不可抗力发生后，发包人和承包人均应采取措施尽量避免和减少损失的扩大，任何一方没有采取有效措施导致损失扩大的，应对扩大的损失承担责任。

如果不可抗力的影响持续时间较长，合同一方当事人应及时向合同另一方当事人和监理人提交中间报告，说明不可抗力和履行合同受阻的情况，并于不可抗力事件结束后28天内提交最终报告及有关资料。

2. 不可抗力造成的损失

通用条款规定，不可抗力造成的损失由发包人和承包人分别承担：

(1) 永久工程，包括已运至施工场地的材料和工程设备的损害，以及因工程损害造成的第三者人员伤亡和财产损失由发包人承担。

(2) 承包人设备的损坏由承包人承担。

(3) 发包人和承包人各自承担其人员伤亡和其他财产损失及其相关费用。

(4) 停工损失由承包人承担，但停工期间应监理人要求照管工程和清理、修复工程的金额由发包人承担。

(5) 不能按期竣工的，应合理延长工期，承包人不需支付逾期竣工违约金。发包人要求赶工的，承包人应采取赶工措施，赶工费用由发包人承担。

三、因不可抗力解除合同

合同一方当事人因不可抗力导致不可能继续履行合同义务时，应当及时通知对方解除合同。合同解除后，承包人应撤离施工场地。

合同解除后，已经订货的材料、设备由订货方负责退货或解除订货合同，不能退还的货款和因退货、解除订货合同发生的费用，由发包人承担，因未及时退货造成的损失由责任方承担。合同解除后的付款，监理人与当事人双方协商后确定。

第八节　违　约　责　任

一、承包人的违约

1. 违约情况

(1) 私自将合同的全部或部分权利转让给其他人，将合同的全部或部分义务转移给其他人。

(2) 未经监理人批准，私自将已按合同约定进入施工场地的施工设备、临时设施或材料撤离施工场地。

(3) 使用不合格材料或工程设备，工程质量达不到标准要求，又拒绝清除不合格工程。

（4）未能按合同进度计划及时完成合同约定的工作，已造成或预期造成工期延误。

（5）缺陷责任期内未对工程接收证书所列缺陷清单的内容或缺陷责任期内发生的缺陷进行修复，又拒绝按监理人指示再进行修补。

（6）承包人无法继续履行或明确表示不履行或实质上已停止履行合同。

（7）承包人不按合同约定履行义务的其他情况。

2. 承包人违约的处理

发生承包人不履行或无力履行合同义务的情况时，发包人可通知承包人立即解除合同。

对于承包人违反合同规定的情况，监理人应向承包人发出整改通知，要求其在指定的期限内改正。承包人应承担其违约所引起的费用增加和（或）工期延误。监理人发出整改通知 28 天后，承包人仍不纠正违约行为，发包人可向承包人发出解除合同通知。

3. 因承包人违约解除合同

（1）发包人进驻施工现场。合同解除后，发包人可派员进驻施工场地，另行组织人员或委托其他承包人施工。发包人因继续完成该工程的需要，有权扣留使用承包人在现场的材料、设备和临时设施。这种扣留不是没收，只是为了后续工程能够尽快顺利开始。发包人的扣留行为不免除承包人应承担的违约责任，也不影响发包人根据合同约定享有的索赔权利。

（2）合同解除后的结算。

1）监理人与当事人双方协商承包人实际完成工作的价值，以及承包人已提供的材料、施工设备、工程设备和临时工程等的价值。达不成一致，由监理人单独确定。

2）合同解除后，发包人应暂停对承包人的一切付款，查清各项付款和已扣款金额，包括承包人应支付的违约金。

3）发包人应按合同的约定向承包人索赔由于解除合同给发包人造成的损失。

4）合同双方确认上述往来款项后，发包人出具最终结清付款证书，结清全部合同款项。

5）发包人和承包人未能就解除合同后的结清达成一致，按合同约定解决争议的方法处理。

（3）承包人已签订其他合同的转让。因承包人违约解除合同，发包人有权要求承包人将其为实施合同而签订的材料和设备的订货合同或任何服务协议转让给发包人，并在解除合同后的 14 天内，依法办理转让手续。

二、发包人的违约

1. 违约情况

（1）发包人未能按合同约定支付预付款或合同价款，或拖延、拒绝批准付款申请和支付凭证，导致付款延误。

（2）发包人原因造成停工的持续时间超过 56 天以上。

（3）监理人无正当理由没有在约定期限内发出复工指示，导致承包人无法复工。

(4) 发包人无法继续履行或明确表示不履行或实质上已停止履行合同。

(5) 发包人不履行合同约定的其他义务。

2. 发包人违约的处理

(1) 承包人有权暂停施工。除了发包人不履行合同义务或无力履行合同义务的情况外，承包人向发包人发出通知，要求发包人采取有效措施纠正违约行为。发包人收到承包人通知后的28天内仍不履行合同义务，承包人有权暂停施工，并通知监理人，发包人应承担由此增加的费用和（或）工期延误，并支付承包人合理利润。

承包人暂停施工28天后，发包人仍不纠正违约行为，承包人可向发包人发出解除合同通知。但承包人的这一行为不免除发包人承担的违约责任，也不影响承包人根据合同约定享有的索赔权利。

(2) 违约解除合同。属于发包人不履行或无力履行义务的情况，承包人可书面通知发包人解除合同。

3. 因发包人违约解除合同

(1) 解除合同后的结算。发包人应在解除合同后28天内向承包人支付下列金额：

1) 合同解除日以前所完成工作的价款。

2) 承包人为该工程施工订购并已付款的材料、工程设备和其他物品的金额。发包人付款后，该材料、工程设备和其他物品归发包人所有。

3) 承包人为完成工程所发生的，而发包人未支付的金额。

4) 承包人撤离施工场地以及遣散承包人人员的赔偿金额。

5) 由于解除合同应赔偿的承包人损失。

6) 按合同约定在合同解除日前应支付给承包人的其他金额。

发包人应按本项约定支付上述金额并退还质量保证金和履约担保，但有权要求承包人支付应偿还给发包人的各项金额。

(2) 承包人撤离施工现场。因发包人违约而解除合同后，承包人尽快完成施工现场的清理工作，妥善做好已竣工工程和已购材料、设备的保护和移交工作，按发包人要求将承包人设备和人员撤出施工场地。

第九节　索　　赔

一、索赔的概念

索赔是在经济活动中，合同当事人一方因对方违约，或其他过错，或无法防止的外因而受到损失时，要求对方给予赔偿或补偿的活动。

在施工项目合同管理中的施工索赔，一般是指承包商（或分包商）向业主（或总承包商）提出的索赔，而把业主（或总承包商）向承包商（或分包商）提出的索赔称为反索赔，广义上统称索赔。

施工索赔是承包商由于非自身原因，发生合同规定之外的额外工作或损失时，向业主提出费用或时间补偿要求的活动。

二、索赔的分类

施工索赔的分类见表5-2。

表5-2　　施工索赔的分类

分类标准	索赔类别	说　　明
按索赔的目的分	工期延长索赔	由于非承包商方面的原因造成工程延期时，承包商向业主提出的推迟竣工日期的索赔
	费用损失索赔	承包商向业主提出的，要求补偿因索赔事件发生而引起的额外开支和费用损失的索赔
按索赔的原因分	延期索赔	由于业主原因不能按原定计划的时间进行施工所引起的索赔。主要有：发包人未按照约定的时间和要求提供材料设备、场地、资金、技术资料，或设计图纸的错误和遗漏等原因引起停工、窝工
	工程变更索赔	由于对合同中规定施工工作范围的变化而引起的索赔。主要是由于发包人或监理工程师提出的工程变更，由承包人提出但经发包人或监理工程师同意的工程变更；设计变更或设计错误、遗漏，导致工程变更，工作范围改变
	施工加速索赔（又称赶工索赔、劳动生产率损失索赔）	如果业主要求比合同规定工期提前，或因前段的工程拖期，要求后一阶段弥补已经损失工期，使整个工程按期完工，需加快施工速度而引起的索赔。一般是延期或工程变更索赔的结果。 施工加速应考虑加班工资、提供额外监管人员、雇用额外劳动力、采用额外设备、改变施工方法造成现场拥挤、疲劳作业等使劳动生产率降低
	不利现场条件索赔	因合同的图纸和技术规范中所描述的条件与实际情况有实质性不同，或合同中未作描述，但发生的情况是一个有经验的承包商无法预料的时候，所引起的索赔。如复杂的现场水文地质条件或隐藏的不可知的地面条件等
按索赔的合同依据分	合同内索赔	索赔依据可在合同条款中找到明文规定的索赔。这类索赔争议少，监理工程师即可全权处理
	合同外索赔	索赔权利在合同条款内很难找到直接依据，但可来自普通法律，承包商需有丰富的索赔经验方能实现。索赔表现多为违约或违反担保造成的损害。此项索赔由业主决定是否索赔、监理工程师无权决定
	道义索赔	承包商对标价估计不足，虽然圆满完成了合同规定的施工任务，但期间由于克服了巨大困难而蒙受了重大损失，为此向业主寻求优惠性质的额外付款。这是以道义为基础的索赔，既无合同依据，又无法律依据。这类索赔监理工程师无权决定，只是在业主通情达理，出于同情时才会超越合同条款给予承包商一定的经济补偿
按索赔的处理方式分		在一项索赔事件发生时或发生后的有效期间内，立即进行的索赔。索赔原因单一、责任单一、处理容易
		承包商在竣工之前，就施工中未解决的单项索赔，综合起来提出的总索赔。总索赔中的各单项索赔常常是因为较复杂而遗留下来的，加之各单项索赔事件相互影响，使总索赔处理难度大，金额也大

三、索赔的程序

（一）承包人的索赔

1. 承包人提出索赔

承包人根据合同认为有权得到追加付款和（或）延长工期时，应按规定程序向发包人提出索赔。

承包人应在引起索赔事件发生的后 28 天内，向监理人递交索赔意向通知书，并说明发生索赔事件的事由。承包人未在前述 28 天内发出索赔意向通知书，丧失要求追加付款和（或）延长工期的权利。

承包人应在发出索赔意向通知书后 28 天内，向监理人递交正式的索赔通知书，详细说明索赔理由以及要求追加的付款金额和（或）延长的工期，并附必要的记录和证明材料。

对于具有持续影响的索赔事件，承包人应按合理时间间隔陆续递交延续的索赔通知，说明连续影响的实际情况和记录，列出累计的追加付款金额和（或）工期延长天数。在索赔事件影响结束后的 28 天内，承包人应向监理人递交最终索赔通知书，说明最终要求索赔的追加付款金额和延长的工期，并附必要的记录和证明材料。

2. 监理人处理索赔

监理人收到承包人提交的索赔通知书后，应及时审查索赔通知书的内容、查验承包人的记录和证明材料，必要时监理人可要求承包人提交全部原始记录副本。

监理人首先应争取通过与发包人和承包人协商达成索赔处理的一致意见，如果分歧较大，再单独确定追加的付款和（或）延长的工期。监理人应在收到索赔通知书或有关索赔的进一步证明材料后的 42 天内，将索赔处理结果答复承包人。

承包人接受索赔处理结果，发包人应在做出索赔处理结果答复后 28 天内完成赔付。承包人不接受索赔处理结果的，按合同争议解决。

3. 承包人提出索赔的期限

竣工阶段发包人接受了承包人提交并经监理人签认的竣工付款证书后，承包人不能再对施工阶段、竣工阶段的事项提出索赔要求。

缺陷责任期满承包人提交的最终结清申请单中，只限于提出工程接收证书颁发后发生的索赔。提出索赔的期限至发包人接受最终结清证书时止，即合同终止后承包人就失去索赔的权利。

4. 承包人补偿的条款标准

标准施工合同中涉及应给承包人补偿的条款标准施工合同通用条款中，可以给承包人补偿的条款见表 5－3。

表 5－3　标准施工合同中应给承包人补偿的条款

序号	款号	主要内容	可补偿内容		
			工期	费用	利润
1	1.10.1	文物、化石	√	√	
2	3.4.6	监理人的指示延误或错误指示	√	√	√
3	4.11.2	不利的物质条件	√	√	
4	5.2.4	发包人提供的材料和工程设备提前交货		√	
5	5.4.3	发包人提供的材料和工程设备不符合合同要求	√	√	√
6	8.3	基准资料的错误	√	√	√
7	11.3（1）	增加合同工作内容	√	√	√
8	（2）	改变合同中任何一项工作的质量要求或其他特性	√	√	√

续表

序号	款号	主 要 内 容	可补偿内容		
			工期	费用	利润
9	(3)	发包人延迟提供材料、工程设备或变更交货地点	√	√	√
10	(4)	因发包人原因导致的暂停施工	√	√	√
11	(5)	提供图纸延误	√	√	√
12	(6)	未按合同约定及时支付预付款、进度款	√	√	√
13	11.4	异常恶劣的气候条件	√		
14	12.2	发包人原因的暂停施工	√	√	√
15	12.4.2	发包人原因无法按时复工	√	√	√
16	13.1.3	发包人原因导致工程质量缺陷	√	√	√
17	13.5.3	隐蔽工程重新检验质量合格	√	√	√
18	13.6.2	发包人提供的材料和设备不合格承包人采取补救	√	√	√
19	14.1.3	对材料或设备的重新试验或检验证明质量合格	√	√	√
20	16.1	附加浮动引起的价格调整		√	
21	16.2	法规变化一起的价格调整		√	
22	18.4.2	发包人提前占用工程导致承包人费用增加	√	√	√
23	18.6.2	发包人原因，试运行失败，承包人修复		√	√
24	22.2.2	因发包人违约承包人暂停施工	√	√	√
25	21.3 (4)	不可抗力停工期间的照管和后续清理		√	
26	(5)	不可抗力不能按期竣工	√		

（二）发包人的索赔

1. 发包人提出索赔

发包人的索赔包括承包人应承担责任的赔偿扣款和缺陷责任期的延长。发生索赔事件后，监理人应及时书面通知承包人，详细说明发包人有权得到的索赔金额和（或）延长缺陷责任期的细节和依据。发包人提出索赔的期限对承包人的要求相同，即颁发工程接收证书后，不能再对施工期间的事件索赔；最终结清证书生效后，不能再就缺陷责任期内的事件索赔，因此延长缺陷责任期的通知应在缺陷责任期届满前提出。

2. 监理人处理索赔

监理人也应首先通过与当事人双方协商争取达成一致，分歧较大时在协商基础上确定索赔的金额和缺陷责任期延长的时间。承包人应付给发包人的赔偿款从应支付给承包人的合同价款或质量保证金内扣除，也可以由承包人以其他方式支付。

承包商提出的索赔处理程序如图 5-2 所示。

四、索赔的计算

（一）工期索赔的计算

工期索赔的目的是取得业主对于合理延长工期的合法性的确认。在施工过程中，许多

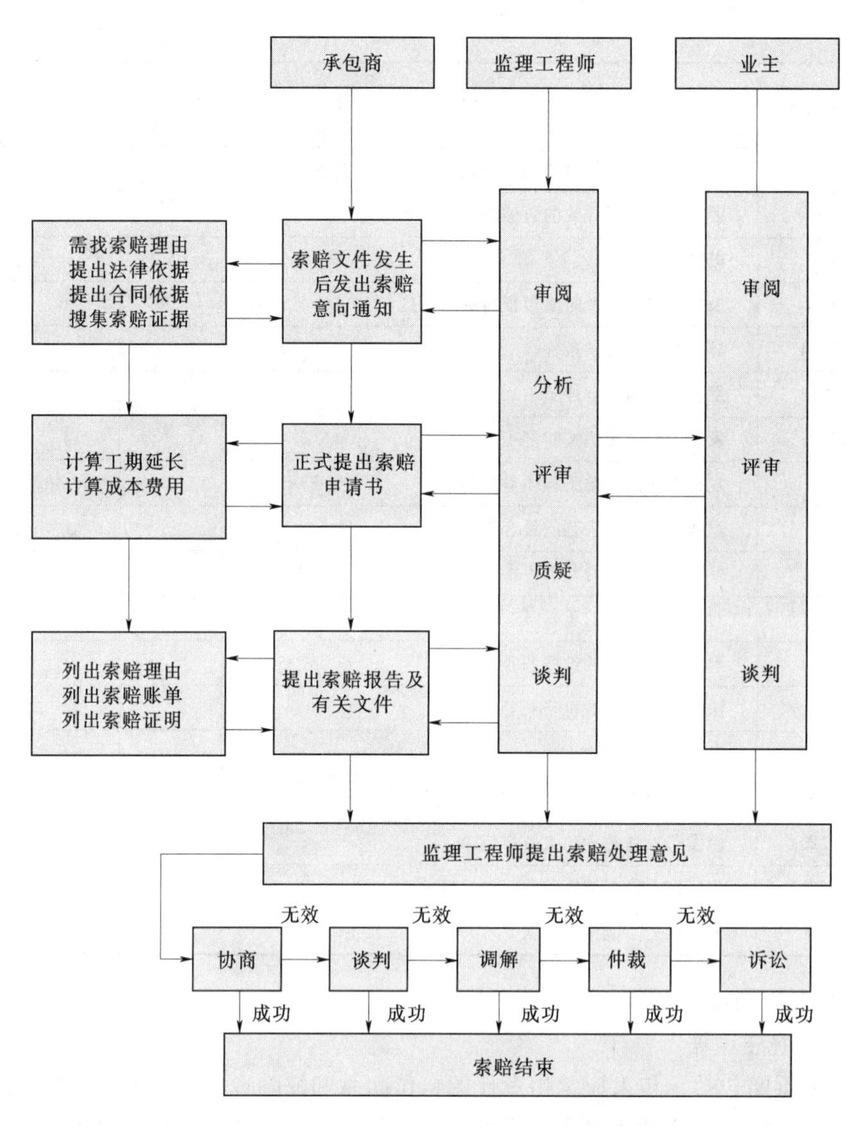

图 5-2　施工索赔程序

原因都可能导致工期拖延，但只有在某些情况下才能进行工期索赔，见表 5-4。

表 5-4　　工期拖延与索赔处理

种　类	原因责任者	处　理
可原谅不补偿延期	责任不在任何一方，如不可抗力、恶性自然灾害	工期索赔
可原谅应补偿延期	业主违约，非关键线路上工期延期引起费用损失	费用索赔
	业主违约导致整个工期延期	工期及费用索赔
不可原谅延期	承包商违约，导致整个工程延期	承包商承担违约补偿并承担违约后业主要求加快施工或终止合同所引起的一切经济损失

在工期索赔中，首先要确定索赔事件发生对施工活动的影响及引起的变化，然后再分析施工活动变化对总工期的影响。

常用的计算索赔工期的方法有：

1. 网络分析法

网络分析法是通过分析索赔事件发生前后网络计划工期的差异计算索赔工期的。这是一种科学合理的计算方法，适用于各类工期索赔。

2. 对比分析法

对比分析法比较简单，适用于索赔事件仅影响单位工程，或分部分项工程的工期，需由此而计算对总工期的影响。计算公式为

$$总工期索赔=原合同总工期\times\frac{额外或新增工程量价格}{原合同总价}$$

3. 劳动生产率降低计算法

在索赔事件干扰正常施工导致劳动生产率降低，而使工期拖延时，计算索赔工期的公式为

$$索赔工期=计划工期\times\frac{预期劳动生产率-实际劳动生产率}{预期劳动生产率}$$

4. 简单加总法

在施工过程中，由于恶劣气候、停电、停水及意外风险造成全面停工而导致工期拖延时，可以一一列举各种原因引起的停工天数，累加结果，即可作为索赔天数。

应该注意的是，由多项索赔事件引起的总工期索赔，不可以用各单项工期索赔天数简单相加，最好用网络分析法计算索赔工期。

（二）费用索赔及计算

1. 费用索赔及其费用项目构成

费用索赔是施工索赔的主要内容。承包商通过费用索赔要求业主对索赔事件引起的直接损失和间接损失给予合理的经济补偿。

计算索赔额时，一般是先计算与事件有关的直接费，然后计算应摊到的管理费。费用项目构成、计算方法与合同报价中基本相同，但具体的费用构成内容却因索赔事件性质不同而有所不同。表5-5中列出了工期延长、业主指令工程加速、工程中断、工程量增加和附加工程等类型索赔事件的可能费用损失项目的构成及其示例。

表5-5　索赔事件的费用项目构成示例

索赔事件	可能的费用损失项目	示　　例
工期延长	（1）人工费增加 （2）材料费增加 （3）现场施工机械设备停置费 （4）现场管理费增加 （5）因工期延长和通货膨胀使原工程成本增加 （6）相应保险费、保函费用增加 （7）分包商索赔 （8）总部管理费分摊 （9）推迟支付引起的兑换率损失 （10）银行手续费和利息支出	（1）包括工资上涨，现场停工、窝工，生产效率降低，不合理使用劳动力的损失 （2）因工期延长，材料价格上涨 （3）设备因延期所引起的折旧费、保养费或租赁费 （4）包括现场管理人员的工资及其附加支出，生活补贴，现场办公设施支出，交通费用等 （5）分包商因延期向承包商提出的费用索赔 （6）因延期造成公司总部管理费增加 （7）工程延期引起支付延迟

续表

索赔事件	可能的费用损失项目	示　例
业主指令工程加速	(1) 人工费增加 (2) 材料费增加 (3) 机械使用费增加 (4) 因加速增加现场管理人员的费用 (5) 总部管理费增加 (6) 资金成本增加	(1) 因业主指令工程加速造成增加劳动力投入，不经济地使用劳动力，生产率降低和损失等 (2) 不经济地使用材料，材料提前交货的费用补偿，材料运输费增加 (3) 增加机械投入，不经济地使用机械 (4) 费用增加和支出提前引起负现金流所支付的利息
工程中断	(1) 人工费 (2) 机械使用费 (3) 保函、保险费、银行手续费 (4) 贷款利息 (5) 总部管理费 (6) 其他额外费用	(1) 如留守人员工资，人员的遣返和重新招募雇费，对工人的赔偿金等 (2) 如设备停置费，额外的进出场费，租赁机械的费用损失等 (3) 如停工、复工所产生的额外费用，工地重新整理费用等
工程量增加或附加工程	(1) 工程量增加所引起的索赔额，其构成与合同报价组成相似 (2) 附加工程的索赔额，其构成与合同报价组成相似	(1) 如工程量增加小于合同总额的5%，为合同规定的承包商承担的风险，不予赔偿 (2) 工程量增加超过合同规定的范围（如合同额的15%～20%），承包商可要求调整单价，否则合同单价不变

2. 费用索赔额的计算

(1) 总索赔额的计算方法。

1) 总费用法。总费用法是以承包商的额外增加成本为基础，加上管理费、利息及利润作为总索赔值的计算方法。这种方法要求原合同总费用计算准确，承包商报价合理，并且在施工过程中没有任何失误，合同总成本超支均为非承包商原因所致等条件，这一般在实践中是不可能的，因而应用较少。

2) 分项法。分项法是先对每个引起损失的索赔事件和各费用项目单独分析计算，最终求和。这种方法能反映实际情况，清晰合理，虽然计算复杂，但仍被广泛采用。

(2) 人工费索赔额的计算方法。计算各项索赔费用的方法与工程报价时的计算方法基本相同，不再多叙。但其中人工费索赔额计算有两种情况，分述如下：

1) 由增加或损失工时计算。额外劳务人员雇用、加班人工费索赔额＝增加工时×投标时人工单价；闲置人员人工费索赔额＝闲置工时×投标时人工单价×折扣系数（一般为0.75）。

2) 由劳动生产率降低额外支出人工费的索赔计算。

(3) 实际成本和预算成本比较法。这种方法是用受干扰后的实际成本与合同中的预算成本比较，计算出由于劳动效率降低造成的损失金额。计算时需要详细的施工记录和合理的估价体系，只要两种成本的计算准确，而且成本增加确系业主原因时，索赔成功的把握性很大。

(4) 正常施工期与受影响施工期比较法。这种方法是分别计算出正常施工期内和受干扰时施工期内的平均劳动生产率，求出劳动生产率降低值，而后求出索赔额。其计算公

式为

$$人工索赔额=相应人工单价\times\frac{计划工时\times劳动生产率降低值}{正常情况下平均劳动生产率}$$

（5）费用索赔中管理费的分摊办法。

1）公司管理费索赔计算。公司管理费索赔一般用 Eichleay 法，它得名于 Eichleay 公司一桩成功的索赔案例。

2）日费率分摊法。在延期索赔中采用，计算公式为

$$延期合同应分摊的管理费(A)=同期公司总计划管理费\times\frac{延期合同额}{同时期公司所有合同额之和}$$

单位时间（日或周）管理费率$(B)=(A)/$计划合同期（日或周）

$$管理费索赔值(C)=(B)\times延期时间（日或周）$$

3）总直接费分摊法。在工作范围变更索赔中采用，计算公式为

$$被索赔合同应分摊的管理费(A_1)=同期公司计划管理费\times\frac{被索赔合同原计划直接费}{同时期公司所有合同直接费总和}$$

每元直接费包含管理费率$(B_1)=(A_1)/$被索赔合同原计划直接费

$$应索赔的公司管理费(C_1)=(B_1)\times工作范围变更索赔的直接费$$

4）分摊基础法。这种方法是将管理费支出按用途分成若干分项，并规定了相应的分摊基础，分别计算出各分项的管理费索赔额，加总后即为公司管理费总索赔额，其计算结果精确，但比较繁琐，实践中应用较少，仅用于风险高的大型项目。表 5－6 列举了管理费各构成项目的分摊基础。

表 5－6　　管理费的不同分摊基础

管理费分项	分摊基础	管理费分项	分摊基础
管理人员工资及有关费用	直接人工工时	机械设备配件及各种供应	机械工作时间
固定资产使用费	总直接费	材料的采购	直接材料费
利息支出	总直接费		

5）现场管理费索赔计算。现场管理费又称工地管理费。一般占工程直接成本的8%～15%。其索赔值用下式计算：

$$现场管理费索赔值=索赔的直接成本费\times现场管理费率$$

现场管理费率的确定可选用下面的方法：①合同百分比法：按合同中规定的现场管理费率；②行业平均水平法：选用公开认可的行业标准现场管理费率；③原始估价法：采用承包时、报价时确定的现场管理费率；④历史数据法：采用以往相似工程的现场管理费率。

【案例 5－3】　某单价合同工程索赔

【案例正文】某市政府投资新建一所学校，工程内容包括办公楼、教学楼、实验室、体育馆等。招标文件的工程量清单表中，招标人给出了材料暂估价，承发包双方按《建设工程工程量清单计价规范》（GB 50500—2008）以及《标准施工招标文件》签订了施工承包合同。合同规定，国内《标准施工招标文件》不包括的工程索赔内容，执行 FIDIC 合

同条件的规定。

工程实施过程中，发生了如下事件：

事件1：招标截止日期前15天，该市工程造价管理部门发布了人工单价及规费调整的有关文件。

事件2：分部分项工程量清单中，天平吊顶的项目特征说明中龙骨规格、中距与设计图纸要求不一致。

事件3：按实际施工图纸施工的基础土方工程量与招标人工程量清单表中基础土方工程量发生较大的偏差。

事件4：主体结构施工阶段遇到强台风，特大暴雨，造成施工现场部分脚手架倒塌，损坏了部分已完工程、施工现场承发包双方办公用房和施工设备、运到施工现场待安装的一台电梯。事后，承包方及时按照发包方要求清理现场，恢复施工，重建承发包双方现场办公用房，发包方还要求承包方采取措施，确保按原工期完成。

上述事件发生后，承包方及时对可索赔事件提出了索赔。

【问题】

1. 投标人对设计材料暂估价的分部分项进行投标报价，以及该项目工程造价款的调整有哪些规定？

2. 根据《建设工程工程量清单计价规范》（GB 50500—2008）分别指出对事件1、事件2、事件3应如何处理，并说明理由。

3. 在事件4中，承包方可提出哪些损失和费用的索赔？

【案例解析】

【问题1】报价时对材料暂估价应进入分部分项综合单价，计入分部分项工程费用。材料暂估价在工程价款调整时，如需依法招标的，由发包人和承包人以招标方式确定供应商或分包人；不需要招标的，由发包人提供，发包人确认。中标或确认的金额与工程量清单中的材料暂估价的金额差以及相应的税金等其他费用列入合同价格。

【问题2】在事件1中，人工单价和规费调整在工程结算中予以调整。因为报价以投标截止日期前28天为基准日，其后的政策性人工单价和规费调整，不属于承包人的风险，在结算中予以调整。

在事件2中，清单项目特征说明与图纸不符，报价时按清单项目特征说明确定投标报价综合单价，结算时由投标人根据实际施工的项目特征，依据合同约定重新确定综合单价。

在事件3中，挖基础土方工程量的偏差，为招标人应承担的风险。《建设工程工程量清单计价规范》规定：采用工程量清单方式招标，工程量清单必须作为招标文件的组成部分，其准确性和完整性由招标人负责。

【问题3】在事件4中，承包方可提出如下索赔：部分已完工程损坏修复费、发包人办公用房重建费、已运至现场待安装电梯的损坏修复费、现场清理费，以及承包方采取措施确保按原工期完成的赶工费。

第十节 评 审

一、争议调解组的组成

业主和承包商在签订协议书后，应共同协商成立争议调解组。该组一般由3或5名有合同管理和工程实践经验的专家组成，其中2或4名组员可由合同双方各提1或2名，并征得另一方同意，组长可由2或4名组员协商推荐并征得合同双方同意，或由业主与承包商共同协商后直接聘请。若双方未能就聘请专家达成一致，亦可请政府主管部门推荐或通过行业合同争议调解机构聘请。合同双方应在签订合同时商定人选，并在工程开工后正式成立争议调解组，与专家签订协议，至合同终止时解聘。

二、争议的评审程序

争议的评审程序，如图5-3所示。

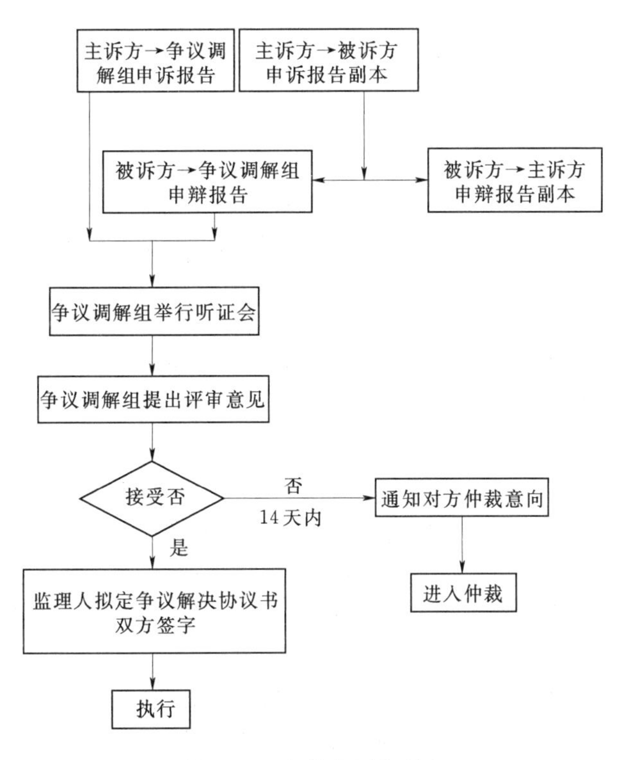

图5-3 争议的评审程序

(1) 主诉方向争议调解组提交申诉报告，并将报告副本提交给被诉方。

(2) 被诉方收到申诉报告后28天内，向争议调解组提交申辩报告，同时将报告副本提交主诉方。

(3) 争议调解组接到双方报告后14天内，邀请双方和监理人等有关人员举行听证会。

(4) 听证会结束后14天内，争议调解组进行评审，提出评审意见，交业主和承包商，并抄送监理人。

(5) 若双方都接受评审意见，则由监理人按评审意见拟定一份争议解决议定书，经双方签字后执行；若双方或任一方不接受评审意见，则可在收到评审意见后14天内，将仲裁意向通知对方，并抄送监理人。

【案例5-4】 某公路工程合同争议

（一）工程概况

一条沥青混凝土公路工程实行招标承包施工。公路总长度121km，工作范围包括旧公路两侧树木砍伐，旧路基移迁清理，新旧涵洞的建设与修复，新路基的修筑，沥青混凝土路面的浇筑，通过城区道路两侧排水建筑物的修建，交通标志牌的制作与设立，道路标志画线，以及交叉路口的建设等等。中标合同额为3848万美元，工期4年。

本工程项目的设计咨询公司负责公路工程的设计及施工咨询（监理）工作，由意大利和英国的两家外国公司及业主国的一家设计咨询公司组成联合体，共同完成设计和施工监理任务。中标承担施工任务是中国的一个著名国际工程公司。

（二）项目特点和难点

项目实施中最突出的难点是：由于该公路系重要交通干线、业主要求承包商采取边施工、边使用的方式，建好一段就开放交通一段。由于过往车辆交通流量大，许多车辆又大量超载，致使最早开放的一段42km长的道路投入运行不久便出现路面大面积开裂，问题严重。

咨询（监理）工程师进行初步勘察后，决定承包商暂停施工，从而形成了严重的合同争端，业主开始追究承包商的合同责任，而承包商认为自己的施工过程完全符合合同文件的要求。

（三）合同争端的解决

作为一个有国际工程承包施工丰富经验的承包商，面对这一突发的合同纠纷，采取了周密而全面的对策。①成立了“42km路段路面开裂问题解决小组”，由项目经理牵头负责，作为项目组当前最重要的工作来抓；②安排专人对停工的资源使用及闲置情况，以及相关财务开支做详细记录，以备日后索赔之用；③立即转移主要施工设备和人力，开始另一段公路的土方和基层的施工，以避免资源的闲置和浪费；④主动与咨询工程师沟通，向他们明确指出：此公路的设计工作是10年前完成的。10年来，交通流量增长很快，过往运输车严重超载，从而导致路面破坏，这并不是承包商的施工质量问题，而是设计上的问题。

鉴于业主、咨询工程师和承包商之间的意见分歧甚大，经协商一致，同意聘请第三国的专家来做现场调查评判，进行考察实验并提出报告，作为理论依据。1998年2月，美国公路专家、密执安大学教授到达现场，经过1周的调查工作，提出了事故分析报告。

报告指出，沥青混凝土路面的破坏，根本原因是设计不足，无法满足现有交通荷载，过早开放交通也是公路受损原因之一。报告建议：①承包商负责移除和重建破坏严重的3km路段，并对其他路面进行修补；②42km路段全线加厚7cm沥青路面，以达到设计要求，加厚的费用由业主承担。

根据美国公路专家的调查报告，业主、工程师和承包商通过讨论达成一致意见：加厚7cm路面的费用由业主负责；承包商承担移除3km沥青路面的费用。由于路面加厚是一项新增加的额外工作（Extra Work），需要重新确定单价。

合同争端解决后，承包商继续按合同施工，在工期和质量方面均满足合同要求，最后被授予“最佳质量工程”的称号，并创造了比较好的经济效益。

第十一节　竣工和缺陷责任期的合同管理

一、竣工验收管理

（一）单位工程验收

1. 单位工程验收的情况

合同工程全部完工前进行单位工程验收和移交，可能涉及以下三种情况：①专用条款内约定了某些单位工程分部移交；②发包人在全部工程竣工前希望使用已经竣工的单位工程，提出单位工程提前移交的要求，以便获得部分工程的运行收益；③承包人从后续施工管理的角度出发而提出单位工程提前验收的建议，并经发包人同意。

2. 单位工程验收后的管理

验收合格后，由监理人向承包人出具经发包人签认的单位工程验收证书。单位工程的验收成果和结论作为全部工程竣工验收申请报告的附件。移交后的单位工程由发包人负责照管。

除了合同约定的单位工程分部移交的情况外，如果发包人在全部工程竣工前，使用已接收的单位工程影响了承包人的后续施工，发包人应承担由此增加的费用和（或）工期延误，并支付承包人合理利润。

（二）施工期运行

施工期运行是指合同工程尚未全部竣工，其中某项或某几项单位工程已竣工或工程设备安装完毕，需要投入施工期的运行时，须经检验合格能确保安全后，才能在施工期投入运行。

除了专用条款约定由发包人负责试运行的情况外，承包人应负责提供试运行所需的人员、器材和必要的条件，并承担全部试运行费用。施工期运行中发现工程或工程设备损坏或存在缺陷时，由承包人进行修复，并按照缺陷原因由责任方承担相应的费用。

（三）合同工程的竣工验收

1. 承包人提交竣工验收申请报告

当工程具备以下条件时，承包人可向监理人报送竣工验收申请报告：

（1）除监理人同意列入缺陷责任期内完成的尾工（甩项）工程和缺陷修补工作外，承包人的施工已完成合同范围内的全部单位工程以及有关工作，包括合同要求的试验、试运行以及检验和验收均已完成，并符合合同要求。

（2）已按合同约定的内容和份数备齐了符合要求的竣工资料。

（3）已按监理人的要求编制了在缺陷责任期内完成的尾工（甩项）工程和缺陷修补工作清单以及相应施工计划。

（4）监理人要求在竣工验收前应完成的其他工作。

（5）监理人要求提交的竣工验收资料清单。

2. 监理人审查竣工验收报告

监理人审查申请报告的各项内容，认为工程尚不具备竣工验收条件时，应在收到竣工验收申请报告后的28天内通知承包人，指出在颁发接收证书前承包人还需进行的工作内容。承包人完成监理人通知的全部工作内容后，应再次提交竣工验收申请报告，直至监理人同意为止。

监理人审查后认为已具备竣工验收条件，应在收到竣工验收申请报告后的28天内提请发包人进行工程验收。

3. 竣工验收

（1）竣工验收合格，监理人应在收到竣工验收申请报告后的56天内，向承包人出具经发包人签认的工程接收证书。以承包人提交竣工验收申请报告的日期为实际竣工日期，并在工程接收证书中写明。实际竣工日用以计算施工期限，与合同工期对照判定承包人是提前竣工还是延误竣工。

（2）竣工验收基本合格但提出了需要整修和完善要求时，监理人应指示承包人限期修好，并缓发工程接收证书。经监理人复查整修和完善工作达到了要求，再签发工程接收证书，竣工日仍为承包人提交竣工验收申请报告的日期。

（3）竣工验收不合格，监理人应按照验收意见发出指示，要求承包人对不合格工程认真返工重做或进行补救处理，并承担由此产生的费用。承包人在完成不合格工程的返工重做或补救工作后，应重新提交竣工验收申请报告。重新验收如果合格，则工程接收证书中注明的实际竣工日，应为承包人重新提交竣工验收报告的日期。

4. 延误进行竣工验收

发包人在收到承包人竣工验收申请报告56天后未进行验收，视为验收合格。实际竣工日期以提交竣工验收申请报告的日期为准，但发包人由于不可抗力不能进行验收的情况除外。

（四）竣工结算

1. 承包人提交竣工付款申请单

工程进度款的分期支付是阶段性的临时支付，因此在工程接收证书颁发后，承包人应按专用合同条款约定的份数和期限向监理人提交竣工付款申请单，并提供相关证明材料。付款申请单应说明竣工结算的合同总价、发包人已支付承包人的工程价款、应扣留的质量保证金、应支付的竣工付款金额。

2. 监理人审查

竣工结算的合同价格，应为通过单价乘以实际完成工程量的单价子目款、采用固定价格的各子项目包干价、依据合同条款进行调整（变更、索赔、物价浮动调整等）构成的最终合同结算价。

监理人对竣工付款申请单如果有异议，有权要求承包人进行修正和提供补充资料。监理人和承包人协商后，由承包人向监理人提交修正后的竣工付款申请单。

3. 签发竣工付款证书

监理人在收到承包人提交的竣工付款申请单后的14天内完成核查，将核定的合同价格和结算尾款金额提交发包人审核并抄送承包人。发包人应在收到后14天内审核完毕，由监理人向承包人出具经发包人签认的竣工付款证书。

监理人未在约定时间内核查，又未提出具体意见的，视为承包人提交的竣工付款申请单已经监理人核查同意。

发包人未在约定时间内审核又未提出具体意见，监理人提出发包人到期应支付给承包人的结算尾款视为已经发包人同意。

4. 支付

发包人应在监理人出具竣工付款证书后的 14 天内，将应支付款支付给承包人。发包人不按期支付，还应加付逾期付款的违约金。如果承包人对发包人签认的竣工付款证书有异议，发包人可出具竣工付款申请单中承包人已同意部分的临时付款证书，存在争议的部分，按合同约定的争议条款处理。

（五）竣工清场

1. 承包人的清场义务

工程接收证书颁发后，承包人应对施工场地进行清理，直至监理人检验合格为止。

（1）施工场地内残留的垃圾已全部清除出场。

（2）临时工程已拆除，场地已按合同要求进行清理、平整或复原。

（3）按合同约定应撤离的承包人设备和剩余的材料，包括废弃的施工设备和材料，已按计划撤离施工场地。

（4）工程建筑物周边及其附近道路、河道的施工堆积物，已按监理人指示全部清理。

（5）监理人指示的其他场地清理工作已全部完成。

2. 承包人未按规定完成的责任

承包人未按监理人的要求恢复临时占地，或者场地清理未达到合同约定，发包人有权委托其他人恢复或清理，所发生的金额从拟支付给承包人的款项中扣除。

二、缺陷责任期管理

（一）缺陷责任

缺陷责任期自实际竣工日期起计算。在全部工程竣工验收前，已经发包人提前验收的单位工程，其缺陷责任期的起算日期相应提前。

工程移交发包人运行后，缺陷责任期内出现的工程质量缺陷可能是承包人的施工质量原因，也可能属于非承包人应负责的原因导致。应由监理人与发包人和承包人共同查明原因，分清责任。对于工程主要部位承包人责任的缺陷工程修复后，缺陷责任期相应延长。

任何一项缺陷或损坏修复后，经检查证明其影响了工程或工程设备的使用性能，承包人应重新进行合同约定的试验和试运行，试验和试运行的全部费用应由责任方承担。

（二）监理人颁发缺陷责任终止证书

缺陷责任期满，包括延长的期限终止后 14 天内，由监理人向承包人出具经发包人签认的缺陷责任期终止证书，并退还剩余的质量保证金。颁发缺陷责任期终止证书，意味承包人已按合同约定完成了施工、竣工和缺陷修复责任的义务。

（三）最终结清

缺陷责任期终止证书签发后，发包人与承包人进行合同付款的最终结清。结清的内容涉及质量保证金的返还、缺陷责任期内修复非承包人缺陷责任的工作、缺陷责任期内涉及的索赔等。

1. 承包人提交最终结清申请单

承包人按专用合同条款约定的份数和期限向监理人提交最终结清申请单，并提供缺陷责任期内的索赔、质量保证金应返还的余额等的相关证明材料。如果质量保证金不足以抵减发包人损失时，承包人还应承担不足部分的赔偿责任。

发包人对最终结清申请单内容有异议时，有权要求承包人进行修正和提供补充资料。承包人再向监理人提交修正后的最终结清申请单。

2. 签发最终结清证书

监理人收到承包人提交的最终结清申请单后的14天内，提出发包人应支付给承包人的价款送发包人审核并抄送承包人。发包人应在收到后14天内审核完毕，由监理人向承包人出具经发包人签认的最终结清证书。

监理人未在约定时间内核查，又未提出具体意见，视为承包人提交的最终结清申请已经监理人核查同意。发包人未在约定时间内审核又未提出具体意见，监理人提出应支付给承包人的价款视为已经发包人同意。

3. 最终支付

发包人应在监理人出具最终结清证书后的14天内，将应支付款支付给承包人。发包人不按期支付，还需将逾期付款违约金支付给承包人。承包人对最终结清证书有异议，按合同争议处理。

4. 结清单生效

承包人收到发包人最终支付款后结清单生效。结清单生效即表明合同终止，承包人不再拥有索赔的权利。如果发包人未按时支付结清款，承包人仍可就此事项进行索赔。

第十二节　分包合同管理

一、施工分包合同概述

工程项目建设过程中，承包人会将承包范围内的部分工作采用分包形式交由其他企业完成，如设计分包、施工分包、材料设备供应的供货分包等。分包工程的施工，既是承包范围内必须完成的工作，又是分包合同约定的工作内容，涉及两个同时实施的合同，履行的管理更为复杂。在我国的相关法律中对分包做了相应规定。

二、施工的专业分包与劳务分包

（一）施工分包合同示范文本

承包人与发包人订立承包合同后，对某些专业性强的工程施工因为自己的施工能力有限而进行施工专业分包，或考虑减少本项目投入的人力资源以节省施工成本而进行施工劳务分包。原建设部和国家工商行政管理局联合颁布了《建设工程施工专业分包合同（示范文本）》（GF—2003—0213）和《建设工程施工劳务分包合同（示范文本）》（GF—2003—0214）。

施工专业分包合同由协议书、通用条款和专用条款三部分组成。由于施工劳务分包合同相对简单，仅为一个标准化的合同文件，对具体工程的分包约定采用填空的方式明确即可。

（二）施工专业分包与劳务分包的主要区别

施工专业分包由分包人独立承担分包工程的实施风险，用自己的技术、设备、人力资源完成承包的工作；施工劳务分包的分包人主要提供劳动力资源，使用常用（或简单）的自有施工机具完成承包人委托的简单施工任务。主要差异表现为以下几个方面条款的规定：

1. 分包人的收入

施工专业分包规定为分包合同价格，即分包人独立完成约定的施工任务后，有权获得的包括施工成本、管理成本、利润等全部收入；而施工劳务分包规定为劳务报酬，采用以下三种方式之一：

（1）固定劳务报酬（含管理费）。

（2）不同工种劳务的计时单价（含管理费），按确认的工时计算。

（3）约定不同工作成果的计件单价（含管理费），按确认的工程量计算。

通常情况下，不管约定为何种形式的劳务报酬，均为固定价格，施工过程中不再调整。

2. 保险责任

施工专业分包合同规定，分包人必须为从事危险作业的职工办理意外伤害保险，并为施工场地内自有人员生命财产和施工机械设备办理保险，支付保险费用；而劳务施工分包合同则规定，劳务分包人不需单独办理保险，其保险应获得的权益包括在发包人或承包人投保的工程险和第三者责任险中，分包人也不需支付保险费用。

3. 施工组织

施工专业分包合同规定，分包人应编制专业工程的施工组织设计和进度计划，报承包人批准后执行。承包人负责整个施工场地的管理工作，协调分包人与施工现场承包人的人员和其他分包人施工的交叉配合，确保分包人按照经批准的施工组织设计进行施工。

施工劳务分包合同规定，分包人不需编制单独的施工组织设计，而是根据承包人制定的施工组织设计和总进度计划的要求施工。劳务分包人在每月底提交下月施工计划和劳动力安排计划，经承包人批准后严格实施。

4. 分包人对施工质量承担责任的期限

施工专业分包工程通过竣工验收后，分包人对分包工程仍需承担质量缺陷的修复责任，缺陷责任期和保修期的期限按照施工总承包合同的约定执行。

劳务分包合同规定，全部工程竣工验收合格后，劳务分包人对其施工的工程质量不再承担责任，承包人承担缺陷责任期和保修期内的修复缺陷责任。

三、指定分包

1. 指定分包商的概念

指定分包商是由业主（或工程师）指定、选定，完成某项特定工作内容并与承包商签订分包合同的特殊分包商。合同条款规定，业主有权将部分工程项目的施工任务或涉及提供材料、设备、服务等工作内容发包给指定分包商实施。

合同内规定有承担施工任务的指定分包商，大多因业主在招标阶段划分合同包时，考虑到某部分施工的工作内容有较强的专业技术要求，一般承包单位不具备相应的能力，但如果以一个单独的合同对待又限于现场的施工条件或合同管理的复杂性，工程师无法合理地进行协调管理，为避免各独立合同之间的干扰，则只能将这部分工作发包给指定分包商实施。由于指定分包商是与承包商签订分包合同，因而在合同关系和管理关系方面与一般分包商处于同等地位，对其施工过程中的监督、协调工作纳入承包商的管理之中。指定分包工作内容可能包括部分工程的施工；供应工程所需的货物、材料、设备；设计；提供技术服务等。

2. 指定分包商的特点

虽然指定分包商与一般分包商处于相同的合同地位，但两者并不完全一致，主要差异体现在以下几个方面：

(1) 选择分包单位的权利不同。承担指定分包工作任务的单位由业主或工程师选定，而一般分包商则由承包商选择。

(2) 分包合同的工作内容不同。指定分包工作属于承包商无力完成，不属于合同约定应由承包商必须完成范围之内的工作，即承包商投标报价时没有摊入间接费、管理费、利润、税金的工作，因此不损害承包商的合法权益。而一般分包商的工作则为承包商承包工作范围的一部分。

(3) 工程款的支付开支项目不同。为了不损害承包商的利益，给指定分包商的付款应从暂列金额内开支。而对一般分包商的付款，则从工程量清单中相应工作内容项内支付。由于业主选定的指定分包商要与承包商签订分包合同，并需指派专职人员负责施工过程中的监督、协调、管理工作，因此也应在分包合同内具体约定双方的权利和义务，明确收取分包管理费的标准和方法。如果施工中需要指定分包商，在招标文件中应给予较详细说明，承包商在投标书中填写收取分包合同价的某一百分比作为协调管理费。该费用包括现场管理费、公司管理费和利润。

(4) 业主对分包商利益的保护不同。尽管指定分包商与承包商签订分包合同后，按照权利义务关系他直接对承包商负责，但由于指定分包商终究是业主选定的，而且其工程款的支付从暂列金额内开支，因此，在合同条件内列有保护指定分包商的条款。通用条件规定，承包商在每个月末报送工程进度款支付报表时，工程师有权要求他出示以前已按指定分包合同给指定分包商付款的证明。如果承包商没有合法理由而扣押了指定分包商上个月应得工程款的话，业主有权按工程师出具的证明从本月应得款内扣除这笔金额直接付给指定分包商。对于一般分包商则无此类规定，业主和工程师不介入一般分包合同履行的监督。

(5) 承包商对分包商违约行为承担责任的范围不同。除非由于承包商向指定分包商发布了错误的指示要承担责任外，对指定分包商的任何违约行为给业主或第三者造成损害而导致索赔或诉讼，承包商不承担责任。如果一般分包商有违约行为，业主将其视为承包商的违约行为，按照主合同的规定追究承包商的责任。

3. 指定分包商的选择

特殊专项工作的实施要求指定分包商拥有某方面的专业技术或专门的施工设备、独特的施工方法。业主和工程师往往根据所积累的资料、信息，也可能依据以前与之交往的经验，对其信誉、技术能力、财务能力等比较了解，通过议标方式选择。若没有理想的合作者，也可以就这部分承包商不善于实施的工作内容，采用招标方式选择指定分包商。

某项工作将由指定分包商负责实施是招标文件规定，并已由承包商在投标时认可，因此他不能反对该项工作由指定分包商完成，并负责协调管理工作。但业主必须保护承包商合法利益不受侵害是选择指定分包商的基本原则，因此当承包商有合法理由时，有权拒绝某一单位作为指定分包商。为了保证工程施工的顺利进行，业主选择指定分包商应首先征求承包商的意见，不能强行要求承包商接受他有理由反对的，或是拒绝与承包商签订保障承包商利益不受损害的分包合同的指定分包商。

思　考　题

1. 在工程项目施工合同中，变更应遵循什么程序？
2. 施工合同履行不当时，承担违约责任的形式有哪些？
3. 何为索赔？索赔的程序是什么？有哪些技巧？
4. 请分析工程项目施工合同收尾应当做哪些工作？
5. 什么是分包？请分析合法分包与非法分包的界线。
6. 什么是指定分包商？指定分包商与一般分包商有何不同？
7. 施工合同文件包括哪些文件？
8. 施工过程中发生哪些情况可以经承包商顺延工期？
9. 缺陷责任期和保修期有何区别？

第六章　设计施工总承包项目采购与合同管理

基　本　要　求

◆　掌握设计施工总承包合同各方的职责

◆　掌握设计施工总承包合同履行中主要工作程序

◆　熟悉设计施工总承包的招标文件、合同文件

设计施工总承包采购模式的认可度和市场需求不断扩大，该模式所蕴含的“设计—施工一体化”理念以其创新能力和增值能力成为现代工程项目管理模式的核心思想。但该模式也面临许多新的问题需要解决：设计、施工整合中发包人与承包人管理责任和风险分配问题，技术方案和商务条款的互相协调问题等等，这都是在设计施工总承包项目采购与合同管理中所要考虑的。

第一节　设计施工总承包项目采购

一、设计施工总承包采购模式概述

建设工程项目总承包模式主要的特征是发包人将建设工程的设计、采购、施工、试运行全部或核心工作都交给承包人来组织实施。在这种模式下，工程总承包人按合同约定以整个项目的建设对发包人承担责任。

建设工程项目总承包模式具有以下优点：

①工程出现质量争议时责任明确；②可以有效缩短整个工程项目的工期；③减少发包人管理的负担以及协调设计方与施工方的工作量；④有助于发包人提前掌握相对确定的工程造价。

因此对于发包人来说，实行建设工程项目总承包能够节省很多时间和精力，从此不必在设计、采购、监理等各个环节签订若干个合同；而对承包人来说，采用总承包模式则可以有效地提升企业的执行力和竞争力，但是承包人对总承包合同项下的全部工作内容必须全面掌控和有效实施。

建设工程项目总承包模式也会产生新的问题：

首先对工程项目来说，设计不一定是最优方案。

由于在招标文件中发包人仅对项目的建设提出具体要求，实际方案由承包人提出，设计可能受到实施者利益影响，对工程实施成本的考虑往往会影响到设计方案的优化。工程选用的质量标准只要满足发包人要求即可，不会采用更高的质量标准。

其次，对于发包人来说，对项目的控制力被削弱。

①由于没有完成设计就进行招标，发包人准确定义项目工作范围的难度加大，对项目

设计的控制力降低，双方对于项目的工作范围容易产生争议；②实施阶段发包人对承包人的监督和检查有所减弱，虽然设计和施工过程中，发包人也聘请监理人（或发包人代表），但由于设计方案和质量标准均出自承包人，监理人对项目实施的监督力度比发包人委托设计再由承包人施工的管理模式，对设计的细节和施工过程的控制能力降低。

最后，对于承包人来说，设计、采购、施工的一体化以及交叉作业对总承包人的管理水平提出了更高的要求，合同责任也相应增大。

这是建设工程项目总承包模式下采购与合同管理需要认真考虑的问题。

设计施工总承包项目招标的程序与施工项目的招标程序类似，以下仅就设计施工总承包项目招标中的不同之处加以介绍。

二、招标文件

1. 标准设计施工总承包招标文件

9部委在标准施工合同的基础上，又颁发了《标准设计施工总承包招标文件》（2012年版），其中包括《合同条款及格式》（以下简称“设计施工总承包合同”）。对于招标文件和合同通用条款的使用要求与标准施工合同的要求相同（详见第五章第一节）。

设计施工总承包合同的文件组成与标准施工合同相同，也是由协议书、通用条款和专用条款组成，与标准施工合同内容相同的条款在用词上也完全一致。

设计施工总承包合同的通用条款包括24条，各条的标题分别为：一般约定；发包人义务；监理人；承包人；设计；材料和工程设备；施工设备和临时设施；交通运输；测量放线；施工安全、治安保卫和环境保护；开始工作和竣工；暂停施工；工程质量；试验和检验；变更；价格调整；合同价格与支付；竣工试验和竣工验收；缺陷责任与保修责任；保险；不可抗力；违约；索赔；争议的解决。共计304款。

由于设计施工总承包合同与标准施工合同的条款结构基本一致，施工阶段的很多条款在用词、用语方面与标准施工合同完全相同，因此本章仅针对总承包合同的特点，对有区别的规定予以说明。

2. 建设项目工程总承包合同示范文本

为促进建设项目工程总承包的健康发展，指导和规范工程总承包合同当事人的市场行为，维护合同当事人的合法权益，依据《合同法》、《建筑法》、《招标投标法》以及相律、法规，住房和城乡建设部、国家工商行政管理总局联合制定了《建设项目工程总合同示范文本（试行）》（GF—2011—0216），以下简称《工程总承包合同示范文本》，2011年11月1日起试行。

《工程总承包合同示范文本》适用于建设项目工程总承包的承发包方式。在其条款中，将“技术与设计、工程物资、施工、竣工试验、工程接收、竣工后试验”等工程实施阶段相关工作内容分别作为独立条款，发包人可根据发包建设项目实施阶段的内容和要求，确定对相关建设实施阶段和工作内容的取舍。

《工程总承包合同示范文本》由合同协议书、通用条款和专用条款三部分组成。合同协议书是双方当事人对合同基本权利、义务的集中表述，主要包括：建设项目功能、规模、标准和工期的要求、合同价格及支付方式等内容。合同协议书的其他内容一般包括合同当事人要求提供的主要技术条件的附件及合同协议书生效的条件等。通用合同条款包括

20个合同条款，专用合同条款是在通用合同条款的基础上进行的补充、完善和修改。

三、设计施工总承包合同管理有关各方的职责

（一）发包人

发包人是总承包合同的一方当事人，对工程项目的实施负责投资支付和对项目建设有关重大事项做出决定。

（二）承包人

承包人是总承包合同的另一方当事人，按合同的约定承担完成工程项目的设计、招标、采购、施工、试运行和缺陷责任期的质量缺陷修复责任。

1. 对联合体承包人的规定

总承包合同的承包人可以是独立承包人，也可以是联合体。对于联合体的承包人，合同履行过程中发包人和监理人仅与联合体牵头人或联合体授权的代表联系，由其负责组织和协调联合体各成员全面履行合同。由于联合体的组成和内部分工是评标中很重要的评审内容，联合体协议经发包人确认后已作为合同附件，因此通用条款规定，履行合同过程中，未经发包人同意，承包人不得擅自改变联合体的组成和修改联合体协议。

2. 对分包工程的规定

在项目实施过程中可能需要分包人承担部分工作，如设计分包人、施工分包人、供货分包人等。尽管委托分包人的招标工作由承包人完成，发包人也不是分包合同的当事人，但为了保证工程项目完满实现发包人预期的建设目标，通用条款中对工程分包做了如下的规定：

（1）承包人不得将其承包的全部工程转包给第三人，也不得将其承包的全部工程肢解后以分包的名义分别转包给第三人。

（2）分包工作需要征得发包人同意。发包人已同意投标文件中说明的分包，合同履行过程中承包人还需要分包的工作，仍应征得发包人同意。

（3）承包人不得将设计和施工的主体、关键性工作的施工分包给第三人。要求承包人是具有实施工程设计和施工能力的合格主体，而非皮包公司。

（4）分包人的资格能力应与其分包工作的标准和规模相适应，其资质能力的材料应经监理人审查。

（5）发包人同意分包的工作，承包人应向发包人和监理人提交分包合同副本。

（三）监理人

监理人的地位和作用与标准施工合同相同，但对承包人的干预较少。总监理工程师可以授权其他监理人员负责执行其指派的一项或多项监理工作。总监理工程师应将被授权监理人员的姓名及其授权范围通知承包人。被授权的监理人员在授权范围内发出的指示视为已得到总监理工程师的同意，与总监理工程师发出的指示具有同等效力。

承包人对总监理工程师授权的监理人员发出的指示有疑问时，可在该指示发出的48小时内向总监理工程师提出书面异议，总监理工程师应在48小时内对该指示予以确认、更改或撤销。

四、合同文件

（一）合同文件的组成

在标准总承包合同的通用条款中规定，履行合同过程中，构成对发包人和承包人有约

束力合同的组成文件包括：

（1）合同协议书。

（2）中标通知书。

（3）投标函及投标函附录。

（4）专用条款。

（5）通用合同条款。

（6）发包人要求。

（7）承包人建议书。

（8）价格清单。

（9）其他合同文件—经合同当事人双方确认构成合同文件的其他文件。

组成合同的各文件中出现含义或内容的矛盾时，如果专用条款没有另行的约定，以上合同文件序号为优先解释的顺序。

（二）几个文件的含义

中标通知书、投标函及附录、其他合同文件的含义与标准施工合同的规定相同。

1. 发包人要求

（1）发包人要求的概念。“发包人要求”是指构成合同文件组成部分的名为“发包人要求”的文件，包括招标项目的目的、范围、设计与其他技术标准和要求，以及合同双方当事人约定对其所作的修改或补充。“发包人要求”是招标文件的有机构成部分，工程总承包合同签订后，也是合同文件的组成部分，对双方当事人具有法律约束力。承包人应认真阅读、复核“发包人要求”，发现错误的，应及时书面通知发包人，“发包人要求”中的错误导致承包人增加费用和（或）工期延误的，发包人应承担由此增加的费用和（或）工期延误，并向承包人支付合理利润。“发包人要求”违反法律规定的，承包人发现后应书面通知发包人，并要求其改正。发包人收到通知书后不予改正或不予答复的，承包人有权拒绝履行合同义务，直至解除合同。发包人应承担由此引起的承包人全部损失。

“发包人要求”应尽可能清晰准确，对于可以进行定量评估的工作，“发包人要求”不仅应明确规定其产能、功能、用途、质量、环境、安全等内容，并且要规定偏离的范围和计算方法，以及检验、试验、试运行的具体要求。对于承包人负责提供的有关设备和服务，对发包人人员进行培训和提供有关消耗品等，在“发包人要求”中应一并明确规定。

“发包人要求”通常包括但不限于以下内容：

1）功能要求：包括工程的目的、工程规模、性能保证指标（性能保证表）、产能保证指标。

2）工程范围：①包括的工作：包括永久工程的设计、采购、施工范围，临时工程的设计与施工范围，竣工验收工作范围，技术服务工作范围，培训工作范围，保修工作范围；②工作界区；③发包人提供的现场条件：包括施工用电、施工用水、施工排水；④发包人提供的技术文件：除另有批准外，承包人的工作需要遵照发包人需求任务书、发包人已完成的设计文件等要求。

3）工艺安排或要求（如有）。

4）时间要求：包括开始工作时间、设计完成时间、进度计划、竣工时间、缺陷责任期和其他时间要求。

5）技术要求：包括设计阶段和设计任务；设计标准和规范；技术标准和要求；质量标准；设计、施工和设备监造、试验（如有）；样品；发包人提供的其他条件，如发包人或其委托的第三人提供的设计、工艺包、用于试验检验的工器具等，以及据此对承包人提出的予以配套的要求。

6）竣工试验：第一阶段，如对单车试验等的要求，包括试验前准备。第二阶段，如对联动试车、投料试车等的要求，包括人员、设备、材料、燃料、电力、消耗品、工具等必要条件。第三阶段，如对性能测试及其他竣工试验的要求，包括产能指标、产品质量标准、运营指标、环保指标等。

7）竣工验收。

8）竣工后试验（如有）。

9）文件要求：包括设计文件，及其相关审批、核准、备案要求；沟通计划；风险管理计划；竣工文件和工程的其他记录；操作和维修手册；其他承包人文件。

10）工程项目管理规定：包括质量；进度，包括里程碑进度计划（如果有）；支付；HSE（健康、安全与环境管理体系）；沟通；变更等。

11）其他要求：包括对承包人的主要人员资格要求；相关审批、核准和备案手续的办理；对项目业主人员的操作培训；分包；设备供应商；缺陷责任期的服务要求。

《标准设计施工总承包招标文件》中要求“发包人要求”用13个附件清单明确列出，主要包括性能保证表、工作界区图、发包人需求任务书、发包人已完成的设计文件、承包人文件要求、承包人人员资格要求及审查规定、承包人设计文件审查规定、承包人采购审查与批准规定、材料、工程设备和工程试验规定、竣工试验规定、竣工验收规定、竣工后试验规定、工程项目管理规定。

虽然中标方案发包人已接受，但发包人可能对其中的一些技术细节或实施计划提出进一步修改意见，因此在合同谈判阶段需要通过协商对其进行修改或补充，以便成为最终的发包人要求文件。

（2）起草“发包人要求”的注意事项。工程总承包实践中，起草“发包人要求”是项目成功或失败的主要原因，也是产生争端的主要来源，应关注如下问题：

1）“发包人要求”应当是完备的，包括要求的形状、类型、质量、偏差、功能型标准、安全标准以及对永久工程终身费用限制的所有参数；在施工期间和施工后必须成功通过的检验；永久工程的预期和规定的性能；设计周期和持续期；完工后如何操作和维护；提交的手册；提供的备件的详细资料和费用。但发包人或监理人对参数的规定不能限制承包商的设计创新能力，不能对承包商的设计义务有影响。

2）“发包人要求”必须明确定义发包人要求的内容，可以吸收承包商设计、施工的专业的有创造性的输入，发挥设计施工总承包合同的优势。

3）“发包人要求”应该让业主选择最合适的投标人。但又不要求在投标阶段让投标人提供正确选择承包人的必要信息以外的信息。

4）“发包人要求”必须足够详细从而可以确定项目的目标。但又不限制承包人对工程进行适当设计的能力或寻求最合适解决方案的创造力，并能对投标人的设计进行评估。

（三）承包人建议书

承包人建议书是对“发包人要求”的响应文件，包括承包人的工程设计方案和设备方案的说明；分包方案；对发包人要求中的错误说明等内容。合同谈判阶段，随着发包人要求的调整，承包人建议书也应对一些技术细节进一步予以明确或补充修改，作为合同文件的组成部分。

（四）价格清单

设计施工总承包合同的价格清单，指承包人按投标文件中规定的格式和要求填写，并标明价格的报价单。与施工招标由发包人依据设计图纸的概算量提出工程量清单，经承包人填写单价后计算价格的方式不同。由于由承包人提出设计的初步方案和实施计划，因此价格清单是指承包人完成所提投标方案计算的设计、施工、竣工、试运行、缺陷责任期各阶段的计划费用，清单价格费用的总和为签约合同价。

五、合同中的一些基本概念与工作

（一）承包人文件

通用条款对“承包人文件”的定义是：由承包人根据合同应提交的所有图纸、手册、模型、计算书、软件和其他文件。承包人文件中最主要的是设计文件，需在专用条款约定承包人向监理人陆续提供文件的内容、数量和时间。

专用条款内还需约定监理人对承包人提交文件应批准的合理期限。项目实施过程中，监理人未在约定的期限内提出否定的意见，视为已获批准，承包人可以继续进行后续工作。不论是监理人批准或视为已批准的承包人文件，按照设计施工总承包合同对承包人义务的规定，均不影响监理人在以后拒绝该项工作的权力。

（二）施工现场范围和施工临时占地

发包人负责永久工程的征地，需要在专用条款中明确工程用地的范围、移交施工现场的时间，以便承包人进行工程设计和设计完成后尽快开始施工。明确从外部接入现场的施工用水、用电、用气等，以及如果发包人同意承包人施工需要临时用地应负责完成的工作内容。

通用条款对道路通行权和场外设施做出了两种可选用的约定形式，一种是发包人负责办理取得出入施工场地的专用和临时道路的通行权，以及取得为工程建设所需修建场外设施的权利，并承担有关费用；另一种是承包人负责办理并承担费用，因此需在专用条款内明确。

（三）发包人提供的文件

专用条款内应明确约定由发包人提供的文件的内容、数量和期限。发包人提供的文件，可能包括项目前期工作相关文件、环境保护、气象水文、地质条件资料等。工程实践中，勘察工作也可以包括在设计施工总承包范围内，则环境保护的具体要求和气象资料由承包人收集，地形、水文、地质资料由承包人探明。因此专用条款内需要明确约定发包人提供文件的范围和内容。

（四）发包人要求中的错误

承包人应认真阅读、复核发包人要求，发现错误的，应及时书面通知发包人。发包人对错误的修改，按变更对待。

对于发包人要求中错误导致承包人受到损失的后果责任，通用条款给出了两种供选择的条款。

1. 无条件补偿条款

承包人复核时未发现发包人要求的错误，实施过程中因该错误导致承包人增加了费用和（或）工期延误，发包人应承担由此增加的费用和（或）工期延误，并向承包人支付合理利润。

2. 有条件补偿条款

（1）复核时发现错误。承包人复核时对发现的错误通知发包人后，发包人坚持不做修改的，对确实存在错误造成的损失，应补偿承包人增加的费用和（或）顺延合同工期。

（2）复核时未发现错误。承包人复核时未发现发包人要求中存在错误的，承包人自行承担由此导致增加的费用和（或）工期延误。

无论承包人复核时发现与否，由于以下资料的错误，导致承包人增加费用和（或）延误的工期，均由发包人承担，并向承包人支付合理利润：

1）发包人要求中引用的原始数据和资料。

2）对工程或其任何部分的功能要求。

3）对工程的工艺安排或要求。

4）试验和检验标准。

5）除合同另有约定外，承包人无法核实的数据和资料。

由于两个条款的责任不同，应明确本合同采用哪一条款。

如果发包人要求违反法律规定，承包人发现后应书面通知发包人，并要求其改正。发包人收到通知后不予改正或不作答复，承包人有权拒绝履行合同义务，直至解除合同。发包人应承担由此引起的承包人全部损失。

（五）材料和工程设备

发包人是否负责提供工程材料和设备，在通用条款中也给出两种不同供选择的条款：一种是由承包人包工包料承包，发包人不提供工程材料和设备；另一种是发包人负责提供主材料和工程设备的包工部分包料承包方式。对于后一种情况，应在专用条款内写明材料和工程设备的名称、规格、数量、价格、交货方式、交货地点等。

（六）发包人提供的施工设备和临时工程

发包人是否负责提供施工设备和临时工程，在通用条款中也给出两种不同的供选择条款：一种是发包人不提供施工设备或临时设施；另一种是发包人提供部分施工设备或临时设施。对于后一种情况通常出现在设计施工承包范围仅是单位工程，还有其他承包人在现场共同施工，可以由其他承包人按监理人的指示给设计施工合同的承包人使用，如道路和临时设施；水、电、气的供应等。因此在专用条款中应明确约定提供的内容，免费使用或是收费使用的取费标准。

（七）区段工程

区段工程在通用条款中定义的是能单独接收并使用的永久工程。如果发包人希望在整体工程竣工前提前发挥部分区段工程的效益，应在专用条款内约定分部移交区段的名称、区段工程应达到的要求等。

（八）暂列金额

通用条款中对承包人在投标阶段，按照发包人在价格清单中给出的计日工和暂估价的报价均属于暂列金额内支出项目。通用条款内分别列出两种可选用的条款，一种计日工费和暂估价均已包括在合同价格内，实施过程中不再另行考虑；另一种是实际发生的费用另行补偿的方式。订立合同时应明确本合同采用哪个条款的规定。

（九）不可预见物质条件

不可预见物质条件涉及的范围与标准施工合同相同，但通用条款中对风险责任承担的规定有两个供选择的条款：一是此风险由承包人承担；二是由发包人承担。双方应当明确本合同选用哪一条款的规定。

对于后一种条款的规定是：承包人遇到不可预见物质条件时，应采取适应不利物质条件的合理措施继续设计和（或）施工，并及时通知监理人，通知应载明不利物质条件的内容以及承包人认为不可预见的理由。监理人收到通知后应当及时发出指示。指示构成变更的，按变更条款执行。监理人没有发出指示，承包人因采取合理措施而增加的费用和（或）工期延误，由发包人承担。

（十）竣工后试验

竣工后试验是指工程竣工移交在缺陷责任期内投入运行期间，对工程的各项功能的技术指标是否达到合同规定要求而进行的试验。由于发包人已接受工程并进入运行期，因此试验所必需的电力、设备、燃料、仪器、劳力、材料等由发包人提供。竣工后试验由谁来进行，通用条款给出两种可供选择的条款，订立合同时应予以明确采用哪个条款。

1. 发包人负责竣工后试验

发包人应派遣具有适当资质和经验的工作人员在承包人的技术指导下，按照操作和维修手册进行竣工后试验。

2. 承包人负责竣工后试验

承包人应提供竣工后试验所需要的所有其他设备、仪器，派遣有资格和经验的工作人员，在发包人在场的情况下进行竣工后试验。

第二节　设计施工总承包合同履行管理

一、承包人现场查勘

承包人应对施工场地和周围环境进行查勘，核实发包人提供资料，并收集与完成合同工作有关的当地资料，以便进行设计和组织施工。在全部合同工作中，视为承包人已充分估计了应承担的责任和风险。

发包人对提供的施工场地及毗邻区域内的供水、排水、供电、供气、供热、通信、广播电视等地下管线位置的资料；气象和水文观测资料；相邻建筑物和构筑物、地下工程的有关资料，以及其他与建设工程有关的原始资料，承担原始资料错误造成的全部责任。承包人应对其阅读这些有关资料后所做出的解释和推断负责。

二、设计管理

1. 承包人的设计范围

根据我国工程建设基本程序，工程设计依据工作进程和深度不同，一般按初步设计、施工图设计两个阶段进行，技术上复杂的建设项目可按初步设计、技术设计和施工图设计三个阶段进行。民用建筑工程设计一般分为方案设计、初步设计和施工图设计三个阶段。国际上一般分为概要设计（Schematic Design）、设计扩展（Deign Development）和施工文件（Construction Document）三个阶段。

方案设计是项目投资决策后，由咨询单位将项目策划和可行性研究提出的意见和问题，经与发包人协商认可后提出的具体开展建设的设计文件，其深度应当满足编制初步设计文件和控制概算的需要。

初步设计的内容根据项目类型不同而有所变化，一般来说，它是项目的宏观设计，包含项目的总体设计、工艺流程、设备选型和安装、工程量清单及项目概算等内容。初步设计文件应当满足编制施工招标文件、主要设备材料订货和编制施工图设计文件的需要，是下一阶段施工图设计的基础。

施工图设计的主要内容是根据批准的初步设计，绘制出正确、完整和尽可能详细的建筑、安装图纸，包括建设项目分部工程的详图、零部件结构明细表、验收标准、方法、施工图预算等。此设计文件应当满足设备材料采购、非标准设备制作和施工的需要，并注明建筑工程合理使用年限。

在工程总承包合同中应明确定义设计工作的范围，确定参与设计的主体及参与的程度。承包人的设计范围可以是施工图设计，也可以是初步设计和施工图设计，由双方在总承包合同中明确。

承包人应按合同约定的工作内容和进度要求，编制设计、施工的组织和实施计划，并对所有设计、施工作业和施工方法，以及全部工程的完备性和安全可靠性负责。承包人不得将设计和施工的主体、关键性工作分包给第三人。除专用合同条款另有约定外，未经发包人同意，承包人也不得将非主体、非关键性工作分包给第三人。

2. 承包人的设计义务

承包人应按照法律规定，以及国家、行业和地方的规范和标准完成设计工作，并符合发包人要求。除合同另有约定外，承包人完成设计工作所应遵守的法律规定，以及国家、行业和地方的规范和标准，均应视为在基准日适用的版本。基准日之后，上述版本发生重大变化，或者有新的法律，以及国家、行业和地方的规范和标准颁布实施的，承包人应向发包人或发包人委托的监理人提出遵守新法律规范的建议。发包人或其委托的监理人应在收到建议后 7 天内发出是否遵守新法律规范的指示。发包人或其委托的监理人指示遵守新法律规范的，按照变更条款执行，或者在基准日后，因法律变化导致承包人在合同履行中所需费用发生除合同约定的物价波动引起的调整以外的增减时，监理人应根据法律、国家或省、自治区、直辖市有关部门的规定，商定或确定需调整的合同价格。

【案例 6-1】　某大型房建项目深化设计管理实践

某超高层建筑是外资项目，建成后地上 101 层，地下 3 层。项目总承包商是由我国最大的建筑集团公司牵头与一家地方性建工集团组成的总承包联合体。该项目于 2004 年 11

月中旬开工，工期42个月。该项目中，总承包商在深化设计过程中承担的工作量超出了施工总承包合同约定的范围，因此，项目的实际运行模式更加接近于EPC总承包模式。

在项目的实施过程中，对总承包商的设计、采购和施工管理能力以及整体协调和组织能力进行了考验。本项目的机电分部工程是完全的EPC承包模式，整个项目的设计管理也具有很多比较突出的特点，因为原设计是8年前由外国设计公司完成的，而且设计深度不能满足中国施工图基本的要求。因此，业主要求总包商和专业分包商在深化设计过程中把近年出现的最先进的设备、新型材料融入到原设计中。尤其是机电系统及细部处理在原设计图上表达得比较含糊甚至没有，在深化设计过程中碰到的原设计问题的处理上总承包商和专业分包商花费了大量时间和精力。往往因为业主工程师对原设计中的问题解决不能确定，再加上原设计许多信息涉及多家设计公司，导致设计修改指令量多而审核认定却很慢的工作状态。同时，业主方为了保障建筑产品的高品质，要求深化后的图纸审查经过6道确认环节以确保进入图纸的信息的准确性，每一张深化图都要经过反复修改才能得到“B级”确认。对总承包商而言，深化图制作和审批如果不能及时提供就会影响现场的施工进度和设备材料的采购进度。尤其在工程初期的深化设计工作中，总包方对合同中的深化设计条款的认识与业主方存在比较大的差异，致使深化设计处于半僵持状态，造成施工进度拖延。总包方管理高层意识到本工程初期的首要任务是消除施工图深化设计难以展开和进展缓慢的影响因素，经过与业主方管理高层就制定通过“推进深化设计来确保施工并追赶工期”的方案进行反复协调，包括深化设计应该完成的工作内容、图纸表达方式以及各参与方应该完成的深度要求等等细节问题进行多次沟通交流，最终形成了业主方和总包方共同认可的深化设计管理模式。深化设计问题解决后工期也逐渐赶上了，该工程已于2007年9月顺利实现结构封顶的预期目标。

3. 承包人设计进度计划

承包人应按照发包人要求，在合同进度计划中专门列出设计进度计划，报发包人批准后执行。承包人需按照经批准后的计划开展设计工作。

因承包人原因影响设计进度的，未能按合同进度计划完成工作，或监理人认为承包人工作进度不能满足合同工期要求的，承包人应采取措施加快进度，并承担加快进度所增加的费用。发包人或其委托的监理人有权要求承包人提交修正的进度计划、增加投入资源并加快设计进度。由于承包人原因造成工期延误，承包人应支付逾期竣工违约金。逾期竣工违约金的计算方法和最高限额在专用合同条款中约定。承包人支付逾期竣工违约金，不免除承包人完成工作及修补缺陷的义务。

因发包人原因影响设计进度的，按合同约定的变更条款处理。

4. 设计审查

承包人的设计文件应报发包人审查同意。审查的范围和内容在发包人要求中约定。除合同另有约定外，自监理人收到承包人的设计文件以及承包人的通知之日起，发包人对承包人的设计文件审查期不超过21天。承包人的设计文件对于合同约定有偏离的，应在通知中说明。承包人需要修改已提交的承包人的设计文件的，应立即通知监理人，并向监理人提交修改后的承包人的设计文件，审查期重新起算。

发包人不同意承包人的设计文件的，可以通过监理人以书面形式通知承包人，并说明不符合合同要求的具体内容。承包人根据监理人的书面说明，对承包人的设计文件进行修改后重新报送发包人审查，审查期重新起算。合同约定的审查期满，发包人没有做出审查结论也没有提出异议的，视为承包人的设计文件已获发包人同意。

承包人的设计文件不需要政府有关部门审查或批准的，承包人应当严格按照经发包人审查同意的设计文件开展设计和实施工程。承包人的设计文件需政府有关部门审查或批准的，发包人应在审查同意承包人的设计文件后7天内，向政府有关部门报送设计文件，承包人应予以协助。

对于政府有关部门的审查意见，不需要修改发包人要求的，承包人需按该审查意见修改承包人的设计文件；需要修改发包人要求的，发包人应重新提出发包人要求，承包人应根据新提出的发包人要求修改承包人的设计文件。上述情形还应适用变更条款、发包人要求中的错误条款的有关约定。

政府有关部门审查批准的，承包人应当严格按照批准后的承包人的设计文件开展设计和实施工程。

三、变更

合同履行过程中的变更，可能涉及发包人要求变更、监理人发给承包人文件中的内容构成变更和发包人接受承包人提出的合理化建议三种情况。

1. 变更权

在履行合同过程中，经发包人同意，监理人可按照合同约定的变更程序向承包人做出有关发包人要求改变的变更指示，承包人应遵照执行。变更应在相应内容实施前提出，否则发包人应承担承包人损失。没有监理人的变更指示，承包人不得擅自变更。

2. 承包人的合理化建议

在履行合同过程中，承包人对发包人要求的合理化建议，均应以书面形式提交监理人。合理化建议书的内容应包括建议工作的详细说明、进度计划和效益以及与其他工作的协调等，并附必要的设计文件。监理人应与发包人协商是否采纳建议。建议被采纳并构成变更的，应按照变更程序约定向承包人发出变更指示。承包人提出的合理化建议降低了合同价格、缩短了工期或者提高了工程经济效益的，发包人可按国家有关规定在专用合同条款中约定给予奖励。

3. 变更范围

变更范围包括：设计变更范围、采购变更范围、施工变更范围、发包人的赶工指令、调减部分工程和其他变更。

（1）设计变更范围，包括：

1）对生产工艺流程的调整，但未扩大或缩小初步设计批准的生产路线和规模，或未扩大或缩小合同约定的生产路线和规模。

2）对平面布置、竖面布置、局部使用功能的调整，但未扩大初步设计批准的建筑规模，未改变初步设计批准的使用功能；或未扩大合同约定的建筑规模，未改变合同约定的使用功能。

3）对配套工程系统的工艺调整、使用功能调整。

4）对区域内基准控制点、基准标高和基准线的调整。

5）对设备、材料、部件的性能、规格和数量的调整。

6）因执行基准日期之后新颁布的法律、标准、规范引起的变更。

7）其他超出合同约定的设计事项。

8）上述变更所需的附加工作。

（2）采购变更范围，包括：

1）承包人已按发包人批准的名单，与相关供货商签订采购合同或已开始加工制造、供货、运输等，发包人通知承包人选择该名单中的另一家供货商。

2）因执行基准日期之后新颁布的法律、标准、规范引起的变更。

3）发包人要求改变检查、检验、检测、试验的地点和增加的附加试验。

4）发包人要求增减合同中约定的备品备件、专用工具、竣工后试验物资的采购数量。

5）上述变更所需的附加工作。

（3）施工变更范围，包括：

1）设计变更，造成施工方法改变、设备、材料、部件、人工和工程量的增减。

2）发包人要求增加的附加试验、改变试验地点。

3）新增加的施工障碍处理。

4）发包人对竣工试验经验收或视为验收合格的项目，通知重新进行竣工试验。

5）因执行基准日期之后新颁布的法律、标准、规范引起的变更。

6）现场其他签证。

7）上述变更所需的附加工作。

（4）发包人的赶工指令：承包人接受了发包人的书面指令，以发包人认为必要的方式加快设计、施工或其他任何部分的进度时，承包人为实施该赶工指令需对项目进度计划进行调整，并对所增加的措施和资源提出估算，经发包人批准后，作为变更处理。当发包人未能批准此项变更，承包人有权按合同约定的相关阶段的进度计划执行。

（5）调减部分工程：发包人的暂停超过45日，承包人请求复工时仍不能复工，或因不可抗力持续而无法继续施工的，双方可按合同约定以变更方式调减受暂停影响的部分工程。

（6）其他变更：根据工程的具体特点，在专用条款中约定。

4. 变更程序

变更程序按照提出变更、变更估价、变更指示执行。

（1）变更的提出：

1）在合同履行过程中，监理人可向承包人发出变更意向书。变更意向书应说明变更的具体内容和发包人对变更的时间要求，并附必要的相关资料。变更意向书应要求承包人提交包括拟实施变更工作的设计和计划、措施和竣工时间等内容的实施方案。发包人同意承包人根据变更意向书要求提交变更实施方案的，由监理人按合同约定发出变更指示。

2）承包人收到监理人按合同约定发出的文件，经检查认为其中存在对发包人要求变更情形的，可向监理人提出书面变更建议。变更建议应阐明要求变更的依据，以及实施该变更工作对合同价款和工期的影响，并附必要的图纸和说明。监理人收到承包人书面建议后，应与发包人共同研究，确认存在变更的，应在收到承包人书面建议后的14天内做出变更指示。经研究后不同意作为变更的，应由监理人书面答复承包人。

3）承包人收到监理人的变更意向书后认为难以实施此项变更的，应立即通知监理人，说明原因并附详细依据。监理人与承包人和发包人协商后确定撤销、改变或不改变原变更意向书。

（2）变更估价。监理人应按照合同约定和合同当事人商定或确定变更价格。变更价格应包括合理的利润，并应按照合同约定考虑承包人提出合理化建议后的奖励。

（3）变更指示。变更指示只能由监理人发出。变更指示应说明变更的目的、范围、变更内容以及变更的工程量及其进度和技术要求，并附有关图纸和文件。承包人收到变更指示后，应按变更指示进行变更工作。

四、进度管理

1. 承包人提交实施项目的计划

承包人应按合同约定的内容和期限，编制详细的进度计划，包括设计、承包人提交文件、采购、制造、检验、运达现场、施工、安装、试验的各个阶段的预期时间以及设计和施工组织方案说明等报送监理人。监理人应在专用条款约定的期限内批复或提出修改意见，批准的计划作为“合同进度计划”。监理人未在约定的时限内批准或提出修改意见，该进度计划视为已得到批准。

2. 开始工作

符合专用条款约定的开始工作条件时，监理人获得发包人同意后应提前7天向承包人发出开始工作通知。合同工期自开始工作通知中载明的开始工作日期起计算。设计施工总承包合同未用开工通知是由于承包人收到开始工作通知后首先开始设计工作。

因发包人原因造成监理人未能在合同签订之日起90天内发出开始工作通知，承包人有权提出价格调整要求，或者解除合同。发包人应当承担由此增加的费用和（或）工期延误，并向承包人支付合理利润。

3. 修订进度计划

不论何种原因造成工程的实际进度与合同进度计划不符时，承包人可以在专用条款约定的期限内向监理人提交修订合同进度计划的申请报告，并附有关措施和相关资料，报监理人批准。

监理人也可以直接向承包人发出修订合同进度计划的指示，承包人应按该指示修订合同进度计划，报监理人批准。监理人审查并获得发包人同意后，应在专用条款约定的期限内批复。

4. 顺延合同工期的情况

通用条款规定，在履行合同过程中非承包人原因导致合同进度计划工作延误，应给承包人延长工期和（或）增加费用，并支付合理利润。

（1）发包人责任原因：

1）变更。

2）未能按照合同要求的期限对承包人文件进行审查。

3）因发包人原因导致的暂停施工。

4）未按合同约定及时支付预付款、进度款。

5）发包人提供的基准资料错误。

6）发包人采购的材料、工程设备延误到货或变更交货地点。

7）发包人未及时按照“发包人要求”履行相关义务。

8）发包人造成工期延误的其他原因。

（2）政府管理部门的原因。按照法律法规的规定，合同约定范围内的工作需国家有关部门审批时，发包人、承包人应按照合同约定的职责分工完成行政审批的报送。因国家有关部门审批迟延造成费用增加和（或）工期延误，由发包人承担。

设计施工总承包合同中有关进度管理的暂停施工、发包人要求提前竣工的条款，与标准施工合同的规定相同。施工阶段的质量管理也与标准施工合同的规定相同。

五、工程款支付管理

发包人在价格清单中给定暂估价的专业工程不属于依法必须招标的范围或未达到规定的规模标准的，由监理人按照变更估价的约定进行估价，但专用合同条款另有约定的除外。经估价的专业工程与价格清单中所列的暂估价的金额差以及相应的税金等其他费用列入合同价格。

如果签约合同价包括暂估价的，按合同约定进行支付。

（一）合同价格与支付

1. 合同价格

除专用合同条款另有约定外，合同价格包括签约合同价以及按照合同约定进行的调整；合同价格包括承包人依据法律规定或合同约定应支付的规费和税金；价格清单列出的任何数量仅为估算的工作量，不得将其视为要求承包人实施的工程的实际或准确的工作量。在价格清单中列出的任何工作量和价格数据应仅限用于变更和支付的参考资料，而不能用于其他目的。

合同约定工程的某部分按照实际完成的工程量进行支付的，应按照专用合同条款的约定进行计量和估价，并据此调整合同价格。

2. 预付款

预付款用于承包人为合同工程的设计和工程实施购置材料、工程设备、施工设备、修建临时设施以及组织施工队伍进场等。预付款的额度和支付在专用合同条款中约定。预付款必须专用于合同工作。

除专用合同条款另有约定外，承包人应在收到预付款的同时向发包人提交预付款保函，预付款保函的担保金额应与预付款金额相同。保函的担保金额可根据预付款扣回的金额相应递减。

预付款在进度付款中扣回，扣回办法在专用合同条款中约定。在颁发工程接收证书前，由于不可抗力或其他原因解除合同时，预付款尚未扣清的，尚未扣清的预付款余额应作为承包人的到期应付款。

3. 工程进度付款

工程进度付款条款包括付款时间、支付分解表、进度付款申请单、进度付款证书和支付时间、工程进度付款的修正等方面。

（1）付款时间：工程进度付款按月支付，也可以根据工程项目的里程碑事件确定。

（2）支付分解表：承包人应根据价格清单的价格构成、费用性质、计划发生时间和相应工作量等因素，按照以下分类和分解原则，结合合同约定的合同进度计划，汇总形成月度支付分解报告。

1）勘察设计费。按照提供勘察设计阶段性成果文件的时间、对应的工作量进行分解。

2）材料和工程设备费。分别按订立采购合同、进场验收合格、安装就位、工程竣工等阶段和专用条款约定的比例进行分解。

3）技术服务培训费。按照价格清单中的单价，结合合同约定的合同进度计划对应的工作量进行分解。

4）其他工程价款。除合同价格约定按已完成工程量计量支付的工程价款外，按照价格清单中的价格，结合合同约定的合同进度计划拟完成的工程量或者比例进行分解。

承包人应当在收到经监理人批复的合同进度计划后7天内，将支付分解报告以及形成支付分解报告的支持性资料报监理人审批，监理人应当在收到承包人报送的支付分解报告后7天内给予批复或提出修改意见，经监理人批准的支付分解报告为有合同约束力的支付分解表。合同进度计划进行了修订的，应相应修改支付分解表，并按规定报监理人批复。

（3）进度付款申请单：承包人应在每笔进度款支付前，按监理人批准的格式和专用合同条款约定的份数，向监理人提交进度付款申请单，并附相应的支持性证明文件。通常情况下，进度付款申请单应包括下列内容：

1）当期应支付金额总额，以及截至当期期末累计应支付金额总额、已支付的进度付款金额总额。

2）当期根据支付分解表应支付金额，以及截至当期期末累计应支付金额。

3）当期根据合同价格约定计量的已实施工程应支付金额，以及截至当期期末累计应支付金额。

4）当期根据变更条款应增加和扣减的变更金额，以及截至当期期末累计变更金额。

5）当期根据索赔条款应增加和扣减的索赔金额，以及截至当期期末累计索赔金额。

6）当期根据预付款条款约定应支付的预付款和扣减的返还预付款金额，以及截至当期期末累计返还预付款金额。

7）当期根据合同约定应扣减的质量保证金金额，以及截至当期期末累计扣减的质量保证金金额。

8）当期根据合同应增加和扣减的其他金额，以及截至当期期末累计增加和扣减的金额。

（4）进度付款证书和支付时间。程序如下：

1）监理人在收到承包人进度付款申请单以及相应的支持性证明文件后的14天内完成审核，提出发包人到期应支付给承包人的金额以及相应的支持性材料，经发包人审批同意后，由监理人向承包人出具经发包人签认的进度付款证书。监理人未能在上述时间完成审核的，视为监理人同意承包人进度付款申请。监理人有权核减承包人未能按照合同要求履行任何工作或义务的相应金额。

2）发包人最迟应在监理人收到进度付款申请单后的28天内，将进度应付款支付给承包人。发包人未能在上述时间内完成审批或不予答复的，视为发包人同意进度付款申请。发包人不按期支付的，按专用合同条款的约定支付逾期付款违约金。

3）监理人出具进度付款证书，不应视为监理人已同意、批准或接受了承包人完成的该部分工作。

4）进度付款涉及政府投资资金的，按照国库集中支付等国家相关规定和专用合同条款的约定执行。

（5）工程进度付款的修正：在对以往历次已签发的进度付款证书进行汇总和复核中发现错、漏或重复的，监理人有权予以修正，承包人也有权提出修正申请。经监理人、承包人复核同意的修正，应在本次进度付款中支付或扣除。

4．质量保证金

监理人应从发包人的每笔进度付款中，按专用合同条款的约定扣留质量保证金，直至扣留的质量保证金总额达到专用合同条款约定的金额或比例为止。质量保证金的计算额度不包括预付款的支付、扣回以及价格调整的金额。

在合同约定的缺陷责任期满时，承包人向发包人申请到期应返还承包人剩余的质量保证金，发包人应在14天内会同承包人按照合同约定的内容核实承包人是否完成缺陷责任。如无异议，发包人应当在核实后将剩余质量保证金返还承包人。

在合同约定的缺陷责任期满时，承包人没有完成缺陷责任的，发包人有权扣留与未履行责任剩余工作所需金额相应的质量保证金余额，并有权根据合同约定要求延长缺陷责任期，直至完成剩余工作为止。但缺陷责任期最长不超过2年。

5．竣工结算

通常情况下，竣工结算条款包括竣工付款申请单、竣工付款证书及支付时间，一般约定以下方面内容：

（1）竣工付款申请单：

1）工程接收证书颁发后，承包人应按专用合同条款约定的份数和期限向监理人提交竣工付款申请单，并提供相关证明材料。除专用合同条款另有约定外，竣工付款申请单应包括下列内容：竣工结算合同总价、发包人已支付承包人的工程价款、应扣留的质量保证金、应支付的竣工付款金额。

2）监理人对竣工付款申请单有异议的，有权要求承包人进行修正和提供补充资料。

经监理人和承包人协商后，由承包人向监理人提交修正后的竣工付款申请单。

（2）竣工付款证书及支付时间：

1）监理人在收到承包人提交的竣工付款申请单后的14天内完成核查，提出发包人到期应支付给承包人的价款送发包人审核并抄送承包人。发包人应在收到后14天内审核完毕，由监理人向承包人出具经发包人签认的竣工付款证书。监理人未在约定时间内核查，又未提出具体意见的，视为承包人提交的竣工付款申请单已经监理人核查同意；发包人未在约定时间内审核又未提出具体意见的，监理人提出发包人到期应支付给承包人的价款视为已经发包人同意。

2）发包人应在监理人出具竣工付款证书后的14天内，将应支付款支付给承包人。发包人不按期支付的，按照合同约定将逾期付款违约金支付给承包人。

3）承包人对发包人签认的竣工付款证书有异议的，发包人可出具竣工付款申请单中承包人已同意部分的临时付款证书。存在争议的部分，按照争议条款的约定执行。

4）竣工付款涉及政府投资资金的，按照国库集中支付等国家相关规定和专用合同条款的约定执行。

6. 最终结清

最终结清条款包括最终结清申请单、最终结清证书和支付时间。

（1）最终结清申请单：

1）缺陷责任期终止证书签发后，承包人可按专用合同条款约定的份数和期限向监理人提交最终结清申请单，并提供相关证明材料。

2）发包人对最终结清申请单内容有异议的，有权要求承包人进行修正和提供补充资料，由承包人向监理人提交修正后的最终结清申请单。

（2）最终结清证书和支付时间：

1）监理人收到承包人提交的最终结清申请单后的14天内，提出发包人应支付给承包人的价款送发包人审核并抄送承包人。发包人应在收到后14天内审核完毕，由监理人向承包人出具经发包人签认的最终结清证书。监理人未在约定时间内核查，又未提出具体意见的，视为承包人提交的最终结清申请已经监理人核查同意；发包人未在约定时间内审核又未提出具体意见的，监理人提出应支付给承包人的价款视为已经发包人同意。

2）发包人应在监理人出具最终结清证书后的14天内，将应支付款支付给承包人。发包人不按期支付的，按照合同约定将逾期付款违约金支付给承包人。

3）承包人对发包人签认的最终结清证书有异议的，按争议条款的约定执行。

4）最终结清付款涉及政府投资资金的，按照国库集中支付等国家相关规定和专用合同条款的约定执行。

（二）合同价格

设计施工总承包合同通用条款规定，除非专用条款约定合同工程采用固定总价承包的情况外，应以实际完成的工作量作为支付的依据。

1. 合同价格的组成

（1）合同价格包括签约合同价以及按照合同约定进行的调整。

（2）合同价格包括承包人依据法律规定或合同约定应支付的规费和税金。

（3）价格清单列出的任何数量仅为估算的工作量，不视为要求承包人实施工程的实际或准确工作量。在价格清单中列出的任何工作量和价格数据应仅用于变更和支付的参考资料，而不能用于其他目的。

2. 施工阶段工程款的支付

合同约定工程的某部分按照实际完成的工程量进行支付时，应按照专用条款的约定进行计量和估价，并据此调整合同价格。

3. 预付款

设计施工总承包合同对预付款的规定与标准施工合同相同。

4. 工程进度付款

（三）支付分解表

1. 承包人编制进度付款支付分解表

承包人应当在收到经监理人批复的合同进度计划后7天内，将支付分解报告以及形成支付分解报告的支持性资料报监理人审批。承包人应根据价格清单的价格构成、费用性质、计划发生时间和相应工作量等因素，对拟支付的款项进行分解并编制支付分解表。分类和分解原则是：

（1）勘察设计费。按照提供提交勘察设计阶段性成果文件的时间、对应的工作量进行分解。

（2）材料和工程设备费。分别按订立采购合同、进场验收合格、安装就位、工程竣工等阶段和专用条款约定的比例进行分解。

（3）技术服务培训费。按照价格清单中的单价，结合合同进度计划对应的工作量进行分解。

（4）其他工程价款。按照价格清单中的价格，结合合同进度计划拟完成的工程量或者比例进行分解。

以上的分解计算并汇总后，形成月度支付的分解报告。

2. 监理人审批

监理人应当在收到承包人报送的支付分解报告后7天内给予批复或提出修改意见，经监理人批准的支付分解报告为有合同约束力的支付分解表。合同履行过程中，合同进度计划进行修订后，承包人也应对支付分解表做出相应的调整，并报监理人批复。

3. 付款时间

除专用条款另有约定外，工程进度付款按月支付。

4. 承包人提交进度付款申请单

承包人应在每笔进度款支付前，按监理人提交进度付款申请单，并附相应的支持性证明文件。

5. 监理人审查

监理人在收到承包人进度付款申请单以及相应的支持性证明文件后的14天内完成审核，提出发包人到期应支付给承包人的金额以及相应的支持性材料，经发包人审批同意后，由监理人向承包人出具经发包人签认的进度付款证书。监理人有权核减承包人未能按照合同要求履行任何工作或义务的相应金额。

6. 发包人支付

发包人最迟应在监理人收到进度付款申请单后的28天内，将进度应付款支付给承包人。发包人未能在约定时间内完成审批或不予答复，视为发包人同意进度付款申请。发包人不按期支付，按专用条款的约定支付逾期付款违约金。

7. 工程进度付款的修正

在对以往历次已签发的进度付款证书进行汇总和复核中发现错、漏或重复情况时，监理人有权予以修正，承包人也有权提出修正申请。经监理人、承包人复核同意的修正，应在本次进度付款中支付或扣除。

（四）质量保证金

设计施工总承包合同通用条款对质量保证金的约定与标准施工合同的规定相同。

六、索赔管理

1. 索赔程序

设计施工总承包合同通用条款中，对发包人和承包人索赔的程序规定与标准施工合同相同。

2. 涉及承包人索赔的条款

设计施工总承包合同通用条款中，可以给承包人补偿的条款如表 6-1 所列的内容。

表 6-1　涉及承包人索赔的条款

序号	条款号	原　因	补偿内容		
			工期	费用	利润
1	1.6.2	未能按时提供文件	√	√	√
2	1.10.1	化石、文物	√	√	
3	1.13	发包人要求中的错误	√	√	√
4	1.14	发包人要求违法	√	√	√
5	3.4.5	监理人指示延误、错误	√	√	√
6	3.5.2	争议评审组队监理人确定的修改	√	√	
7	4.1.8	为他人提供方便		√	
8	4.11.2	不可预见物质条件	√	√	
9	5.2	发包人原因影响设计进度	√	√	√
10	6.2.4	发包人要求提前交货		√	
11	6.2.6	发包人提供的材料、设备延误	√	√	√
12	6.5.3	发包人提供的材料、设备不符合要求	√	√	
13	9.3	基准资料错误	√	√	√
14	11.1	发包人原因未能按时发出开始工作通知	√	√	√
15	11.3	发包人原因的工期延误	√	√	√
16	11.4	异常恶劣的气候条件	√	√	
17	11.7	行政审批延误	√	√	
18	12.1.1	发包人原因指示的暂停工作	√	√	√
19	12.2.1	发包人原因承包人的暂停工作	√	√	√
20	12.4.2	发包人原因承包人无法复工	√	√	√
21	13.1.3	发包人原因造成质量不合格	√	√	√
22	13.4.3	隐蔽工程的重新检查证明质量合格	√	√	√
23	14.1.4	重新试验表明材料、设备、工程质量合格	√	√	√
24	16.2	法律变化引起的调整	商定或确定处理		
25	18.5.2	发包人提前接受区段对承包人施工的影响	√	√	√
26	19.2.3	缺陷责任期内非承包人原因缺陷的修复		√	√
27	21.3.1	不可抗力的工程照管、清理、修复	√	√	√
28	22.2.3	发包人违约解除合同		√	√

七、违约责任

1. 承包人的违约

设计施工总承包合同通用条款对于承包人违约，除了标准施工合同规定的 7 种情况外，还增加了承包人的设计、承包人文件、实施和竣工的工程不符合法律以及合同约定；由于承包人原因未能通过竣工试验或竣工后试验两种情况。违约处理与标准施工合同规定相同。

2. 发包人违约

设计施工总承包合同通用条款中，对发包人违约的规定与标准施工合同相同。

八、竣工验收管理

（一）竣工试验

1. 承包人申请竣工试验

承包人应提前21天将申请竣工试验的通知送达监理人，并按照专用条款约定的份数，向监理人提交竣工记录、暂行操作和维修手册。监理人应在14天内，确定竣工试验的具体时间。

（1）竣工记录。反映工程实施结果的竣工记录，应如实记载竣工工程的确切位置、尺寸和已实施工作的详细说明。

（2）暂行操作和维修手册。该手册应足够详细，以便发包人能够对生产设备进行操作、维修、拆卸、重新安装、调整及修理。待竣工试验完成后，承包人再完善、补充相关内容，完成正式的操作和维修手册。

2. 竣工试验程序

通用条款规定的竣工试验程序按三个阶段进行：

（1）第一阶段，承包人进行适当的检查和功能性试验，保证每一项工程设备都满足合同要求，并能安全地进入下一阶段试验。

（2）第二阶段，承包人进行试验，保证工程或区段工程满足合同要求，在所有可利用的操作条件下安全运行。

（3）第三阶段，当工程能安全运行时，承包人应通知监理人，可以进行其他竣工试验，包括各种性能测试，以证明工程符合发包人要求中列明的性能保证指标。

某项竣工试验未能通过时，承包人应按照监理人的指示限期改正，并承担合同约定的相应责任。竣工试验通过后，承包人应按合同约定进行工程及工程设备试运行。试运行所需人员、设备、材料、燃料、电力、消耗品、工具等必要的条件以及试运行费用等按专用条款约定执行。

（二）承包人申请竣工验收

1. 工程竣工应满足的条件

（1）除监理人同意列入缺陷责任期内完成的尾工（甩项）工程和缺陷修补工作外，合同范围内的全部区段工程以及有关工作，包括合同要求的试验和竣工试验均已完成，并符合合同要求。

（2）已按合同约定的内容和份数备齐了符合要求的竣工文件。

（3）已按监理人的要求编制了在缺陷责任期内完成的尾工（甩项）工程和缺陷修补工作清单以及相应施工计划。

（4）监理人要求在竣工验收前应完成的其他工作。

（5）监理人要求提交的竣工验收资料清单。

2. 竣工验收申请报告

承包人完成上述工作并提交了竣工文件、竣工图、最终操作和维修手册后，即可向监理人报送竣工验收申请报告。

（三）监理人审查竣工申请

设计施工总承包合同通用条款对监理人审查竣工验收申请报告的规定与标准施工合同相同。

（四）竣工验收

设计施工总承包合同通用条款对竣工验收和区段工程验收的规定与标准施工合同相同。经验收合格工程，监理人经发包人同意后向承包人签发工程接收证书。证书中注明的实际竣工日期，以提交竣工验收申请报告的日期为准。

（五）竣工结算

设计施工总承包合同通用条款对竣工结算的规定与标准施工合同相同。

九、缺陷责任期管理

1. 承包人修复工程缺陷

（1）承包人修复工程缺陷的义务。缺陷责任期内，发包人对已接收使用的工程负责日常维护工作。发包人在使用过程中，发现已接收的工程存在新的缺陷或已修复的缺陷部位或部件又遭损坏，由承包人负责修复，直至检验合格为止。

任何一项缺陷或损坏修复后，经检查证明其影响了工程或工程设备的使用性能，承包人应重新进行合同约定的试验和试运行，全部费用由责任方承担。

承包人不能在合理时间内修复的缺陷，发包人可自行修复或委托其他人修复，所需费用和利润按缺陷原因的责任方承担。

缺陷责任期内承包人为缺陷修复工作，有权进入工程现场，但应遵守发包人的保安和保密的规定。

（2）工程缺陷的责任。监理人和承包人应共同查清工程缺陷或损坏的原因，属于承包人原因造成的，应由承包人承担修复和查验的费用；属于发包人原因造成的，发包人应承担修复和查验的费用，并支付承包人合理利润。

（3）缺陷责任期的延长。由于承包人原因造成某项缺陷或损坏使某项工程或工程设备不能按原定目标使用而需要再次检查、检验和修复时，发包人有权要求承包人相应延长缺陷责任期，但缺陷责任期最长不超过2年。

2. 竣工后试验

对于大型工程为了检验承包人的设计、设备选型和运行情况等的技术指标是否满足合同的约定，通常在缺陷责任期内工程稳定运行一段时间后，在专用条款约定的时间内进行竣工后试验。竣工后试验按专用条款的约定由发包人或承包人进行。

（1）发包人进行竣工试验。由于工程已投入正式运行，发包人应将竣工后试验的日期提前21天通知承包人。如果承包人未能在该日期出席竣工后试验，发包人可自行进行试验，承包人应对检验数据予以认可。

因承包人原因造成某项工程竣工后试验未能通过，承包人应按照合同约定进行赔偿，或者承包人提出修复建议，在发包人指示的合理期限内改正，并承担合同约定的相应责任。

（2）承包人进行竣工试验。发包人应提前 21 天将竣工后试验的日期通知承包人。承包人应在发包人在场的情况下，进行竣工后试验。因承包人原因造成某项工程竣工后试验未能通过，承包人应按照合同的约定进行赔偿，或者承包人提出修复建议，在发包人指示的合理期限内改正，并承担合同约定的相应责任。

3. 缺陷责任期终止

承包人完满完成缺陷责任期的义务后，其缺陷责任终止证书的签发、结清单和最终结清的管理规定，与标准施工合同通用条款相同。

思　考　题

1. 设计施工总承包合同的组成包括哪些文件？
2. 订立设计施工总承包合同时应明确哪些内容？
3. 合同条款中对工程进度款的支付做了哪些规定？
4. 设计施工总承包合同的竣工验收与施工合同的竣工验收有何异同？
5. 设计施工总承包合同对竣工后试验有何规定？

第七章　工程勘察设计监理采购与合同管理

基　本　要　求

◆　掌握设计合同示范文本的内容

◆　掌握设计合同各方履行的职责

◆　熟悉工程项目设计招标的特点

◆　了解勘察设计采购的方式及要注意的问题

◆　了解工程勘察采购与合同管理的主要内容

建设工程勘察设计监理是工程建设的重要主导环节，它的好坏一方面关系到能否实现建设工程项目在立项阶段所提出的设想，另一方面又关系到能否保证后续的施工工作能够顺利地进行。因此这一环节的采购与合同管理工作对于约束建设单位与勘察设计监理单位各自的行为，保证当事人的合法权益至关重要。

第一节　工程勘察设计采购概述

一、勘察设计的采购方式

建设工程勘察、设计发包依法实行招标发包或者直接发包。直接发包是指建设单位不通过招标方式，将建设工程勘察设计业务直接发包给选定的建设工程勘察设计单位。直接发包仅适合特殊工程项目和特定情况下建设工程勘察、设计业务的发包。下列建设工程的勘察、设计，经有关部门批准，可以直接发包：①采用特定的专利或者专有技术的；②建筑艺术造型有特殊要求的；③国务院规定的其他建设工程的勘察、设计。

发包方可以将整个建设工程的勘察、设计发包给一个勘察、设计单位；也可以将建设工程的勘察、设计分别发包给几个勘察、设计单位。除建设工程主体部分的勘察、设计外，经发包方书面同意，承包方可以将建设工程其他部分的勘察、设计再分包给其他具有相应资质等级的建设工程勘察、设计单位。建设工程勘察设计单位不得将所承揽的建设工程勘察设计业务转包。

二、勘察设计采购中要注意的一些问题

（一）标段划分 *

勘察、设计招标标段划分主要考虑以下相关因素。

1. 法律法规

《招标投标法》及其实施条例和《工程建设项目招标范围和规模标准规定》对必须招标项目的范围、规模标准和标段划分作了明确规定。招标人应当依法、合理地确定项目招

标内容及标段规模，不得通过细分标段、化整为零的方式规避招标。

2. 专业技术管理特点

勘察、设计应考虑如下因素：

(1) 勘察项目。勘察项目的勘察服务内容比较单一，从技术管理角度考虑，一般不再划分标段，可由同一个勘察单位承担项目的全部勘察工作。

(2) 设计项目。按照设计深度要求划分，设计一般分为初步设计和施工图设计。为了发挥不同设计单位的专业特点和优势，可以将初步设计和施工图设计分别交给不同优势的单位负责，也可以由同一设计单位负责。对于涉及不同行业的同一个项目，为了发挥不同行业的设计优势，可以分别分包，也可以由不同的设计单位组成联合体，共同负责设计工作。例如，机场项目涉及民航工程、建筑工程、公路工程等，既可以向具有民航工程、建筑工程、公路工程专业优势的三类设计单位分别发包，也可以由三类设计单位组成联合体共同投标。

（二）投标人资格条件

招标人应根据工程勘察、设计采购项目的性质、规模、技术特点、工程内容等因素，结合勘察、设计相应资质标准规定的承担范围合理设定投标人资格条件。

（三）招标投标实施要求

1. 勘察项目

明确工程勘察过程的质量要求、进度要求等。如果招标人拥有成熟的管理程序和制度等，可以有选择性地摘录重点内容纳入招标方案。勘察工作进度应满足工程整体进度需求，但不得任意压缩。

2. 设计项目

明确工程设计过程的各项要求，包括设计工作质量要求、设计进度要求、节点工作要求、设计成果要求等。如果招标人拥有成熟的工程设计管理程序和制度等，可以有选择性地摘录重点内容纳入招标方案。各阶段的工程设计进度应满足工程建设项目整体建设进度要求，但不得任意压缩。

（四）计价方式和计费标准

1. 计价方式

工程勘察费用一般采用实物工作量进行计算，由实物工作收费和技术工作收费两大部分组成。通常，发包人承担工程勘察的工作量风险，勘察人承担工程勘察的价格风险。对于工程技术简单、建设规模较小的工程勘察，其勘察费用多数采用固定总价方式，由勘察人承担工作量的风险和价格风险。

工程设计一般采用总价合同。计费依据是设计范围内的投资额。

2. 计费标准

工程勘察、工程设计收费实行市场调节价，价格放开竞争。投标人在编制投标报价时，可根据自身情况、市场行情、项目竞争状况等因素，按招标文件规定的格式自主报价。

（五）评标方法

工程勘察、工程设计采购宜采用综合评估法，避免以勘察、设计报价的高低作为中标主要条件。评标时应当以投标人的业绩、信誉、专业人员素质和能力以及勘察、设计方案的优劣作为主要因素，进行综合评定，择优选择中标人。

第二节　工程勘察采购与合同管理

一、工程勘察项目的概述

1. 建设工程勘察概念

建设工程勘察指依据建设工程要求和发包人的委托，收集已有资料、现场踏勘、制订勘察纲要，进行测绘、勘探、取样、试验、测试、检测、监测，编制建设工程勘察文件，查明、分析、评价建设场地的地质地理环境特征和岩土工程条件，为可行性研究、选址、设计、施工等活动提供基础资料和科学依据。

2. 建设工程勘察内容

建设工程勘察内容依据工作性质可以分为通用工程勘察内容和专业工程勘察内容两类。通用工程勘察内容包括：工程测量、岩土工程勘察、岩土工程设计与检测监测、水文地质勘察、工程水文气象勘察、工程物探、室内试验等。专业工程勘察内容则包括不同的建设工程行业，如煤炭、水利、电力、石油天然气、铁路、公路、通信、海洋工程等。

建设工程勘察内容依据工作地点可以分为外业工作内容和内业工作内容。外业工作内容指应在工程现场实施的各项作业，如工程测量、地质测绘、岩土工程勘探、原位测试、现场踏勘、现场取样、现场检验、现场检测、现场监测等。内业工作内容指应在室内实施的各项作业，如收集已有资料、室内试验、室内检验、室内检测、技术分析、编制勘察纲要、编制工程勘察文件等。

3. 建设工程勘察阶段划分

工程建设行业不同，相应的岩土工程勘察阶段亦略有不同。《岩土工程勘察规范》（GB 50021—2001）规定，房屋建筑、构筑物、地下洞室、废弃物处理工程可以分为可行性研究勘察、初步勘察、详细勘察和施工勘察等4个阶段；长输油、输气管道工程可以分为选线勘察、初步勘察和详细勘察等3个阶段，核电站则可分为初步可行性研究勘察、可行性研究勘察、初步设计勘察、施工图设计勘察和工程建造勘察等5个勘察阶段。

可行性研究勘察应当符合场址方案选择的要求，并对场地的稳定性和适宜性做出评价；初步勘察应当符合初步设计的要求，并对场地内拟建建筑物地段的稳定性做出评价；详细勘察应当符合施工图设计的要求，按照单体建筑物或建筑群提出岩土工程资料和设计、施工所需的岩土参数，并对建筑地基作出岩土工程评价和相关建议；施工勘察则在基坑开挖后，对与勘察资料不符的岩土条件或须查明的异常情况进行勘察。

4. 工程勘察特点

建设工程勘察作为建设工程项目的前期阶段，为工程设计、施工等提供基础条件和原始资料，其招标工作需要较早启动。工程勘察鉴于其工作性质，既有服务类项目的基本特点，又有施工类项目的部分特点。工程勘察招标具有服务类项目的基本特点，即标的是中标人提供的无形服务，而非工程或者货物等有形物体。由于服务无形，难以按照标准产品进行量化生产，所以每项服务均有其自身特性，具有不可复制性。

工程勘察的外业勘探工作比重较大，需要组织数量不等的工人和机械设备在工程现场钻孔取样、物探、开挖探井等，具有施工类项目的特点，涉及工程质量、安全生产、施工文明、环境保护等要素。

5. 工程勘察的作用影响

工程勘察的费用虽小，但对整个工程项目的质量、工期和投资具有重要影响。如果所提供的设计参数、岩土条件或者勘察成果稍有差池，即有可能引起设计、施工质量安全事故和经济损失。

二、勘察招标的内容、特点及招标文件

1. 勘察招标的基本内容及特点

招标人委托勘察任务的目的是为建设项目的可行性研究立项选址和进行设计工作取得现场的实际依据资料，有时可能还要包括某些科研工作内容。由于建设项目的性质、规模、复杂程度，以及建设地点的不同，设计所需的技术条件千差万别，设计前所需做的勘察和科研项目也就各不相同，有下列八大类别：

（1）自然条件观测。

（2）地形图测绘。

（3）资源探测。

（4）岩土工程勘察。

（5）地震安全性评价。

（6）工程水文地质勘察。

（7）环境评价和环境基底观测。

（8）模型试验和科研。

如果仅委托勘察任务而无科研要求，委托工作大多属于常规方法实施的内容，任务明确具体，可以在招标文件中给出数量指标，如地质勘探的孔位、眼数、总钻探进尺长度等。

勘察任务可以单独发包给具有相应资质的勘察单位实施，也可以将其包括在设计招标任务中。由于勘察工作所取得的技术基础资料是工程项目设计的依据，必须满足设计的需要，因此将勘察任务包括在设计招标的发包范围内，由有相应能力的设计单位完成或由其再去选择承担勘察任务的分包单位，对招标人较为有利。采用勘察设计总承包，不仅招标人和监理单位可以摆脱实施过程中可能遇到的协调义务，而且能使勘察工作直接根据设计需要进行，满足设计对勘察资料精度、内容和进度的要求，必要时还可以进行补充勘察工作。

2. 勘察招标文件应当包括下列内容

（1）投标须知。

（2）投标文件格式及主要合同条款。

（3）项目说明书，包括资金来源情况。

（4）勘察设计范围，对勘察设计进度、阶段和深度要求。

（5）勘察设计基础资料。

（6）勘察设计费用支付方式，对未中标人是否给予补偿及补偿标准。

（7）投标报价要求。

（8）对投标人资格审查的标准。

（9）评标标准和方法。

（10）投标有效期等。

三、勘察合同及其范本

1. 建设工程勘察合同概念

建设工程勘察合同是指根据建设工程的要求，查明、分析、评价建设场地的地质地理环境特征和岩土工程条件，编制建设工程勘察文件订立的协议。

发包人通过招标方式与选择的中标人就委托的勘察、设计任务签订合同。订立合同委托勘察、设计任务是发包人和承包人的自主市场行为，但必须遵守《中华人民共和国合同法》、《中华人民共和国建筑法》、《建设工程勘察设计管理条例》等法律和法规的要求。

2. 建设工程勘察合同示范文本

建设工程勘察合同示范文本按照委托勘察任务的不同分为两个版本。

（1）建设工程勘察合同（一）（GF—2000—0203）。示范文本适用于为设计提供勘察工作的委托任务，包括岩土工程勘察、水文地质勘察（含凿井）、工程测量、工程物探等勘察。合同条款的主要内容包括：①工程概况；②发包人应提供的资料；③勘察成果的提交；④勘察费用的支付；⑤发包人、勘察人责任；⑥违约责任；⑦未尽事宜的约定；⑧其他约定事项；⑨合同争议的解决；⑩合同生效。

（2）建设工程勘察合同（二）（GF—2000—0204）。示范文本的委托工作内容仅涉及岩土工程，包括取得岩土工程的勘察资料，对项目的岩土工程进行设计、治理和监测工作。由于委托工作范围包括岩土工程的设计、处理和监测，因此合同条款的主要内容除了上述勘察合同应具备的条款外，还包括：变更及工程费的调整；材料设备的供应；报告、文件、治理工程等的检查和验收等方面的约定条款。

四、建设工程勘察合同当事人

建设工程勘察合同当事人包括发包人和勘察人。发包人通常可能是工程建设项目的建设单位或者工程总承包单位。勘察工作是一项专业性很强的工作，是工程质量保障的基础。因此，国家对勘察合同的勘察人有严格的管理制度。勘察人必须具备以下条件：

（1）依据我国法律规定，作为承包人的勘察单位必须具备法人资格，任何其他组织和个人均不能成为承包人。这不仅是因为建设工程项目具有投资大、周期长、质量要求高、技术要求强、事关国计民生等特点，还因为勘察设计是工程建设的重中之重，影响整个工程建设的成败，因此一般的非法人组织和自然人是无法承担的。

（2）建设工程勘察合同的承包方须持有工商行政管理部门核发的企业法人营业执照，并且必须在其核准的经营范围内从事建设活动。超越其经营范围订立的建设工程勘察合同为无效合同。因为建设工程勘察业务需要专门的技术和设备，只有取得相应资质的企业才能经营。

（3）建设工程勘察合同的承包方必须持有建设行政主管部门颁发的工程勘察资质证书、工程勘察收费资格证书，而且应当在其资质等级许可的范围内承揽建设工程勘察业务。

关于建设工程勘察设计企业资质管理制度，我国法律、行政法规以及大量的规章均做了十分具体的规定。建设工程勘察、设计企业应当按照其拥有的注册资本、专业技术、人员、技术装备和勘察设计业绩等条件申请资质，经审查合格，取得建设工程勘察、设计资质证书后，方可在资质等级许可的范围内从事建设工程勘察、设计活动。取得资质证书的建设工程勘察、设计企业可以从事相应的建设工程勘察、设计咨询和技术服务。

工程勘察资质分为工程勘察综合资质、工程勘察专业资质、工程勘察劳务资质。工程勘察综合资质只设甲级；工程勘察专业资质设甲级、乙级，根据工程性质和技术特点，部分专业可以设丙级；工程勘察劳务资质不分等级。取得工程勘察综合资质的企业，可以承接各专业（海洋工程勘察除外）、各等级工程勘察业务；取得工程勘察专业资质的企业，可以承接相应等级相应专业的工程勘察业务；取得工程勘察劳务资质的企业，可以承接岩土工程治理、工程钻探、凿井等工程勘察劳务业务。

五、订立勘察合同时应约定的内容

1. 发包人应向勘察人提供的文件资料

发包人应及时向勘察人提供下列文件资料，并对其准确性、可靠性负责，通常包括：

（1）本工程的批准文件（复印件），以及用地（附红线范围）、施工、勘察许可等批件（复印件）。

（2）工程勘察任务委托书、技术要求和工作范围的地形图、建筑总平面布置图。

（3）勘察工作范围已有的技术资料及工程所需的坐标与标高资料。

（4）勘察工作范围地下已有埋藏物的资料（如电力、电信电缆、各种管道、人防设施、洞室等）及具体位置分布图。

（5）其他必要相关资料。

如果发包人不能提供上述资料，一项或多项由勘察人收集时，订立合同时应予以明确，发包人需向勘察人支付相应费用。

2. 发包人应为勘察人提供现场的工作条件

根据项目的具体情况，双方可以在合同内约定由发包人负责保证勘察工作顺利开展应提供的条件，可能包括：

（1）落实土地征用、青苗树木赔偿。

（2）拆除地上地下障碍物。

（3）处理施工扰民及影响施工正常进行的有关问题。

（4）平整施工现场。

（5）修好通行道路、接通电源水源、挖好排水沟渠以及水上作业用船等。

3. 勘察工作的成果

在明确委托勘察工作的基础上，约定勘察成果的内容、形式以及成果的要求等。具体写明勘察人应向发包人交付的报告、成果、文件的名称，交付数量，交付时间和内容要求。

4. 勘察费用的阶段支付

订立合同时约定工程费用阶段支付的时间、占合同总金额的百分比和相应的款额。勘察合同的阶段支付时间通常按勘察工作完成的进度，或委托勘察范围内的各项工作中提交了某部分的成果报告进行分阶段支付，而不是按月支付。

5. 合同约定的勘察工作开始和终止时间

当事人双方应在订立的合同内，明确约定勘察工作开始的日期，以及交付勘察成果的时间。

6. 合同争议的最终解决方式

明确约定解决合同争议的最终方式是采用仲裁或诉讼。采用仲裁时，需注明仲裁委员会的名称。

六、建设工程勘察合同的履行

（一）勘察合同双方的职责

1. 发包人的责任

（1）在勘察现场范围内，不属于委托勘察任务而又没有资料、图纸的地区（段），发包人应负责查清地下埋藏物。若因未提供上述资料、图纸，或提供的资料图纸不可靠、地下埋藏物不清，致使勘察人在勘察工作过程中发生人身伤害或造成经济损失时，由发包人承担民事责任。

（2）若勘察现场需要看守，特别是在有毒、有害等危险现场作业时，发包人应派人负责安全保卫工作。按国家有关规定，对从事危险作业的现场人员进行保健防护，并承担费用。

（3）工程勘察前，属于发包人负责提供的材料，应根据勘察人提出的工程用料计划，按时提供各种材料及其产品合格证明，并承担费用和运到现场，派人与勘察人的工作人员一起验收。

（4）勘察过程中的任何变更，经办理正式变更手续后，发包人应按实际发生的工作量支付勘察费。

（5）为勘察人的工作人员提供必要的生产、生活条件，并承担费用；如不能提供时，应一次性付给勘察人临时设施费。

（6）发包人若要求在合同规定时间内提前完工（或提交勘察成果资料）时，发包人应按每提前一天向勘察人支付计算的加班费。

（7）发包人应保护勘察人的投标书、勘察方案、报告书、文件、资料图纸、数据、特殊工艺（方法）、专利技术和合理化建议。未经勘察人同意，发包人不得复制、不得泄露、不得擅自修改、传送或向第三人转让或用于本合同外的项目。

2. 勘察人的责任

（1）勘察人应按国家技术规范、标准、规程和发包人的任务委托书及技术要求进行工程勘察，按合同规定的时间提交质量合格的勘察成果资料，并对其负责。

（2）由于勘察人提供的勘察成果资料质量不合格，勘察人应负责无偿给予补充完善使其达到质量合格。若勘察人无力补充完善，需另行委托其他单位时，勘察人应承担全部勘察费用。因勘察质量造成重大经济损失或工程事故时，勘察人除应负法律责任和免收直接受损失部分的勘察费外，并根据损失程度向发包人支付赔偿金。赔偿金由发包人、勘察人在合同内约定实际损失的某一百分比。

（3）勘察过程中，根据工程的岩土工程条件（或工作现场地形地貌、地质和水文地质条件）及技术规范要求，向发包人提出增减工作量或修改勘察工作的意见，并办理正式变更手续。

3. 勘察合同的工期

勘察人应在合同约定的时间内提交勘察成果资料，勘察工作有效期限以发包人下达的开工通知书或合同规定的时间为准。出现下列情况时，可以相应延长合同工期：

（1）变更。

（2）工作量变化。

（3）不可抗力影响。

（4）非勘察人原因造成的停、窝工等。

4. 勘察费用的支付

合同中约定的勘察费用计价方式，可以采用以下方式中的一种：按国家规定的现行收费标准取费；预算包干；中标价加签证；实际完成工作量结算等。

在合同履行中，应当按照下列要求支付勘察费用：

（1）合同生效后3天内，发包人应向勘察人支付预算勘察费的20%作为定金。

（2）勘察工作外业结束后，发包人向勘察人支付约定勘察费的某一百分比。对于勘察规模大、工期长的大型勘察工程，还可将这笔费用按实际完成的勘察进度分解，向勘察人分阶段支付工程进度款。

（3）提交勘察成果资料后10天内，发包人应一次付清全部工程费用。

（二）违约责任

1. 发包人的违约责任

（1）由于发包人未给勘察人提供必要的工作生活条件而造成停、窝工或来回进出场地，发包人应承担的责任包括：①付给勘察人停、窝工费，金额按预算的平均工日产值计算；②工期按实际延误的工日顺延；③补偿勘察人来回的进出场费和调遣费。

（2）合同履行期间，由于工程停建而终止合同或发包人要求解除合同时，勘察人未进行勘察工作的，不退还发包人已付定金；已进行勘察工作的，完成的工作量在50%以内时，发包人应向勘察人支付预算额50%的勘察费；完成的工作量超过50%时，则应向勘察人支付预算额100%的勘察费。

（3）发包人未按合同规定时间（日期）拨付勘察费，每超过一日，应偿付未支付勘察费的千分之一逾期违约金。

（4）发包人不履行合同时，无权要求返还定金。

2. 勘察人的违约责任

（1）由于勘察人原因造成勘察成果资料质量不合格，不能满足技术要求时，其返工勘察费用由勘察人承担。对交付的报告、成果、文件达不到合同约定条件的部分，发包人可要求承包人返工，承包人按发包人要求的时间返工，直到符合约定条件。返工后仍不能达到约定条件，承包人承担违约责任，并根据由此造成的损失程度向发包人支付赔偿金，赔偿金额最高不超过返工项目的收费额。

（2）由于勘察人原因未按合同规定时间（日期）提交勘察成果资料，每超过一日，应减收勘察费千分之一。

（3）勘察人不履行合同时，应双倍返还定金。

第三节　工程设计招标

一、工程设计招标概述

设计的优劣对工程项目建设的成败有着至关重要的影响。以招标方式委托设计任务，是为了让设计的技术和成果作为有价值的商品进入市场，打破地区、部门的界限开展设计竞争，通过招标择优确定实施单位，达到拟建工程项目能够采用先进的技术和工艺、优化功能布局、降低工程造价、缩短建设周期和提高投资效益的目的。设计招标的特点是投标人将招标人对项目的设想变为可实施方案的竞争。

1. 工程设计招标依据

从事工程设计招标时，现行主要依据的法规、规章有：国务院 2000 年 9 月发布的《建设工程勘察设计管理条例》，国家发改委、建设部、铁道部、交通部、信息产业部、水利部、中国民航总局和国家广电总局于 2003 年 6 月联合发布的《工程建设项目勘察设计招标投标办法》，以及建设部 2000 年 10 月发布的《建筑工程设计招标投标管理办法》。

此外，在建设工程以外的其他工程领域，也存在着部分规章性的规定，如交通运输部制定的《公路工程勘察设计招标投标管理办法》等，在涉及上述设计招标时，应重点参考相关领域的具体规定。

2. 工程设计的含义和阶段划分

建设工程设计是指根据建设工程的要求和地质勘察报告，对建设工程所需的技术、经济、资源、环境等条件进行综合分析、论证，编制建设工程设计文件的活动。根据设计条件和设计深度，建筑工程设计一般分为两个阶段：初步设计阶段和施工图设计阶段。

3. 工程设计招标的发包范围

与工程设计的两个阶段相对应，工程设计招标一般分为初步设计招标和施工图设计招标。对计划复杂而又缺乏经验的项目，如被称为鸟巢的国家体育场，在必要时还要增加技术设计阶段。为了保证设计指导思想连续贯穿于设计的各个阶段，一般多采用技术设计招标或施工图设计招标，不单独进行初步设计招标，而是由中标的设计单位承担初步设计任务。招标人应依据工程项目的具体特点决定发包的工作范围，可以采用设计全过程总发包的一次性招标，也可以选择分单项或分专业的设计任务发包招标。另外，招标人可以依据工程建设项目的不同特点，实行勘察设计一次性总体招标。

4. 工程设计招标程序

设计招标不同于工程项目实施阶段的施工招标、材料供应招标、设备订购招标，其特点表现为承包任务是投标人通过自己的智力劳动，将招标人对建设项目的设想变为可实施的蓝图；而后者则是投标人按设计的明确要求完成规定的物质生产劳动。因此，设计招标文件对投标人所提出的要求不那么明确具体，只是简单介绍工程项目的实施条件、预期达到的技术经济指标、投资限额、进度要求等。投标人按规定分别报出工程项目的构思方案、实施计划和报价。招标人通过开标、评标程序对各方案进行比较选择后确定中标人。鉴于设计任务本身的特点，设计招标通常采用设计方案竞选的方式招标。设计招标与其他招标在程序上的主要区别有如下几个方面：

（1）招标文件的内容不同。设计招标文件中仅提出设计依据、工程项目应达到的技术指标、项目限定的工作范围、项目所在地的基本资料、要求完成的时间等内容，而无具体的工作量。

（2）对投标书的编制要求不同。投标人的投标报价不是按规定的工程量清单填报报价后算出总价，而是首先提出设计构思和初步方案，并论述该方案的优点和实施计划，在此基础上进一步提出报价。

（3）开标形式不同。开标时不是由招标单位的主持人宣读投标书并按报价高低排定标价次序，而是由各投标人自己说明投标方案的基本构思和意图，以及其他实质性内容，而且不按报价高低排定次序。

（4）评标原则不同。评标时不过分追求投标价的高低，评标委员更多关注于所提供方案的技术先进性、所达到的技术指标、方案的合理性，以及对工程项目投资效应的影响等方面的因素，以此做出一个综合判断。

二、工程设计项目的需求特征

1. 建设工程设计概念

建设工程设计指依据建设工程要求和发包人委托内容，运用工程技术理论及技术经济方法，为工程建设项目功能布局、组合、造型、结构、构造、生产工艺流程、材料设备选型、周围环境的相互联系等进行分析研究，编制方案设计、初步设计文件、施工图设计文件、非标准设备设计文件、施工图预算文件、竣工图文件等，为施工活动提供依据等。

2. 建设工程设计内容

根据工程建设行业不同，建设工程设计分为煤炭、化工石化医药、石油天然气、电力、冶金、军工、机械、商物粮、核工业、电子通信广电、轻纺、建材、铁道、公路、水运、民航、市政、农林、水利、水电、海洋、建筑共计22个行业。

建设工程设计内容包括建设工程项目的主体工程和配套工程，包括厂（矿）区内的自备电站、道路、专用铁路、通信、各种管网管线和配套的建筑物等全部配套工程，以及与主体工程、配套工程相关的工艺、土木、建筑、环境保护、水土保持、消防、安全、卫生、节能、防雷、抗震、照明工程等。

以建筑行业为例，建筑工程设计内容包括建筑物设计、构筑物设计、室外工程设计、民用建筑修建的地下工程设计、住宅小区、工厂厂前区、工厂生活区、小区规划设计及单体设计等，以及所包含的相关专业设计内容，如总平面布置、竖向设计、各类管网管线设计、景观设计、室内外环境设计、建筑装饰、道路、消防、智能、安保、通信、防雷、人防、供配电、照明、废水治理、空调设施、抗震加固等设计。

3. 建设工程设计阶段划分

（1）设计阶段分类。建设工程设计按照工程进展分阶段实施，依据《建设工程勘察设计管理条例》的相关规定，工程设计阶段一般分为方案设计、初步设计和施工图设计三个阶段。大型基础设施、复杂工业项目等工程在方案设计之前通常进行可行性研究，必要时进行预可行性研究，并在初步设计和施工图设计之间增加扩大初步设计或者招标设计阶段。

由于行业不同和惯例差异，工程设计的阶段划分不同，大部分行业的设计阶段起始于总体设计或者方案设计，终结于施工图设计。某些行业如煤炭、电力行业，将其设计阶段向前延伸，规定预可行性研究报告、可行性研究报告归入设计阶段；某些行业如海洋行业，则将设计阶段向后延伸，规定设计阶段包括生产设计、完工设计等后期工作。

不同行业对于设计阶段的划分差异较大，例如水利行业水电工程设计分为四个阶段，即预可行性研究、可行性研究、招标设计和施工图设计，其招标设计阶段相当于建筑行业的初步设计阶段；机械行业设计分为三个阶段，即方案设计、技术设计和施工图设计；铁道行业设计则分为两个阶段，即初步设计和施工图设计。

（2）设计阶段划分表。根据工程建设行业不同，建设工程设计共分为22个行业，每个行业的设计阶段各不相同，具体划分情况参见表7-1。

表7-1　　建设工程设计阶段划分表

序号	行业	预可行性研究报告	可行研究报告	总体设计	方案设计	初步设计	技术设计	招标设计	施工图设计
1	煤炭	★	★			★			★
2	化工石化制药		★	★		★	★		★
3	石油天然气		★			★	★		★
4	电力	★	★			★			★
5	冶金		★			★	★		★
6	军工		★		★	★			★
7	机械				★		★		★
8	商务粮				★	★			★
9	核工业			★		★			★
10	电子通信广电		★			★	★		★
11	轻纺					★			★
12	建材					★			★
13	铁道					★			★
14	公路					★	★		★
15	水运					★	★		★
16	民航					★			★
17	市政					★			★
18	农林				★	★			★
19	水利		★			★	★		★
20	水电	★	★			★	★	★	
21	海洋					★			★
22	建筑				★	★			★

关于建设工程设计阶段划分表（表7-1）的标注说明：

1）化工、石油、冶金行业：一般分为初步设计（或基础设计）和施工图设计两个阶段；对于技术比较复杂又缺乏设计经验的项目，增加技术设计阶段。

2）电力行业中发电工程设计阶段划分为初步可行性研究、可行性研究、初步设计、施工图设计阶段，330kV送变电、220kV枢纽变电、跨网省的变电工程设计阶段分为可行性研究、初步设计、施工图设计阶段，220kV送变电分为初步设计、施工图设计阶段。

3）军工行业如航天器设计通常分为可行性论证、方案设计、初样设计和正样设计阶段。初样设计类似于初步设计阶段，正样设计类似于施工图设计阶段。

4）机械行业设计一般分为计划阶段、方案设计、技术设计、技术文件编制等阶段。技术文件编制类似于施工图设计阶段。

5）公路行业一般采用两阶段设计，即初步设计和施工图设计。对于技术简单、方案明确的小型建设项目，可采用一阶段施工图设计；技术复杂、基础资料缺乏和不足的建设项目或建设项目中的特大桥、长隧道、大型地质灾害治理等，必要时采用三阶段设计，即初步设计、技术设计和施工图设计。

6）民航行业建设程序一般包括：新建机场选址、项目建议书、可行性研究、总体规划、初步设计、施工图设计、建设实施、验收及竣工财务决算等，其中设计阶段包括初步设计、施工图设计等阶段。

7）海洋行业以船舶设计为例，一般分为初步设计、详细设计、生产设计和完工设计四个阶段。由于本表所限，生产设计和完工设计两个阶段没有列示。

8）建筑行业设计一般划分为方案设计、初步设计和施工图设计三个阶段。技术要求简单的民用建筑工程经有关建设主管部门同意，设计委托合同可以约定方案设计审批后直接进入施工图设计，即简化成两阶段设计。

（3）设计阶段概念。依据《建设工程勘察设计管理条例》和工程设计各类规范标准，从其工作内容、工作要求和成果深度而言，各个设计阶段的概念如下：

方案设计阶段是将可行性研究中提出的意见和问题，经与发包人协商认可后进行完善，提出建设项目的具体方案设计，并应满足编制初步设计文件和控制概算的需要。

初步设计阶段是工程建设项目的宏观设计，包括总体设计、布局设计、主要的工艺流程、设备的选型和安装设计、土建工程量、投资概算等，应当满足编制施工招标文件、主要设备材料订货和编制施工图设计文件的需要。

施工图设计阶段是根据批准的初步设计，绘制出正确、完整和尽可能详细的建筑、安装图纸，包括部分工程的详图，零部件结构明细表，验收标准、方法，施工图预算等，应当满足设备材料采购、非标准设备制作和施工的需要，并应注明建设工程合理使用年限。

除了上述设计阶段划分方式之外，部分行业例如化工行业、石油行业等也可将工程设计阶段划分为概念设计、基础设计、详细设计等阶段，军工行业分为方案设计、初样设计和正样设计阶段，海洋行业则可分为初步设计、详细设计、生产设计和完工设计等阶段。与建筑行业的各个设计阶段相比，从设计内容和设计深度而言，概念设计类似于建筑行业的方案设计，基础设计、初样设计类似于建筑行业的初步设计，详细设计、正样设计类似于建筑行业的施工图设计，生产设计类似于建筑行业的施工深化设计，完工设计则类似于建筑行业的竣工图设计等。

（4）各个阶段的设计要求。依据《民用建筑设计通则》（GB 50352—2005）、《建筑工程设计文件编制深度规定》（建质〔2008〕216号）等规定，工程设计各个阶段的设计要求如下：

1）方案设计阶段。根据设计条件和设计深度的不同，方案设计可以分为概念性方案设计和实施性方案设计。其中，概念性方案设计是项目可行性研究的组成部分，为研究确定工程建设项目功能布局、规模、标准、建筑艺术造型、交通、环境、总体规划、投资估算指标等技术方案和满足城市规划要求所需的设计程序；实施性方案设计是依据项目可行性研究报告确定的技术方案框架范围，为确定和细化工程建设项目功能布局、规划、结构造型、材料设备、制作建筑模型、技术经济指标等主要功能特征和实施技术特征的设计程序。

方案设计文件一般包括设计说明书（含各专业设计说明）、总平面图、建筑设计图纸、投资估算，以及设计合同约定的透视图、鸟瞰图、模型等。

方案设计文件的内容和深度应该满足办理工程建设项目审批、规划、土地、环保等有关手续和编制初步设计文件的需要。

2）初步设计阶段。初步设计根据项目可行性研究报告、设计合同、工程勘察报告等，通过系统、深入的研究论证，决定和细化工程建设项目功能、规模、标准和实施技术方案的设计程序，包括总体规划、功能布局（生产工艺流程）、平面和竖向布置、建筑、结构、交通、绿化、消防、人防、抗震、给排水、电气、暖通、节能环保等专项主要设计和主要材料设备标准规格，以及工程设计概算与技术经济指标。

初步设计阶段的设计文件包括设计说明书，含设计总说明、各专业设计说明，有关专业的设计图纸，主要设备或材料表，工程概算书，有关专业计算书等。

初步设计阶段的内容和深度应当满足编制施工招标文件、主要设备材料订货和编制施工图设计文件的需要。复杂、大型工程在初步设计之前应根据设计需要进行特殊试验与设计，如风洞试验、振动台试验、地基工程试验、超限设计的性能分析等，以取得特殊的技术参数用以支持和完善工程初步设计。

3）施工图设计阶段。施工设计图纸是指导工程施工，为工程施工提供操作依据的详细技术文件。

施工图设计阶段的设计文件包括合同要求所涉及的所有专业设计图纸，含图纸目录、说明，必要的设备、材料表，合同要求的工程预算书，各专业计算书。专业设计图纸一般包括总平面、建筑、结构、建筑电气、给水排水、采暖通风与空气调节、热能动力、预算等。

施工图设计阶段的内容和深度应当满足设备材料采购、非标准设备制作和施工的需要，并应注明建设工程合理使用年限。如果施工图设计工作由两个以上设计人分别承担，相互关联处的接口设计深度应当满足各设计人的相互衔接设计需要。

4. 建设工程设计指标

建设工程各个行业的设计功能、规模标准等技术经济指标各不相同。本书以建筑工程为例，说明体现建筑工程特点的各项技术经济指标。

（1）设计功能定位要求。工程建设项目设计功能定位是指按照项目发包人的需求，结合城市规划、环境管理等有关规定对项目功能用途、使用要求、总平面布置、竖向设计、交通组织、景观绿化、环境保护、建筑立面造型、建筑控制高度等提出的定性和定量的设计要求。

(2) 规模和设计标准。反映工程建设规模的指标有：总建筑面积、总投资、容纳人数、住宅建筑的套型、套数及每套的建筑面积、使用面积，宾馆建筑中的客房数和床位数，医院建筑中的门诊人次和病床数等规模指标；反映设计标准的指标包括工程等级、结构的设计使用年限、耐火等级、装修标准等。

(3) 技术经济性指标。技术经济性指标有：总用地面积、总建筑面积及各分项建筑面积（包括地上和地下），建筑基底总面积，绿地总面积、容积率、建筑密度、绿地率、停车泊位数（室内、外和地上、地下），主要建筑或核心建筑的层数、层高和总高度等指标。工程建设项目的技术经济性指标应该符合行业或区域的设计规范和标准。

(4) 造价指标。反映工程建设项目造价的指标有：工程建设项目投资估算、建筑工程单位面积造价、单位功能造价等。

5. 工程设计的影响作用

国内外研究分析证明，工程设计费虽然一般只占工程总投资的3%～10%，但对工程建设项目的功能定位、规模标准、质量、造价等具有决定性作用，对工程造价实际影响程度最高能够达到75%。

工程设计的不同阶段对于工程质量、造价的影响程度不一。工程设计初期，对整个工程建设项目的功能定位、规模标准、质量、工期和投资具有决定性作用。随着工程设计的逐步深入和细化，工程设计方案优化调整的可能性减小，对工程建设目标的影响也会随之减弱。施工图设计开始之后，工程设计再行调整方案将对设计和施工造成消极影响，严重者甚至造成工程返工或者停工，产生重大工程损失。

为了提高投资效益，建设工程设计应当实行限额设计方法。限额设计以批准的可行性研究报告和投资估算为限额，控制方案设计和初步设计；以批准的初步设计及工程概算为限额，优化施工图设计。

各设计阶段、设计专业应在保证工程建设项目使用功能定位、质量和安全的前提下，按照相应的投资限额严格控制设计水准，利用价值工程优化设计方案，促进新技术、新工艺、新设备、新材料的运用，控制或降低工程投资数额，从而提高投资效益。因此，建设工程设计招标文件通常列出工程投资限额，作为投标人和中标人优化工程设计的目标依据。

6. 建设工程设计特点

建设工程设计作为建设工程行业的前期阶段，为发包人提供专业的设计服务，具有服务类项目的典型特点。同工程勘察一样，工程设计标的物是中标人提供的无形服务，而非工程或者货物等有形物体。设计人根据发包人委托提供相应的设计服务，从工作内容、设计要求、服务方式、实施周期等方面而言，每一工程建设项目的设计服务均不相同，具有不可复制性。

7. 知识产权

知识产权指人们对其智力劳动成果所依法享有的专有权利，限于一定的时间跨度之内。工程设计属于知识密集的智力服务，其知识产权一般归设计人所有，但发包人有权使用，双方亦可约定归谁所有或者共同拥有。如归发包人所有，双方应当签署知识产权转让协议，并按约定支付相应的转让费用。

三、工程设计招标管理

工程设计的招标阶段，涉及的主要环节包括：在具备设计招标条件后发布招标公告，投标单位资格预审，编制、发放招标文件等，其中应重点关注以下几个问题。

（一）设计招标标段划分

1. 法律法规

招标人应当依法、合理地确定项目招标内容及标段规模，不得通过细分标段、化整为零的方式规避招标。

2. 专业技术管理特点

设计项目应考虑发挥不同设计单位的专业特点和优势。

（二）招标方式

建筑工程设计招标依法可以公开招标或者邀请招标。

1. 公开招标

根据国务院批准的由原国家计委于2000年5月发布的《工程建设项目招标范围和规模标准规定》下列情形，除了依法获得有关部门批准可以不进行公开招标的，必须实行公开招标：

（1）对于单项合同估算价在50万元人民币以上的设计服务的采购。

（2）全部使用国有资金投资或者国有资金投资占控股或者主导地位的工程建设项目设计服务招标。

（3）国务院发展和改革部门确定的国家重点项目和省、自治区、直辖市人民政府确定的地方重点项目。

2. 邀请招标

依法必须进行招标的项目，在下列情况下可以进行邀请招标：

（1）技术复杂、有特殊要求或者受自然环境限制，只有少量潜在投标人可供选择。

（2）采用公开招标方式的费用占项目合同金额的比例过大。招标人采用邀请招标方式的，应保证有三个以上具备承担招标项目设计能力，并具有相应资质的特定法人或者其他组织参加投标。

（三）对投标人的资格审查

1. 资质审查

我国对从事建设工程设计活动的单位，实行资质管理制度，在工程设计招标过程中，招标人应初步审查投标人所持有的资质证书是否与招标文件的要求相一致，是否具备从事设计任务的资格。

根据原建设部颁布的《建设工程勘察设计资质管理规定》，工程设计资质分为工程设计综合资质、工程设计行业资质、工程设计专业资质和工程设计专项资质四类。其中工程设计综合资质只设甲级；工程设计行业资质、工程设计专业资质、工程设计专项资质设甲级、乙级。根据工程性质和技术特点，个别行业、专业、专项资质可以设丙级，建筑工程专业资质可以设丁级。

取得工程设计综合资质的企业，可以承接各行业、各等级的建设工程设计业务；取得工程设计行业资质的企业，可以承接相应行业相应等级的工程设计业务及本行业范围内同级别的相应专业、专项（设计施工一体化资质除外）工程设计业务；取得工程设计专业资质的企业，可以承接本专业相应等级的专业工程设计业务及同级别的相应专项工程设计业务（设计施工一体化资质除外）；取得工程设计专项资质的企业，可以承接本专项相应等级的专项工程设计业务。

建设工程设计单位应当在其资质等级许可的范围内承揽建设工程设计业务。禁止建设工程设计单位超越其资质等级许可的范围或者以其他建设工程设计单位的名义承揽建设工程设计业务。禁止建设工程设计单位允许其他单位或者个人以本单位的名义承揽建设工程设计业务。

2. 能力和经验审查

判定投标人是否具备承担发包任务的能力，通常要进一步审查人员的技术力量。人员的技术力量主要考察设计负责人的资格和能力，以及各类设计人员的专业覆盖面、人员数量和各级职称人员的比例等是否满足完成工程设计的需要。

同类工程的设计经历是非常重要的内容，因此通过投标人报送的最近几年完成工程项目业绩表，评定他的设计能力与水平。侧重于考察已完成的设计项目与招标工程的规模、性质、形式是否相适应。

（四）设计招标文件的编制

设计招标文件是指导投标人正确编制投标文件的依据，招标人应当根据招标项目的特点和需要编制招标文件。设计招标文件应当包括下列内容：

（1）投标须知，包含所有对投标要求有关的事项。

（2）投标文件格式及主要合同条款。

（3）项目说明书，包括资金来源情况。

（4）设计范围，对设计进度、阶段和深度要求。

（5）设计依据的基础资料。

（6）设计费用支付方式，对未中标人是否给予补偿及补偿标准。

（7）投标报价要求。

（8）对投标人资格审查的标准。

（9）评标标准和方法。

（10）投标有效期。

（11）招标可能涉及的其他有关内容。

招标文件一经发出后，需要进行必要的澄清或者修改时，应当在提交投标文件截止日期15日前，书面通知所有招标文件收受人。

（五）设计要求文件的主要内容

文件大致包括以下内容：

（1）设计文件编制依据。

（2）国家有关行政主管部门对规划方面的要求。

（3）技术经济指标要求。

（4）平面布局要求。

（5）结构形式方面的要求。

（6）结构设计方面的要求。

（7）设备设计方面的要求。

（8）特殊工程方面的要求。

（9）其他有关方面的要求，如环保、消防、人防等。

编制设计要求文件应兼顾三个方面：严格性，文字表达应清楚不被误解；完整性，任务要求全面不遗漏；灵活性，要为投标人发挥设计创造性留有充分的自由度。

四、建筑工程设计投标管理

设计投标管理阶段的主要环节包括：现场踏勘，答疑，投标人编制投标文件，开标，评标，中标，订立设计合同等，其中应重点关注以下两个问题：

1. 评标标准

工程设计投标的评比一般分为技术标和商务标两部分，评标委员会必须严格按照招标文件确定的评标标准和评标办法进行评审。评标委员会应当在符合城市规划、消防、节能、环保的前提下，按照投标文件的要求，对投标设计方案的经济、技术、功能和造型等进行比选、评价，确定符合招标文件要求的最优设计方案。通常，如果招标人不接受投标人技术标方案的投标书，即被淘汰，不再进行商务标的评审。虽然投标书的设计方案各异需要评审的内容很多，但大致可以归纳为以下五个方面：

（1）设计方案的优劣。设计方案评审内容主要包括：设计指导思想是否正确；设计产品方案是否反映了国内外同类工程项目较先进的水平；总体布置的合理性，场地利用系数是否合理；工艺流程是否先进；设备选型的适用性；主要建筑物、构筑物的结构是否合理，造型是否美观大方并与周围环境相协调；“三废”治理方案是否有效；以及其他有关问题。

（2）投入、产出经济效益比较。主要涉及以下几个方面：建筑标准是否合理；投资估算是否超过限制；先进的工艺流程可能带来的投资回报；实现该方案可能需要的外汇估算等。

（3）设计进度快慢。评标投标书内的设计进度计划，看其能否满足招标人制定的项目建设总进度计划要求。大型复杂的工程项目为了缩短建设周期，初步设计完成后进行施工招标，在施工阶段陆续提供施工图。此时应重点审查设计进度是否能满足施工进度要求，避免妨碍或延误施工的顺利进行。

（4）设计资历和社会信誉。不设置资格预审的邀请招标，在评标时还应进行资格后审，作为评审比较条件之一。

（5）报价的合理性。在方案水平相当的投标人之间再进行设计报价的比较，不仅评定总价，还应审查各分项取费的合理性。

2. 报价的合理性

在方案水平相当的投标人之间再进行设计报价的比较，不仅评定总价，还应审查各分项收费的合理性。

例如，某项工程设计的评分，见表 7-2。

表 7-2　　某工程设计评分标准表

序号	项目	标准分	评　分　标　准	分值	备注
1	强制性标准	10 分	完全符合招标文件要求及国家有关规范、标准、规定	9～10	
			基本符合招标文件要求及国家有关规范、标准、规定	1～8	
			不符合招标文件要求及国家有关规范、标准、规定	0	
2	设计说明的编制	15 分	有深度、包含设计任务书要求的所有内容	9～15	
			深度稍有欠缺、说明中缺少设计任务书个别项目内容	2～8	
			深度严重不足、说明中缺少设计任务书大多数项目内容	0～1	
3	平面布置	25 分	科学合理、符合规划部门所提各项要求指标	15～25	
			欠科学、欠合理、符合规划部门所提各项要求指标	1～14	
			不符合规划部门所提各项要求指标	0	
4	环境及绿化方案	10 分	科学合理、符合规划部门所提各项要求指标	6～10	
			欠科学、欠合理、符合规划部门所提各项要求指标	1～5	
			不符合规划部门所提各项要求指标	0	
5	交通组织	10 分	科学、合理、完善	7～10	
			欠科学、欠合理、需要完善	2～6	
			不科学、不合理	0～1	
6	结构设计	10 分	科学、合理、符合国家有关规范、标准、规定	6～10	
			欠科学、欠合理、符合国家有关规范、标准、规定	1～5	
			不符合国家有关规范、标准、规定	0	
7	使用功能及布局	15 分	科学、合理、完善	9～15	
			欠科学、欠合理、需要完善	2～8	
			不科学、不合理	0～1	
8	其他方面（节能）	5 分	符合国家节能标准	5	
			不符合国家节能标准	0	

3. 评标方法的选择

鉴于工程项目设计招标的特点，工程建设项目设计招标评标方法通常采用综合评估法。一般由评标委员会对通过符合性初审的投标文件，按照招标文件中详细规定的投标技术文件、商务文件和经济文件的评价内容、因素和具体评分方法进行综合评估。

评标委员会应当在评标完成后，向招标人提出书面评标报告。采用公开招标方式的，评标委员会应当向招标人推荐 2～3 个中标候选方案。采用邀请招标方式的，评标委员会应当向招标人推荐 1～2 个中标候选方案。国有资金占控股或者主导地位的依法必须招标的项目，招标人应当确定排名第一的中标候选人为中标人。排名第一的中标候选人放弃中标、因不可抗力提出不能履行合同，不按照招标文件要求提交履约保证金，或者被查实存在影响中标结果的违法行为等情形，不符合中标条件时，招标人可以按照评标委员会提出的中标候选人名单排序依次确定其他人为中标人。依次确定其他中标候选人与招标人预期差距较大，或者对招标人明显不利的，招标人可以重新招标。

4. 投标补偿

工程设计投标一般设有适当金额的投标经济补偿，以鼓励投标人参加设计招标活动。工程设计投标方案不得抄袭或者利用他人成果，投标人应当全新设计，因此需要投入大量的人员智力劳动。此外，建筑工程设计投标文件一般包括效果图、展板、模型、沙盘、多媒体演示文件等，所需投标费用不菲，应对设计方案评审合格的未中标人进行适当地补偿。发包人如欲采用未中标人的技术方案，应当征得对方的书面同意，并支付合理的使用费。

第四节　设计合同管理

一、设计合同示范文本

2015 年住房和城乡建设部、国家工商行政管理总局在《建设工程设计合同（一）（民用建设工程设计合同）》（GF—2000—0209）、《建设工程设计合同（二）（专业建设工程设计合同）》（GF—2000—0210）的基础上进行了修订，制定了《建设工程设计合同示范文本（房屋建筑工程）》（GF—2015—0209）、《建设工程设计合同示范文本（专业建设工程）》（GF—2015—0210），自 2015 年 7 月 1 日起执行。

建设工程勘察合同示范文本有两种，一种是适用于岩土工程勘察、水文地质勘查（含凿井）、工程测量、工程物探等方面的《建设工程勘察合同示范文本（一）》（GF—2000—0203）。另一种适用于岩土工程设计、治理、监测等方面的《建设工程勘察合同示范文本（二）》（GF—2000—0204）。

建设工程设计合同示范文本也分为两种：一种是《建设工程设计合同示范文本（房屋建筑工程）》，主要适用于建设用地规划许可证范围内的建筑物构筑物设计、室外工程设计、民用建筑修建的地下工程设计及住宅小区、工厂厂前区、工厂生活区、小区规划设计及单体设计等，以及所包含的相关专业的设计内容（总平面布置、竖向设计、各类管网管线设计、景观设计、室内外环境设计及建筑装饰、道路、消防、智能、安保、通信、防雷、人防、供配电、照明、废水治理、空调设施、抗震加固等）等工程设计活动。另一种是《建设工程设计合同示范文本（专业建设工程）》，主要适用于房屋建筑工程以外各行业建设工程项目的主体工程和配套工程（含厂/矿区内的自备电站、道路、专用铁路、通信、各种管网管线和配套的建筑物等全部配套工程）以及与主体工程、配套工程相关的工艺、土木、建筑、环境保护、水土保持、消防、安全、卫生、节能、防雷、抗震、照明等工程设计活动。

《建设工程设计合同示范文本（房屋建筑工程）》《建设工程设计合同示范文本（专业建设工程）》由合同协议书、通用合同条款和专用合同条款三部分组成。

1. 合同协议书

合同协议书集中约定了合同当事人基本的合同权利义务。包括：工程概况（工程名称、地点、规划占地面积、总建筑面积、建筑高度、建筑功能、投资估算），工程设计范围、阶段与服务内容，工程设计周期，合同价格形式与签约合同价，发包人代表与设计人项目负责人，合同文件构成，双方承诺，签订地点，补充协议，合同生效，合同份数等。

2. 通用合同条款

通用合同条款是合同当事人根据《建筑法》《合同法》等法律法规的规定，就工程设计的实施及相关事项，对合同当事人的权利义务做出的原则性约定。通用合同条款既考虑了现行法律法规对工程建设的有关要求，也考虑了工程设计管理的特殊需要。通用合同条款共 17 条，包括一般约定、发包人、设计人、工程设计资料、工程设计要求、工程设计进度与周期、工程设计文件交付、工程设计文件审查、施工现场配合服务、合同价款与支付、工程设计变更与索赔、专业责任与保险、知识产权、违约责任、不可抗力、合同解除、争议解决等。

3. 专用合同条款

专用合同条款是对通用合同条款原则性约定的细化、完善、补充、修改或另行约定的条款。合同当事人可以根据不同建设工程的特点及具体情况，通过双方的谈判、协商对相应的专用合同条款进行修改补充。在使用专用合同条款时，应注意以下事项：

（1）专用合同条款的编号应与相应的通用合同条款的编号一致。

（2）合同当事人可以通过对专用合同条款的修改，满足具体房屋建筑工程或专业建设工程的特殊要求，避免直接修改通用合同条款。

（3）在专用合同条款中有横道线的地方，合同当事人可针对相应的通用合同条款进行细化、完善、补充、修改或另行约定。

二、设计合同工作内容

设计合同工作内容，一般包括设计项目的名称、规模、设计的阶段、投资及设计费等。通常，在设计合同中以表格形式明确列出设计项目内容。各行业项目建设有各自的特点，在设计内容上有所不同，在合同签订过程中可根据行业的特点进行确定。

1. 方案设计阶段的工作内容

方案设计阶段的工作内容包括：按照批准的立项文件要求，对建设项目进行总体部署和安排，使设计构思和设计意图具体化；细化总平面布局、功能分区、总体布置、空间组合、交通组织等；细化总用地面积、总建筑面积等各项技术经济指标。方案设计的内容与深度应当满足编制初步设计和项目投资估算的需要。

2. 初步设计阶段的工作内容

建筑工程的初步设计内容是对方案设计的深化，专业建设工程的初步设计内容是对批准的可行性研究报告的深化。初步设计应当满足相应国家标准或行业标准中规定的深度要求。初步设计的内容和深度要满足主要设备材料订货、征用土地、编制施工图、编制施工组织设计、编制工程量清单和项目初步设计概算、施工准备和生产准备等的要求。对于初步设计批准后进行施工招标的，初步设计文件还应当满足编制施工招标文件的需要。

3. 施工图设计阶段的工作内容

施工图设计内容是按照初步设计确定的具体设计原则、设计方案和主要设备订货情况进行编制，要求绘制出各部分的施工详图和设备、管线安装图等。施工图文件编制的内容和深度应当满足设备材料的安排和非标准设备制作、编制施工图预算和进行施工等的要求。

4. 设计合同文件构成及优先顺序

组成合同的各项文件应互相解释，互为说明。除专用合同条款另有约定外，解释合同文件的优先顺序如下：

（1）合同协议书。

（2）专用合同条款及其附件。

（3）通用合同条款。

（4）中标通知书（如果有）。

（5）投标函及其附录（如果有）。

（6）发包人要求（或称设计任务书）。

（7）技术标准。

（8）发包人提供的上一阶段图纸（如果有）。

（9）其他合同文件。

上述各项合同文件包括合同当事人就该项合同文件所作出的补充和修改，属于同一类内容的文件，应以最新签署的为准。在合同履行过程中形成的与合同有关的文件均构成合同文件组成部分，并根据其性质确定优先解释顺序。

三、设计合同的履行

（一）发包人及其主要工作

1. 发包人一般义务

发包人应遵守法律，并办理法律规定由其办理的许可、核准或备案，包括但不限于建设用地规划许可证、建设工程规划许可证等许可、核准或备案。

发包人负责将项目各阶段设计文件向有关管理部门送审报批，并负责将报批结果书面通知设计人。因发包人原因未能及时办理完毕前述许可、核准或备案手续，导致设计工作量增加和（或）设计周期延长时，由发包人承担由此增加的设计费用和（或）延长的设计周期。

发包人应当负责工程设计的所有外部关系的协调（包括但不限于当地政府主管部门等），为设计人履行合同提供必要的外部条件，以及履行专用合同条款约定的其他义务。

2. 任命发包人代表

发包人应在专用合同条款中明确其负责工程设计的发包人代表的姓名、职务、联系方式及授权范围等事项。发包人代表在发包人的授权范围内，负责处理合同履行过程中与发包人有关的具体事宜。发包人代表在授权范围内的行为由发包人承担法律责任。发包人更换发包人代表的，应在专用合同条款约定的期限内提前书面通知设计人。发包人代表不能按照合同约定履行其职责及义务，并导致合同无法继续正常履行的，设计人可以要求发包人撤换发包人代表。

3. 提供资料

发包人应按专用合同条款约定的时间向设计人提供工程设计所必需的工程设计资料。

4. 发包人决定

发包人在法律允许的范围内有权对设计人的设计工作、设计项目和/或设计文件做出处理决定，设计人应按照发包人的决定执行，涉及设计周期或设计费用等问题按通用合同条款（工程设计变更与索赔）的约定处理。发包人应在专用合同条款约定的期限内对设计人书面提出的事项作出书面决定，如发包人不在确定时间内作出书面决定，设计人的设计周期相应延长。

5. 支付合同价款

发包人应按合同约定向设计人及时足额支付合同价款。

6. 接收设计文件

发包人应按合同约定及时接收设计人提交的工程设计文件。

（二）设计人及其主要工作

1. 设计人一般义务

设计人应遵守法律和有关技术标准的强制性规定，完成合同约定范围内的专业建设工程初步设计、施工图设计，提供符合技术标准及合同要求的工程设计文件，提供施工配合服务，并完成建设单位提出的优化和深化设计工作。

设计人应当按照专用合同条款约定配合发包人办理有关许可、核准或备案手续的，因设计人原因造成发包人未能及时办理许可、核准或备案手续，导致设计工作量增加和（或）设计周期延长时，由设计人自行承担由此增加的设计费用和（或）设计周期延长的责任。

设计人应当完成合同约定的工程设计其他服务，以及专用合同条款约定的其他义务。

2. 任命项目负责人

项目负责人应为合同当事人所确认的人选，并在专用合同条款中明确项目负责人的姓名、执业资格及等级与注册执业证书编号或职称、联系方式及授权范围等事项，项目负责人经设计人授权后代表设计人负责履行合同。

设计人需要更换项目负责人的，应在专用合同条款约定的期限内提前书面通知发包人，并征得发包人书面同意。未经发包人书面同意，设计人不得擅自更换项目负责人。设计人擅自更换项目负责人的，应按照专用合同条款的约定承担违约责任。

发包人有权书面通知设计人更换其认为不称职的项目负责人，通知中应当载明要求更换的理由。对于发包人有理由的更换要求，设计人应在收到书面更换通知后在专用合同条款约定的期限内进行更换。设计人无正当理由拒绝更换项目负责人的，应按照专用合同条款的约定承担违约责任。

3. 设计人人员安排

设计人应在接到开始设计通知后 7 天内，向发包人提交设计人项目管理机构及人员安排的报告，其内容应包括工艺、土建、设备等专业负责人名单及其岗位、注册执业资格或职称等。

设计人委派到工程设计中的设计人员应相对稳定。设计过程中如有变动，设计人应及时向发包人提交工程设计人员变动情况的报告。设计人更换专业负责人时，应提前 7 天书面通知发包人。

发包人对于设计人主要设计人员的资格或能力有异议的，设计人应提供资料证明被质疑人员有能力完成其岗位工作或不存在发包人所质疑的情形。发包人要求撤换不能按照合同约定履行职责及义务的主要设计人员的，设计人认为发包人有理由的，应当撤换。设计人无正当理由拒绝撤换的，应按照专用合同条款的约定承担违约责任。

4. 设计分包

设计人不得将其承包的全部工程设计转包给第三人，或将其承包的全部工程设计肢解后以分包的名义转包给第三人。设计人不得将工程主体结构、关键性工作及专用合同条款中禁止分包的工程设计分包给第三人，工程主体结构、关键性工作的范围由合同当事人按照法律规定在专用合同条款中予以明确。设计人不得进行违法分包。

设计人应按专用合同条款的约定或经过发包人书面同意后进行分包，确定分包人。按照合同约定或经过发包人书面同意后进行分包的，设计人应确保分包人具有相应的资质和能力。设计人应按照专用合同条款的约定向发包人提交分包人的主要工程设计人员名单、注册执业资格或职称及执业经历等。工程设计分包不减轻或免除设计人的责任和义务，设计人和分包人就分包工程设计向发包人承担连带责任。

5. 联合体设计

联合体各方应共同与发包人签订合同协议书，联合体各方应为履行合同向发包人承担连带责任。联合体各方应签订联合体协议，约定联合体各成员工作分工，经发包人确认后作为合同附件。在履行合同过程中，未经发包人同意，不得修改联合体协议。联合体牵头人负责与发包人联系，并接受指示，负责组织联合体各成员全面履行合同。

6. 发包人提供资料和设计人提交设计文件

（1）发包人提供资料。发包人提供必需的工程设计资料是设计人开展设计工作的依据之一，发包人提交资料的时间和质量直接影响设计人的工作成果和进度。发包人应当在工程设计前或专用合同条款约定的时间向设计人提供工程设计所必需的工程设计资料，并对所提供资料的真实性、准确性和完整性负责。按照法律规定确需在工程设计开始后方能提供的设计资料，发包人应及时地在相应工程设计文件提交给发包人前的合理期限内提供，合理期限应以不影响设计人的正常设计为限。

发包人提交上述文件和资料超过约定期限的，超过约定期限 15 天以内，设计人按本合同约定的交付工程设计文件时间相应顺延；超过约定期限 15 天以外时，设计人有权重新确定提交工程设计文件的时间。工程设计资料逾期提供导致增加了设计工作量的，设计人可以要求发包人另行支付相应设计费用，并相应延长设计周期。

（2）设计人提交设计文件。在建设项目确立以后，工程设计就成为工程建设最关键的环节，建设工程设计文件是设备材料采购、非标准设备制作和工程施工的主要依据，设计文件提交的时间将决定项目实施后续工作的开展，决定了项目整体建设周期的长短。因此，在设计合同中应按照项目整个建设进度的安排、合理设计周期及各专业设计之间的逻辑关系等，规定分批或分类的工程设计文件提交的名称、份数、时间和地点等。一般而言，在设计合同专用条款中可用表格的形式对设计人提交的设计文件予以约定。

（三）工程设计文件审查

1. 设计文件的审查期间

设计人的工程设计文件应报发包人审查同意。除专用合同条款对期限另有约定外，自发包人收到设计人的工程设计文件以及设计人的通知之日起，发包人对设计人的工程设计文件审查期不超过15天。发包人不同意工程设计文件的，应以书面形式通知设计人，并说明不符合合同要求的具体内容。设计人应根据发包人的书面说明，对工程设计文件进行修改后重新报送发包人审查，审查期重新起算。合同约定的审查期满，发包人没有做出审查结论也没有提出异议的，视为设计人的工程设计文件已获发包人同意。

2. 发包人对设计文件的审查

设计人的工程设计文件不需要政府有关部门审查或批准的，设计人应当严格按照经发包人审查同意的工程设计文件进行修改，如果发包人的修改意见超出或更改了发包人要求，发包人应当根据合同（工程设计变更与索赔）条款的约定，向设计人另行支付费用。

3. 政府有关部门对设计文件的审查

工程设计文件需政府有关部门审查或批准的，发包人应在审查同意设计人的工程设计文件后在专用合同条款约定的期限内，向政府有关部门报送工程设计文件，设计人应予以协助。对于政府有关部门的审查意见，不需要修改发包人要求的，设计人需按该审查意见修改设计人的工程设计文件；需要修改发包人要求的，发包人应重新提出发包人要求，设计人应根据新提出的发包人要求修改设计人的工程设计文件，发包人应当根据合同（工程设计变更与索赔）条款的约定，向设计人另行支付费用。

4. 组织审查会议对工程设计文件进行审查

发包人需要组织审查会议对工程设计文件进行审查的，审查会议的审查形式和时间安排，在专用合同条款中约定。发包人负责组织工程设计文件审查会议，并承担会议费用及发包人的上级单位、政府有关部门参加的审查会议的费用。设计人有义务参加发包人组织的设计审查会议，向审查者介绍、解答、解释其工程设计文件，并提供有关补充资料。设计人有义务按照相关设计审查会议批准的文件和纪要，并依据合同约定及相关技术标准，对工程设计文件进行修改、补充和完善。

工程设计文件的审查，不减轻或免除设计人依据法律应当承担的责任。

（四）设计合同价款与支付

1. 设计合同价款

合同价格又称设计费，是指发包人用于支付设计人按照合同约定完成工程设计范围内全部工作的金额，包括合同履行过程中按合同约定发生的价格变化。签约合同价是指发包人和设计人在合同协议书中确定的总金额。

发包人和设计人应当在专用合同条款中明确约定合同价款各组成部分的具体数额，主要包括：工程设计基本服务费用、工程设计其他服务费用，以及在未签订合同前发包人已经同意或接受或已经使用的设计人为发包人所做的各项工作的相应费用等。

2. 合同价格形式

发包人和设计人应在合同协议书中选择下列一种合同价格形式：

（1）单价合同：单价合同是指合同当事人约定以建筑面积（包括地上建筑面积和地下建筑面积）每平方米单价或实际投资总额的一定比例等进行合同价格计算、调整和确认的建设工程设计合同，在约定的范围内合同单价不作调整。合同当事人应在专用合同条款中约定单价包含的风险范围和风险费用的计算方法，并约定风险范围以外的合同价格的调整方法。

（2）总价合同：总价合同是指合同当事人约定以发包人提供的上一阶段工程设计文件及有关条件进行合同价格计算、调整和确认的建设工程设计合同，在约定的范围内合同总价不作调整。合同当事人应在专用合同条款中约定总价包含的风险范围和风险费用的计算方法，并约定风险范围以外的合同价格的调整方法。

（3）其他价格形式：合同当事人可在专用合同条款中约定其他合同价格形式。

3. 定金或预付款

定金的比例不应超过合同总价款的20%。预付款的比例由发包人与设计人协商确定，一般不低于合同总价款的20%，定金或预付款的支付按照专用合同条款约定执行。发包人逾期支付定金或预付款超过专用合同条款约定的期限的，设计人有权向发包人发出要求支付定金或预付款的催告通知，发包人收到通知后7天内仍未支付的，设计人有权不开始设计工作或暂停设计工作。

4. 进度款支付

发包人应当按照专用合同条款约定的付款条件及时向设计人支付进度款。在对已付进度款进行汇总和复核中发现错误、遗漏或重复的，发包人和设计人均有权提出修正申请。经发包人和设计人同意的修正，应在下期进度付款中支付或扣除。

5. 合同价款的结算与支付

对于采取固定总价形式的合同，发包人应当按照专用合同条款的约定及时支付尾款。对于采取固定单价形式的合同，发包人与设计人应当按照专用合同条款约定的结算方式及时结清工程设计费，并将结清未支付的款项一次性支付给设计人。对于采取其他价格形式的，也应按专用合同条款的约定及时结算和支付。

（五）工程设计变更与索赔

发包人变更工程设计的内容、规模、功能、条件等，应当向设计人提供书面要求，设计人在不违反法律规定以及技术标准强制性规定的前提下应当按照发包人要求变更工程设计。发包人变更工程设计的内容、规模、功能、条件或因提交的设计资料存在错误或做较大修改时，发包人应按设计人所耗工作量向设计人增付设计费，设计人可按合同约定，与发包人协商对合同价格和（或）完工时间做可共同接受的修改。

如果由于发包人要求更改而造成的项目复杂性的变更或性质的变更使得设计人的设计工作减少，发包人可按合同约定，与设计人协商对合同价格和（或）完工时间做可共同接受的修改。

基准日期后，与工程设计服务有关的法律、技术标准的强制性规定的颁布及修改，由此增加的设计费用和（或）延长的设计周期由发包人承担。

如果发生设计人认为有理由提出增加合同价款或延长设计周期的要求事项，除专用合同条款对期限另有约定外，设计人应于该事项发生后5天内书面通知发包人。除专用合同条款对期限另有约定外，在该事项发生后10天内，设计人应向发包人提供证明设计人要求的书面声明，其中包括设计人关于因该事项引起的合同价款和设计周期的变化的详细计算。除专用合同条款对期限另有约定外，发包人应在接到设计人书面声明后的5天内，予以书面答复。逾期未答复的，视为发包人同意设计人关于增加合同价款或延长设计周期的要求。

（六）专业责任与保险

设计人应运用一切合理的专业技术和经验知识，按照公认的职业标准尽其全部职责和谨慎、勤勉地履行其在本合同项下的责任和义务。除专用合同条款另有约定外，设计人应具有发包人认可的、履行本合同所需要的工程设计责任保险并使其于合同责任期内保持有效。工程设计责任保险应承担由于设计人的疏忽或过失而引发的工程质量事故所造成的建设工程本身的物质损失以及第三者人身伤亡、财产损失或费用的赔偿责任。

（七）双方违约责任

1. 发包人违约责任

（1）合同生效后，发包人因非设计人原因要求终止或解除合同，设计人未开始设计工作的，不退还发包人已付的定金或发包人按照专用合同条款的约定向设计人支付违约金；已开始设计工作的，发包人应按照设计人已完成的实际工作量计算设计费，完成工作量不足一半时，按该阶段设计费的一半支付设计费；超过一半时，按该阶段设计费的全部支付设计费。

（2）发包人未按专用合同条款约定的金额和期限向设计人支付设计费的，应按专用合同条款约定向设计人支付违约金。逾期超过 15 天时，设计人有权书面通知发包人中止设计工作。自中止设计工作之日起 15 天内发包人支付相应费用的，设计人应及时根据发包人要求恢复设计工作；自中止设计工作之日起超过 15 天后发包人支付相应费用的，设计人有权确定重新恢复设计工作的时间，且设计周期相应延长。

（3）发包人的上级或设计审批部门对设计文件不进行审批或本合同工程停建、缓建，发包人应在事件发生之日起 15 天内按通用合同条款中合同解除条款的约定向设计人结算并支付设计费。

（4）发包人擅自将设计人的设计文件用于本工程以外的工程或交第三方使用时，应承担相应法律责任，并应赔偿设计人因此遭受的损失。

2. 设计人违约责任

（1）合同生效后，设计人因自身原因要求终止或解除合同，设计人应按发包人已支付的定金金额双倍返还给发包人或设计人按照专用合同条款的约定向发包人支付违约金。

（2）由于设计人原因，未按专用合同条款约定的时间交付工程设计文件的，应按专用合同条款的约定向发包人支付违约金，前述违约金经双方确认后可在发包人应付设计费中扣减。

（3）设计人对工程设计文件出现的遗漏或错误负责修改或补充。由于设计人原因产生的设计问题造成工程质量事故或其他事故时，设计人除负责采取补救措施外，应当通过所投建设工程设计责任保险向发包人承担赔偿责任或者根据直接经济损失程度按专用合同条款约定向发包人支付赔偿金。

（4）设计人未经发包人同意擅自对工程设计进行分包的，发包人有权要求设计人解除未经发包人同意的设计分包合同，设计人应当按照专用合同条款的约定承担违约责任。

【案例 7－1】 甲建设单位新建一市政构筑物，与乙设计院和丙工程公司分别订立了设计合同和施工合同。工程按期竣工，但不久新建的市政构筑物一侧墙壁出现裂缝塌落。

甲建设单位为此找到丙工程公司，要求该公司承担责任。丙工程公司认为其严格按施工合同履行了义务，不应承担责任。后经勘验，墙壁裂缝是由于地基不均匀沉降所引起。甲建设单位于是又找到设计院，认为设计院结构设计图纸出现差错，造成墙壁的裂缝，设计院应承担事故责任。设计院则认为其设计图纸所依据的地质资料是甲建设单位自己提供的，不同意承担责任。于是甲建设单位状告丙工程公司和乙设计院，要求该两家单位承担相应责任。法院审理后查明，甲建设单位提供的地质资料不是新建市政构筑物的地质资料，却是相邻地块的有关资料，对于该情况，事故发生前乙设计院一无所知。判决乙设计院承担一定的民事责任。

本案涉及两个合同关系，其中施工合同的主体是甲建设单位和丙工程公司，设计合同的主体是甲建设单位和乙设计院。根据查明的事实，导致市政构筑物墙壁出现裂缝并塌落的事故的原因是地基不均匀沉降，与施工无关，所以丙工程公司不应承担责任。但是，乙设计院认为错误设计图纸的地质资料系由甲建设单位提供故不承担责任的辩称不成立。

《合同法》第 280 条规定："勘察、设计的质量不符合要求或者未按照期限提交勘察、设计文件拖延工期，造成发包人损失，勘察人、设计人应当继续完善勘察、设计，减收或者免收勘察、设计费并赔偿损失。"本案按照设计合同，甲建设单位应当提供准确的地质资料，但工程设计的质量好坏直接影响到工程的施工质量以及整个工程质量的好坏，设计院应当对本单位完成的设计图纸的质量负责，对于有关的设计文件应当符合能够真实地反映工程地质、水文地质状况，评价准确，数据可靠的要求。本案设计院在整个设计过程中未对甲建设单位提供的地质资料进行认真审查，造成设计差错，应当承担相应的违约责任，而甲建设单位提供错误的地质资料，应承担主要责任。

【案例 7－2】 北京某房地产开发公司（下称"开发公司"）欲开发建设某大厦，经开发公司与南京某建筑设计公司（下称设计公司）协商，1999 年 3 月双方签订了委托设计合同书，设计费用为人民币 105 万元。此外，设计公司完成该大厦的总体设计和施工设计后，还应当向开发公司制作该大厦 200：1 的模型一件，制作费用为人民币 15 万元。合同没有就设计作品的著作权的归属做明确的规定。合同签订后，设计公司依照合同规定完成了相关设计并制作了模型一件。开发公司在支付了设计费人民币 23 万元后以资金没有到位，且以该设计不能令开发公司满意为由要求解除合同，并退还了设计公司相关的图纸及其说明。

2000 年 3 月，设计公司发现开发公司建设的某大厦已经完成土建施工，而且其销售现场摆的大厦模型与设计公司的模型基本一样。经调查了解，开发公司在退还设计公司的图纸时做了备份。后该设计工作由北京某设计公司在设计公司设计的基础上完成了全部设计，模型也由开发公司委托北京某模型公司按照设计公司的模型重新制作。

2000 年 6 月，设计公司在掌握了以上证据后，即委托律师向开发公司及北京某设计公司、某模型公司提出索赔要求。经律师调解，开发公司、北京某设计公司及某模型公司共计向设计公司支付了赔偿费用人民币 75 万元后，本案终结。

本案是实践中典型的侵害工程设计图纸及其说明、工程模型著作权的案件。依照《中华人民共和国著作权法》第 3 条之规定，工程设计、产品设计图纸及其说明是受著作权法保护的作品。该作品的著作权由创作该作品的公民、法人或者非法人单位享有。作品的著作权人依法享有发表作品的权利，在作品上署名的权利，修改作品的权利，保护作品完整的权利，使用该作品或者许可他人使用该作品并获得报酬的权利。未经著作权人同意使用其作品和未支付报酬使用其作品的行为均是侵害著作权的违法行为，依法应当承担侵权民事责任。

本案中，开发公司委托设计公司完成某大厦的工程设计，依照《中华人民共和国著作权法》第17条之规定：受委托创作的作品，著作权的归属由委托人和受托人通过合同约定；合同未做明确约定或者没有订立合同的，著作权属于受托人。因此如果开发公司委托设计公司完成设计时已经明确约定设计作品的著作权的归属，则按照合同的规定确定设计作品的著作权的归属。就本案而言，开发公司与设计公司没有在合同中约定著作权的归属，因此某大厦工程设计的著作权应当属于设计公司。

如果开发公司与设计公司继续履行原委托设计合同的规定，则开发公司依照该合同的规定享有使用该工程设计图纸的权利是明确的。但本案中，开发公司与设计公司解除了设计合同，则开发公司不能依照设计合同的规定使用该产品；开发公司欲使用该作品，必须取得设计公司的同意或者许可。

开发公司未经设计公司同意使用设计公司的作品——工程设计图纸，则是侵害设计公司著作权的行为；北京某设计公司没有取得原著作权人即设计公司的同意，擅自使用和修改设计公司的工程图纸的行为也侵害了设计公司的著作权；北京某模型公司未经原著作权人——设计公司同意擅自复制设计公司模型的行为，同样是侵害设计公司著作权的行为，因此他们均应当承担侵害著作权的民事责任。

第五节　建设工程监理采购

一、建设工程监理概述

1. 建设工程监理概念

《中华人民共和国建筑法》（简称《建筑法》）规定，建筑工程监理应当依照法律、行政法规及有关的技术标准、设计文件和建筑工程承包合同，对承包单位在施工质量、建设工期和建设资金使用等方面，代表建设单位实施监督。

《建设工程监理规范》（GB/T 50319—2013）规定，监理是工程监理单位受建设单位委托，根据法律法规、工程建设标准、勘察设计文件及合同，在施工阶段对建设工程质量、进度、造价进行控制，对合同、信息进行管理，对工程建设相关方的关系进行协调，并履行建设工程安全生产管理法定职责的服务活动。

随着建设工程监理业务发展，工程监理的业务范围从单一的施工阶段监理逐步拓展至勘察监理、设计监理、设备监造等服务，上述关于工程监理的概念带有一定的局限性，需要重新界定。

综合上述规定和行业做法，本书以建设工程监理概念为主，将其内容延伸为监理人接受发包人委托，根据有关法律法规、工程规范标准、勘察设计文件、工程施工承包合同、工程监理委托合同等，代表发包人对工程建设行为进行监督管理的专业化服务活动。

2. 建设工程监理的类别

建设工程监理制度于1988年建立，作为工程建设领域的一些改革举措于5年后逐步推开，并于1997年以《建筑法》的法律规定推行建设工程监理制度，之后在全国范围之内进入全面推行阶段。

建设工程监理推行多年以来，从施工监理为主逐步向工程建设全过程、全方位监理发展，形成多种监理类别，如施工监理、勘察监理、设计监理、设备监造等。

建设工程监理的主要类别在目前阶段仍然为施工监理，本节将以施工监理为主，介绍建设工程监理相关特征。

3. 建设工程监理依据

依据相关法律规定和行业惯例，建设工程监理的依据包括工程建设文件，相关法律法规，工程规范、标准，勘察设计文件，工程施工承包合同，工程监理委托合同等内容，分述如下：

（1）工程建设文件。包括立项批复文件、项目建议书、可行性研究报告、规划批复意见、工程建设用地规划许可证、建设工程规划许可证、施工许可证等。

（2）相关法律法规。例如《建筑法》、《合同法》、《招标投标法》、《建设工程质量管理条例》、《建设工程勘察设计管理条例》、《建设工程安全生产管理条例》、《招标投标法实施条例》等法律法规，《工程建设监理规定》、《建设工程监理范围和规模标准规定》等部门规章，以及地方性法规和地方政府规章等。

（3）工程标准、规范。如《建设工程监理规范》（GB/T 50319—2013）等专业分类繁多、数目庞大的各类标准、规范和规程等。

（4）勘察设计文件。如工程勘察报告、强制性审查后的施工图设计文件、变更设计文件等。

（5）工程施工承包合同。指发包人和承包人签订的工程施工承包合同，包括组成施工合同的各类组成文件，如投标函、专用合同条款、通用合同条款、技术标准和要求、已标价的工程量清单等。

（6）工程监理委托合同。指发包人和监理人签订的工程监理委托合同，包括组成监理合同的各类组成文件，如投标函、专用合同条款、通用合同条款、工程监理费用报价书等。

4. 建设工程监理范围

为了推行监理制度和发挥监理作用，《建设工程质量管理条例》对工程监理的强制性监理范围作出了原则规定。2001年，原建设部发布《建设工程监理范围和规模标准规定》（建设部令第86号），规定了必须实行监理的建设工程项目的具体范围和规模标准，详细内容如下：

（1）国家重点建设工程，指依据《国家重点建设项目管理办法》所确定的对国民经济和社会发展有重大影响的骨干项目。

（2）大中型公用事业工程，指项目总投资额在3000万元以上的供水、供电、供气、供热等市政工程项目；科技、教育、文化等项目；体育、旅游、商业等项目；卫生、社会福利等项目和其他公用事业项目。

（3）成片开发建设的住宅小区工程，指建筑面积在5万m^2以上的住宅建设工程；高层住宅及地基、结构复杂的多层住宅。

（4）利用外国政府或者国际组织贷款、援助资金的工程，包括使用世界银行、亚洲开发银行等国际组织贷款资金的项目、使用国外政府及其机构贷款资金的项目、使用国际组织或者国外政府援助资金的项目。

（5）国家规定必须实行监理的其他工程，指项目总投资额在3000万元以上关系社会公共利益、公众安全的基础设施项目；学校、影剧院、体育场馆项目。

5. 建设工程监理内容

（1）建设工程监理内容。建设工程监理内容随着监理类别不同，其相应的监理内容有所不同。各监理类别的详细监理内容如下：

1）勘察监理。监理内容包括：协助发包人编制勘察要求、选择勘察单位、核查勘察方案并监督实施和进行相应的控制以及参与验收勘察成果。

2）设计监理。监理内容包括：协助发包人编制设计要求、选择设计单位、组织评选设计方案、对各设计单位进行协调管理、监督合同履行、审查设计进度计划并监督实施、核查设计大纲和设计深度、使用技术规范合理性、提出设计评估报告（包括各阶段设计的核查意见和优化建议）以及协助审核设计概算。

3）施工监理。这是目前工程监理的重点内容，监理内容包括：施工过程中的质量控制、进度控制、费用控制、安全生产监督管理、合同管理、信息管理以及组织协调工程建设项目有关各方的关系。

4）设备监造监理。监理内容包括：设备生产制造过程的质量控制、进度控制、费用控制、安全生产监督管理、合同管理、信息管理以及组织协调工程建设项目有关各方的关系。

（2）施工监理和设备监造差异。

1）监理对象不同。工程施工场地相对集中便于管理，所用材料的性能、检测方法易于掌握，施工流程易于监督。设备制造则相对复杂，生产厂区一般同时承担其他生产加工业务，设备制造场地混用；所用材料不易区分，材料和设备的检测方法较为复杂多样；设备部件的类别数量较多，加工工序不尽相同。

2）实施部门不同。施工企业虽然设有若干业务管理部门，但对于具体工程而言设有专职的项目部实施，配备的多为专职人员。生产厂区一般设有相对固定的生产管理部门，较少设置专职的项目部和配备专职人员负责某一设备制造。设备监理机构为抓好设备制造的质量、进度，必须加强组织协调工作，尽力掌握与设备相关的一切信息。

3）监理驻地不同。施工监理的驻地在施工现场，与项目发包人联系密切；设备监造的驻地多为生产厂区，远离项目发包人，沟通联络不便。

4）环境影响不同。水利、水电、铁路、公路、矿业等土木工程建设，一般受项目的地理环境、水文、气候等自然条件和当地风俗、习惯的影响较大。设备制造一般在工厂或现场的厂房中进行，不受此类因素影响。

5）质量控制不同。施工监理和设备监造的质量控制点，质量报验的具体程序，质量检测、验收的方法、手段等不完全一样。

6）安全监督难度不同。工程施工受自然条件与环境等影响程度大，施工现场危险源及危险因素相对复杂，安全监督难度较大。设备制造受自然条件和外界因素影响小，安全监督难度相对较小。

6. 建设工程监理特点

建设工程监理一般具有如下特点：

（1）服务性。工程监理的主要任务是质量控制、进度控制、投资控制和安全管理，主要方法是规划、控制、协调，最终按照项目管理目标建成工程实体。监理人既不直接进行设计，也不直接进行施工，只是利用自己的知识、技能、经验、信息以及必要的试验、检测手段，为工程项目建设提供技术和管理服务。

（2）公正性。按照法律规定，监理人应当根据建设单位的委托，客观、公正地执行监理任务。因此，监理人在实施工程监理时应确保执行法律法规、规范标准、委托合同等各项监理工作依据，遵守职业道德准则，客观、公正、独立地开展各项工作，维护发包人和工程参建各方的合法权益，为工程建设项目的质量、进度、安全和投资等尽职尽责。

二、工程监理项目采购

工程监理项目招标方案的内容可参考工程施工项目招标方案的编制内容，并且招标人在编制招标方案时，应充分考虑工程监理项目的需求特征并充分考虑工程监理项目的下列特点。

1. 标段划分

监理招标标段划分主要考虑以下相关因素：

（1）法律法规。《招标投标法》及其实施条例和《工程建设项目招标范围和规模标准规定》对必须招标项目的范围、规模标准和标段划分作了明确规定。招标人应当依法、合理地确定项目招标内容及标段规模，不得通过细分标段、化整为零的方式规避招标。

（2）专业技术管理特点。

中小型或技术管理单一的工程建设项目，有条件时应将全部监理工作划分为一个标段；大型或复杂的工程，其设计监理可划分为一个标段，施工监理则可以按施工标段或对施工标段进行组合划分标段。不同专业特点的工程建设对监理单位的素质、专业管理技术水平具有不同要求。

监理招标项目的标段划分还可结合施工标段的范围和特点，分别选择相应的监理单位。例如，公路、铁路等线型工程建设项目可按里程规模并结合桥梁、隧道等工程技术管理的特点、难度，以工程设计桩号将工程范围划分为几个监理标段；也可以按照具有独立设计功能的单项工程或可以独立组织施工的单位工程组成的区块分别划分监理标段，如大型水电工程可以按工程的功能特性分为坝体工程、通航工程、厂房工程等，大型住宅小区工程可以划分为几个小的区块。

需要注意的是，工程监理标段范围不能小于施工标段划分的范围，即不能出现一个施工标段由两个或两个以上监理单位同时监理的情况（特殊专业工程监理除外）；同时不同监理标段之间的工作范围要界定清晰、相互衔接，防止工作范围和责任交叉或空缺。项目发包人单位需要做好不同监理单位之间的协调管理。

2. 投标人资格条件

招标人应根据工程监理招标项目的性质、规模、技术特点、工程内容等因素，结合监理相应资质标准规定的承担范围合理设定投标人资质条件。

3. 招标投标实施要求

明确工程监理过程的质量控制、进度控制、投资控制、安全管理、合同管理、信息管理、组织协调等方面的特殊要求。

4. 计价方式和计费标准

（1）计价方式。工程监理一般采用总价合同。计费依据是监理范围内的投资额。

（2）计费标准。工程监理服务收费实行市场调节价，价格放开竞争。投标人在编制投标报价时，可根据自身情况、市场行情、项目竞争状况等因素，按招标文件规定的格式自主报价。

5. 评标方法

工程监理招标宜采用综合评估法，避免监理费用报价的高低作为中标条件。评标时应当以投标人的业绩、信誉、专业人员素质和能力以及监理方案的优劣作为主要因素，进行综合评定，择优选择中标人。

第六节　建设工程监理合同管理

一、监理合同的法律性质和特点

监理合同是指发包人与监理人签订的，委托其在工程建设实施阶段代为对建设工程质量、进度、造价进行控制，对合同、信息进行管理，对工程建设相关方的关系进行协调，履行建设工程安全生产管理法定职责，并明确双方权利义务的协议，其中发包人为委托人、监理人为受托人。工程建设项目采用施工总承包模式的，监理合同具有以下性质和特点，如采用工程总承包模式，则应当根据标准设计施工总承包合同文本和项目实际情况进行相应调整。

1. 监理合同属于委托合同

监理工作是监理人接受发包人的委托，凭借其专业知识、经验、技能，对建设工程质量、进度、造价进行控制，对合同、信息进行管理，对工程建设相关方的关系进行协调，并履行建设工程安全生产管理法定职责的服务活动。根据《合同法》第76条规定，“发包人与监理人的权利和义务以及法律责任，应当依照本法、委托合同以及其他有关法律、行政法规的规定”。因此，监理合同的法律性质为委托合同。委托合同是建立在委托人与受托人相互信任基础上订立的，发包人与监理人的相互信任也是监理合同订立的基础。

2. 监理合同的主体具有特定性

监理人必须具有与合同工作范围相应的资质要求。根据《建设工程质量管理条例》第34条规定，“工程监理单位应当依法取得相应等级的资质证书，并在其资质等级许可的范围内承担工程监理业务。禁止工程监理单位超越本单位资质等级许可的范围或者以其他工程监理单位的名义承担工程监理业务。禁止工程监理单位允许其他单位或者个人以本单位的名义承担工程监理业务”。

根据《工程监理企业资质管理规定》规定，从事建设工程监理活动的企业，应当取得工程监理企业资质，并在工程监理企业资质证书许可的范围内从事工程监理活动。工程监理企业资质分为综合资质、专业资质和事务所资质。其中，专业资质按照工程性质和技术特点划分为若干工程类别。综合资质、事务所资质不分级别。专业资质一般分为甲级、乙级，其中房屋建筑、水利水电、公路和市政公用专业资质可设立丙级。

工程监理企业资质相应许可的业务范围如下：综合资质可以承担所有专业工程类别建设工程项目的工程监理业务。专业甲级资质可承担相应专业工程类别建设工程项目的工程监理业务；专业乙级资质可承担相应专业工程类别二级以下（含二级）建设工程项目的工程监理业务；专业丙级资质可承担相应专业工程类别三级建设工程项目的工程监理业务。事务所资质可承担三级且非强制监理的建设工程监理业务。工程监理企业可以开展相应类别建设工程的项目管理、技术咨询等业务。

3. 监理合同应采用书面形式

根据《合同法》规定，发包人应当与监理人采用书面形式订立委托监理合同。因此，发包人与其委托的工程监理单位应当订立书面委托监理合同。

4. 监理人义务法定

首先，监理人应当在法定的工作范围内提供监理服务，即在其资质等级许可的监理范围内，承担工程监理业务。同时，监理人在承担监理业务时应受到法定限制，即根据《建设工程质量管理条例》的规定，工程监理单位与被监理工程的施工承包单位以及建筑材料、建筑构配件和设备供应单位有隶属关系或者其他利害关系的，不得承担该项建设工程的监理业务。

其次，监理人应当代表发包人依法对建设工程的设计要求和施工质量、工期和资金等方面进行监督。根据《建筑法》规定，建筑工程监理应当依照法律、行政法规及有关的技术标准、设计文件和建筑工程承包合同，对承包单位在施工质量、建设工期和建设资金使用等方面，代表建设单位实施监督。

最后，监理人若违反法律规定，需承担民事赔偿责任、行政责任和刑事责任。如根据《建筑法》第 69 条规定，“监理人与发包人或者建筑施工企业串通，弄虚作假、降低工程质量的，责令改正，处以罚款，降低资质等级或者吊销资质证书；有违法所得的，予以没收；造成损失的，承担连带赔偿责任；构成犯罪的，依法追究刑事责任”。《刑法》第 137 条规定，“建设单位、设计单位、施工单位、工程监理单位违反国家规定，降低工程质量标准，造成重大安全事故，对直接责任人员，处五年以上十年以下有期徒刑，并处罚金”。

二、监理合同示范文本

近年来，为规范建设工程监理活动，维护建设工程监理合同当事人的合法权益，有关行政主管部门相继制定颁布了监理合同示范文本，主要包括：

（1）2012 版《建设工程监理委托合同（示范文本）》（GF—2012—0202）。2012 年 3 月 27 日，住房和城乡建设部与国家工商行政管理总局联合发布了《建设工程监理委托合同（示范文本）》（GF—2012—0202）。该工程监理合同适用于包括房屋建筑、市政工程等 14 个专业工程类别的建设工程项目，在通用条件中明确了 22 项工程监理基本工作内容，细化了酬金计取及支付方式，考虑了监理的工作范围、时间变化，使酬金得以动态调整，强化了总监责任制，增加了监理合同终止的条件规定等。

（2）水利部《水利工程施工监理合同示范文本》（GF—2007—0211）。2007 年 4 月 20 日，水利部与国家工商行政管理总局联合印发了《水利工程施工监理合同示范文本》

(GF—2007—0211)，自2007年6月1日起施行。该监理合同文本是在《水利工程建设监理合同示范文本》(GF—2000—0211)基础上修订形成的，包括监理合同书、通用合同条款、专用合同条款、合同附件四个部分。该合同文本着重规范了委托人与监理人的权利与义务和合同双方纠纷处置方式，进一步明确了监理人在质量、进度、投资和安全生产目标控制的职责，有利于理顺项目法人与监理人之间的关系，充分发挥监理人的主观能动作用，提高水利工程建设管理水平。

三、监理合同主要条款

监理合同主要条款包括合同签订主体、监理范围、监理工作要求、监理报酬及支付、合同终止等条款，具体如下：

1. 监理合同主体条款

作为监理合同的主体，监理人应当依法具有相应的资质和条件。依据《建筑法》相关规定，监理人应当具备的条件包括：①有符合国家规定的注册资本；②有与其从事的建筑活动相适应的具有法定执业资格的专业技术人员；③有从事相关建筑活动所应有的技术装备；④法律、行政法规规定的其他条件。监理合同中应当明确监理人的单位名称、住址和联系方式等，同时应当列明总监理工程师的相关信息。

2. 监理范围条款

发包人作为委托人首先应当与监理人明确工作范围，并授予监理人相应的权利。监理范围条款应当明确约定监理工作范围，可以包括前期准备阶段、施工阶段、竣工验收阶段和工程保修阶段等全部阶段的监理工作，也可以包括其中若干个阶段的监理工作。除了明确监理工作的内容外，监理范围条款也应当约定监理工作的时间期限。

3. 监理工作要求条款

首先，监理人作为建设工程中重要的一方应当依法履行其法定的义务。根据《建筑法》第32条的规定，建筑工程监理的法定义务主要是代表建设单位监督承包单位在施工质量、建设工期和建设资金使用等方面的情况。《建设工程安全生产管理条例》第14条规定，“工程监理单位应当审查施工组织设计中的安全技术措施或者专项施工方案是否符合工程建设强制性标准”。工程监理单位在实施监理过程中，发现存在安全事故隐患的，应当要求施工单位整改；情况严重的，应当要求施工单位暂时停止施工，并及时报告建设单位。施工单位拒不整改或者不停止施工的，工程监理单位应当及时向有关主管部门报告。工程监理单位和监理工程师应当按照法律、法规和工程建设强制性标准实施监理，并对建设工程安全生产承担监理责任。因此，监理人的工作要求包括监督施工质量安全、建设工期和资金使用等。监理人应当选派具备相应资格的总监理工程师和监理工程师进驻施工现场。

其次，监理人应当按照发包人授权委托的要求，履行其合同义务。如发包人要求监理人报送所委派的总监理工程师及其监理机构主要成员名单、监理规划，完成监理合同中约定的监理工程范围内的监理业务。当总监理工程师需要调整时，监理人应征得发包人同意并书面通知发包人。监理人不得从事所监理工程的施工和建筑材料、构配件以及建筑机械、设备的经营活动。

最后，监理人在工作中应符合勤勉和保密要求。监理人在履行合同的义务期间，应运用合理的方式与专业的技能，为发包人提供与其监理水平相适应的咨询意见，认真、勤奋地工作，帮助发包人实现合同预定的目标，公正地维护各方的合法权益。监理人与承包人串通，为承包人谋取非法利益，给发包人造成损失的，应当负赔偿责任。工程监理人员必须严格遵守监理工作职业规范，公正、及时地处理监理事务，不得利用职权谋取不正当利益。监理合同期内或合同终止后，未征得资料所有人同意，不得泄露与工程和合同业务活动有关的保密资料。

4. 监理费用及支付条款

监理费用，是指监理人接受委托，提供建设工程的质量、进度、费用控制管理和安全生产监督管理，以及合同信息等方面协调管理等服务收取的费用。监理人在为发包人提供服务的同时，发包人应当向监理人支付相应的服务费用。监理费用与监理人的监理工作范围、工作时间、工作强度等相关，监理费用可以按阶段计费，也可以按照正常工作费用和附加工作费用的标准进行计取。监理费用的支付方式由发包人与监理人在合同中约定，可以一次性支付，也可以分阶段分次支付。

5. 合同变更与终止条款

由于建设工程项目周期较长且经常发生变化，监理服务的时间和范围也会随之发生改变。因此，在监理合同中应当约定关于变更和终止的条款，以便当需要变更或终止合同的情况发生时，双方可以避免争议，保证合同履行的顺畅。按照法律规定，监理合同作为委托合同，合同当事人原则上可以随时解除合同，当然为维护合同严肃性以及工程项目正常建设，监理合同当事人解除监理合同应遵循法律和合同约定。当事人一方要求解除合同的，应当及时通知另一方。因一方要求解除合同而造成另一方受到损失的，除依法或者依约可以免除相应赔偿责任外，应由责任方承担赔偿责任。通常情况下，当承包人与发包人办理竣工验收或工程移交，并签订工程保修责任书，监理人收到监理费用尾款后，监理合同即告终止。保修期间的监理责任，发包人和监理人可以在合同条款中另行约定。

四、监理合同管理要点

建设工程实行监理制度的主要目的是确保工程建设的质量和安全，提高工程建设的效率，同时使建设效果满足发包人的需求，而监理合同承载了发包人和监理人的主要权利义务，是监理工作开展的主要依据之一，发包人和监理人对监理合同进行科学有效的管理有利于监理作用的发挥和监理合同目的的实现。

监理人凭借自身的知识、经验、技能，接受发包人的委托监督和管理建设工程合同的履行。同时，监理合同管理过程中，还应结合监理人义务法定、监理人地位特殊等特点，在对监理合同进行管理时必须对其特点进行综合考虑，才能保证监理合同得到全面、适当的履行，从而保障与工程建设有关的其他合同顺利履行，最终确保工程建设各项目标的达成。考虑到合同管理的目的和效率，监理合同管理工作要点包括工作范围管理、监理人员管理、监理费用管理、工作计划管理、工作实施管理等。

1. 工作范围管理

监理合同的工作范围管理主要包括工作交底、明确人员与授权两方面。对于监理的授权范围，以及监理人与发包人代表、发包人聘请的第三方咨询人员的职权之间的权限划分，发包人应当予以释明，并以书面形式通知承包人、监理人及其他相关方。

根据《建筑法》的规定，监理人应当根据发包人的委托，客观、公正地执行监理工作。监理人实施监理工作实际上是在行使发包人的部分权利，而这部分发包人权利是通过合同约定和法律规定来明确的，发包人和监理人应当对监理合同中各自的工作范围及职权进行充分的理解，并向有关人员说明。同时，监理人进场前，发包人应当将委托的监理人、监理的内容及监理权限，书面通知被监理对象。由于在建设工程施工合同履行过程中，承包人不仅需要面对发包人，还需要面对监理人，为了确保施工合同的顺利履行，发包人应当将监理人的工作范围及相应职权对承包人进行说明，以使其充分了解相关工作程序及审批权限，确保项目建设顺利进行。

2. 监理人员管理

由于监理人提供工程质量、工期等监督管理服务，监理人派驻工程现场人员的素质、经验等直接决定着监理服务的质量。因此，在监理合同的履行中，对监理人员的管理则显得尤为重要。监理合同的人员管理主要包括人员资格管理、人员稳定性管理和人员的执业规范管理。

发包人授予监理人对工程实施监理的权利，并由监理人派驻施工现场的监理人员行使，监理人员一般包括总监理工程师和监理工程师。根据《建设工程质量管理条例》第37条规定，监理人应当选派具备相应资格的总监理工程师和监理工程师进驻施工现场。因此，总监理工程师和监理工程师均需具备监理工程师执业资格，此外总监理工程师还需具备与工程规模和标准相适应的监理执业经验。另外，由于监理工作的专业性很强，监理人应当注重对其监理人员的日常业务培训，尤其是与项目相关的合同内容、新颁布的法律法规及标准规范、新的施工工艺等方面的培训，以保证监理工作质量。同时，为了保证监理工作的顺利开展，监理人未经发包人同意不得随意更换监理人员，尤其是总监理工程师，应当确保其人员的稳定性。

由于监理工作自身的特殊性，其执业规范管理是合同管理中不可或缺的一环，监理人应当通过制度建设等方式加强监理人员的执业规范管理，开展廉洁自律教育。廉洁公正是所有监理人员基本的职业道德，监理人员必须严格按照合同约定及法律规定行使监理权利并履行相应的义务，在开展监理工作时，应当坚持公正的立场和实事求是的原则，对于发包人与承包人之间的争议应当公正处理。

3. 监理费用管理

监理费用是监理合同中的重要内容。目前，我国关于监理费用的价格从实行政府指导价和市场调节价双轨制改变为实行市场调节价的机制，由合同当事人依据服务成本、服务质量和市场供求状况等协商确定。

4. 工作计划管理

监理工作一般具有工作周期长、任务繁杂等特点，需要进行有效的计划管理，以保证各项监理目标的完成。监理合同的计划管理是指根据具体项目的实际情况，依据法律规定和合同约定对即将开展监理工作的进度、程序和资源进行优化配置的管理活动。监理计划应当结合监理合同的要求以及监理工作范围内各类工程技术施工的特点，按照计划层级清晰、计划机构统一的原则进行制订，并且监理计划制订后应当报送给发包人。监理计划实施过程中，会受到诸多因素的影响，监理人需建立相应的动态监控管理制度，根据监理工作的完成情况和工程实际情况，及时对监理计划进行偏差分析和提出改进措施。

5. 工作实施管理

监理人接受发包人委托，对承包人在施工质量、建设工期和建设资金使用等方面实施监督，在监督过程中监理人应当在法律规定及发包人授权的范围内行使权利和履行义务，不得超越权限擅自作出相关审批或者决定，须按照相关时限的要求将需要发包人审批或者决定的事项报送发包人。鉴于工程施工的特点，发包人审批或者决定的事项繁杂，监理人应当注意及时、真实、全面地向发包人传递信息，以协助发包人作出正确的审批或者决定。

为保证施工的顺利进行，监理人要保证与承包人的及时沟通，使相关指示及时送达承包人。监理人应特别注意与承包人之间建立收发文件制度，确保每一份指示均有效送达。此外，承包人通常会将部分专业工程以及劳务交由分包人完成，监理人在发出相关指示时切忌绕开承包人而直接向分包人送达。

思　考　题

1. 工程设计招标的依据有哪些？
2. 工程设计招标的发包范围如何划分？
3. 订立勘察设计合同时应约定哪些内容？
4. 在设计合同中，发包人有哪些合同责任？
5. 设计合同发生过程中有哪些属于违约的行为？

第八章　PPP项目采购与合同管理

基　本　要　求

- ◆ 掌握PPP项目采购的概念、采购方式及采购流程
- ◆ 掌握PPP项目采购资格预审、评审、采购结果确认及合同签订的要求
- ◆ 掌握项目采购文件的内容
- ◆ 熟悉《政府和社会资本合作项目政府采购管理办法》的主要内容
- ◆ 熟悉工竞争性磋商与竞争性谈判的区别
- ◆ 熟悉PPP合同的主要条款
- ◆ 熟悉PPP合同履行的主要内容

为适应现代经济飞速发展，各国十分重视公共基础设施建设，但是单靠政府资金已不能满足需求。随着政府财政在公共基础设施建设中地位的下降，私人企业在公共基础设施的建设中开始发挥越来越重要的作用。因此本章简要介绍PPP项目采购与合同管理中的相关内容。

第一节　PPP项目采购

一、PPP项目采购的内涵及特点

1. PPP项目采购的内涵

政府和社会资本合作（PPP）模式是指政府为增强公共产品和服务供给能力、提高供给效率，通过特许经营、购买服务、股权合作等方式，与社会资本建立的利益共享、风险分担及长期合作关系。开展政府和社会资本合作，有利于创新投融资机制，拓宽社会资本投资渠道，增强经济增长内生动力；有利于推动各类资本相互融合、优势互补，促进投资主体多元化，发展混合所有制经济；有利于理顺政府与市场关系，加快政府职能转变，充分发挥市场配置资源的决定性作用。

PPP项目采购，是指政府为达成权利义务平衡、物有所值的PPP项目合同，遵循公开、公平、公正和诚实信用原则，按照相关法规要求完成PPP项目识别和准备等前期工作后，依法选择社会资本合作者的过程。

2. PPP项目采购的特点

（1）PPP项目的采购需求非常复杂，难以一次性地在采购文件中完整、明确、合规地描述，往往需要合作者提供设计方案和解决方案，由项目实施机构根据项目需求设计提出采购需求，并通过谈判不断地修改采购需求，直至合作者提供的设计方案和解决方案完全满足采购需求为止。

（2）不是所有的PPP项目都能提出最低产出单价。有些项目如收费高速公路，可能

要求报出最短收费年限，导致项目在采购环节无法实施价格竞争；还有些回报率低的公益性项目，政府还将延长特许经营权限。

（3）PPP项目采购金额大，交易风险和采购成本远高于传统采购项目，竞争程度较传统采购项目低，出现采购活动失败情形的几率也较传统采购为高。

（4）PPP项目的采购合同比传统的采购合同更为复杂，可能是一个合同体系，对采购双方履行合同的法律要求非常高，后续的争议解决也较传统采购更为复杂。

（5）许多PPP项目属于面向社会公众提供公共服务，采购结果的效益需要通过服务受益对象的切身感受来体现，无法像传统采购那样根据采购合同规定的每一项技术、服务指标进行履约验收，而是结合预算绩效评价、社会公众评价、第三方评价等其他方式完成履约验收。

二、《政府和社会资本合作项目政府采购管理办法》简介

为了深化政府采购制度改革，适应推进政府购买服务、推广政府和社会资本合作（PPP）模式等工作需要，财政部制定发布了《政府和社会资本合作项目政府采购管理办法》（财库〔2014〕215号，简称《PPP办法》）。

1.《PPP办法》的制定背景

《PPP办法》主要是顺应两方面的需要：

（1）党的十八届四中全会提出了推进政府购买服务、推广PPP模式等重要改革任务。与此相关的采购活动，在采购需求、采购方式、合同管理、履约验收、绩效评价等方面存在一定特殊性，需要在政府采购现行法律框架下，作出创新和针对性的制度安排，对具体工作进行指引和规范，以确保采购工作顺畅、高效开展。

（2）政府购买服务、推广PPP模式等工作，具有较强的公共性和公益性，其采购活动应当充分发挥支持产业发展、鼓励科技创新、节约资源、保护环境等政府采购政策功能，以促进经济和社会政策目标的实现。

2.《PPP办法》的主要内容

（1）明确将PPP项目选择合作者的过程纳入政府采购管理。《PPP办法》第2条规定，主要适用于PPP项目实施机构（采购人）选择合作社会资本（供应商）的情形。PPP是政府从公共服务的“生产者”转为“提供者”而进行的特殊采购活动。《政府采购法》第2条第7款规定“本法所称服务，是指除货物和工程以外的其他政府采购对象”，对政府采购服务做了兜底式定义。从法律定义上看，PPP属于服务项目政府采购范畴。将PPP项目选择合作者的过程纳入政府采购管理，将更加有利于PPP项目发挥公共性和公益性作用。

（2）明确PPP项目采购方式。《PPP办法》明确PPP项目采购方式包括公开招标、邀请招标、竞争性谈判、竞争性磋商和单一来源采购。新增竞争性磋商采购模式。

竞争性磋商采购方式是财政部首次依法创新的采购方式，核心内容是“先明确采购需求、后竞争报价”的两阶段采购模式，倡导“物有所值”的价值目标。

竞争性磋商和竞争性谈判两种采购方式在流程设计和具体规则上既有联系又有区别：在“明确采购需求”阶段，二者关于采购程序、供应商来源方式、磋商或谈判公告要求、响应文件要求、磋商或谈判小组组成等方面的要求基本一致；在“竞争报价”阶段，竞争性磋商采用了类似公开招标的“综合评分法”，区别于竞争性谈判的“最低价成交”。

（3）明确强制资格预审、现场考察和答疑及合同文本公示等规范性要求。为了保证

PPP 项目采购的成功率和减少后续争议，《PPP 办法》规定项目实施机构应当根据项目需要准备资格预审文件，发布资格预审公告，邀请社会资本和与其合作的金融机构参与资格预审，验证项目能否获得社会资本响应和实现充分竞争。项目实施机构应当组织社会资本进行现场考察或者召开采购前答疑会，但不得单独或者分别组织只有一个社会资本参加的现场考察和答疑会。《PPP 办法》第 11 条新增项目实施机构组织社会资本进行现场考察或召开采购前答疑会的制度。

（4）为保证项目采购的质量和效果，《PPP 办法》创新采购结果确认谈判、项目实施机构可以自行选定评审专家等程序。

（5）为维护国家安全和发挥政府采购政策功能，《PPP 办法》明确必须在资格预审公告、采购公告、采购文件、项目合同中列明采购本国货物和服务、技术引进和转让等政策要求。

（6）《PPP 办法》创新监管方式，对项目履约实行强制信用担保，用市场化手段引入担保机构进行第三方监管，以弥补行政监督手段的不足。同时，要求项目采购完成后公开项目采购合同，引入社会监督。

（7）《PPP 办法》明确具备相应条件和能力的政府采购代理机构可以承担 PPP 项目政府采购业务，提供 PPP 项目咨询服务的机构在按照财政部对政府采购代理机构管理的相关政策要求进行网上登记后，也可以从事 PPP 项目采购代理业务。

三、PPP 项目采购方式及采购流程

1. PPP 项目的采购方式

PPP 项目采购应根据《中华人民共和国政府采购法》及相关规章制度执行，采购方式包括公开招标、邀请招标、竞争性谈判、竞争性磋商和单一来源采购。项目实施机构应根据项目采购需求特点，依法选择适当采购方式。

根据《中华人民共和国政府采购法》《政府和社会资本合作模式操作指南（试行）》《PPP 项目采购办法》《政府采购非招标采购方式管理办法》《政府采购竞争性磋商采购方式管理暂行办法》等规定，PPP 项目五种采购方式的适用条件见表 8-1。

表 8-1　PPP 项目采购方式适用条件一览表

采购方式	适用条件
公开招标	公开招标主要适用于核心边界条件和技术经济参数明确、完整、符合国家法律法规和政府采购政策，且采购中不作更改的项目
邀请招标	（1）具有特殊性，只能从有限范围的供应商处采购的 （2）采用公开招标方式的费用占政府采购项目总价值的比例过大的
竞争性谈判	（1）招标后没有供应商投标或者没有合格标的或者重新招标未能成立的 （2）技术复杂或者性质特殊，不能确定详细规格或者具体要求的 （3）采用招标所需时间不能满足用户紧急需要的 （4）不能事先计算出价格总额的
竞争性磋商	（1）政府购买服务项目 （2）技术复杂或者性质特殊，不能确定详细规格或者具体要求的 （3）因艺术品采购、专利、专有技术或者服务的时间、数量事先不能确定等原因不能事先计算出价格总额的 （4）市场竞争不充分的科研项目，以及需要扶持的科技成果转化项目 （5）按照招标投标法及其实施条例必须进行招标的工程建设项目以外的工程建设项目

续表

采购方式	适用条件
单一来源采购	(1)只能从唯一供应商处采购的 (2)发生了不可预见的紧急情况不能从其他供应商处采购的 (3)必须保证原有采购项目一致性或者服务配套的要求，需要继续从原供应商处添购，且添购资金总额不超过原合同采购金额10%的

2. PPP 项目采购的流程

PPP 项目采购的流程如图 8-1 所示。

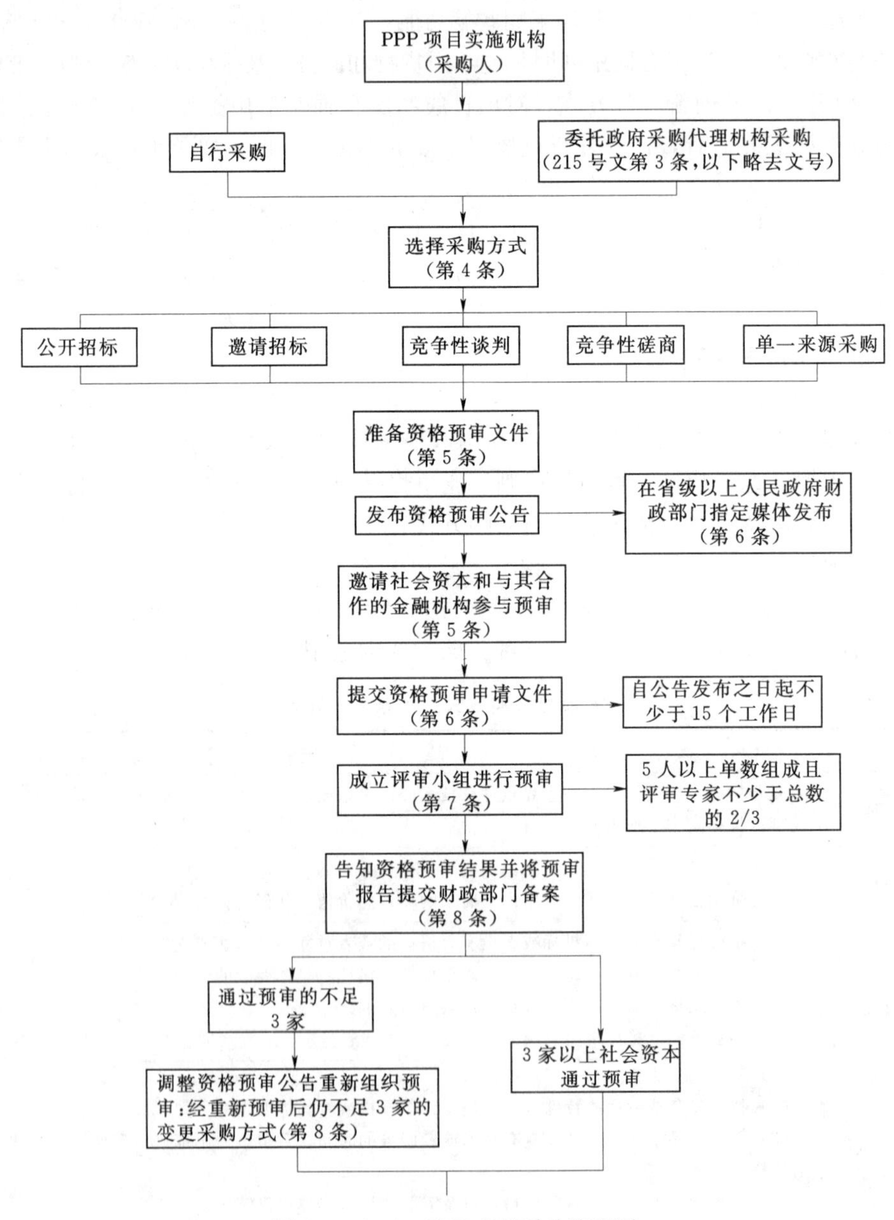

图 8-1(一) PPP 项目采购流程图

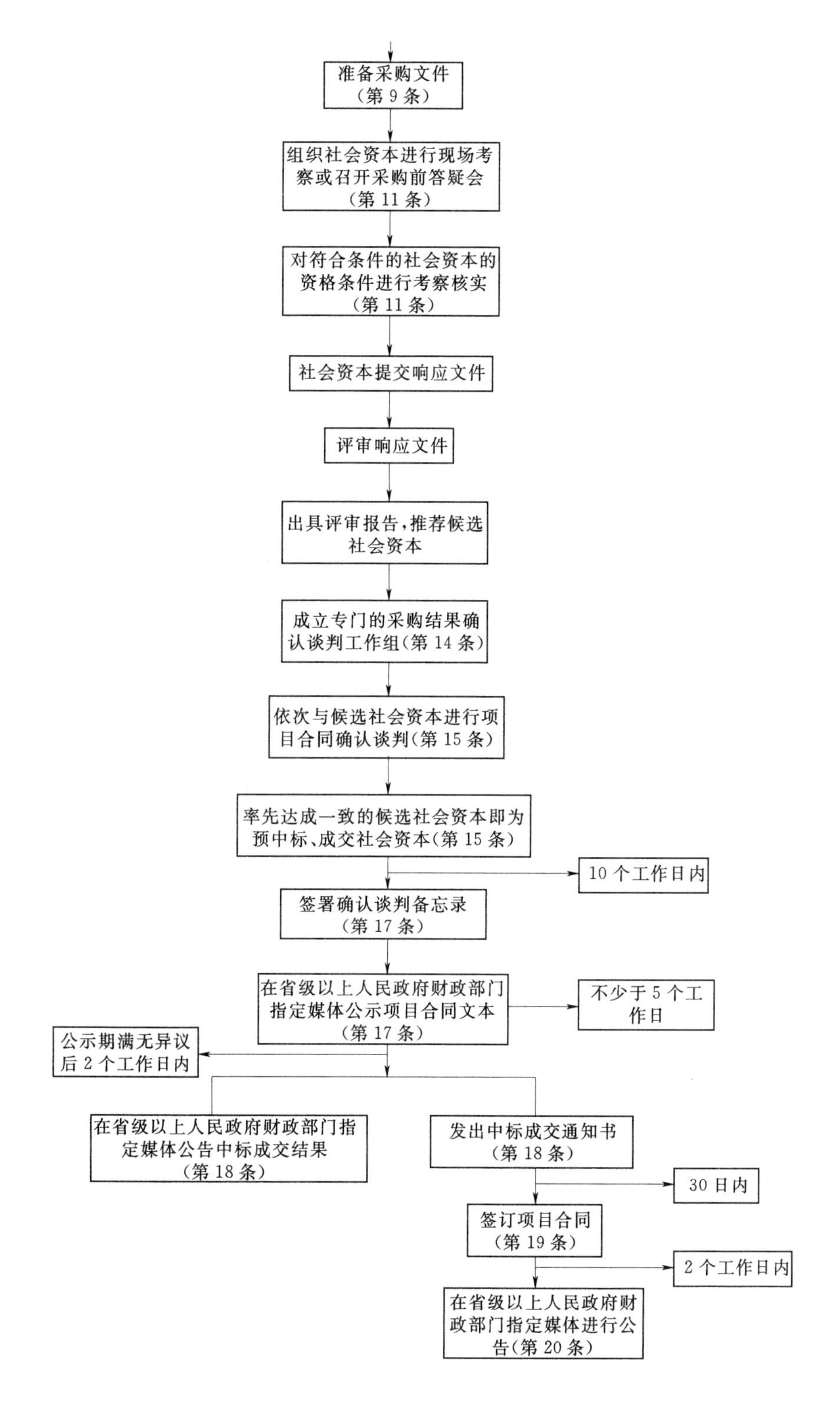

图 8-1（二） PPP 项目采购流程图

四、资格预审

PPP 项目采购应当实行资格预审。项目实施机构应当根据项目需要准备资格预审文件，发布资格预审公告，邀请社会资本和与其合作的金融机构参与资格预审，验证项目能否获得社会资本响应和实现充分竞争。

一般的政府采购中，资格预审并非采购的必经前置程序，然而，PPP 项目中，无论采取何种采购方式，均应进行资格预审程序。这是由于 PPP 项目作为一种新型的政府采购服务、建立了政府与企业间的长期合作关系，政府希望通过前置的资格预审程序，实现项目实施机构对参与 PPP 项目的社会资本进行更为严格的筛选和把控，保障项目安全。

1. 资格预审公告

资格预审公告应当在省级以上人民政府财政部门指定的政府采购信息发布媒体上发布。资格预审合格的社会资本在签订 PPP 项目合同前资格发生变化的，应当通知项目实施机构。

资格预审公告应当包括项目授权主体、项目实施机构和项目名称、采购需求、对社会资本的资格要求、是否允许联合体参与采购活动、是否限定参与竞争的合格社会资本的数量及限定的方法和标准以及社会资本提交资格预审申请文件的时间和地点。提交资格预审申请文件的时间自公告发布之日起不得少于 15 个工作日。

2. 评审项目

实施机构、采购代理机构应当成立评审小组，负责 PPP 项目采购的资格预审和评审工作。评审小组由项目实施机构代表和评审专家共 5 人以上单数组成，其中评审专家人数不得少于评审小组成员总数的 2/3。评审专家可以由项目实施机构自行选定，但评审专家中至少应当包含 1 名财务专家和 1 名法律专家。项目实施机构代表不得以评审专家身份参加项目的评审。

3. 预审结果

项目有 3 家以上社会资本通过资格预审的，项目实施机构可以继续开展采购文件准备工作；项目通过资格预审的社会资本不足 3 家的，项目实施机构应当在调整资格预审公告内容后重新组织资格预审；项目经重新资格预审后合格社会资本仍不足 3 家的，可以依法变更采购方式。

资格预审结果应当告知所有参与资格预审的社会资本，并将资格预审的评审报告提交财政部门（政府和社会资本合作中心）备案。

五、项目采购文件

项目采购文件应当包括采购邀请、竞争者须知（包括密封、签署、盖章要求等）、竞争者应当提供的资格、资信及业绩证明文件、采购方式、政府对项目实施机构的授权、实施方案的批复和项目相关审批文件、采购程序、响应文件编制要求、提交响应文件截止时间、开启时间及地点、保证金交纳数额和形式、评审方法、评审标准、政府采购政策要求、PPP 项目合同草案及其他法律文本、采购结果确认谈判中项目合同可变的细节以及是否允许未参加资格预审的供应商参与竞争并进行资格后审等内容。项目采购文件中还应当明确项目合同必须报请本级人民政府审核同意，在获得同意前项目合同不得生效。

采用竞争性谈判或者竞争性磋商采购方式的，项目采购文件除上款规定的内容外，还应当明确评审小组根据与社会资本谈判情况可能实质性变动的内容，包括采购需求中的技术、服务要求以及项目合同草案条款。

项目实施机构应当在资格预审公告、采购公告、采购文件、项目合同中列明采购本国货物和服务、技术引进和转让等政策要求，以及对社会资本参与采购活动和履约保证的担保要求。

项目实施机构应当在采购文件中要求社会资本交纳参加采购活动的保证金和履约保证金。社会资本应当以支票、汇票、本票或者金融机构、担保机构出具的保函等非现金形式交纳保证金。参加采购活动的保证金数额不得超过项目预算金额的 2%。履约保证金的数额不得超过 PPP 项目初始投资总额或者资产评估值的 10%，无固定资产投资或者投资额不大的服务型 PPP 项目，履约保证金的数额不得超过平均 6 个月服务收入额。

项目实施机构应当组织社会资本进行现场考察或者召开采购前答疑会，但不得单独或者分别组织只有一个社会资本参加的现场考察和答疑会。项目实施机构可以视项目的具体情况，组织对符合条件的社会资本的资格条件进行考察核实。

六、评审

评审小组成员应当按照客观、公正、审慎的原则，根据资格预审公告和采购文件规定的程序、方法和标准进行资格预审和独立评审。已进行资格预审的，评审小组在评审阶段可以不再对社会资本进行资格审查。允许进行资格后审的，由评审小组在响应文件评审环节对社会资本进行资格审查。

评审小组成员应当在资格预审报告和评审报告上签字，对自己的评审意见承担法律责任。对资格预审报告或者评审报告有异议的，应当在报告上签署不同意见，并说明理由，否则视为同意资格预审报告和评审报告。

评审小组发现采购文件内容违反国家有关强制性规定的，应当停止评审并向项目实施机构说明情况。

评审专家应当遵守评审工作纪律，不得泄露评审情况和评审中获悉的国家秘密、商业秘密。评审小组在评审过程中发现社会资本有行贿、提供虚假材料或者串通等违法行为的，应当及时向财政部门报告。评审专家在评审过程中受到非法干涉的，应当及时向财政、监察等部门举报。

七、采购结果确认及合同签订

1. 采购结果确认谈判工作组

PPP 项目采购评审结束后，项目实施机构应当成立专门的采购结果确认谈判工作组，负责采购结果确认前的谈判和最终的采购结果确认工作。

采购结果确认谈判工作组成员及数量由项目实施机构确定，但应当至少包括财政预算管理部门、行业主管部门代表，以及财务、法律等方面的专家。涉及价格管理、环境保护的 PPP 项目，谈判工作组还应当包括价格管理、环境保护行政执法机关代表。评审小组成员可以作为采购结果确认谈判工作组成员参与采购结果确认谈判。

2. 采购结果确认谈判

采购结果确认谈判工作组应当按照评审报告推荐的候选社会资本排名，依次与候选社会资本及与其合作的金融机构就项目合同中可变的细节问题进行项目合同签署前的确认谈判，率先达成一致的候选社会资本即为预中标、成交社会资本。

确认谈判不得涉及项目合同中不可谈判的核心条款，不得与排序在前但已终止谈判的社会资本进行重复谈判。

项目实施机构应当在预中标、成交社会资本确定后 10 个工作日内，与预中标、成交社会资本签署确认谈判备忘录，并将预中标、成交结果和根据采购文件、响应文件及有关补遗文件和确认谈判备忘录拟定的项目合同文本在省级以上人民政府财政部门指定的政府采购信息发布媒体上进行公示，公示期不得少于 5 个工作日。项目合同文本应当将预中标、成交社会资本响应文件中的重要承诺和技术文件等作为附件。项目合同文本涉及国家秘密、商业秘密的内容可以不公示。

3. 中标、成交通知与公告

项目实施机构应当在公示期满无异议后 2 个工作日内，将中标、成交结果在省级以上人民政府财政部门指定的政府采购信息发布媒体上进行公告，同时发出中标、成交通知书。

中标、成交结果公告内容应当包括：项目实施机构和采购代理机构的名称、地址和联系方式；项目名称和项目编号；中标或者成交社会资本的名称、地址、法人代表；中标或者成交标的名称、主要中标或者成交条件（包括但不限于合作期限、服务要求、项目概算、回报机制）等；评审小组和采购结果确认谈判工作组成员名单。

4. 合同签订

项目实施机构应当在中标、成交通知书发出后 30 日内，与中标、成交社会资本签订经本级人民政府审核同意的 PPP 项目合同。

需要为 PPP 项目设立专门项目公司的，待项目公司成立后，由项目公司与项目实施机构重新签署 PPP 项目合同，或者签署关于继承 PPP 项目合同的补充合同。

项目实施机构应当在 PPP 项目合同签订之日起 2 个工作日内，将 PPP 项目合同在省级以上人民政府财政部门指定的政府采购信息发布媒体上公告，但 PPP 项目合同中涉及国家秘密、商业秘密的内容除外。

第二节　PPP 项目合同管理

一、《合同指南》简介

为规范政府和社会资本合作项目合同编制工作，鼓励和引导社会投资，增强公共产品供给能力，根据《国务院关于创新重点领域投融资机制鼓励社会投资的指导意见》（国发〔2014〕60 号）有关要求，编制《政府和社会资本合作项目通用合同指南（2014 年版）》（简称《合同指南》）。本书根据《合同指南》的规定，介绍 PPP 合同管理中的要点。

1.《合同指南》的编制原则

（1）强调合同各方的平等主体地位。合同各方均是平等主体，以市场机制为基础建立互惠合作关系，通过合同条款约定并保障权利义务。

（2）强调提高公共服务质量和效率。政府通过引入社会资本和市场机制，促进重点领域建设，增加公共产品有效供给，提高公共资源配置效率。

（3）强调社会资本获得合理回报。鼓励社会资本在确保公共利益的前提下，降低项目运作成本、提高资源配置效率、获取合理投资回报。

(4) 强调公开透明和阳光运行。针对项目建设和运营的关键环节，明确政府监管职责，发挥专业机构作用，提高信息公开程度，确保项目阳光运行。

(5) 强调合法合规及有效执行。项目合同要与相关法律法规和技术规范做好衔接，确保内容全面、结构合理、具有可操作性。

(6) 强调国际经验与国内实践相结合。借鉴国外先进经验，总结国内成功实践，积极探索，务实创新，适应当前深化投融资体制改革需要。

2.《合同指南》的主要内容

项目合同由合同正文和合同附件组成，《合同指南》主要反映合同的一般要求，采用模块化的编写框架，共设置 15 个模块、86 项条款，适用于不同模式合作项目的投融资、建设、运营和服务、移交等阶段，具有较强的通用性。原则上，所有模式项目合同的正文都应包含 10 个通用模块：总则、合同主体、合作关系、项目前期工作、收入和回报、不可抗力和法律变更、合同解除、违约处理、争议解决，以及其他约定。其他模块可根据实际需要灵活选用。例如，建设—运营—移交模式的项目合同除了 10 个通用模块之外，还需选用投资计划及融资、工程建设、运营和服务、社会资本主体移交项目等模块。

3.《合同指南》的使用要求

(1) 合作项目已纳入当地相关发展规划，并按规定报经地方人民政府或行业主管部门批准实施。

(2) 合同签署主体应具有合法和充分的授权，满足合同管理和履约需要。

(3) 在项目招标或招商之前，政府应参考《合同指南》组织编制合同文本，并将其作为招标或招商文件的组成部分。

(4) 社会资本确定之后，政府和社会资本可就相关条款和事项进行谈判，最终确定并签署合同文本。

(5) 充分发挥专业中介机构作用，完善项目合同具体条款，提高项目合同编制质量。

(6) 参考《合同指南》设置章节顺序和条款。如有不能覆盖的事项，可在相关章节或“其他约定”中增加相关内容。

二、PPP 合同主要条款

本书根据《合同指南》的规定，分别介绍项目合同 15 个模块的内容要求。

(一) 总则

政府和社会资本合作项目合同（简称“项目合同”），是指政府主体和社会资本主体依据《中华人民共和国合同法》及其他法律法规就政府和社会资本合作项目的实施所订立的合同文件。总则应就项目合同全局性事项进行说明和约定，具体包括合同相关术语的定义和解释、合同签订的背景和目的、声明和保证、合同生效条件、合同体系构成等。总则为项目合同的必备篇章。

1. 术语定义和解释

为避免歧义，项目合同中涉及的重要术语需要根据项目具体情况加以定义。凡经定义的术语，在项目合同文本中的内涵和外延应与其定义保持一致。

需要定义和解释的术语通常包括但不限于：

（1）项目名称与涉及合同主体或项目相关方的术语，如“市政府”“项目公司”等。

（2）涉及项目技术经济特征的相关术语，如“服务范围”“技术标准”“服务标准”等。

（3）涉及时间安排或时间节点的相关术语，如“开工日”“试运营日”“特许经营期”等。

（4）涉及合同履行的相关术语，如“批准”“不可抗力”“法律变更”等。

（5）其他需定义的术语。

2. 合同背景和目的

为便于更准确地理解和执行项目合同，对合同签署的相关背景、目的等加以简要说明。

3. 声明和保证

项目合同各方需就订立合同的主体资格及履行合同的相关事项加以声明和保证，并明确项目合同各方因违反声明和保证应承担相应责任。主要内容包括：

（1）关于已充分理解合同背景和目的，并承诺按合同相关约定执行合同的声明。

（2）关于合同签署主体具有相应法律资格及履约能力的声明。

（3）关于合同签署人已获得合同签署资格授权的声明。

（4）关于对所声明内容真实性、准确性、完整性的保证或承诺。

（5）关于诚信履约、提供持续服务和维护公共利益的保证。

（6）其他声明或保证。

4. 合同生效条件

根据有关法律法规及相关约定，涉及项目合同生效条件的，应予明确。

5. 合同构成及优先次序

本条应明确项目合同的文件构成，包括合同正文、合同附件、补充协议和变更协议等，并对其优先次序予以明确。

（二）合同主体

合同主体模块重点明确项目合同各主体资格，并概括性地约定各主体的主要权利和义务，为项目合同的必备篇章。

1. 政府主体

（1）主体资格。签订项目合同的政府主体，应是具有相应行政权力的政府，或其授权的实施机构。本条应明确以下内容：

1）政府主体的名称、住所、法定代表人等基本情况。

2）政府主体出现机构调整时的延续或承继方式。

（2）权利界定。项目合同应明确政府主体拥有以下权利：

1）按照有关法律法规和政府管理的相关职能规定，行使政府监管的权力。

2）行使项目合同约定的权利。

（3）义务界定。项目合同应概括约定政府主体需要承担的主要义务，如遵守项目合同、及时提供项目配套条件、项目审批协调支持、维护市场秩序等。

2. 社会资本主体

(1) 主体资格。签订项目合同的社会资本主体，应是符合条件的国有企业、民营企业、外商投资企业、混合所有制企业，或其他投资、经营主体。

本条应明确以下内容：

1) 社会资本主体的名称、住所、法定代表人等基本情况。

2) 项目合作期间社会资本主体应维持的资格和条件。

(2) 权利界定。项目合同应明确社会资本主体的主要权利：

1) 按约定获得政府支持的权利。

2) 按项目合同约定实施项目、获得相应回报的权利等。

(3) 义务界定。项目合同应明确社会资本主体在合作期间应履行的主要义务，如按约定提供项目资金，履行环境、地质、文物保护及安全生产等义务，承担社会责任等。

(4) 对项目公司的约定。如以设立项目公司的方式实施合作项目，应根据项目实际情况，明确项目公司的设立及其存续期间法人治理结构及经营管理机制等事项，如：

1) 项目公司注册资金、住所、组织形式等的限制性要求。

2) 项目公司股东结构、董事会、监事会及决策机制安排。

3) 项目公司股权、实际控制权、重要人事发生变化的处理方式。

如政府参股项目公司的，还应明确政府出资人代表、投资金额、股权比例、出资方式等；政府股份享有的分配权益，如是否享有与其他股东同等的权益，在利润分配顺序上是否予以优先安排等；政府股东代表在项目公司法人治理结构中的特殊安排，如在特定事项上是否拥有否决权等。

(三) 合作关系

合作关系模块主要约定政府和社会资本合作关系的重要事项，包括合作内容、合作期限、排他性约定及合作的履约保证等，为项目合同的必备篇章。

1. 合作内容

项目合同应明确界定政府和社会资本合作的主要事项，包括：

(1) 项目范围。明确合作项目的边界范围。如涉及投资的，应明确投资标的物的范围；涉及工程建设的，应明确项目建设内容；涉及提供服务的，应明确服务对象及内容等。

(2) 政府提供的条件。明确政府为合作项目提供的主要条件或支持措施，如授予社会资本主体相关权利、提供项目配套条件及投融资支持等。

涉及政府向社会资本主体授予特许经营权等特定权利的，应明确社会资本主体获得该项权利的方式和条件，是否需要缴纳费用，以及费用计算方法、支付时间、支付方式及程序等事项，并明确社会资本主体对政府授予权利的使用方式及限制性条款，如不得擅自转让、出租特许经营权等。

(3) 社会资本主体承担的任务。明确社会资本主体应承担的主要工作，如项目投资、建设、运营、维护等。

(4) 回报方式。明确社会资本主体在合作期间获得回报的具体途径。根据项目性质和特点，项目收入来源主要包括使用者付费、使用者付费与政府补贴相结合、政府付费购买服务等方式。

（5）项目资产权属。明确合作各阶段项目有形及无形资产的所有权、使用权、收益权、处置权的归属。

（6）土地获取和使用权利。明确合作项目土地获得方式，并约定社会资本主体对项目土地的使用权限。

2. 合作期限

明确项目合作期限及合作的起讫时间和重要节点。

3. 排他性约定

如有必要，可做出合作期间内的排他性约定，如对政府同类授权的限制等。

4. 合作履约担保

如有必要，可以约定项目合同各方的履约担保事项，明确履约担保的类型、提供方式、提供时间、担保额度、兑取条件和退还等。对于合作周期较长的项目，可分阶段安排履约担保。

（四）投资计划及融资方案

投资计划及融资方案模块重点约定项目投资规模、投资计划、投资控制、资金筹措、融资条件、投融资监管及违约责任等事项。适用于包含新建、改扩建工程，或政府向社会资本主体转让资产（或股权）的合作项目。

1. 项目总投资

（1）投资规模及其构成。

1）对于包含新建、改扩建工程的合作项目，应在合同中明确工程建设总投资及构成，包括建筑工程费、设备及工器具购置费、安装工程费、工程建设其他费用、基本预备费、价差预备费、建设期利息、流动资金等。合同应明确总投资的认定依据，如投资估算、投资概算或竣工决算等。

2）对于包含政府向社会资本主体转让资产（或股权）的合作项目，应在合同中明确受让价款及其构成。

（2）项目投资计划。明确合作项目的分年度投资计划。

2. 投资控制责任

明确社会资本主体对约定的项目总投资所承担的投资控制责任。根据合作项目特点，可约定社会资本主体承担全部超支责任、部分超支责任，或不承担超支责任。

3. 融资方案

项目合同需要明确项目总投资的资金来源和到位计划，包括以下事项：

（1）项目资本金比例及出资方式。

（2）债务资金的规模、来源及融资条件。如有必要，可约定政府为债务融资提供的支持条件。

（3）各类资金的到位计划。

4. 政府提供的其他投融资支持

如政府为合作项目提供投资补助、基金注资、担保补贴、贷款贴息等支持，应明确具体方式及必要条件。

5. 投融资监管

若需要设定对投融资的特别监管措施，应在合同中明确监管主体、内容、方法和程序，以及监管费用的安排等事项。

6. 投融资违约及其处理

项目合同应明确各方投融资违约行为的认定和违约责任。可视影响将违约行为划分为重大违约和一般违约，并分别约定违约责任。

（五）项目前期工作

项目前期工作模块重点约定合作项目前期工作内容、任务分工、经费承担及违约责任等事项，为项目合同的必备篇章。

1. 前期工作内容及要求

明确项目需要完成的前期工作内容、深度、控制性进度要求，以及需要采用的技术标准和规范要求，对于超出现行技术标准和规范的特殊规定，应予以特别说明。如包含工程建设的合作项目，应明确可行性研究、勘察设计等前期工作要求；包含转让资产（或股权）的合作项目，应明确项目尽职调查、清产核资、资产评估等前期工作要求。

2. 前期工作任务分担

项目合同应分别约定政府和社会资本主体所负责的前期工作内容。

3. 前期工作经费

明确政府和社会资本主体分别承担的前期工作费用。对于政府开展前期工作的经费需要社会资本主体承担的，应明确费用范围、确认和支付方式，以及前期工作成果和知识产权归属。

4. 政府提供的前期工作支持

政府应对社会资本主体承担的项目前期工作提供支持，包括但不限于：

（1）协调相关部门和利益主体提供必要资料和文件。

（2）对社会资本主体的合理诉求提供支持。

（3）组织召开项目协调会。

5. 前期工作监管

若需要设定对项目前期工作的特别监管措施，应在合同中明确监管内容、方法和程序，以及监管费用的安排等事项。

6. 前期工作违约及处理

项目合同应明确各方在前期工作中违约行为的认定和违约责任。可视影响将违约行为划分为重大违约和一般违约，并分别约定违约责任。

（六）工程建设

工程建设模块重点约定合作项目工程建设条件，进度、质量、安全要求，变更管理，实际投资认定，工程验收，工程保险及违约责任等事项，适用于包含新建、改扩建工程的合作项目。

1. 政府提供的建设条件

项目合同可约定政府为项目建设提供的条件，如建设用地、交通条件、市政配套等。

2. 进度、质量、安全及管理要求

项目合同应约定项目建设的进度、质量、安全及管理要求。详细内容可在合同附件中描述。

（1）项目控制性进度计划，包括项目建设期各阶段的建设任务、工期等要求。

（2）项目达标投产标准，包括生产能力、技术性能、产品标准等。

（3）项目建设标准，包括技术标准、工艺路线、质量要求等。

（4）项目安全要求，包括安全管理目标、安全管理体系、安全事故责任等。

（5）工程建设管理要求，包括对招投标、施工监理、分包等。

3. 建设期的审查和审批事项

项目合同应明确需要履行的建设审查和审批事项，并明确社会资本主体的责任，以及政府应提供的协助与协调。

4. 工程变更管理

项目合同应约定建设方案变更（如工程范围、工艺技术方案、设计标准或建设标准等的变更）和控制性进度计划变更等工程变更的触发条件、变更程序、方法和处置方案。

5. 实际投资认定

项目合同应根据投资控制要求，约定项目实际投资的认定方法，以及项目投资发生节约或出现超支时的处理方法，并视需要设定相应的激励机制。

6. 征地、拆迁和安置

项目合同应约定征地、拆迁、安置的范围、进度、实施责任主体及费用负担，并对维护社会稳定、妥善处理后续遗留问题提出明确要求。

7. 项目验收

项目验收应遵照国家及地方主管部门关于基本建设项目验收管理的规定执行。项目验收通常包括专项验收和竣工验收。项目合同应约定项目验收的计划、标准、费用和工作机制等要求。如有必要，应针对特定环节做出专项安排。

8. 工程建设保险

项目合同应约定建设期需要投保的相关险种，如建筑工程一切险、安装工程一切险、建筑施工人员团体意外伤害保险等，并落实各方的责任和义务，注意保险期限与项目运营期相关保险在时间上的衔接。

9. 工程保修

项目合同应约定工程完工之后的保修安排，内容包括但不限于：

（1）保修期限和范围。

（2）保修期内的保修责任和义务。

（3）工程质保金的设置、使用和退还。

（4）保修期保函的设置和使用。

10. 建设期监管

若需要，可对项目建设招标采购、工程投资、工程质量、工程进度以及工程建设档案资料等事项安排特别监管措施，应在合同中明确监管的主体、内容、方法和程序，以及费用安排。

11. 建设期违约和处理

项目合同应明确各方在建设期违约行为的认定和违约责任。可视影响将违约行为划分为重大违约和一般违约，并分别约定违约责任。

（七）政府移交资产

政府移交资产模块约定政府向社会资本主体移交资产的准备工作、移交范围和标准、移交程序及违约责任等，适用于包含政府向社会资本主体转让或出租资产的合作项目。

1. 移交前准备

项目合同应对移交前准备工作做出安排，以保证项目顺利移交，内容一般包括：

（1）准备工作的内容和进度安排。

（2）各方责任和义务。

（3）负责移交的工作机构和工作机制等。

2. 资产移交

合同应对资产移交以下事项进行约定：

（1）移交范围，如资产、资料、产权等。

（2）进度安排。

（3）移交验收程序。

（4）移交标准，如设施设备技术状态、资产法律状态等。

（5）移交的责任和费用。

（6）移交的批准和完成确认。

（7）其他事项，如项目人员安置方案、项目保险的转让、承包合同和供货合同的转让、技术转让及培训要求等。

3. 移交违约及处理

项目合同应明确资产移交过程中各方违约行为的认定和违约责任。可视影响将违约行为划分为重大违约和一般违约，并分别约定违约责任。

（八）运营和服务

运营和服务模块重点约定合作项目运营的外部条件、运营服务标准和要求、更新改造及追加投资、服务计量、运营期保险、政府监管、运营支出及违约责任等事项，适用于包含项目运营环节的合作项目。

1. 政府提供的外部条件

项目合同应约定政府为项目运营提供的外部条件如下：

（1）项目运营所需的外部设施、设备和服务及其具体内容、规格、提供方式（无偿提供、租赁等）和费用标准等。

（2）项目生产运营所需特定资源及其来源、数量、质量、提供方式和费用标准等，如污水处理厂的进水来源、来水量、进水水质等。

（3）对项目特定产出物的处置方式及配套条件，如污水处理厂的出水、污泥的处置，垃圾焚烧厂的飞灰、灰渣的处置等。

（4）道路、供水、供电、排水等其他保障条件。

2. 试运营和正式运营

项目合同应约定试运营的安排，如：

（1）试运营的前提条件和技术标准。

（2）试运营的期限。

（3）试运营期间的责任安排。

（4）试运营的费用和收入处理。

（5）正式运营的前提条件。

（6）正式运营开始时间和确认方式等。

3. 运营服务标准

项目合同应从维护公共利益、提高运营效率、节约运营成本等角度，约定项目运营服务标准。详细内容可在合同附件中描述。

（1）服务范围、服务内容。

（2）生产规模或服务能力。

（3）技术标准，如污水处理厂的出水标准，自来水厂的水质标准等。

（4）服务质量，如普遍服务、持续服务等。

（5）其他要求，如运营机构资质、运营组织模式、运营分包等。

4. 运营服务要求变更

项目合同应约定运营期间服务标准和要求的变更安排，如：

（1）变更触发条件，如因政策或外部环境发生重大变化，需要变更运营服务标准等。

（2）变更程序，包括变更提出、评估、批准、认定等。

（3）新增投资和运营费用的承担责任。

（4）各方利益调整方法或处理措施。

5. 运营维护与修理

项目合同应约定项目运营维护与设施修理事项。详细内容可在合同附件中描述。

（1）项目日常运营维护的范围和技术标准。

（2）项目日常运营维护记录和报告制度。

（3）大中修资金的筹措和使用管理等。

6. 更新改造和追加投资

对于运营期间需要进行更新改造和追加投资的合作项目，项目合同应对更新改造和追加投资的范围、触发条件、实施方式、投资控制、补偿方案等进行约定。

7. 主副产品的权属

项目合同应约定在运营过程中产生的主副产品（如污水处理厂的出水等）的权属和处置权限。

8. 项目运营服务计量

项目合同应约定项目所提供服务（或产品）的计量方法、标准、计量程序、计量争议解决、责任和费用划分等事项。

9. 运营期的特别补偿

项目合同应约定运营期间由于政府特殊要求造成社会资本主体支出增加、收入减少的补偿方式、补偿金额、支付程序及协商机制等。

10. 运营期保险

项目合同应约定运营期需要投保的险种、保险范围、保险责任期间、保额、投保人、受益人、保险赔偿金的使用等。

11. 运营期政府监管

政府有关部门依据自身行政职能对项目运营进行监管，社会资本主体应当予以配合。政府可在不影响项目正常运营的原则下安排特别监管措施，并与社会资本主体议定费用分担方式，如：

（1）委托专业机构开展中期评估和后评价。

（2）政府临时接管的触发条件、实施程序、接管范围和时间、接管期间各方的权利义务等。

12. 运营支出

项目合同应约定社会资本主体承担的成本和费用范围，如人工费、燃料动力费、修理费、财务费用、保险费、管理费、相关税费等。

13. 运营期违约事项和处理

项目合同应明确各方在运营期违约行为的认定和违约责任。可视影响将违约行为划分为重大违约和一般违约，并分别约定违约责任。

（九）社会资本主体移交项目

社会资本主体移交项目模块重点约定社会资本主体向政府移交项目的过渡期、移交范围和标准、移交程序、质量保证及违约责任等，适用于包含社会资本主体向政府移交项目的合作项目。

1. 项目移交前过渡期

项目合同应约定项目合作期届满前的一定时期（如12个月）作为过渡期，并约定过渡期安排，以保证项目顺利移交。内容一般包括：

（1）过渡期的起讫日期、工作内容和进度安排。

（2）各方责任和义务，包括移交期间对公共利益的保护。

（3）负责项目移交的工作机构和工作机制，如移交委员会的设立、移交程序、移交责任划分等。

2. 项目移交

对于合作期满时的项目移交，项目合同应约定以下事项：

（1）移交方式，明确资产移交、经营权移交、股权移交或其他移交方式。

（2）移交范围，如资产、资料、产权等。

（3）移交验收程序。

（4）移交标准，如项目设施设备需要达到的技术状态、资产法律状态等。

（5）移交的责任和费用。

（6）移交的批准和完成确认。

（7）其他事项，如项目人员安置方案、项目保险的转让、承包合同和供货合同的转让、技术转让及培训要求等。

3. 移交质量保证

项目合同应明确如下事项：

（1）移交保证期的约定，包括移交保证期限、保证责任、保证期内各方权利义务等。

（2）移交质保金或保函的安排，可与履约保证结合考虑，包括质保金数额和形式、保证期限、移交质保金兑取条件、移交质保金的退还条件等。

4. 项目移交违约及处理

项目合同应明确项目移交过程中各方违约行为的认定和违约责任。可视影响将违约行为划分为重大违约和一般违约，并分别约定违约责任。

（十）收入和回报

收入和回报重点约定合作项目收入、价格确定和调整、财务监管及违约责任等事项，为项目合同的必备篇章。

1. 项目运营收入

项目合同应按照合理收益、节约资源的原则，约定社会资本主体的收入范围、计算方法等事项。详细内容可在合同附件中描述。

（1）社会资本主体提供公共服务而获得的收入范围及计算方法。

（2）社会资本主体在项目运营期间可获得的其他收入。

（3）如涉及政府与社会资本主体收入分成的，应约定分成机制，如分成计算方法、支付方式、税收责任等。

2. 服务价格及调整

项目合同应按照收益与风险匹配、社会可承受的原则，合理约定项目服务价格及调整机制。

（1）执行政府定价的价格及调整。

1）执行政府批准颁布的项目服务或产品价格。

2）遵守政府价格调整相关规定，配合政府价格调整工作，如价格听证等。

（2）项目合同约定的价格及调整。

1）初始定价及价格水平年。

2）运营期间的价格调整机制，包括价格调整周期或调价触发机制、调价方法、调价程序及各方权利义务等。

3. 特殊项目收入

若社会资本主体不参与项目运营或不通过项目运营获得收入的，项目合同应在法律允许框架内，按照合理收益原则约定社会资本主体获取收入的具体方式。

4. 财务监管

政府和社会资本合作项目事关公共利益，项目合同应约定对社会资本主体的财务监管制度安排，明确社会资本主体的配合义务，如：

（1）成本监管和审计机制。

（2）年度报告及专项报告制度。

（3）特殊专用账户的设置和监管等。

5. 违约事项及其处理

项目合同应明确各方在收入获取、补贴支付、价格调整、财务监管等方面的违约行为的认定和违约责任。可视影响将违约行为划分为重大违约和一般违约，并分别约定违约责任。

(十一) 不可抗力和法律变更

不可抗力和法律变更模块重点约定不可抗力事件和法律变更的处理事项，为项目合同的必备篇章。

1. 不可抗力事件

项目合同应约定不可抗力的类型和范围，如自然灾害、社会异常事件、化学或放射性污染、核辐射、考古文物等。

2. 不可抗力事件的认定和评估

项目合同应约定不可抗力事件的认定及其影响后果评估程序、方法和原则。对于特殊项目，应根据项目实际情况约定不可抗力事件的认定标准。

3. 不可抗力事件发生期间各方权利和义务

项目合同应约定不可抗力事件发生后的各方权利和义务，如及时通知、积极补救等，以维护公共利益，减少损失。

4. 不可抗力事件的处理

项目合同应根据不可抗力事件对合同履行造成的影响程度，分别约定不可抗力事件的处理。造成合同部分不能履行，可协商变更或解除项目合同；造成合同履行中断，可继续履行合同并就中断期间的损失承担做出约定；造成合同履行不能，应约定解除合同。

5. 法律变更

项目合同应约定，如在项目合同生效后发布新的法律、法规或对法律、法规进行修订，影响项目运行或各方项目收益时，变更项目合同或解除项目合同的触发条件、影响评估、处理程序等事项。

(十二) 合同解除

合同解除模块重点约定合同解除事由、解除程序，以及合同解除后的财务安排、项目移交等事项，为项目合同的必备篇章。

1. 合同解除的事由

项目合同应约定各种可能导致合同解除的事由，包括：

(1) 发生不可抗力事件，导致合同履行不能或各方不能就合同变更达成一致。

(2) 发生法律变更，各方不能就合同变更达成一致。

(3) 合同一方严重违约，导致合同目的无法实现。

(4) 社会资本主体破产清算或类似情形。

(5) 合同各方协商一致。

(6) 法律规定或合同各方约定的其他事由。

2. 合同解除程序

项目合同应约定合同解除程序。

3. 合同解除的财务安排

按照公平合理的原则，在项目合同中具体约定各种合同解除情形时的财务安排，以及相应的处理程序。如：

（1）明确各种合同解除情形下，补偿或赔偿的计算方法，赔偿应体现违约责任及向无过错方的利益让渡。补偿或赔偿额度的评估要坚持公平合理、维护公益性原则，可设计具有可操作性的补偿或赔偿计算公式。

（2）明确各方对补偿或赔偿计算成果的审核、认定和支付程序。

4. 合同解除后的项目移交

项目合同应约定合同解除后的项目移交事宜，可参照本指南“项目移交”条款进行约定。

5. 合同解除的其他约定

结合项目特点和合同解除事由，可分别约定在合同解除时项目接管、项目持续运行、公共利益保护以及其他处置措施等。

（十三）违约处理

其他模块关于违约的未约定事项，在本模块中予以约定；也可将关于违约的各种约定在本模块集中明确，本模块为项目合同的必备篇章。

1. 违约行为认定

项目合同应明确违约行为的认定以及免除责任或限制责任的事项。

2. 违约责任承担方式

项目合同应明确违约行为的承担方式，如继续履行、赔偿损失、支付违约金及其他补救措施等。

3. 违约行为处理

项目合同可约定违约行为的处理程序，如违约发生后的确认、告知、赔偿等救济机制，以及上述处理程序的时限。

（十四）争议解决

争议解决模块重点约定争议解决方式，为项目合同的必备篇章。

1. 争议解决方式

（1）协商。通常情况下，项目合同各方应在一方发出争议通知指明争议事项后，首先争取通过友好协商的方式解决争议。协商条款的编写应包括基本协商原则、协商程序、参与协商人员及约定的协商期限。若在约定期限内无法通过协商方式解决问题，则采用调解、仲裁或诉讼方式处理争议。

（2）调解。项目合同可约定采用调解方式解决争议，并明确调解委员会的组成、职权、议事原则，调解程序，费用的承担主体等内容。

（3）仲裁或诉讼。协商或调解不能解决的争议，合同各方可约定采用仲裁或诉讼方式解决。采用仲裁方式的，应明确仲裁事项、仲裁机构。

2. 争议期间的合同履行

诉讼或仲裁期间项目各方对合同无争议的部分应继续履行；除法律规定或另有约定外，任何一方不得以发生争议为由，停止项目运营服务、停止项目运营支持服务或采取其他影响公共利益的措施。

（十五）其他约定

其他约定模块约定项目合同的其他未尽事项，为项目合同的必备篇章。

1. 合同变更与修订

可对项目合同变更的触发条件、变更程序、处理方法等进行约定。项目合同的变更与修订应以书面形式作出。

2. 合同的转让

项目合同应约定合同权利义务是否允许转让，如允许转让，应约定需满足的条件和程序。

3. 保密

项目合同应约定保密信息范围、保密措施、保密责任。保密信息通常包括项目涉及国家安全、商业秘密或合同各方约定的其他信息。

4. 信息披露

为维护公共利益、促进依法行政、提高项目透明度，合同各方有义务按照法律法规和项目合同约定，向对方或社会披露相关信息。详细披露事项可在合同附件中明确。

5. 廉政和反腐

项目合同应约定各方恪守廉洁从政、廉洁从业和防范腐败的责任。

6. 不弃权

合同应声明任何一方均不被视为放弃本合同中的任何条款，除非该方以书面形式作出放弃。任何一方未坚持要求对方严格履行本合同中的任何条款，或未行使其在本合同中规定的任何权利，均不应被视为对任何上述条款的放弃或对今后行使任何上述权利的放弃。

7. 通知

项目合同应约定通知的形式、送达、联络人、通信地址等事项。

8. 合同适用法律

项目合同适用中华人民共和国法律。

9. 适用语言

项目合同应约定合同订立及执行过程中所采用的语言。对于采用多种语言订立的，应明确以中文为准。

10. 适用货币

明确项目合同所涉及经济行为采用的支付货币类型。

11. 合同份数

项目合同应约定合同的正副本数量和各方持有份数，并明确合同正本和副本具有同等法律效力。

12. 合同附件

项目合同可列示合同附件名称。

三、PPP合同的履行

1. 成立项目公司

社会资本可依法设立项目公司。政府可指定相关机构依法参股项目公司。项目实施机构和财政部门（政府和社会资本合作中心）应监督社会资本按照采购文件和项目合同约定，按时足额出资设立项目公司。

2. 融资

项目融资由社会资本或项目公司负责。社会资本或项目公司应及时开展融资方案设计、机构接洽、合同签订和融资交割等工作。财政部门（政府和社会资本合作中心）和项目实施机构应做好监督管理工作，防止企业债务向政府转移。

社会资本或项目公司未按照项目合同约定完成融资的，政府可提取履约保函直至终止项目合同；遇系统性金融风险或不可抗力的，政府、社会资本或项目公司可根据项目合同约定协商修订合同中相关融资条款。

当项目出现重大经营或财务风险，威胁或侵害债权人利益时，债权人可依据与政府、社会资本或项目公司签订的直接介入协议或条款，要求社会资本或项目公司改善管理等。在直接介入协议或条款约定期限内，重大风险已解除的，债权人应停止介入。

3. 绩效监测与支付

（1）绩效监测。绩效监测项目实施机构应根据项目合同约定，监督社会资本或项目公司履行合同义务，定期监测项目产出绩效指标，编制季报和年报，并报财政部门（政府和社会资本合作中心）备案。

（2）支付。项目合同中涉及的政府支付义务，财政部门应结合中长期财政规划统筹考虑，纳入同级政府预算，按照预算管理相关规定执行。财政部门（政府和社会资本合作中心）和项目实施机构应建立政府和社会资本合作项目政府支付台账，严格控制政府财政风险。在政府综合财务报告制度建立后，政府和社会资本合作项目中的政府支付义务应纳入政府综合财务报告。

政府有支付义务的，项目实施机构应根据项目合同约定的产出说明，按照实际绩效直接或通知财政部门向社会资本或项目公司及时足额支付。设置超额收益分享机制的，社会资本或项目公司应根据项目合同约定向政府及时足额支付应享有的超额收益。

项目实际绩效优于约定标准的，项目实施机构应执行项目合同约定的奖励条款，并可将其作为项目期满合同能否展期的依据；未达到约定标准的，项目实施机构应执行项目合同约定的惩处条款或救济措施。

4. 合同修订、违约责任和争议解决

在项目合同执行和管理过程中，项目实施机构应重点关注合同修订、违约责任和争议解决等工作。

（1）合同修订。按照项目合同约定的条件和程序，项目实施机构和社会资本或项目公司可根据社会经济环境、公共产品和服务的需求量及结构等条件的变化，提出修订项目合同申请，待政府审核同意后执行。

（2）违约责任。项目实施机构、社会资本或项目公司未履行项目合同约定义务的，应承担相应违约责任，包括停止侵害、消除影响、支付违约金、赔偿损失以及解除项目合同等。

社会资本或项目公司违反项目合同约定，威胁公共产品和服务持续稳定安全供给，或危及国家安全和重大公共利益的，政府有权临时接管项目，直至启动项目提前终止程序。

政府可指定合格机构实施临时接管。临时接管项目所产生的一切费用，将根据项目合同约定，由违约方单独承担或由各责任方分担。社会资本或项目公司应承担的临时接管费用，可以从其应获终止补偿中扣减。

（3）争议解决。在项目实施过程中，按照项目合同约定，项目实施机构、社会资本或项目公司可就发生争议且无法协商达成一致的事项，依法申请仲裁或提起民事诉讼。

5. 中期评估

第二十九条项目实施机构应每3～5年对项目进行中期评估，重点分析项目运行状况和项目合同的合规性、适应性和合理性；及时评估已发现问题的风险，制订应对措施，并报财政部门（政府和社会资本合作中心）备案。

6. 信息披露

政府、社会资本或项目公司应依法公开披露项目相关信息，保障公众知情权，接受社会监督。

社会资本或项目公司应披露项目产出的数量和质量、项目经营状况等信息。政府应公开不涉及国家秘密、商业秘密的政府和社会资本合作项目合同条款、绩效监测报告、中期评估报告和项目重大变更或终止情况等。

社会公众及项目利益相关方发现项目存在违法、违约情形或公共产品和服务不达标准的，可向政府职能部门提请监督检查。

7. 项目移交

（1）移交准备。项目移交时，项目实施机构或政府指定的其他机构代表政府收回项目合同约定的项目资产。

项目合同中应明确约定移交形式、补偿方式、移交内容和移交标准。移交形式包括期满终止移交和提前终止移交；补偿方式包括无偿移交和有偿移交；移交内容包括项目资产、人员、文档和知识产权等；移交标准包括设备完好率和最短可使用年限等指标。

采用有偿移交的，项目合同中应明确约定补偿方案；没有约定或约定不明的，项目实施机构应按照“恢复相同经济地位”原则拟定补偿方案，报政府审核同意后实施。

项目实施机构或政府指定的其他机构应组建项目移交工作组，根据项目合同约定与社会资本或项目公司确认移交情形和补偿方式，制订资产评估和性能测试方案。

项目移交工作组应委托具有相关资质的资产评估机构，按照项目合同约定的评估方式，对移交资产进行资产评估，作为确定补偿金额的依据。

（2）性能测试。项目移交工作组应严格按照性能测试方案和移交标准对移交资产进行性能测试。性能测试结果不达标的，移交工作组应要求社会资本或项目公司进行恢复性修理、更新重置或提取移交维修保函。

（3）资产交割。社会资本或项目公司应将满足性能测试要求的项目资产、知识产权和技术法律文件，连同资产清单移交项目实施机构或政府指定的其他机构，办妥法律过户和管理权移交手续。社会资本或项目公司应配合做好项目运营平稳过渡相关工作。

（4）绩效评价。项目移交完成后，财政部门（政府和社会资本合作中心）应组织有关部门对项目产出、成本效益、监管成效、可持续性、政府和社会资本合作模式应用等进行绩效评价，并按相关规定公开评价结果。评价结果作为政府开展政府和社会资本合作管理工作决策参考依据。

思　考　题

1. PPP项目政府采购方式中，“竞争性谈判”与“竞争性磋商”有哪些区别？
2. 请分析如何选择PPP项目政府采购的方式？
3. 不同PPP采购方式的采购流程分别是什么？
4. PPP合同一般应当包括哪些内容？
5. PPP合同履行过程中主要要进行哪些工作？

第九章　国际工程项目采购与合同管理

基　本　要　求

◆　熟悉 FIDIC 施工合同条件与我国标准施工合同文本的异同

◆　了解国际工程项目采购的规制

◆　了解 FIDIC 的主要合同条件

◆　了解英国 NEC 与美国 AIA 合同条件

我国已经加入世界贸易组织十余载，一方面国内市场逐步国际化，外资的进入步伐在加快，另一方面，我国企业“走出去”的步伐也在加速。新版 FIDIC 合同条件在国际工程项目管理的应用十分广泛；在英国、英联邦国家还是习惯于采用英国有关的学会等组织编制的各种合同范本，而美国及其在国外投资的项目则习惯于采用美国有关的学会、协会等组织编制的各种合同范本。为此，在本章中将简要地介绍国际工程项目采购的规制、FIDIC 工程合同条件以及英国土木工程师学会（ICE）和美国建筑师学会（A1A）编制的有关合同范本。

第一节　关于国际工程项目采购的规制

一、政府采购协议

世界贸易组织《政府采购协议》是世界贸易组织多边贸易体系中的一个重要协定和规范缔约方政府采购的多边框架协议，它由世界贸易组织的成员方自愿参加，目前多为经济发达国家。《政府采购协议》由序言、条款、附录组成。

世界贸易组织《政府采购协议》于 1979 年 4 月 12 日在日内瓦签订，1981 年 1 月 1 日生效，1993 年 2 月缔约方在关贸总协定乌拉圭回合多边谈判中就制订新的政府采购协议达成了意向，并于 1994 年 4 月 15 日在马拉喀什签署了新的《政府采购协议》，1996 年 1 月 1 日开始实施。

1.《政府采购协议》的目标

（1）建立一个有效的政府采购的法律、规则、程序以及权利和义务的多边框架，扩展世界贸易和促进世界贸易的自由化，扩大和改善世界贸易运行的国际环境和国际框架。

（2）各成员国政府的采购法律法规不应对国内产品与服务的供应商提供保护，并与国外产品与服务的供应商实行差别待遇。

（3）各成员国政府应提高政府采购的透明度。

（4）建立通知、磋商、监督和解决争端的国际秩序，维持权利与义务的平衡。

（5）考虑发展中国家特别是不发达国家的需要。

2.《政府采购协议》的适用范围

（1）采购主体。各国政府在加入协议时要提交一份清单，列出国内服从政府采购协议的全部实体的名单，名单以外的实体可以不受协议的约束。名单列入《政府采购协议》的附录一。

（2）采购对象。《政府采购协议》适用于任何合同形式的采购，包括购买、租赁、期权购买等。

（3）采购限额。《政府采购协议》适用于合同价大于《政府采购协议》附录一规定的限额的任何采购。合同价包括一切形式的酬金、奖金、佣金、利息等。《政府采购协议》第23条规定了协议不适应的例外情况，如采购武器、弹药、和维护公共安全，人类及动植物生命或健康，知识产权，或因保护残疾人、慈善机构，劳改人员生产的产品或服务的需要，采取或实施的特殊措施。

3.政府采购协议的原则

（1）国民待遇和非歧视性待遇。《政府采购协议》第3条规定，各国对国外产品、服务和供应商提供的待遇应该不低于对国内产品、服务和供应商提供的待遇，也不低于对任何其他一方所提供的产品、服务和供应商提供的待遇。

（2）发展中国家的特殊待遇和差别待遇。《政府采购协议》第5条详细规定了应该对发展中国家、特别是最不发达国家特殊待遇和差别待遇，保证这些国家的国际收支平衡，有充足的外汇，发展国内工业、农业和落后地区家庭手工业和其他经济的发展。《政府采购协议》从适用范围、例外条款、技术援助、抵偿和审议等方面为发展中国家特别是最不发达国家提供特殊待遇和差别待遇。

（3）透明度原则。《政府采购协议》第17条规定协议成员国应该鼓励本国实体公开本国政策，受理非成员国的投标的条件，采购要求和诉讼的条件，保证程序的透明度。

4.招标程序的规定

《政府采购协议》第7条至第14条规定了详细的招标程序，其中第8条为供应商资格审查程序，第9条为招标邀请，第11条为招标和交货期限，第12条为招标文件，第13条为投标、受标、开标和授予合同，第14条为谈判。协议规定了三种招标程序，包括公开招标，选择性招标（第10条）和限制性招标（第15条）三种程序：

（1）公开招标时全部感兴趣的供应商均可投标。

（2）选择性招标指符合《政府采购协议》第10条第3款的规定，由招标实体邀请特定的供应商投标。

（3）限制性招标指符合《政府采购协议》第15条的规定，招标实体可以与各供应商个别联系。

5.招标公告和招标时间

《政府采购协议》第9条规定，公开招标的招标公告必须刊登于《政府采购协议》附录二所列的刊物上。《政府采购协议》第11条规定公开招标的招标时间从刊登广告至提交投标书的截止时间为40天，选择性招标为25天。

6. 授予合同

《政府采购协议》第13条规定，只有在开标时符合招标文件的基本要求的供应商才能中标。如果供应商的投标价异常低，可以要求该供应商对遵守合同条件和履行合同的能力做出保证。合同应该授予确信有能力履行合同的供应商，并且其投标无论从国内和国外获得的产品和服务都是最有竞争力的投标，或者按照招标文件规定的评标标准衡量被确认为最具优势的投标。

7. 投诉、磋商和争端解决

《政府采购协议》第20条规定，投诉应优先采用磋商的方式解决，供应商应在知悉或应知悉投诉事项起的10天内提起投诉，并通知采购机构。投诉案件应由法院或与采购结果无关的独立公正的审议机构进行审理。争端可以通过争端解决机构的专家组审查，建议和裁决，监督建议和裁决的执行。

二、公共采购示范法

联合国国际贸易法委员会《公共采购示范法》（以下简称《示范法》）是在1994年通过的《货物和工程采购示范法》的基础上，由联合国国际贸易法委员会在2011年8月第44届会议通过的，2012年6月审议通过了《公共采购示范法颁布指南》（以下简称《颁布指南》）。《示范法》代表了目前国际上比较认同的公共采购领域的先进经验和发展趋势，并提出了应对新情况、新形势的法律措施，《颁布指南》则进一步详细解释了《示范法》的主要政策考虑、背景，并针对监管机构和公共采购机构对如何实施和使用《示范法》进行了逐条评注。

（一）《示范法》的目的

（1）是为各国对本国采购法律和实务进行评价和现代化并在目前尚无采购立法的情况下建立采购立法提供一个参照范本。

（2）是支持在国际层面协调统一采购条例，以此促进国际贸易。

（二）《示范法》适用范围

《示范法》旨在适用于颁布国内的一切公共采购，也包括国防和国家安全相关的采购。即采购实体获取货物、工程或服务。

（三）《示范法》总则

在总则中，《示范法》规定了每种采购程序都适用的基本规定，并尽可能按照采购程序的时间顺序排列这些条款。《示范法》规定的总则性条款包括：

1. 采购过程中的通信

《示范法》对于采购过程中的通信主要涉及以下内容：

（1）传送通信的形式。《示范法》规定，采购实体应按照要求对传递采购过程中产生的任何文件、通知、决定或其他任何信息，包括与质疑程序有关、在会议期间传递或构成采购程序记录一部分的任何文件、通知、决定或其他任何信息，所采用的形式应当能够提供信息内容的记录，并且能够调取供日后查用。《示范法》也允许在某些情况下暂时以不留有信息内容记录的形式传送某些类型的信息，但是在传送信息之后必须立即以规定的形式向接收人确认该通信。

（2）传送通信的手段。《示范法》规定，采购实体应在邀请供应商或承包商参加采购程序之初明确：任何形式要求；采购涉及机密信息的，如果采购实体认为必要，确保在必要级别为机密信息提供保护所需要的措施和要求；采购实体或其代表向供应商或承包商或者向任何人传递信息，或者供应商或承包商向采购实体或代表采购实体行事的其他实体传递信息的，通信所应采用的手段；为满足本法对书面信息或签字的所有要求而应采用的手段；和举行任何供应商或承包商会议所应采用的手段。

2. 供应商的参与和资格

（1）供应商的参与。《示范法》规定供应商或承包商不论国籍均应当被允许参加采购程序，但采购实体基于本国采购条例或其他法律规定列明的理由决定根据国籍限制对采购程序参加的除外。除法定理由外，采购实体不得为限制承包商或供应商参加采购程序而设定可能造成歧视或者区别对待供应商或者歧视其中某些供应商的其他要求。如果限制供应商参加采购，要求采购实体在邀请供应商或承包商参加采购程序之初声明限制参与范围，并应当在采购程序记录中载明采购实体所依据的理由和情形，特别要指明限制参与所援引理由的法律来源。

（2）供应商的资格。《示范法》规定，采购实体可在采购程序任何阶段确定供应商的资格。采购实体在评估供应商资格时，应当仅使用与特定采购目的相适应的标准，具体包括：履行采购合同所必需的专业、技术和环境方面的资格；符合本国所适用的道德标准和其他标准；具有订立采购合同的法律能力；未处于无清偿能力、财产被接管、破产或结业状况；履行了缴纳本国税款和社保的义务；供应商及其董事或高管人员未曾被判犯有涉及职业操守或涉及假报虚报资格订立采购合同的任何刑事罪或被取消其他资格。

《示范法》也规定了采购实体取消供应商资格的理由，包括：采购实体在任何时候发现所提交的关于某一供应商或承包商资格的资料有假或构成虚报，应当取消该供应商或承包商的资格；采购实体不得以所提交的关于某一供应商或承包商资格的资料在非实质性方面失实或不完整为由取消该供应商或承包商的资格。但是，供应商或承包商未能在采购实体提出要求后迅速补正此种缺陷的，可以取消该供应商或承包商的资格；供应商或承包商已通过资格预审的，采购实体可以要求其按照原来对其进行资格预审时使用的同样标准再次证明资格。供应商或承包商凡未能按要求再次证明资格的，采购实体应当取消其资格。

3. 采购标的说明和评审标准

（1）采购标的说明。为了禁止歧视性的措施，《示范法》规定，有资格预审文件或预选文件的，此种文件应当载列采购标的说明；采购实体应当在招标文件中列出其将用以评审提交书的采购标的详细说明，其中包括提交书被认为具响应性而必须达到的最低限要求，以及拟适用这些最低限要求的方式。

（2）评审标准。《示范法》规定了评审标准的基本原则，即评审标准必须与采购标的相关。具体的评审标准包括：一是价格；二是货物操作、保养和维修费用或工程费用；交付货物、完成工程或提供服务的时间；采购标的特点，如货物或工程的功能特点和环境特点以及采购标的的付款条件和保证条件；三是涉及根据不通过谈判征求建议书、通过对话征求建议书和通过顺序谈判征求建议书进行采购的，供应商或承包商以及参与提供采购标的人员的经验、可靠性、专业能力和管理能力。除与采购标的相关的评审标准外，评审标准还可以包括：本国采购条例或其他法律规定允许或者要求考虑到的任何标准；本国采购条例或其他法律规定允许或要求给予国内供应商或承包商或者给予国产货物的优惠幅度或其他任何优惠。

4. 采购估值

为了避免采购价值计算中的主观性，《示范法》规定采购实体不得为限制供应商或承包商之间的竞争或者为其他方式规避本法对其规定的义务而将采购业务分割，或者采用特定估值方法对采购进行估值。采购实体进行采购估值，应当包括采购合同的最大估计总价值，或框架协议下所设想的整个期间所有采购合同的最大估计总价值，同时考虑到所有付酬形式。

5. 采购文件

（1）文件语言的规则。《示范法》规定了文件语言的规则，有资格预审文件或预选文件的，此种文件以及招标文件应当以颁布国列明其官方语言编制，如果颁布国官方语言不是国际贸易常用语言，除使用官方语言外，还要以国际贸易常用语言编印文件。同时规定，有资格预审申请或预选申请的，申请书以及提交书可以分别以资格预审文件或预选文件以及招标文件的语言编写和递交，或者该文件所允许的其他任何语言编写和递交。

（2）采购文件的递交。《示范法》规定，资格预审申请书或预选申请书的递交方式、地点和截止时间，应当在资格预审邀请书或预选邀请书中列明，如有需要，还应当在资格预审文件或预选文件中列明。提交书的递交方式、地点和截止时间，应当在招标文件中列明。同时规定："资格预审申请书、预选申请书或提交书的递交截止时间，应当以具体日期和时间表示，并应当给供应商或承包商编写和递交申请书或提交书留出足够时间，同时考虑到采购实体的合理需要。"

（3）招标文件的澄清和修改。《示范法》规定，供应商或承包商可以请求采购实体澄清招标文件。对于供应商或承包商提出的澄清招标文件的请求，只要是在提交书递交截止时间之前的合理时间内为采购实体收到的，采购实体均应作出答复。采购实体应当在能够使该供应商或承包商及时递交提交书的时限内作出答复，并应当将澄清事项告知由采购实体提供了招标文件的所有供应商或承包商，但不得标明请求的提出者。在提交书递交截止时间之前的任何时候，采购实体可以出于任何理由，主动或根据供应商或承包商的澄清请求，以印发补充文件的方式修改招标文件。补充文件应当迅速分发给由采购实体提供招标文件的所有供应商或承包商，并应当对这些供应商或承包商具有约束力。

6. 投标担保

（1）采购实体要求提交投标担保。《示范法》规定，采购实体要求递交提交书的供应商或承包商提供投标担保：①此种要求应当适用于所有供应商或承包商；②招标文件可以规定投标担保出具人和可能提出的投标担保保兑人，以及投标担保的形式和条件，必须是采购实体所能接受的；③虽有上述规定，只要投标担保和出具人在其他方面符合招标文件中列明的要求，采购实体不得以投标担保不是本国出具人出具为由拒绝该投标担保，除非采购实体接受此种投标担保将违反本国法律；④在递交提交书之前，供应商或承包商可以请求采购实体确认所提出的投标担保出具人可否被接受，采购实体要求提出保兑人的，可以请求采购实体确认所提出的保兑人可否被接受；采购实体应当对此种请求迅速作出答复；⑤确认所提出的出具人或可能提出的保兑人可接受，并不排除采购实体以出具人或保兑人已无清偿能力或者已在其他方面失去信誉为由，拒绝该投标担保；⑥采购实体应当在招标文件中具体说明对出具投标担保者的要求以及对所需投标担保的性质、形式、数额和其他主要条件。

（2）采购实体退还投标担保。《示范法》规定了采购实体退还投标担保的情形，具体包括：投标担保期满；采购合同生效，按招标文件要求提供履约担保；采购被取消；在提交书的递交截止日期之前撤回提交书，除非招标文件规定不得撤回。

7. 取消采购、否决异常低价提交书和排除供应商

（1）取消采购。《示范法》规定，采购实体可以在接受中选提交书之前的任何时候取消采购，在提交书被接受的供应商未能按要求签订采购合同或者未能提供履约担保的情况下，还可以在中选提交书已获接受之后取消采购。采购实体不得在决定取消采购之后开启任何投标书或建议书。

（2）否决异常低价提交书。《示范法》规定，如果采购实体确定，价格结合提交书的其他构成要素相对于采购标的异常偏低，由此引起采购实体对递交了该提交书的供应商或承包商履行采购合同能力的关切，采购实体可以否决该提交书，条件是采购实体采取了下列行动：采购实体已经以书面形式请求该供应商或承包商就引起采购实体对其履行采购合同能力关切的提交书提供细节；并且采购实体已考虑到该供应商或承包商在这一请求之后提供的任何信息以及提交书中列入的信息，但在所有这些信息的基础上继续持有关切。

（3）排除供应商。《示范法》规定，供应商或承包商有下列情形的，采购实体应当将其排除在采购程序之外：该供应商或承包商直接或间接提议给予、实际给予或同意给予采购实体或其他政府当局的任何现任或前任官员或雇员任何形式的酬礼，或提议给予任职机会或其他任何服务或价值物，以影响采购实体在采购程序方面的行动或决定或实施的程序；或者该供应商或承包商违反本国法律规定，有不公平竞争优势或利益冲突。

8. 采购合同生效

（1）接受中选提交书和采购合同生效。《示范法》规定，除非有下列情形，否则采购实体应当接受中选提交书：取消了递交中选提交书的供应商或承包商的资格；取消了采购；以价格异常偏低为由否决了评审结束时确定的中选提交书；根据规定的理由将递交中选提交书的供应商或承包商排除在采购程序之外。《示范法》规定，采购实体应将其拟在停顿期结束时接受中选提交书的决定迅速通知每一个递交了提交书的供应商或承包商。

《示范法》也规定了采购合同生效方法，主要包括：①发出接受通知书时生效；②签署书面采购合同生效；③主管机构批准时生效。作为一种最佳做法，《示范法》规定，提交书已获接受的供应商或承包商未能按要求签署书面采购合同，或者未能提供所要求的任何履约担保的，采购实体可以取消采购，也可以决定根据本法和招标文件中列明的标准和程序，从其余仍然有效的提交书中选出下一份中选提交书。在后一种情况下，本条的规定应当经变通后适用于该提交书。在采购合同生效并且供应商或承包商按要求提供履约担保时，即应迅速向其他供应商或承包商发出采购合同通知，列明已订立采购合同的供应商或承包商的名称和地址及合同价格。

（2）采购合同或框架协议的授标公告。《示范法》规定，采购合同生效时或者订立框架协议时，采购实体应当迅速发布采购合同或框架协议的授标公告，列明被授予采购合同

或框架协议的一个或多个供应商或承包商的名称，以及采购合同的合同价格。同时规定，授标公告的规定不适用于合同价格低于采购条例中列明的阈值的授标。采购实体应当定期、累积发布此种授标的公告，每年至少一次。

9. 保密和记录

（1）保密要求。《示范法》规定，在采购实体与供应商或承包商的通信或者与任何人的通信中，如果披露信息不是保护国家基本安全利益所必需的，或者披露信息将违反法律、将妨碍执法、将损害供应商或承包商的正当商业权益，或者将妨碍公平竞争，则采购实体不得披露任何此种信息。除根据规定提供或发布信息之外，采购实体处理资格预审申请书、预选申请书和提交书，应当避免将其内容披露给其他竞标供应商或承包商，或未被允许接触此类信息的其他任何人。《示范法》也对特定采购程序提出了保密要求：①采购实体与供应商或承包商之间根据特定程序进行的任何讨论、通信、谈判和对话均应保密；②采购涉及机密信息的，采购实体可以对供应商或承包商规定旨在保护机密信息的要求，并且要求供应商或承包商确保其分包商遵守旨在保护机密信息的要求。

（2）采购程序的书面记录。《示范法》规定，采购实体应当保持采购程序记录，其中包括两种程度的披露：①信息记录部分应当在中选提交书被接受后，或者在采购被取消后，提供给请求得到此种记录的任何人；②在不违反规定的情况下，规定的记录部分应当根据请求提供给已知悉中选决定的递交提交书的供应商。采购实体应当根据本国采购条例或其他法律规定，记录、归档并保存与采购程序有关的一切文件。

（四）采购方式和程序

考虑到各国的不同实践与需要，《示范法》规定了多种采购方式以供颁布国根据需要进行选择。主要根据采购标的的复杂程度来选择采购方式，着眼于特定采购情形，并在实际可行的限度内力求实现最大程度的竞争，而不是以拟采购标的是货物、工程还是服务为依据的。

1. 公开招标

根据《示范法》，采购实体必须使用公开招标，除非有正当理由使用另一种采购方法。因此，使用公开招标是无条件的，任何采购都可以使用公开招标，而使用其他采购方法是有条件的，属于例外情形。公开招标的采购程序包括：

（1）征求投标书。《示范法》规定了征求投标书程序，采购实体应当根据规定，通过登载投标邀请书征求投标书。供应商或承包商凡是按照投标邀请书中列明的程序和要求对投标邀请书作出答复的，采购实体均应向其提供招标文件。已经进行资格预审程序的，采购实体应当向通过资格预审并支付收取费用的供应商或承包商提供一套招标文件。

（2）提交投标书。《示范法》规定了投标书的提交，应当按照招标文件列明的方式、地点和截止时间递交投标书。采购实体应当向供应商或承包商提供一份显示其投标书收讫日期和时间的收据，应当保全投标书的安全性、完整性和保密性，并应当确保仅在按照本法开标之后方可审查投标书内容；采购实体不得开启在投标截止时间之后收到的投标书，并应当将其原封不动退还给递交该投标书的供应商或承包商。

《示范法》也规定了投标书的有效期、修改和撤回，投标书在招标文件列明的期间内有效；投标书有效期期满前，采购实体可以请求供应商或承包商将有效期延长一段规定的时间。除非招标文件中另有规定，否则供应商或承包商可以在投标截止时间之前修改或撤回投标书而不丧失其投标担保。此种修改或此种撤回通知，在投标截止时间之前为采购实体收到的，即为有效。

（3）投标书的评审。

1）开标。开标时间是招标文件列明的投标截止时间。应当在招标文件列明的地点，按照招标文件列明的方式和程序开标；采购实体应当允许所有递交了投标书的供应商或承包商或其代表参加开标；供应商或承包商的投标书凡是被开启的，其名称和地址以及投标价格均应在开标时向出席者当众宣读、应当根据请求告知递交了投标书但未出席或未派代表出席开标的供应商或承包商，并应当立即载入采购程序记录。

2）投标书的审查和评审。首先，采购实体应将符合招标文件中列明所有要求的投标书视作具响应性投标书；投标书即使稍有偏离但并未实质改变或背离招标文件列明的特点、条款、条件和其他要求的，或者投标书虽有差错或疏漏但可以纠正而不影响投标书实质内容的，采购实体仍然可以将其视作具响应性投标书。其次，采购实体应当根据招标文件列明的标准和程序对未被否决的投标书进行评审，以便确定中选投标书。中选投标书：价格是唯一授标标准的，应当是投标价格最低的投标书；或者价格标准结合其他授标标准的，应当是最有利的投标书。最后，不论采购实体是否进行了资格预审程序，投标书已被确定为中选投标书的，采购实体可以要求递交该投标书的供应商或承包商按照招标文件规定的标准和程序再次证明其资格。

3）禁止与供应商或承包商谈判。《示范法》明文禁止采购实体与供应商或承包商就该供应商或承包商提交的投标书进行谈判。

2. 限制性招标、询价和不通过谈判征求建议书

限制性招标、询价和不通过谈判征求建议书这些方法一般用于以下情形：采购需求很明确，不需要采购实体与供应商或承包商进行讨论、对话或谈判，而且这些方法都存在不适用公开招标的正当理由。

（1）限制性招标。限制性招标是指采购实体可以在特殊情形下，仅邀请数目有限的供应商或承包商参加投标。《示范法》规定了限制性招标的使用条件，采购标的因其高度复杂性或专门性只能从数目有限的供应商或承包商处获得；或者审查和评审大量投标书所需要的时间和费用与采购标的价值不成比例。

使用限制性招标应服从透明度保障措施，要求登载采购预告，其程序遵从公开招标的程序，但有关招标办法的程序除外。公开招标的规定大多适用于限制性招标，只在公开招标中征求投标书、公开招标中登载投标邀请书的内容和提供招标文件等方面的规定不适用于限制性招标程序。

（2）询价。询价为采购标准化的低价值项目提供了适当的方法。《示范法》规定了询价的使用条件，所采购的现成货物或服务并非按采购实体特定说明专门生产或提供，并且已有固定市场的，采购实体可以使用询价方式进行采购。

（3）不通过谈判征求建议书。不通过谈判征求建议书适合相对标准的项目或服务的采购，这种采购不必与供应商讨论、对话或谈判就可以对建议书的所有方面进行评审。如采购实体希望考虑特定技术解决方案是否有效，或者希望评价关键人员的素质等。《示范法》

规定了不通过谈判征求建议书的使用条件，采购实体需要在建议书的质量和技术方面审查和评审完成之后才对建议书的财务方面单独进行审议的，采购实体可以使用不通过谈判征求建议书的方式进行采购。

3. 两阶段招标、通过对话征求建议书、通过顺序谈判征求建议书、竞争性谈判和单一来源采购两阶段招标、通过对话征求建议书、通过顺序谈判征求建议书、竞争性谈判和单一来源采购

这些方法在使用上并无一种固定的方式，但它们有一个共同的特点，即采购实体将与供应商或承包商进行讨论、对话或谈判。

（1）两阶段招标。两阶段招标允许采购实体与潜在供应商从技术和质量方面讨论采购实体的需要，讨论后公布明确的采购需要和技术规格等要求，供应商和承包商按照该说明提交投标书。《示范法》规定了使用两阶段招标的条件，有下列情形之一的，采购实体可以使用两阶段招标的方式进行采购：采购实体经评价认定，为了使采购实体的采购需要达成最满意的解决，需要与供应商或承包商进行讨论，细化采购标的说明的各个方面，并按照要求的详细程度拟订采购标的说明；或者进行了公开招标而无人投标，或者采购实体取消了采购，并且根据采购实体的判断，进行新的公开招标程序或者使用限制性招标程序、询价程序、不通过谈判征求建议书程序等采购方法将不可能产生采购合同。

《示范法》规范了两阶段招标的程序，基本原则是公开招标规则适用于两阶段招标，但可按照两阶段招标的特有程序作必要修改。具体包括：①第一阶段征求初步投标书。招标文件应当邀请供应商或承包商在第一阶段递交初步投标书，在其中载明不包括投标价格的建议。供应商或承包商的初步投标书未根据规定被否决的，采购实体可以在第一阶段就其初步投标书的任何方面与其进行讨论。采购实体与任何供应商或承包商进行讨论时，应当给予所有供应商或承包商平等参加讨论的机会；②第二阶段的程序步骤。采购实体应当邀请初步投标书未在第一阶段被否决的所有供应商或承包商根据一套经修订的采购条款和条件递交列明价格的最后投标书。在修订有关的采购条款和条件时，采购实体不得修改采购标的，但可以细化采购标的说明的各个方面，但此种删除、修改或增列只能是由于对采购标的技术特点、质量特点或性能特点做出改动所必需的。供应商或承包商无意递交最后投标书的，可以退出招标程序而不丧失该供应商或承包商原先可能被要求提供的任何投标担保。采购实体应当对最后投标书进行评审，以确定中选投标书。

（2）通过对话征求建议书。《示范法》规定了使用通过对话征求建议书的条件，是为采购相对复杂的项目和服务而设计的程序。通过对话征求建议书的程序包括两个阶段：在第一阶段，采购实体发出邀请书，对采购实体的需要做出说明，这些都是指导供应商拟订建议书的条款和条件。在第二阶段，程序中包含对话，对话结束时供应商和承包商提出可满足这些需要的最佳和最终报盘。《示范法》对使用通过对话征求建议书的采购程序加以规范，具体程序包括：

1）邀请书。《示范法》规定采购实体应登载参加通过对话征求建议书程序的邀请书，并规定了邀请书必须包含的最低限度内容。

2）资格预选。采购实体可以为限制向其征求建议书的供应商或承包商数目而进行预选程序。预选文件应当列明通过预选的供应商或承包商的最高限数以及选定这一限数的方

式。在确定这一限数时，采购实体应当考虑到确保有效竞争的必要性。采购实体应当按照预选邀请书和预选文件中列明的排名方式，对符合预选文件列明的标准的供应商或承包商进行排名。采购实体预选的取得最佳排名的供应商或承包商，应当限于预选文件所列明的最高限数，但如有可能至少应为三个。

3）征求建议书。《示范法》要求采购实体符合要求的供应商发出征求建议书，并规定了征求建议书应包含的内容。

4）对话。凡是递交了具有响应性建议书的供应商或承包商，采购实体均应在所适用的任何最高限数之内邀请其参加对话。采购实体应当分派若干位相同代表，在同一时间进行对话。对话过程中，采购实体不得修改采购标的、任何资格标准或评审标准以及任何最低限要求，不得修改采购标的说明的任何要素，也不得修改不属于建议征求书所列明的对话内容的任何采购合同条款或条件。

5）授标。中选报盘应当是按照建议征求书列明的建议书评审标准和程序确定的最符合采购实体需要的报盘。采购合同应当授予中选报盘，而中选报盘应当根据建议征求书中规定的建议书评审标准和程序加以确定。

（3）通过顺序谈判征求建议书。通过顺序谈判征求建议书方法适用于为采购实体设计的项目或服务的采购，而不适用于比较标准的项目或服务的采购。因此，通过顺序谈判征求建议书程序适合用于较复杂标的的采购，即建议书可能有很多变量，在采购开始时无法全部预测和具体规定，必须在谈判过程中加以细化和商定。《示范法》规定了通过顺序谈判征求建议书的使用条件，采购实体需要在建议书的质量和技术方面审查和评审完成之后才对建议书的财务方面单独进行审查，而且采购实体经评价认定需要与供应商或承包商进行顺序谈判才能确保采购合同的财务条款和条件为采购实体接受的，采购实体可以使用通过顺序谈判征求建议书的方式进行采购。

（4）竞争性谈判。竞争性谈判是只能用于紧急情况、灾难事件和保护颁布国的基本安全利益等例外情形的采购方法。《示范法》规定了竞争性谈判的使用条件，在下列情况下，采购实体可以进行竞争性谈判：对采购标的存在紧迫需要，使用公开招标程序或者其他任何竞争性采购方法都将因使用这些方法所涉及的时间而不可行，条件是，造成此种紧迫性的情形既非采购实体所能预见，也非采购实体办事拖延所致；由于灾难性事件而对采购标的存在紧迫需要，使用公开招标程序或者其他任何竞争性采购方法都将因使用这些方法所涉及的时间而不可行；或者采购实体认定，使用其他任何竞争性采购方法均不适合保护国家基本安全利益。

（5）单一来源采购。《示范法》规定了单一来源采购的使用条件，包括采购标的只能从某一供应商或承包商获得，或者某一供应商或承包商拥有与采购标的相关的专属权，所以不存在其他合理选择或替代物，并且因此不可能使用其他任何采购方法；由于灾难性事件而对采购标的存在极端紧迫需要，使用其他任何采购方法都将因使用这些方法所涉及的时间而不可行；采购实体原先向某一供应商或承包商采购货物、设备、技术或服务的，现因为标准化或者由于需要与现有货物、设备、技术或服务配套，在考虑到原先采购能有效满足采购实体需要、拟议采购与原先采购相比规模有限、价格合理且另选其他货物或服务代替不合适的情况下，采购实体认定必须从原供应商或承包商添购供应品；采购实体认定使用其他任何采购方法均不适合保护国家基本安全利益；向某一供应商或承包商采购系实施本国社会经济政策所必需，条件是向其他任何供应商或承包商采购不能促进该政策，但须经颁布国指定的审批机关的名称批准，并且事先发布公告并有充分机会进行评议。

4. 电子逆向拍卖

电子逆向拍卖涉及供应商或承包商在规定期限内相继提交出价，以及利用信息和通信技术系统自动评审这些出价，直至确定中选出价人。《示范法》规定了电子逆向拍卖方式进行采购的使用条件，包括采购实体拟订采购标的详细说明是可行的；存在着供应商或承包商的竞争市场，预期有资格的供应商或承包商将参加电子逆向拍卖，从而可确保有效竞争；并且采购实体确定中选提交书所使用的标准可以量化，且可用金额表示。采购实体也可以在根据规定酌情使用的采购方法中，使用作为授予采购合同前一个阶段的电子逆向拍卖，或在有第二阶段竞争的框架协议程序中为授予采购合同而使用电子逆向拍卖。只有满足采购实体确定中选提交书所使用的标准可以量化，且可用金额表示的条件时，才可使用电子逆向拍卖。

5. 框架协议程序

框架协议程序是指在一段时期内进行的两阶段采购方法：第一阶段甄选将加入与采购实体的框架协议的一个或多个供应商或承包商，第二阶段将框架协议下的采购合同授予已加入框架协议的一个供应商或承包商。《示范法》规定了框架协议程序的使用条件，对采购标的的需要预计将在某一特定时期内不定期出现或重复出现；或者由于采购标的的性质，对该采购标的的需要可能在某一特定时期内在紧急情况下出现。采购实体认定有上述情形之一的，可以进行框架协议程序。

三、世界银行的《采购指南》

由世界银行制定的《采购指南》，全称为《国际复兴开发银行贷款和国际开发协会信贷采购指南》于1964年首次出版。此后，世界银行又对其进行了不断的修改和补充，使其得到日臻完善。

《采购指南》是世界银行为向其成员国提供项目贷款制定的统一规则，它使项目贷款能够规范化运作，并对贷款的使用进行监督和管理。世界银行是联合国系统的一个专门发展机构，宗旨是为发展中国家提供中长期资金支持和技术援助，项目采购是其一种主要的贷款形式。这种贷款大部分用于对借款国经济具有战略性影响的部门，如农业与农村发展、基础设施建设、教育、卫生、环境保护等领域。目的是运用采购方面的经济政策，促进发展中国家成员国的经济发展。我国长期得到世界银行的贷款援助，对项目贷款的使用也就必须严格按照《采购指南》的规定去做。

1. 《采购指南》的目的和原则

（1）《采购指南》的目的在于，使那些负责由国际复兴开发银行或国际开发协会提供贷款予以部分或全部资助的项目的人员，了解在项目采购所需要的货物和工程方面所做的安排。《采购指南》不适用于咨询服务。

（2）世界银行贷款项目在采购中必须遵守如下原则：

1）在项目实施包括有关货物和工程的采购中必须注意经济效率。

2）世界银行愿为所有合格的投标者提供竞争合同的机会。

3）世界银行愿意促进借款国本国承包业和制造业的发展。

4）采购过程要有较高的透明度。

2.《采购指南》适用范围

（1）采购项目的范围。《采购指南》适用于全部或部分由世界银行贷款资助的项目中，有关货物、工程及相关服务的采购。这里的相关服务是指围绕采购所需的运输、保险、安装、调试、培训和初期的维修等，但《采购指南》不包括咨询服务的内容。有关咨询服务的内容，在《世界银行借款人和世界银行作为执行机构聘请咨询专家指南》中有所规定。

（2）投标资格的范围。

1）世界银行贷款资金只能用于支付由会员国国民提供的，在会员国生产的，或由会员国提供的货物和工程的费用。因此，会员国以外的其他国家的投标者无资格参加那些由世界银行提供全部或部分贷款的项目招标。

2）在下列情况中，会员国企业或会员国制造的货物被拒绝投标：①根据法律或官方规定，借款国禁止与该国有商业往来；②响应联合国安理会的有关决议，借款国今后禁止该国进口货物或向该国的企业、个人支付贷款。

3.国际竞争性招标

世界银行认为，国际竞争性招标能充分实现资金的经济和效率要求的方式，因此要求借款人采取国际竞争性招标方式采购货物和工程。

（1）合同类型和规模。单个合同的规模取决于项目大小、性质和地点。对于需要多种土建工程和货物的项目，通常对工程和货物的各主要部分分别招标，也可对一组类似的合同进行招标。所有单项和组合投标都应在同一截标时间收到，并同时开标和评标。

（2）公告和广告。在国际竞争性招标中，借款人应向世界银行提交一份采购总公告草稿。世界银行将安排把公告刊登于《联合国发展商业报》。其内容包括：借款人名称、贷款金额及用途、采购的范围，借款人负责采购的单位的名称和地址等。借款人还应将资格预审报告或投标通告刊登在本国普遍发行的一种报纸上。

（3）资格预审。在大型或复杂的工程采购或投标文件成本很高的情况下，借款人可对投标者进行资格预审。资格预审应以投标者圆满履行具体合同的能力和资源为基础，并考虑如下因素：投标者的经历和过去执行类似合同的情况，人员、设备、施工和制造设备方面的能力，以及财务状况等。

（4）招标、开标、评标和授标等内容前面已述，在此不再重复。

4.采购代理机构

采购代理是指当借款人缺乏必要的机构、资源和经验从事采购时，可聘请一家专门从事国际采购的公司为其代理，世界银行也可要求借款人聘请这样的公司为其代理。在采购代理中，代理人必须代表借款人严格遵循贷款协定中规定的所有程序，包括使用世界银行的标准招标文件，遵循审查程序和文件要求。采购代理机构主要是指专门从事国际采购的公司，联合国机构也可以作为采购代理。

此外，还可以采取类似的方法聘请管理承包人，通过付费使其承包紧急情况下的重建、修复、恢复和新建的零散土建工程，或涉及大量小合同的土建工程。

5. 国内优惠

《采购指南》规定在征得银行同意的情况下，借款可以在国际竞争性招标中给予本国制造的货物以优惠。在此情况下，招标文件应明确写明给予国内制造的货物的优惠以及享受优惠的投标资格文件。制造商或供应商的国籍不是该合格性的条件。比如，对于通过国际竞争性招标授予的土建工程合同，借款人可征得银行的同意，给予国内承包商的投标7.5%的优惠，但必须按《采购指南》附录2规定的评比方法和步骤进行。

6. 银行审查

《采购指南》规定了严格的银行审查制度。借款人的采购程序、采购文件、评标和授标以及合同，都要经银行审查，以确保采购过程按照贷款协议的程序进行。由世界银行贷款支付的不同类别的货物和工程的审查程序在贷款协议中有明确规定。在《采购指南》附录1中，详细规定了银行审查的程序，包括事先审查和事后审查。银行有权根据审查结果，要求借款人对采购活动中的任何决定说明理由和接受银行的建议。

（1）银行对采购计划安排的审查。银行应对借款人提出的采购安排，包括合同分包、使用的程序以及采购的时间安排进行审查，确保其符合《采购指南》和拟议的实施计划和支付计划的要求，借款人应该将那些可能严重影响项目合同按时顺利实施的采购进程的延误或其他改动通知银行，并就纠正的措施与银行达成一致。

（2）事前审查。根据贷款合同的规定，采购活动中必须经银行事先审查的事项有：

1）资格预审文件及资格预审结果。借款人应在发出资格预审邀请之前，将资格预审文件草稿交银行审查，在资格预审之后、通知资格预审结果之前，将资格预审结果交银行审查。

2）对招标文件审查。在招标之前，借款人应将招标文件草稿包括招标通告、投标须知、合同条款和技术规格，连同刊登广告的程序一并报送银行。

3）授予合同审查。借款人在收到投标书和完成评标之后，在作出授予合同的最后决定之前，应将评标报告和授予合同的建议以及银行合理要求的其他材料报送银行审查。

4）延长投标有效期审查。通常是借款人要求延长投标有效期以便有足够的时间完成评标、获得必要的批准和澄清以及授予合同，此时要报请银行审查。

5）事后审查。借款人应在合同生效后，在第一次根据合同向银行申请从贷款账户中提款之前，将该合同和副本一式两份连同对各个投标书的分析、合同授予建议以及银行合理要求的其他资料及时报送银行。如果银行认为授予合同或合同本身与贷款协定不符，银行会及时通知借款人并说明理由。

第二节　FIDIC 合同条件

一、FIDIC 合同文本简介

1. FIDIC 组织

FIDIC 是国际咨询工程师联合会（FEDERATION INTERNATIONALE DES INGE－NIEURS CONSEILS）的法文首字母的缩写，简称“菲迪克”。FIDIC 是最具权威的国际咨询工程师组织，在总结以往国际工程管理的成功经验和失败教训的基础上，发布了大量的项目管理有关文件和标准化的合同文本，推动了全球高质量的工程咨询服务业的发展。

2. FIDIC发布的标准合同文本

目前得到广泛应用的FIDIC标准合同文本有：

(1)《施工合同条件》(1999年版)，适用于各类大型或较复杂的工程项目，承包商按照雇主提供的设计进行施工或施工总承包的合同。

(2)《生产设备和设计—施工合同条件》(1999年版)，适用于由承包商按照雇主要求进行设计、生产设备制造和安装的电力、机械、房屋建筑等工程的合同。

(3)《设计采购施工（EPC）交钥匙工程合同条件》(1999年版)，适用于承包商以交钥匙方式进行设计、采购和施工，完成一个配备完善的工程，雇主"转动钥匙"时即可运行的总承包项目建设合同。

(4)《简明合同格式》(1999年版)，适用于投资金额相对较小、工期短、不需进行专业分包，相对简单或重复性的工程项目施工。

(5)《土木工程施工分包合同条件》(1994年版)，适用于承包商与专业工程施工分包商订立的施工合同。

(6)《客户/咨询工程师（单位）服务协议书》(1998年版)，适用于雇主委托工程咨询单位进行项目的前期投资研究、可行性研究、工程设计、招标评标、合同管理和投产准备等的咨询服务合同。

3. FIDIC的《施工合同条件》

《施工合同条件》是FIDIC编制其他合同文本的基础，《生产设备和设计—施工合同条件》和《设计采购施工（EPC）/交钥匙工程合同条件》不仅文本格式与《施工合同条件》相同，而且内容要求相同的条款完全照搬施工合同中的相应条款。《简明合同格式》是《施工合同条件》的简化版，对雇主与承包商履行合同过程中的权利、义务规定相同。《施工合同条件》不仅在国际承包工程中得到广泛的应用，而且各国编制的标准施工合同范本也大量参考了该文本的合同格式和条款的约定，包括我国九部委颁发的中华人民共和国标准施工招标文件中的施工合同。由国际复兴开发银行、亚洲开发银行、非洲开发银行、黑海贸易与开发银行、加勒比开发银行、欧洲复兴与开发银行、泛美开发银行、伊斯兰开发银行、北欧发展基金与FIDIC共同对《施工合同条件》通用条件的部分条款进行了细化和调整，形成"06多边银行版"。由于FIDIC编制的合同文本力求在雇主与承包商之间体现风险合理分担的原则，而国际投资金融机构的贷款对象是雇主，调整的条款更偏重于雇主对施工过程中的控制。

二、FIDIC《施工合同条件》部分条款

九部委颁发的标准施工合同文本大量借鉴了FIDIC《施工合同条件》的条款编制原则，但鉴于我国法律的规定和建筑市场的特点，有些条款部分采用，有些条款没有采纳。以下就FIDIC《施工合同条件》此类的部分条款与标准施工合同的差异作一简单介绍。

（一）工程师

1. 工程师的地位

工程师属于雇主人员，但不同于雇主雇佣的一般人员，在施工合同履行期间独立工

作。处理施工过程中有关问题时应保持公平（Fair）的态度，而非 FIDIC 上一版本《土木工程施工合同条件》要求的公正（Impartially）处理原则。

2. 工程师的权力

工程师可以行使施工合同中规定的或必然隐含的权力，雇主只是授予工程师独立作出决定的权限。通用条款明确规定，除非得到承包商同意，雇主承诺不对工程师的权力做进一步的限制。

3. 助手的指示

助手相当于我国项目监理机构中的专业监理工程师，工程师可以向助手指派任务和付托部分权力。助手在授权范围内向承包人发出的指示，具有与工程师指示同样的效力。如果承包商对助手的指示有疑义时，不需再请助手澄清，可直接提交工程师请其对该指示予以确认、取消或改变。

4. 口头指示

工程师或助手通常采用书面形式向承包商作出指示，但某些特殊情况可以在施工现场发出口头指示，承包商也应遵照执行，并在事后及时补发书面指示。如果工程师未能及时补发书面指示，又在收到承包人将口头指示的书面记录要求工程师确认的函件 2 个工作日内未作出确认或拒绝答复，则承包商的书面函件应视为对口头指示的书面确认。

（二）不可预见的物质条件

“不可预见的物质条件”是针对签订合同时雇主和承包商都无法合理预见的不利于施工的外界条件影响，使承包商增加了施工成本和工期延误，应给承包商的损失相应补偿的条款。我国九部委发布的标准施工合同中，取用了该条款应给补偿的部分。FIDIC《施工合同条件》进一步规定，工程师在确定最终费用补偿额时，还应当审查承包商在过去类似部分的施工过程中，是否遇到过比招标文件给出的更为有利的施工条件而节约施工成本的情况。如果有的话，应在给予承包人的补偿中扣除该部分施工节约的成本作为此事件的最终补偿额。

该条款的完整内容，体现了工程师公平处理合同履行过程中有关事项的原则。不可预见的物质条件给承包商造成的损失应给予补偿，承包商以往类似情况节约的成本也应做适当的抵消。应用此条款扣减施工节约成本有四个关键点需要注意：一是承包商未依据此条款提出索赔，工程师不得对以往承包人在有利条件下施工节约的成本主动扣减；二是扣减以往节约成本部分是与本次索赔在施工性质、施工组织和方法相类似部分，如果不类似的施工部位节约的成本不涉及扣除；三是有利部分只涉及以往，以后可能节约的部分不能作为扣除的内容；四是以往类似部分施工节约成本的扣除金额，最多不能大于本次索赔对承包商损失应补偿的金额。

（三）指定分包商

为了防止发包人错误理解指定分包商而干扰建筑市场的正常秩序，我国的标准施工合同中没有选用此条款。在国际各标准施工合同内均有“指定分包商”的条款，说明使用指定分包商有必然的合理性。指定分包商是指由雇主或工程师选定与承包商签订合同的分包商，完成招标文件中规定承包商承包范围以外工程施工或工作的分包人。指定分包商的施工任务通常是承包商无力完成的特殊专业工程施工，需要使用专门技术、特殊设备和专业施工经验的某项专业性强的工程。由于施工过程中承包商与指定分包商的交叉干扰多，工程师无法合理协调才采用的施工组织方式。指定分包商条款的合理性，以不得损害承包商的合法利益为前提。具体表现为：一是招标文件中已说明了指定分包商的工作内容；二是承包商有合法理由时，可以拒绝与雇主选定的具体分包单位签订指定分包合同；三是给指定分包商支付的工程款，从承包商投标报价中未摊入应回收的间接费、税金、风险费的暂定金额内支出；四是承包商对指定分包商的施工协调收取相应的管理费；五是承包商对指定分包商的违约不承担责任。

（四）竣工试验

1. 未能通过竣工试验

我国标准施工合同针对竣工试验结果只做出“通过”或“拒收”两种规定，FIDIC《施工合同条件》增加了雇主可以折价接收工程的情况。如果竣工试验表明虽然承包商完成的部分工程未达到合同约定的质量标准，但该部分工程位于非主体或非关键工程部位，对工程运行的功能影响不大，在雇主同意接收的前提下工程师可以颁发工程接收证书。雇主从工程缺陷不会严重影响项目的运行使用，为了提前或按时发挥工程效益角度考虑，可能同意接收存在缺陷的部分工程。由于该部分工程合同的价格是按质量达到要求前提下确定的，因此同意接收有缺陷的部分工程应当扣减相应的金额。雇主与承包商协商后确定减少的金额，应当足以弥补工程缺陷给雇主带来的价值损失。

2. 对竣工试验的干扰

承包商提交竣工验收申请报告后，由于雇主应负责的外界条件不具备而不能正常进行竣工试验达到14天以上，为了合理确定承包商的竣工时间和该部分工程移交雇主及时发挥效益，规定工程师应颁发接收证书。缺陷责任期内竣工试验条件具备时，进行该部分工程的竣工试验。由于竣工后的补检试验是承包人投标时无法合理预见的情况，因此补检试验比正常竣工试验多出的费用应补偿给承包商。

（五）工程量变化后的单价调整

FIDIC《施工合同条件》规定6类情况属于变更的范畴，在我国标准施工合同“变更”条款下规定了5种属于变更的情况，相差的一项为“合同中包括的任何工作内容数量的改变”。我国标准施工合同将此情况纳入计量与支付的条款内，但未规定实际完成工程量与工程量清单中预计工程量增减变化较大时，可以调整合同价格的规定。FIDIC《施工合同条件》对工程量增减变化较大需要调整合同约定单价的原则是，必须同时满足以下4个条件：

（1）该部分工程在合同内约定属于按单价计量支付的部分。

（2）该部分工作通过计量超过工程量清单中估计工程量的数量变化超过10%。

（3）计量的工作数量与工程量清单中该项单价的乘积，超过中标合同金额（我国标准合同中的“签约合同价”）的0.01%。

（4）数量的变化导致该项工作的施工单位成本超过1%。

（六）预付款的扣还

FIDIC《施工合同条件》对工程预付款回扣的起扣点和扣款金额给出明确的量化规定。

1. 预付款的起扣点

当已支付的工程进度款累计金额，扣除后续支付的预付款和已扣留的保留金（我国标准施工合同中的“质量保证金”）两项款额后，达到中标合同价减去暂列金额后的10%时，开始从后续的工程进度款支付中回扣工程预付款。

2. 每次工程进度款支付时扣还的预付款额度

在预付款起扣点后的工程进度款支付时，按本期承包商应得的金额中减去后续支付的预付款和应扣保留金后款额的25%，作为本期应扣还的预付款。

（七）保留金的返还

我国标准施工合同中规定质量保证金在缺陷责任期满后返还给承包人。FIDIC《施工合同条件》规定保留金在工程师颁发工程接收证书和颁发履约证书后分两次返还。颁发工程接收证书后，将保留金的50%返还承包商。若为其颁发的是按合同约定的分部移交工程接收证书，则返还按分部工程价值比例计算保留金的40%。颁发履约证书后将全部保留金返还承包商。由于分部移交工程的缺陷责任期的到期时间早于整个工程的缺陷责任期的到期时间，对分部移交工程的二次返还，也为该部分剩余保留金的40%。

（八）不可抗力事件后果的责任

FIDIC《施工合同条件》和我国标准施工合同对不可抗力事件后果的责任规定不同。我国标准施工合同依据《中华人民共和国合同法》的规定，以不可抗力发生的时点来划分不可抗力的后果责任，即以施工现场人员和财产的归属，发包人和承包人各自承担本方的损失，延误的工期相应顺延。FIDIC《施工合同条件》是以承包商投标时能否合理预见来划分风险责任的归属，即由于承包商的中标合同价内未包括不可抗力损害的风险费用，因此对不可抗力的损害后果不承担责任。由于雇主与承包商在订立合同时均不可能预见此类自然灾害和社会性突发事件的发生，且在工程施工过程中既不能避免其发生也不能克服，因此雇主承担风险责任，延误的工期相应顺延，承包商受到损害的费用由雇主给予支付。

【案例9-1】　FIDIC《施工合同条件》下某国际工程项目采购案例分析

2000年5月，中国水利电力对外公司与毛里求斯公共事业部污水局签订了承建毛里求斯扬水干管项目的合同。该项目由世界银行和毛里求斯政府联合出资，合同金额477万美元，工期两年，咨询工程师是英国GIBB公司。该项目采用的是FIDIC合同条款。

按照该项目合同条款的规定，用于项目施工的进口材料，可以免除关税，我方认为油料也是进口施工材料，据此向业主申请油料的免税证明，但毛里求斯财政部却以柴油等油料可以在当地采购为由拒绝签发免税证明。我们对合同条款进行了仔细研究，认为这与合同的规定不相一致，因此我方提出索赔，要求业主补偿油料进口的关税。

1. 索赔通知

按照FIDIC施工合同条款第201条的规定：如果承包商根据本合同条件的任何条款或参合同的其他规定，认为他有权获得任何竣工时间的延长和（或）任何附加款项，他应通知工程师说明引起索赔的事件或情况。该通知应尽快发出，并应不迟于承包商开始注意到或应该开始注意到这种事件或情况之后28天。

如果承包商未能在28天内发出索赔通知，竣工时间将不被延长，承包商将无权得到附加项，并且雇主将被解除有关索赔的一切责任。否则本款以下规定应适用。我方按照上述规定，在2000年9月15日正式致函工程师，就油料关税提出索赔，索赔报告将在随后递交。

2. 索赔记录

按照FIDIC施工合同条款第20.1条的规定，承包商还应提交一切与此类事件或情况有关任何其他通知（如果合同要求），以及索赔的详细证明报告。

承包商应在现场或工程师可接受的另一地点保持用以证明任何索赔可能需要的同期记录。程师在收到根据本款发出的上述通知后，在不必事先承认雇主责任的情况下，监督此类记录进行，并（或）可指示承包商保持进一步的同期记录。承包商应允许工程师审查所有此类记录并应向工程师提供复印件（如果工程师指示的话）。

因此，我方在每月的月初向工程师递交上个月实际采购油料的种类和数量，并将有我方与供货商双方签字的交货单复印附后，以便作为计算油料关税金额的依据。监理工程师肯定了我的做法，要求我们继续保持记录并按月上报。

3. 索赔报告

按照FIDIC合同条款第20.1条的规定，在承包商开始注意到或应该开始注意到，引起索的事件或情况之日起42天内，或在承包商可能建议且由工程师批准的此类其他时间内，承商应向工程师提交一份足够详细的索赔，包括一份完整的证明报告，详细说明索赔的依据以索赔的工期和（或）索赔的金额。如果引起索赔的事件或情况具有连续影响：

（1）该全面详细的索赔应被认为是临时的。

（2）承包商应该按月提交进一步的临时索赔，说明累计索赔工期和（或）索赔款额，以及工程师可能合理要求此类进一步的详细报告。

（3）在索赔事件所产生的影响结束后的28天内（或在承包商可能建议且由工程师批准的此类其他时间内），承包商应提交一份最终索赔报告。

索赔报告的关键是索赔所依据的理由。只有在索赔报告中明确说明该项索赔是依据合同条款中的某一条某一款，才能使业主和工程师信服。为此，我方项目经理部仔细研究了合同条款。

合同条款第二部分特殊条款规定：凡用于工程施工的进口材料可以免除关税。对进口材料所作的定义是：

（1）当地不能生产的材料。

（2）当地生产的材料不能满足技术规范的要求，需要从国外进口。

（3）当地生产的材料数量有限，不能满足施工进度要求，需从国外进口。

我们提出索赔的第一个理由是：油料是该项目施工所必需的，而且毛里求斯是一个岛国，既没有油田也没有炼油厂，所需的油料全部是进口的，因此油料应该和该项目其他进口材料如管道、结构钢材等材料一样，享受免税待遇，而毛里求斯财政部将油料作为当地材料是不符合合同条款的。

其次，我们从其他在毛里求斯的中国公司了解到毛里求斯财政部曾为刚刚完工的中国政府贷款项目签发过柴油免税证明，这说明有这样的先例，我们将财政部给这个项目签发的免税证明复印件也作为证据附在索赔报告之后。

对于索赔金额的计算，关键在于确定油料的数量和关税税率。如前所述，我方将每一个月项目施工实际使用的油料种类和数量清单都已上报监理工程师，这个数量工程师是认可的。关税税率是按照毛里求斯政府颁布的关税税率计算，这样加上我方的管理费，计算得出索赔金额。关税税率的复印件也作为索赔证据附在索赔报告之后。

4. 工程师的批复意见

按照 FIDIC 合同条款第 20.1 条的规定，在收到索赔报告或该索赔的任何进一步的详细证明报告后 42 天内（或在工程师可能建议且由承包商批准的此类其他时间内），工程师应表示批准或不批准，不批准时要给予详细的评价。他可能会要求任何必要的进一步的详细报告，但他应在这段时间内就索赔的原则作出反应。

工程师审议了索赔报告后，正式来函说明了他们的意见，并将该函抄送业主。他们认为免税进口材料必须满足两个要求：

（1）材料必须用于该项目的施工。

（2）材料不是当地生产的。

工程师认为油料完全满足以上两个条件，因而承包商有权根据合同条款申请免税进口油料。

5. 业主的批复意见

业主在审议了我们的索赔报告和工程师的批复意见后，仍然坚持他们的意见，认为油料是当地材料，拒绝支付索赔的油料关税金额。

至此，由于与业主不能达成一致意见，这个索赔变成了与业主之间的争议，也就进入了争议解决程序。

6. 争端裁决（DAB）

（1）DAB 的委任和终止。合同双方应在投标书附录规定的日期前，任命 DAB 的委员。3 位委员均需经业主和承包商双方批准，委员费用也应由双方支付。

（2）DAB 解决争端的程序，如图 9－1 所示。

按照双方所签订合同条款的规定，我方在 2001 年 2 月 26 日致函工程师，要求就油料免税事宜提交争端裁决。按照合同规定，DAB 应该将裁决结果在 2001 年 5 月 20 日之前通知业主和我方。

2001 年 5 月 16 日，我方收到了裁决结果。在裁决书中，DAB 首先声明裁决是根据合同条款规定和承包商的要求作出的，并且叙述了索赔的背景和涉及的合同条款，简要回顾了在索赔过程中承包商、工程师和业主在往来信函中各自所持的观点。最后工程师得出了以下 4 点结论：

（1）柴油、润滑油和其他石油制品不是当地生产的，因此，按照合同条款的规定，只要是用于该项目施工的油料，在进口时就应该免除关税。

（2）免除关税只适用于在进口之前明确标明专为承包商进口的油料，承包商在当地采购的已经进口到毛里求斯的油料不能免除关税。

（3）毛里求斯财政部的免税规定与合同有冲突，承包商应该得到关税补偿，补偿金额从承包商应该得到免税证明之日算起。

（4）在同等条件下，财政部已经有签发过柴油免税证明的先例。

根据以上结论，DAB 作出了如下裁决：根据合同条款的规定，承包商有权安排免税进口用于该项目施工所需的柴油和润滑油，因此，承包商应该得到进口油料的关税补偿。补偿期限从2000年10月22日开始（我方申请后应该得到免税证明的时间，业主及财政部的批复期限按两个月计算）到该项目施工结束。

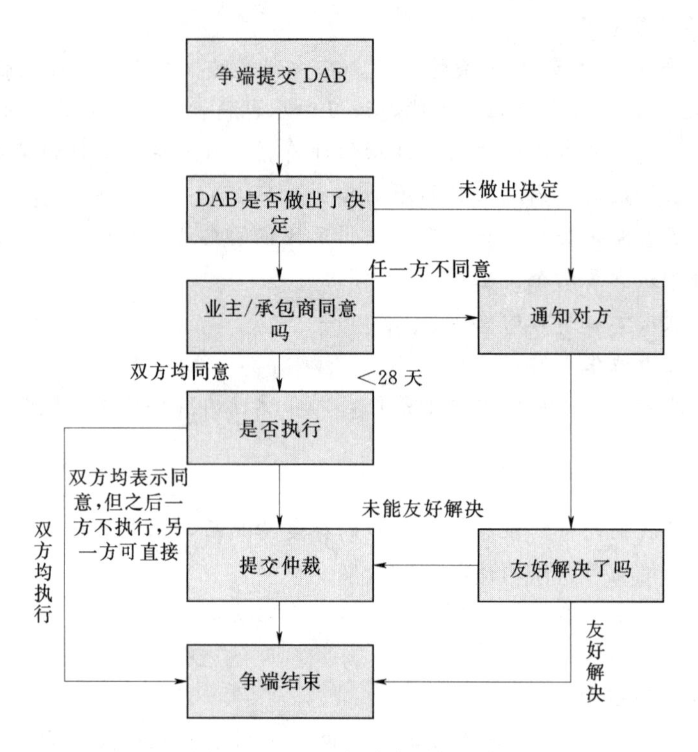

图9-1　DAB解决争端的程序

第三节　英国土木工程师学会NEC合同范本

一、英国土木工程师学会简介

英国土木工程师学会（Institute of Civil Engineers，ICE）创建于1818年，是在英国代表土木工程师的专业机构及资质评定组织，在国际上也颇有影响。ICE的成员包括从专业土木工程师到学生在内的会员8万多名，其中1/5在英国以外的150多个国家和地区。ICE是在英国土木工程方面负责专业资格注册、教育、学术研究与资质评定的专业机构。ICE出版的合同条件目前在国际上亦得到广泛的应用。

二、NEC合同文本

1. NEC合同文本简介

英国土木工程师学会编制的许多合同文件被世界各国广泛采用和借鉴，其中使用最多的便是《ICE合同条件（土木工程施工）》。FIDIC的合同条件，如《土木工程施工合同条件》（红皮书）第四版及以前的版本主要是借鉴ICE合同条件，ICE也为分包合同、设计-施工总承包模式制定了合同范本。

但是鉴于传统模式的ICE合同条件存在的缺点：合同当事人出自不同的商业利益，

在合同实施过程中容易产生冲突；咨询工程师在合同管理中，特别是在出现争议时的公正性日益受到质疑，因而在此类传统模式下的合同管理中，各方容易引起争议和索赔。

为了解决上述问题，ICE 组织包括资深工程师、工料测量师、律师、项目经理等专业人士的专家组，经过几年努力，研究制定了一套新的合同范本。1993 年 3 月，出版了《新工程合同》（New Engineering Contract，NEC），并于 1995 年出版了第二版，2005 年 7 月出版了第三版。

英国土木工程师学会编制的标准合同文本（NEC 合同），不仅在英国和英联邦国家得到广泛用，而且对国际上众多的标准化文本的起草起到参考和借鉴作用，在全球的影响力很大。NEC 的合同系列包括工程施工合同、专业服务合同、工程设计与施工简要合同、评判人合同、定期合同和框架合同。

2. NEC 合同的特点

与传统的 ICE 合同相比，NEC 系列合同范本体现了英国合同体系发展的最新成果，在合同理念和设计思想上有很多独到之处。NEC 合同的主要特点如下：

（1）灵活性。NEC 合同适用于所有工程领域，诸如土木、电气、机械和房屋建筑工程，并可用于不同的工程建设管理模式和合同采购策略。NEC 合同允许承包商承担工程项目的全部或部分设计责任或者不承担任何设计责任，从而形成各种不同工程建设管理模式，包括设计-施工总承包、CM 以及传统模式等。NEC 合同提供了 6 种主要选项（对应于不同支付方式），通用于 6 种主要选项的 9 条核心条款和 15 项可任选的次要选项。工程分包的比例可以从 0 一直到 100%。NEC 合同并不是针对任何特定的法律体系而编写的，因而其使用并不仅限于英国。

（2）简洁性。NEC 合同尽量采用浅显易懂的语言。避免使用长句子，尽量避免使用只有合同专家才能理解的法律术语和措辞。

（3）体现“伙伴关系”（Partnering）理念的项目管理方法。NEC 合同的基本工作原则是合同参与各方应相互信任与合作。核心条款第 1 款明确说明了这一点，以体现“伙伴关系”和“团队精神”。最新版 NEC 合同范本还特别指出，成功使用 NEC3 的关键是完成一种“文化转变”（Culture Transition），把传统的工程合同关系从一种被动的管理与决策模式转变为着眼于未来的有创造性的合作关系。简而言之，就是从对抗型的项目组织形式转变为合作型的项目组织形式。

1）在合同双方之间合理分摊风险，鼓励业主和承包商共同预测、防范和管理风险。

2）通过明确项目决策的客观依据来减少项目决策的主观性。

3）引入“早期警告程序”并规定处理“补偿事件”的方法。

4）设立“评判人”制度，尽量把争议解决在萌芽状态。

（4）有利于项目的信息化管理。NEC 合同的主要工作程序是基于工程实践制定的。各个合同范本均附有工作流程图来说明合同中的主要工作程序。这些流程图可以为开发合同管理软件提供依据，并可以支持以电子网络技术为基础的信息交流，最终实现“无纸化项目管理”。

三、NEC 合同的类型

以下是 NEC 系列合同范本文件，每一类合同范本都配有相应的使用指南与流程图等，来帮助用户正确使用这些合同范本：

（1）工程施工合同（Engineering and Construction Contract，ECC）。适用于所有工程领域的工程施工。可选用六种不同支付方式（详见下文）。可以根据主合同的规定把部分工作和责任转移给分包商。

（2）专业服务合同（Professional Services Contract，PSC）。用于聘用专业咨询人员、项目经理、设计师、监理者等专业技术人员或机构。

（3）工程施工简要合同（Engineering and Construction Short Contract，ECSC）。适用于结构简单，风险较低，对项目管理要求不太苛刻的工程项目。

（4）评判人合同（Adjudicators Contract，AjC）。业主聘用“评判人”的合同。

（5）定期合同（Term Service Contract）。用于按照固定期限采购服务。

四、工程施工合同（ECC）的管理模式及文本的结构

1. 工程施工合同文本的履行管理模式

工程施工合同文本的条款规定，是基于当事人双方信誉良好、履行合同诚信基础上设定的条款内容，施工过程中发生的有关事项由雇主聘任的项目经理与承包商通过协商确定的二元管理模式。合同争议首先提交给当事人共同选定的“评判人”，独立、公正地做出处理决定。虽然合同涉及的相关方中也有工程师，但他的职责仅限于工程实施的质量管理，不参与合同履行的全面管理，比我国监理工程师的职责简单。

2. 工程施工合同文本的结构

工程施工合同文本具有条款用词简洁、使用灵活的特点，为了广泛适用于各类的土木工程施工管理，标准文本的结构采用在核心条款的基础上，使用者根据实施工程的承包特点，采用积木块组合形式，选择本工程适用的主要选项条款和次要条款，形成具体的工程施工合同。

（1）核心条款。核心条款是施工合同的基础和框架，规定的工作程序和责任适用于施工承包、设计施工总承包和交钥匙工程承包的各类施工合同。工程施工合同第二版中的核心条款设有9条：总则；承包商的主要责任；工期；测试和缺陷；付款；补偿事件；所有权；风险和保险；争端和合同终止。共有155款。

（2）主要选项条款。由于核心条款是对施工合同主要共性条款的规定，因此还要根据具体工程的合同策略，在主要选项条款的6个不同合同计价模式中确定一个适用模式，将其纳入到合同条款之中（只能选择一项）。主要选项条款是对核心条款的补充和细化，每一主要选项条款均有许多针对核心条款的补充规定，只要将对应序号的补充条款纳入核心条款即可。主要选项条款包括：

1）选项A：带有分项工程表的标价合同。

2）选项B：带有工程量清单的标价合同。

3）选项C：带有分项工程表的目标合同。

4）选项D：带有工程量清单的目标合同。

5）选项E：成本补偿合同。

6）选项F：管理合同。

标价合同适用于签订合同时价格已经确定的合同，选项A适用于固定价格承包，B

适用于采用综合单价计量承包；目标合同（选项 C、选项 D）适用于拟建工程范围在订立合同时还没有完全界定或预测风险较大的情况，承包商的投标价作为合同的目标成本，当工程费用超支或节省时，雇主与承包商按合同约定的方式分摊；成本补偿合同（选项 E）适用于工程范围的界定尚不明确，甚至以目标合同为基础也不够充分，而且又要求尽早动工的情况，工程成本部分实报实销，按合同约定的工程成本一定百分比作为承包商的收入；管理合同（选项 F）适用于施工管理承包，管理承包商与雇主签订管理承包合同，他不直接承担施工任务，以管理费用和估算的分包合同总价报价。管理承包商与若干施工分包商订立分包合同，确定的分包合同履行费用由雇主支付。若承包商直接参与施工，将部分承包任务分包，则不属于管理合同。

（3）次要选项条款。工程施工合同文本中提供了 18 项可供选择的次要选项条款，包括：通货膨胀引起的价格调整；法律的变化；多种货币；母公司担保；区段竣工；提前竣工奖金；误期损害赔偿费；"伙伴关系"协议；履约保证；支付承包商预付款；承包商对其设计所承担的责任只限于运用合理的技术和精心设计；保留金；功能欠佳赔偿费；有限责任；关键业绩指标；1996 年房屋补助金、建设和重建法案（适用于英国本土实施的工程）；1999 年合同法案（适用于英国本土实施的工程）；其他合同条件。

雇主在制定具体工程的施工合同时，根据工程项目的具体情况和自身要求选择本工程合同适用的选项条款。对于采用的选项，需要对应做出进一步明确的内容约定。对于具体工程项目建设使用的施工合同，核心条款加上选定的主要选项条款和次要选项条款，就构成了一个内容约定完备的合同文件。

五、合作伙伴管理理念

核心条款明确规定，雇主、承包商、项目经理和工程师应在工作中相互信任、相互合作和风险合理分担。工程施工合同规定合同履行过程中的合作伙伴管理，改变了传统的雇主与承包商以合同价格为核心，中标靠低价盈利靠索赔的合同对立关系，建立以工程按质、按量、按期完成并实现项目的预期功能，作为参与项目建设有关各方的共同目标，进行合作管理的新理念（Partnering 管理模式）。次要选项条款中规定的伙伴关系协议，要求雇主与参建各方在相互信任、资源共享的基础上，通过签订合作伙伴协议。组建工作团队，在兼顾各方利益的条件下，明确团队的共同目标和各自责任，建立完善的协调和沟通机制，实现风险合理分担的项目团队管理实施模式。

1. "伙伴关系"协议

鉴于参与工程项目的有关方较多，影响施工正常进行的影响因素来源于各个方面，因此建立伙伴关系的有关各方不仅指施工合同的双方当事人和参与实施管理的有关各方，还可能包括合同定义的"其他方"。其他方指不直接参与本合同的人员和机构，包括雇主、项目经理、工程师、裁决人、承包商以及承包商的雇员、分包商或供应商以外的人员或机构。

伙伴关系协议明确各方工作应达到的关键考核指标，以及完成考核指标后应获得的奖励。雇主负责支付咨询顾问费用，承包商负责支付专业分包商的费用。如果因伙伴关系中某一方的过失造成了损失，各方也应通过双边合同的约定来解决。对于违约方的最终惩罚是将来不再给他达成伙伴关系的机会，即表明其诚信和能力存在污点，对以后项目的承接或参与均会产生影响。

由参与团队的主要有关方组成的核心项目组负责协调伙伴关系成员之间的关系，监控现场内外的工程实施。团队成员有义务向雇主或其他成员提示施工过程中的错误、遗漏或不一致之处，尽早防患于未然。

2. 早期警告

工程施工合同文本提出的早期警告条款，是对双方诚信、合作基础上实现项目预期目标的好措施，建立了风险预警机制。当项目经理或承包人任一方发现有可能影响合同价款、推迟竣工或削弱工程的使用功能的情况时，应立即向对方发出早期警告，而非事件发生后进行索赔。这些事件可能涉及发现意外地质条件；主要材料或设备的供货可能延误；因公用设施工程或其他承包商工程可能造成的延误；恶劣气候条件的影响；分包商未履约以及设计问题等情况。

项目经理和承包商都可以提出召开早期警告会议，并在对方同意后邀请其他方出席，可能包括分包商、供应商、公用事业部门、地方行政机关代表或雇主。与会各方在合作的前提下，提出问题并研究建议措施以避免或减小早期警告通知的问题影响；寻求对受影响的所有各方均有利的解决办法；决定各方应采取的行动。项目经理应在早期警告会议上对所研究的建议和做出的决定记录在案，会后发给承包商。

在核心条款“补偿事件”标题下规定，项目经理发出的指令或变更导致合同价款的补偿时，如果项目经理认为承包商未就此事件发出过一个有经验的承包商应发出的早期警告，可适当减少承包商应得的补偿。

六、ECC合同中的“缺陷改正”程序

“工程施工合同”核心条款第4条对工程“缺陷”及其“缺陷改正”程序作出了明确的规定，这有利于合同各方共同努力以达到工程预定的质量目标。

1. 工程“缺陷”的定义

ECC合同核心条款第11.2（15）款明确指出，“缺陷”是指不符合工程信息的工程，即不符合招标文件中对合同工程所作出的规定和说明，或不符合招标文件中对承包商实施工程所采用方法的要求。若承包商承担部分工程的设计，“缺陷”也指承包商负责设计的那部分工程不符合当今适用的法律、法规或不符合已经业主认可的工程的总体设计要求。ECC合同中所定义的工程“缺陷”只指承包商负责的施工和/或部分设计中应承担的质量问题，而业主所提供的设计文件中的错误不属于工程“缺陷”。

2. 责任认定及追究

（1）承包商应对工程“缺陷”承担合同责任。ECC合同核心条款第20.1条中明确规定了“承包商应按工程信息实施合同工程”；第11.2（4）款中又明确了实施合同工程是指根据本合同为完成合同工程所从事的必要的工作，包括一切附带的作业、服务和工作。ECC合同中的由业主提供的工程信息实际上是工程的质量标准，是判别工程是否具有“缺陷”的依据。

（2）ECC合同中的监理工程师的职责就是代表业主检查承包商实施的工程是否达到工程信息所规定的要求，即是否达到工程的质量标准，同时向承包商指出工程“缺陷”并要求其按合同规定改正“缺陷”的权力。

（3）ECC合同第42.1条规定了当监理工程师怀疑承包商的施工存在缺陷时，他可指令承包商寻查"缺陷"，以确定"缺陷"的存在并分析"缺陷"产生的责任。寻查工作包括对工程的剥露、拆卸、重新覆盖和重新安装，以及为监理工程师进行必要的测试和检查提供设施、材料、试样等。

经寻查未发现任何工程"缺陷"，或寻查所发现的"缺陷"是属于业主所提供的设计文件中的错误，则监理工程师下达的寻查指令即属于补偿事件，承包商可以获得由此产生的费用及工期的补偿。

（4）ECC合同第42.2条明确规定，承包商有义务将其发现的工程"缺陷"通知监理工程师。第43.1条也明确了无论监理工程师有否指出工程"缺陷"，承包商均应在合同资料中规定的缺陷改正期内将工程"缺陷"改正好。因此，按ECC合同，承包商对工程存在的"缺陷"承担全部责任，不论监理工程师是否寻查或是否指出。改正"缺陷"使工程符合工程信息中的要求是承包商的基本责任。

3. 缺陷改正期的规定

（1）缺陷改正期在业主提供的合同资料（ECC合同的附件）第一部分中有明确规定。工程竣工前，若承包商自身发现的缺陷和/或监理工程师寻查并指出的"缺陷"将影响到工程按工程信息的要求竣工的话，承包商必须在合同资料中的缺陷改正期规定的时间内改正缺陷，使工程顺利竣工。

（2）工程竣工前，对不影响业主使用合同工程的"缺陷"，承包商可以从竣工之日起在缺陷改正期规定的时间内改正缺陷。

（3）在缺陷责任期内（即在合同资料中明确的工程竣工后的一段规定期限内，通常为工程竣工后12个月），对监理工程师发现并指出的任何"缺陷"，承包商也必须在缺陷改正期期末与缺陷责任期期末两者中较迟的日期之前，将"缺陷"改正好。

在缺陷责任期结束后，业主、项目经理或监理工程师若再发现"缺陷"并通知承包商，此时承包商对该"缺陷"承担的责任只限于在管辖本合同的法律范围之内。

4. 可接受的缺陷和对未改正的缺陷的处理程序

（1）某些"缺陷"对业主正常使用合同工程产生的影响微不足道，而要求承包商改正缺陷却可能代价昂贵并有可能会延误竣工或给业主的使用带来不便。从维护业主利益的角度出发，项目经理或承包商均可建议变更工程信息中的要求以避免某一缺陷的改正。这时项目经理与承包商就此"缺陷"引起的工程信息的变更所带来的合同总价的减少或工期缩短的后果进行磋商，并达成一致意见。ECC合同中的任一方并非一定要接受此类建议。执行这一条款的前提，必须是这类"缺陷"对业主正常使用工程不会产生影响，并有利于工程项目的顺利实施。项目经理在认可承包商此类建议前必须与业主商量并得到业主的批准。

（2）按ECC合同第45.1条规定，当承包商未能在缺陷改正期内改正"缺陷"，项目经理可指令其他人进行缺陷改正工作。项目经理为由他人改正缺陷的费用计价并由承包商偿付，或从承包商的保留金中扣除。为此，在合同缺陷责任期结束前，保留金中应有足够的资金来偿付因为承包商未改正工程"缺陷"而使业主请他人改正缺陷所发生的费用。

5. 功能欠佳的缺陷

ECC合同中次要选项条款S"功能欠佳补偿"是一种独特的对特定缺陷的处理条款，有别于传统的国际工程合同条款。

（1）功能欠佳主要指工程设备的功能水平未达到工程信息规定的使用功能要求，是由于承包商的设计或施工失误所致。对于这类功能欠佳的“缺陷”，业主应能获得其事后由此所蒙受损失的补偿。

（2）对于功能欠佳的“缺陷”，业主可以：①坚持要求承包商整改并达到工程信息中规定的质量标准；②在承包商不能在缺陷改正期内改正“缺陷”的情形下，请他人改正缺陷所发生费用的补偿；③接受此“缺陷”，同时认可承包商为此提交的降低工程总价，或提前竣工，或两者兼有的建议，作为对修改工程质量标准的补偿。

（3）通常对功能欠佳损失计算的方法，是估计一笔总价用来补偿该工程设备在其寿命周期内的使用功能的损失，即该设备预测寿命周期内使用功能损失的预测净现值。

（4）功能欠佳补偿金额（即业主可获得的补偿金额）应在业主提供的合同资料第一部分中按功能欠佳的不同程度，分别规定。使用功能水平的测试应在工程竣工至缺陷责任期结束期间由监理工程师与承包商共同进行，最后由监理工程师签发质量证书。ECC合同规定，功能欠佳缺陷的确定权属代表业主的项目经理。

（5）任何功能欠佳“缺陷”的补偿业主应在最后一笔支付给承包商的工程款中扣除。

七、ECC合同中的“补偿事件”及处理

1. 补偿事件起因

“工程施工合同”将承包商可以向雇主索赔的事件称为“补偿事件”（Compensation Events）。ECC合同中的“核心条款”第60.1条列举了“补偿事件”的18种情况，可归纳为：雇主风险事件；雇主未履约的事件；项目经理/监理工程师的指令引起的事件；实际施工条件/气候条件变化引起的事件。具体为：

（1）雇主风险主要有六类，如ECC合同第80.1条所述。①雇主提供的设计错误风险；②雇主提供材料设备带来的风险；③不可抗力引起雇主设备、材料的损失和损坏的风险；④雇主提前使用部分工程带来的风险；⑤合同终止后，雇主留在工地现场的设备材料等损失和损坏的风险；⑥合同资料中明确规定雇主应承担的额外风险。

（2）雇主未履约的事件应包括，但并不限于：①未按时将工地现场占用权移交给承包商；②未按时提供应由雇主提供的物品和条件，包括测试用的材料、设施和试件；③在已认可的工程进度计划规定的时间内，雇主或雇主雇佣的其他方不工作。

（3）项目经理/监理工程师的指令所引起的事件，如①项目经理发出变更工程内容、技术规范等的指令；②项目经理发出的某一工程的开工令或不开工令；③项目经理/监理工程师未在规定的期限内答复承包商的请示函件；④项目经理/监理工程师改变先前向承包商发出的决定；⑤项目经理就工地现场发现有价物品而发出的指令；⑥项目经理以本合同未说明的理由否决某一事项；⑦监理工程师指令承包商寻查缺陷，但未发现缺陷；⑧监理工程师进行测试或检查而引起不必要的工期延误；⑨项目经理要求更正为补偿事件计价所作的假设条件。

（4）实际施工条件/气候条件的变化引起的事件，应包括但并不限于：①在施工现场承包商遇到了一个有经验的承包商在合同生效时，判断某种情况发生几率极小，因而有理由不予考虑的实际条件；②在一个日历月内，工地现场或附近所记录的气象实测数据与当地气象部门提供的资料对比，该数据平均出现频率低于10年一遇。

2. 通知“补偿事件”的时限

项目经理和承包商均可向对方通知“补偿事件”。

（1）因项目经理/监理工程师发出变更指令或改变以前做出的决定而引起的“补偿事件”，项目经理应在事件发生前或发生时通知承包商，并要求承包商就“补偿事件”报价，一般待报价确认后实施。

（2）承包商应在觉察到已发生或预期要发生的“可补偿”的事件后两周内通知项目经理，项目经理应在一周内或双方同意的较长时间内做出决定并要求承包商就“补偿事件”提交报价。承包商应在收到要求报价的指令后3周内提交报价，项目经理则应在收到报价后两周内答复。若项目经理要求承包商修改报价，承包商应在接到该指令3周内提交经修改的报价。

3. “补偿事件”的报价和计价

（1）承包商就“补偿事件”的报价应包括合同价款的变更及工程进度计划的调整。

（2）若承包商未就“补偿事件”发出一个有经验的承包商应发出的“早期警告”，项目经理在指令承包商准备报价时应指出，并要求承包商按已发出过“早期警告”计价。

（3）当某一“补偿事件”对合同价款或工期可能产生的影响不明确，以致难以合理计算报价时，项目经理可为该事件提出假设条件。承包商以此假设条件为依据提交报价。若事后证明该假设有误，项目经理可发出更正该假设条件的通知，该更正通知又属补偿事件。

（4）项目经理可要求承包商提交不同的处理“补偿事件”的方法及其后果，项目经理可根据雇主的利益做出对“补偿事件”的处理意见。有时，项目经理认为在处理补偿事件时，以较多的成本支出来获得提前竣工比以较少成本支出造成竣工拖延对雇主更为有利。项目经理根据补偿事件对已实施工程的实际成本和尚未实施工程的预计实际成本，及由此产生的间接费的影响来计算合同总价的改变。

（5）按ECC合同，承包商对“补偿事件”的报价应该是实施该补偿事件时的预计实际成本加间接费。

（6）项目经理可对“补偿事件”自行计价，这类情况一般为：①承包商未在规定时间内提交报价及其依据；②承包商在报价中未对“补偿事件”作出正确计价；③承包商未提交“补偿事件”对工程进度计划的影响；④项目经理按合同未认可承包商提交的经调整的工程进度计划。

（7）承包商对项目经理的计价不满意时，可按第90.1条“有关争端的处理”，交裁决人解决。

4. “补偿事件”程序的特点

（1）ECC合同明确了承包商可以获得补偿的事件的起因。因此，可以避免传统合同，如FIDIC合同，常常出现的因索赔是否成立而引起的争端。尽管第四版FIDIC合同第53条规定了当承包商企图索取任何追加付款时必须遵循的程序，包括提交索赔意向书的时限和对同期记录和索赔证明材料的要求，以及承包商未遵循这些程序会带来的后果，但索赔事件的最终认可权和处理权完全掌握在雇主聘用的咨询工程师手中。承包商对于咨询工程师独立公正地处理索赔事件一直持不信任态度，因此，索赔事件引起的争端是国际工程项目实施中出现频率最高的争端事件，往往导致合同双方卷入旷日持久的仲裁或诉讼程序。

ECC合同力图避免使用，或根本不用那些容易引起争议的词语，如“恶劣的气候条件”、“在合理的时间内”等，取而代之的是“所记录的气象实测数据”、“在已认可的施工进度计划所表明的时间内”等。另外ECC合同还明确了雇主或雇主雇用的其他方在规定的时内不工作，以及监理工程师所做测试或检查妨碍承包商的正常工作而引起的“补偿事件”，这对承包商十分有利。

（2）传统合同对于工程变更的计价是基于承包商投标时在工程量清单中所填报的单价。这往往与工程变更项目实施时的实际成本有差异，承包商一般不愿从事投标时单价偏低项目的工程量增加的变更。因此传统的投标报价技巧之一，即“不平衡报价法”就被推而广之。而ECC合同对于工程变更这类“补偿事件”的计价是按照承包商已实施该工程变更项目时的实际成本加管理费计算，或按照实施该工程变更项目时的预计实际成本加管理费报价，与承包商投标时在工程量清单中的单价无关。这样的计价对合同双方均公正，可避免不少争端。

（3）ECC合同中的“早期警告”程序要求合同任一方对于可能发生的“补偿事件”向对方及时发出“警告”以利对方及早采取必要措施，减少“补偿事件”可能带来的损失。因此，承包商有义务向项目经理发出其认为的“补偿事件”的“早期警告”。否则，项目经理计价时，以一个有经验的承包商已发出“早期警告”为前提，来计算承包商可获得的补偿费用。ECC合同中的“早期警告”程序要求合同双方“相互信任、相互合作”，有利于合同顺利实施而最终实现项目目标。

（4）采用ECC合同实施项目时，承包商投标要提交“成本组成表”及填报“间接费费率”。“成本组成表”指每一项目的实际成本细目，包括人员费用、施工材料费用、施工设备折旧费用、各类承包商支付的费用及由此产生的管理费等。“成本组成表”只适用于单价合同中对“补偿事件”的计价。实际成本的“间接费费率”应包括利润和实际成本之外的一切费用，由承包商在“合同资料”第二部分中填报，是雇主评定标书考虑的重要因素之一。

（5）ECC合同处理“补偿事件”及时公正。传统合同处理索赔事件往往等工程竣工后才进行，雇主喜欢采用“一揽子”解决办法，这对承包商很不利。ECC合同规定了处理“补偿事件”的时限，一般为3～5周。若承包商不同意项目经理处理“补偿事件”的意见，可将由此产生的争端提交第三方，即裁决人来裁定。

八、ECC合同中的“风险分摊”程序

“工程施工合同”（ECC）对工程实施中的风险在业主与承包商之间进行了合理的分摊，使得合同双方明确了自身可能会面临的风险，以便采取措施规避风险。

1. 选择合同策略

在采用ECC合同实施工程时，首先要求项目业主根据自身的条件、项目情况来选择适当的合同策略。

ECC合同提供了六种合同策略，即六种主要选项，项目业主必须选择其中之一。这六种合同策略与项目目标、项目管理，特别是工程款支付方式有关。因此，这六种合同策略与工程实施中的风险分摊有关。

主要选项A是带分项工程量表的标价合同，以每一个独立的分项工程作为计价结算的依据，承包商就该分项工程报出包干价（Lump sum price），只有当承包商完成该分项工程的所有工作并经监理工程师（supervisor）认可以后，项目经理才签发支付凭证。承包商不仅承担了该分项工程的工作内容和工程量及所报价格的风险，还承担了可能由于某一工序不合格而无法申请该分项工程款支付的风险。而业主对分项工程中的具体工程量不承担责任。因此，主要选项A的合同策略表明了承包商承担了较大的风险。

主要选项B是带工程量清单的标价合同，如传统的FIDIC单价合同，业主要承担工程量变化的风险，而承包商承担工程量清单中单价的风险。与主要选项A相比，业主在主要选项B中所承担的风险稍大一些。

主要选项C（带分项工程量表的目标合同）和D（带工程量清单的目标合同）均属于承包商以分项工程表或工程量清单所报总价为目标总价的合同，承包商还须投标的是间接费率。而承包商所获得的工程款是根据承包商完成分项工程表或工程量清单中的工作内容所发生的实际成本加上以所报间接费率所计算出来的间接费。在计价实际成本时，项目经理有权扣除拒付费用。合同条款中有明确规定那些费用项目经理可以拒付。最终的实际成本加上间接费后的合同总价与承包商提交的目标总价进行比较，合同双方共同分享节余或承担超支部分。工程实施过程中出现并被认可的“补偿事件”可对承包商投标的目标总价进行调整。因此，采用主要选项C和D的合同策略时，业主与承包商所承担的风险几乎相同。

主要选项E（成本偿付合同）只适用于特定环境下的特殊工程项目，因为业主几乎承担了项目实施中的所有风险。承包商只投标间接费率，承包商所获得的工程款是实施并完成工程所发生的实际成本加上以间接费率计算出的间接费。对于这类合同策略，工程变更或补偿事件的计价均不适用。承包商只承担一点风险，即有些费用被项目经理判定为“拒付费用”。

主要选项F（管理合同）只适用于采用管理承包商的合同策略。该管理承包商既不从事设计，也不从事施工。他的主要工作是合理地把工程分成若干个包，再选择专业分包商并对分包商的工作进行协调和管理。该管理承包商只向业主收取管理费用，往往以工程总价的某一百分比来计算管理费，因此承包商几乎不承担任何经济风险。

2. 注重次要选项

ECC合同中的次要选项的选用也可减少合同双方的风险。次要选项与合同风险关系见表9-1。

表9-1　次要选项与合同风险关系表

次要选项名称	对合同风险的影响	次要选项名称	对合同风险的影响
次要选项G：履约保函	减少业主风险	次要选项N：通货膨胀引起的价格调整	减少承包商风险
次要选项H：母公司担保	减少业主风险		
次要选项J：支付承包商预付款	减少承包商风险	次要选项P：保留金	减少业主风险
次要选项M：承包商对其设计所承担的责任只限于运用合理的技术和精心设计	减少承包商风险	次要选项R：工期延误赔偿金	减少业主风险
		次要选项S：功能欠佳赔偿金	减少业主风险
		次要选项T：法律变化	减少承包商风险
		次要选项V：信托基金	减少承包商风险

从上述次要选项的安排来看，合同双方的风险分摊是公正的、公平的。

3. 明确业主风险

明确业主的风险，有利于业主获得一个合理的报价。

合同的核心条款第80条明确了业主的风险有六大类：

业主风险的第一类：与业主使用工地现场，合同工程及其所提供的设计有关，所提供的与工地现场包括地质情况、地下管网资料有关的信息资料有误以及设计错误等的责任风险。

业主风险的第二类：与其向承包商提供的文件、资料、物品有关。按合同由业主提供的图纸、资料、设备、材料、物品等在移交给承包商之前应承担的风险，包括不能按时提供。

业主风险的第三类：属于无法控制的外部因素，即不可抗力，造成对其财产、设备、材料，已完工程的损坏和损失，不包括承包商的财产，设备的损坏与损失等。

业主风险的第四类：当业主接收了部分工程并开始使用后所引起的风险，不包括工程移交前已存在的缺陷所带来的风险。

业主风险的第五类：合同终止后，仍留在工地现场的工程、设备、材料、施工设备等可能遭遇的损失和损坏的风险。

业主风险的第六类：业主应承担的额外风险，这类风险必须在合同资料中明确规定，如扩建工程、改造工程的施工可能会对四周的财产带来损失或损坏造成的风险。承包商在投标时已经完全清楚业主的风险，因而报价中的风险系数可能降低，业主有望获得一个合理的报价。

4. 明确承包商的风险

ECC合同的核心条款第81条明确了承包商的风险，即承包商必须承担除上述的业主风险以外的所有风险。即使业主已为工程购买了工程的保险，但承包商还须承担业主所购买保险的保险单内容及保险范围是否全面、充分的风险。同样，若工程保险由承包商办理，并以业主与承包商共同名义投保，业主也要承担所购保险的保险单内容及保险范围是否全面、充分的风险。

5. 承包商可以获得费用和/或工期补偿的补偿事件

ECC合同核心条款第60条列举了承包商可以获得费用和/或工期补偿的18种补偿事件以及如何对补偿事件进行计价，即使承包商在投标时某项单价计算失误，在补偿事件的计价时，按实际成本加上费率来计算，这就大大减少了承包商的风险。这些补偿事件包括：

(1) 项目经理发出指令变更工程信息，但下列变更除外：①为认可缺陷而进行的变更；②承包商要求对其承担的设计部分的工程信息进行的变更，或为符合雇主所提供的其他工程信息而进行的变更。

(2) 在已认可的施工进度计划所要求的占有日与某一部分工地现场的现场占有日两者较迟日期之前，雇主未将该部分工地现场的占用权交给承包商。

(3) 在已认可的施工进度计划所要求的日期内，雇主未提供应由其提供的物品或条件。

(4) 项目经理发出某一工程的停工指令或不开工指令。

(5) 在已认可的施工进度计划所表明的时间内，或在工程信息规定的条件下，雇主或其他方不工作。

(6) 项目经理或监理工程师未在本合同要求的期限内答复承包商的函件。

(7) 项目经理就处理在工地现场内发现的有价值的物品、历史文物或其他重要物品而发出的指令。

(8) 项目经理或监理工程师对先前已以函件通知承包商的决定做出变更。

(9) 项目经理以本合同未说明的理由拒绝对某一事项的认可（不包括对因赶工的报价或同意扣款而不必再改正缺陷的报价的认可）。

(10) 监理工程师指令承包商寻查缺陷，但并未发现缺陷。但仅因承包商未就实施会妨碍所要求的测试或检查的工作而发出详尽通知，从而需要进行此种寻查的情形除外。

(11) 监理工程师进行的测试或检查所引起不必要的工期延误。

(12) 承包商遇到：①在工地现场内的；②非气象条件引起的；③有经验的承包商可能在合同生效日判断为出现概率极小，因而有理由不予考虑的实际条件。

(13) 在：①一个日历月内；②整个合同工程竣工日前；③合同资料中指明的场所，所记录的气象实测数据与气象资料相比表明，该值平均出现频率低于十年一遇。

(14) 出现雇主风险事件。

(15) 项目经理在竣工日前，且在工程尚未竣工时，签发接收部分合同工程。

(16) 雇主未提供工程信息规定的测试所用的材料、设施和试样。

(17) 项目经理通知要求更正有关补偿事件性质的假设条件。

(18) 不属于本合同内其他补偿事件的雇主违约行为。

6. 关注“早期警告”

ECC合同核心条款第16条规定的“早期警告”程序是减少工程风险对合同双方带来损失的一个有效的措施。属于早期警告的事件都可视为一种风险事件。ECC合同要求合同任一方对这种风险事件及早通知对方并就如何采取措施为减少这类事件带来的损失进行讨论并作出采取行动的决定。

工程风险是固有的，合同双方既不能因为害怕承担风险而采取躲避或尽量把风险推向对方的态度，也不能熟视无睹而采取听之任之的消极态度。制订ECC合同的一个重要的指导思想是为了保证良好的工程管理。合同核心条款第10条就明确要求合同各方在工作中“相互信任、相互合作”。从合同的主要选项（即合同策略）及次要选项安排，到核心条款中明确业主与承包商各自的风险，到“补偿事件”、“早期警告”及“裁决人”条款的制订都体现了合同合理分摊风险的精神：让合同双方明确各自所面临的风险以及鼓励双方共同采取有效措施来避免或减少风险事件对合同双方带来的损失和损坏，以利于项目顺利实施。

九、ECC合同中的“争端解决”程序

英国土木工程师学会（ICE）1993年编制出版的新工程合同（New Engineering Contract，NEC合同），首次引入“裁决人”解决争端的程序。1995年11月英国土木工程师学会将NEC合同更名为“工程施工合同”（Engineering and Construction Contract，ECC

合同)，并同时出版了包括“裁决人合同”在内的其他几种标准合同，形成了 NEC 系列合同。ECC 合同的核心条款第 92 条规定了工程实施过程中的任何争端都必须首先提交给独立于合同双方的“裁决人”去解决，这是既快捷又公正的解决争端的有效办法。

1.“裁决人”在 ECC 合同关系中的地位

“裁决人”是独立于雇主与承包商的真正的第三方，由雇主与承包商共同指定，它的主要作用就是解决合同双方当事人之间的争端。工程实施过程中的争端事件往往与雇主聘用的项目经理和监理工程师的行为或对某些事情的不作为有关。裁决人的工作是对项目经理和监理工程师的行为或不作为进行调查分析，在此基础上对争端事件做出裁决意见，合同任一方对裁决意见无不同意见的话，这项裁决意见是最终的，对双方均具有约束力。

2.“裁决人”的选定

(1)“裁决人”应在正式签订工程施工承包合同之前选定。通常，雇主在“合同资料”(ECC 合同的附件)的第一部分中建议一位专家和提供几位专家人选，供承包商认可。雇主甚至可以邀请承包商提出人选，由雇主认可。总之，“裁决人”必须得到合同双方的共同认可和指定。当“裁决人”辞职或因故不能继续工作时，合同双方当事人应共同选择新的裁决人。若双方达不成一致意见，任一方都可要求“合同资料”中指定的机构（如英国土木工程师学会）来选定新的裁决人，并由双方当事人认可。

(2)“裁决人”的素质要求：他应该：①是工程项目所涉及的某一专业领域中的工程专家，工作经验丰富、威信高、声誉好；②善于解释合同文件，流利使用合同规定的语言；③充分了解项目经理和监理工程师在项目上的作用；懂得施工成本及工程变更对成本产生的影响；了解项目进度计划以及工程变更对施工计划带来的影响；了解项目实施风险及如何规避风险和如何获得风险补偿；④在其不具备解决争端事件的技术知识时，具有如何获得技术援助的能力；当其无相关成本费用资料时，具有如何获得施工费用及最新成本资料的能力；⑤能遵守“裁决人”合同，公正履行公务，在得到当事人的书面同意之前，决不泄露或公开所收集到的有关争端事件的资料；⑥任职期间，完全独立于合同当事人双方，裁决人除从雇主和承包商处按合同获得专业服务的酬金外，不能谋求任何其他经济利益；⑦裁决人不能将委托其从事的“争端解决”工作内容再委托他人去履行；⑧裁决人应身体健康，确保必要时进行工地巡视，召开听证会，收集争端双方的资料。

3.“裁决人”合同

英国议会 1996 年通过了法案，即施工合同中的纠纷和争端必须交“裁决人”解决。因此，在英国裁决人制度已普遍运用于所有的工程施工项目。1995 年 11 月英国土木工程师学会出版的“裁决人合同”(Adjudicator’s Contract) 中的主要条款为：

(1) 裁决人有义务公正行事。

(2) 裁决人收费按所花费的时间计算。

(3) 规定了裁决人履行公务时可补偿的费用。

(4) 除另有规定外，裁决人的费用由争端双方平均分摊，与裁决意见无关。

(5) 争端双方有义务保障裁决人免受任何损失。

(6) 有关裁决人指定的终止和替换。

4.“裁决人”的工作

（1）只有当合同一方将争端事件交“裁决人”后，他才开始工作。

（2）裁决人巡视工地现场，召开听证会给争端双方有适当的陈述机会；收集有关资料，在限定时间内以专家身份作出裁决意见。

（3）裁决人作出裁决意见有时间限定，一般最多为4周。

ECC合同有关争端裁决的时间表：①承包商意识到项目经理和监理工程师的行为或不作为（争端事件），并将之提交“裁决人”处理的时限最多为4周；②承包商将争端事件通知项目经理，2～4周；③将涉及争端事件的有关资料提交“裁决人”，最多4周（或双方同意的更长时间）；④合同双方可以向“裁决人”进一步提交资料，最多4周（或双方同意的更长时期）；⑤“裁决人”向合同双方及项目经理提出裁决意见及阐明理由，最多4周；⑥合同一方可通知另一方有意将争端事件提交法庭（仲裁或法院）；⑦只有工程完工后，法庭才开始受理；⑧法庭解决争端事件。

十、ECC第三版的核心条款主要变化

ECC第三版核心条款的主要变化体现在如下条款：间接费率；关键日期以及风险列表的定义（条款11.2、30.3）；关于不可抗力的规定（条款19、60.1、90.1）；缺陷责任证书颁发以后计价付款的规定（50.1）；补偿事件的通知与处理程序（条款60）；施工机械所有权的转移（条款70）；以及合同的终止（条款90）。

ECC第三版中修改了关于间接费的计算方法，具体规定是：分包费率乘以分包实际成本再加上直接费率乘以所有其他实际成本得到的金额。第三版条款30中把第二版中的现场进驻日（Possession Date）改成了现场使用日（Access Date），主要的区别在于业主把现场转交给承包商的程序。第三版还明确规定承包商的进度应满足关键日期的要求。

ECC第三版中添加了条款19关于不可抗力的规定。这一规定和条款60.1中关于补偿事件的规定和条款91.7中对终止合同的规定是直接相关的。如果有不可抗力事件发生，承包商不能按合同规定完成工程施工，可根据这些规定来处理。

第三版中条款50.1的规定理顺了工程竣工、颁发缺陷责任证书和最后几个结算日之间的关系。这一规定更正了第二版中承包商在工程竣工期间可能得不到及时付款的不合理情况。第三版中对条款60关于补偿事件的定义以及处理程序做了很多细节性的修改。

第三版中条款70不再要求把施工机械的所有权转交给业主。第二版条款90中对争议的解决的规定移到了第三版中的次要选项部分，成为选项W1和W2。

另外对终止合同的原因也做了调整。

第四节　美国建筑师学会（AIA）合同文本

一、美国建筑师学会简介

始创于1857年的美国建筑师学会（简称AIA）是美国主要的建筑师专业社团。该机构致力于提高建筑师的专业水平，促进其事业的成功并通过改善居住环境提高大众的生活标准。该机构通过组织与参与教育、立法、职业教育、科研等活动来服务于其成员以及全社会。AIA的成员主要是来自美国及全世界的注册建筑师，目前总数已超过8300名。

AIA 的一个重要成就是制定并发布了一系列的标准合同范本，在美国建筑业界及国际工程承包界特别在美洲地区具有较高的权威性。

二、AIA 合同范本简介

AIA 于 1888 年制定的早期合同范本开创了美国合同范本的先河。当时发布的 AIA 合同范本仅仅是一份业主和承包商之间的协议书，称为“规范性合同”（Uniform Contract）。1911 年，AIA 首次出版了《建筑施工通用条件》（General Conditions for Construction）。经过多年的发展，AIA 形成了一个包括 90 多个独立文件在内的完整而复杂的体系。AIA 合同范本为各种工程管理模式制定不同的协议书，而同时把通用条件作为单独文件出版。

AIA 随时关注建筑业界的最新趋势，每年都对部分文件进行修订或者重新编写。例如，2004 年共更新了 12 份文件，2005 年共更新了 6 份文件。而每隔 10 年左右会对文件体系及内容进行较大的调整。在 2007 年，AIA 对整个文件的编号系统以及内容都做了较大规模的调整。

AIA 出版的系列合同范本是在美国应用最为广泛的合同文件之一。很多重要的 AIA 合同范本是和其他建筑行业组织，如美国总承包商会（AGC）等组织联合制定的，力求集思广益，努力均衡项目参与各方的利益，合理分担风险，不偏袒包括建筑师在内的任何一方。

AIA 文件的不断修订既参考了最新的法律变更又反映了不断变化的科技与建筑工业实践。AIA 合同范本形式灵活，经过适当的修改可适应多种类型项目的需要。AIA 文件的用词力图通俗易懂，尽量避免使用晦涩的法律语言。

三、AIA 标准合同文件系列

AIA 系列合同范本经过多年的发展已经形成了系列化的包括 90 多个独立文件在内的完整体系。这些文件适用于不同的工程建设管理模式、项目类型以及项目的各个具体方面。2007 年 AIA 对其系列合同范本进行了大规模的修订，很多文件从编号到内容都有较大的变化。合同体系的编号系统调整以后，每一位编号都有了明确的含义，如图 9－2 所示。经过如此调整以后，根据图示的定义就可以大致了解文件的内容。

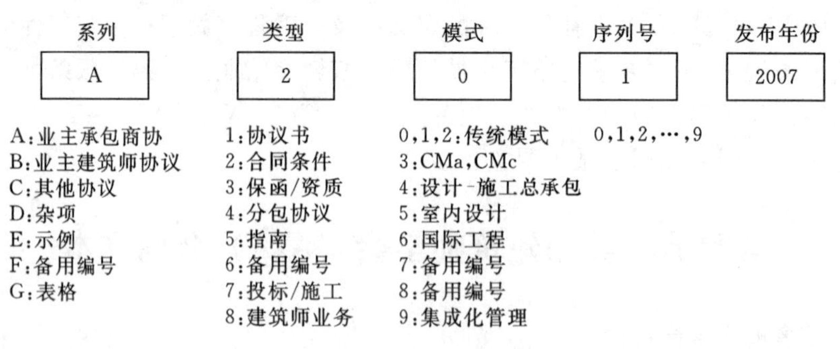

图 9－2　AIA 文件编号系统

表 9－2 列出了这三个系列的全部文件的编号以及名称。本节中不对 D、E、G 系列加以详细介绍。D 系列与 G 系列主要与建筑设计公司与事务所的内部业务管理有关。E 系列仅包含一个与项目各方之间交换电子文件有关的示例附件。

表9-2　AIA合同范本一览表

编　号	名　称
A101-2007	业主与承包商协议书标准格式（固定总价）。其他业主与承包商协议书标准格式有：A101 CMa-1992（CMa专用），AIO2-2007（成本补偿，有最大价格保证），A103-2001（成本补偿，无最大价格保证），A105-2007（住宅与小型项目专用，包含通用条件），A107-2007（固定总价，用于有限范围项目）
A121 CMc-2003	业主与CM经理协议书标准格式，与AGC联合发布。类似文件有：A131 CMc-2003（成本补偿，无最大价格保证）
A141-2004	业主与设计-施工总承包商协议书标准格式
A142-2004	设计-施工总承包商与施工承包商协议书标准格式
A151-2007	业主与家具、装修及设备供应商协议书标准格式（固定总价）
A195-2008	业主与承包商使用集成化项目管理的协议书标准格式
A201-2007	施工合同通用条件。其他通用条件有：A201 CMa-1992（CMa专用），A201SC-1999（联邦政府投资项目专用条件）
A251-2007	家具、装修及设备合同通用条件
A295-2008	业主与承包商使用集成化项目时的合同通用条件
A401-2007	承包商与分包商协议书标准格式
A503-2007	补充条件指南。类似文件包括：A511 CMa-1993（CMa专用）
B101-2007	业主与建筑师协议书标准格式。其他业主与建筑师协议书标准格式有：B102-2007（用于尚未确定建筑师的服务范围），B103-2007（大型复杂项目专用），B104-2007（限定范围的项目专用），B105-2007（住宅与小型公共项目专用），B141 CMa-1992（CMa专用），B144ARCH-CM-1993（建筑师提供CMa服务），B152-2007（室内设计专用），B153-2007（家具、装修及设备设计专用），B163-1993（用于指定服务类别），B181-1994（公共建设房屋项目专用），B188-1996（公共建设房屋项目专用，用于有限范围项目），B195-2008（集成化项目管理），B727-1988（特殊服务专用）
B142-2004	业主考虑使用设计-施工总承包模式时与咨询机构协议书标准格式
B143-2004	设计-施工总承包商与建筑师协议书标准格式
B200-2007	确定建筑师服务范围的文件。B201-2007（设计与施工阶段管理），B203-2007（选址与规划），B204-2007（价值分析），B205-2007（古迹保护），B206-2007（保安与规划），B209-2007（施工阶段管理），B210-2007（物业管理），B211-2007（开车与试运行），B214-2007（LEED*认证），B252-2007（室内设计），B253-2007（家具、装修及设备设计）
B503-2007	业主与建筑师协议书内容修订指南
B161-2002	业主与咨询机构协议书标准格式（美国境外工程项目专用） 类似文件有：B162-2002（简要格式）
B801 CMa-1992	业主与CM经理协议书标准格式
C101-1993	专业服务项目合作协议书
C106-2007	电子数据授权协议
C195-2007	集成化项目管理联合体成立协议书
C401-1997	建筑师与专业咨询机构协议书标准格式。类似文件有：C727-1992（特殊服务专用）

* LEED（Leadership in Energy and Environmental Design）：环保认证体系，参见 http：//www. usgbc. org/leed/。

四、AIA合同范本的组合使用与工程项目管理模式

AIA合同范本的“核心文件”（Keystone Document）是施工合同通用条件，有包括A201－2007在内的多个不同版本。该文件是工程合同文件的重要组成部分，详细规定了业主、承包商之间的权利、义务及建筑师的职责和权限等。

AIA的合同范本的基本设计理念是把各种版本的通用条件与各种协议书配合使用。这些协议书既包括业主与建筑师、承包商之间应签订的协议书，也包括确立工程项目上其他合同关系所使用的协议书。

工程项目各方可以根据工程建设的实际情况与需要，组合使用AIA合同范本。在选择适用的AIA合同范本的时候，最重要的两个因素是工程建设管理模式及合同计价方式。AIA为所有常见的工程建设管理模式出版了专用的范本，包括传统模式、风险型CM经理、代理型CM经理、设计-施工总承包以及最新的集成化项目管理方法。计价方式主要有总价合同、成本补偿（有最高限价）以及成本补偿（无最高限价）。另外，AIA也为不同的项目类型制定了一些专用的合同范本，包括住宅、小型项目、有限范围的项目、大型复杂项目、海外项目、室内设计等。

（一）传统模式

AIA合同范本中最基本的组合形式是配合使用A201－2007施工合同通用条件与A101－2007业主与承包商协议书标准格式，适用于在传统模式下以固定总价方式支付的情况。如果通过成本补偿方式确定合同价格，仍需使用A201－2007作为通用条件，但是所使用的业主与承包商协议书则有所不同。

A102－2007适用于有最大价格保证的情况。A103－2007适用于不使用最大价格保证的情况。

由于工程项目的具体情况不同，多数工程项目都需要使用专用条件来补充修改A201的标准规定。这项工作通常应由专业法律人员进行。具体细节可参阅AIA文件A503《专用条件指南》。对标准化合同条款的修改会对工程项目有很大影响，因此必须谨慎对待。例如，条款的变更会改变项目各方之间的风险分配，项目参与各方均应严格审查一切条款变更。专用条件的编写必须清晰明确，与标准条款有明确的区分，以便于各方审阅。

2007年，AIA对业主-建筑师协议书标准格式的基本用法做了较大的改动。主要的变化是调整了协议书条款与建筑师服务范围之间的协作关系。

2007年新制定的B101－2007取代了原有的B141和B151，成为了业主与建筑师协议书的主要格式。新版文件同B141和B151一样规定了合同条件、支付方式和建筑师的服务范围，大致相当于过去的B141第一、第二部分。该文件中定义的工程项目的五个阶段反映了建筑师所提供的专业服务的传统类别，包括从项目概念设计开始直至合同管理服务结束。与该文件配合使用的施工合同通用条件是A201－2007。

业主与建筑师双方也可以就支付方式和服务范围另外签订协议。2007年，AIA为此制定了B102－2007，来为此规定合同条件和支付方式，并使用新制定的B200－2007系列来确定建筑师服务的具体内容。业主可根据需要，通过签订B102以及任何B200－2007系列中的文件来要求建筑师提供任何下列的服务：

设计与施工阶段管理，选址与规划，价值分析，古迹保护，保安与规划，施工阶段管

理，物业管理，开车与试运行，LEED 认证，室内设计，家具、装修及设备设计。其中 LEED（Leadership in Energy and Environmental Design）环保体系认证是为了适应近年来绿色建筑和可持续性发展的日益盛行而新制定的文件。

如果项目规模较大或者比较复杂，业主则应使用 B103－2007 与建筑师签订协议书。在这种情况下，业主需要另外聘请专业人员制定概预算与项目进度计划，并可以实施快速路径法（Fast Track）、分段施工法等来加快工程进度。建筑师提供的服务主要限于设计阶段，只需要保证设计满足业主的预算要求，而不需要进行详细的成本估算。

此外，AIA 还为住宅和小规模项目以及有限范围的项目专门制定了专用版本的协议书标准格式。业主和承包商之间可以使用 A105－2007 或者 A107－2007。

这两个协议书标准格式已经包含以 A201 为基础的简要通用条件，可独立使用。

在这种情况下，业主与建筑师之间则需签订 B105 或者 B104。

承包商和分包商之间可以使用 A401－2007 确定合同关系。该文件规定了各方的权利和义务，并引用了 A201 里的很多规定。各方可在文件中留出的空白处填入协议的细节。经适当修改之后，A401－2007 也可适用于分包商与下级分包商的合同。

表 9－3 中总结了以上有关传统模式的各种合同范本。

表 9－3　　AIA 合同范本组合关系：传统模式

项目类别	业主与承包商协议书	业主与建筑师协议书	核心文件	建筑师与咨询机构协议书	承包商与分包商协议书
普通工程—总价合同	A101	B101 或 B102 加 B200 系列，或 B103	A201 及 A503	C401	A401
普通工程—成本补偿合同	A102，A103				
住宅与小型项目专用合同	A105	B105	包含在业主与承包商协议书中		
限定范围工程总价合同	A107	B104			

（二）CM 模式

CM（Construction Management）作为一种与传统模式和设计-施工总承包模式相提并论的项目管理模式在国际上已有多年的历史。如果把 Construction Management 直接译成汉语很容易造成混淆，因此一般直接称为 CM 模式或者 CM 经理。

1. CM 合同类型

CM 合同属于管理承包合同，有别于施工总承包商承包后对分包合同的管理。与雇主签订合同的 CM 承包商，属于承担施工的承包商公司，而非建筑师或专业咨询机构。依据雇主委托项目实施阶段管理的范围和管理责任不同，分为代理型 CM 合同和风险型 CM 合同两类。代理型 CM 合同，CM 承包商只为雇主对设计和施工阶段的有关问题提供咨询服务，不承担项目的实施风险。风险型 CM 合同，要求在设计阶段为雇主提供咨询服务但不参与合同履行的管理，施工阶段相当于总承包商，与分包商、供货商签订分包合同，承担各分包合同的协调管理职责，在保证工程按设定的最大费用前提下完成工程施工任务。

2. 风险型CM的工作

风险型CM承包商应非常熟悉施工工艺和方法；了解施工成本的组成；有很高的施工管理和组织协调能力，工作内容包括施工前阶段的咨询服务和施工阶段的组织、管理工作。

工程设计阶段CM承包商就介入，为设计者提供建议。建议的内容可能包括：将预先考虑的施工影响因素供设计者参考，尽可能使设计具有可施工性；运用价值工程提出改进设计的建议，以节省工程总投资等。

部分设计完成后CM承包商即可选择分包商施工，而不一定等工程的设计全部完成后才开始施工，以缩短项目的建设周期（采用快速路径法）。CM承包商对雇主委托范围的工作，可以自己承担部分施工任务，也可以全部由分包商实施。自己施工部分属于施工承包，不在CM工作范围。CM工作则是负责对自己选择的施工分包商和供货商，以及雇主签订合同交由CM负责管理的承包商（视雇主委托合同的约定）和指定分包商的实施工程进行组织、协调、管理，保证承包管理的工程部分能够按合同要求顺利完成。

3. 风险型CM的合同计价方式

风险型CM合同采用成本加酬金的计价方式，成本部分由雇主承担，CM承包商获取约定的酬金。CM承包商签订的每一个分包合同均对雇主公开，雇主按分包合同约定的价格支付，CM承包商不赚取总包、分包合同的差价，这是与总承包后再分包的主要差异之一。CM承包商的酬金约定通常可采用以下三种方式中的一种：按分包合同价的百分比取费；按分包合同实际发生工程费用的百分比取费；固定酬金。

4. 保证工程最大费用

随着设计的进展和深化，CM承包商要陆续编制工程各部分的工程预算。施工图设计完成后，CM承包商按照最终的工程预算提出保证工程完工的最大费用值（GMP）。CM承包商与雇主协商达成一致后，按GMP的限制进行计划和组织施工，对施工阶段的工作承担经济责任。当工程实际总费用超过GMP时，超过部分由CM承包商承担，即管理性承包的含义。但并不意味CM是按GMP费用为合同承包总价，对于工程节约的费用归雇主，CM承包商可以按合同约定的一定百分比获得相应的奖励。

约定保证工程最大费用（GMP）后，由于实施过程中发生CM承包商确定GMP时不一致使得工程费用增加的情况发生后，可以与雇主协商调整GMP。可能的情况包括：发生设计变更或补充图纸；雇主要求变更材料、设备的标准、系统、种类、数量和质量；雇主签约交由CM承包商管理的施工承包商或雇主指定分包商与CM承包商签约的合同价大于GMP中的相应金额等情况。

代理型CM经理与业主之间签订的协议书标准格式为B801 CMa－1992。该文件必须和业主与建筑师的协议书（B141 CMa－1993）配合使用。如果建筑师兼任CM经理，则协议书中除了B141－1992以外还应该包括一份补充条件B144 ARCH－CM－1993。CM经理与业主之间签订的不是施工合同。业主需另外与承包商签订A101 CMa－1992业主与承包商的协议书。合同额则需要通过招标或谈判方式确定。此时，该项目的“核心文件”则必须采用为此情况专门制定的施工合同通用条件版本A201 CMa－1992（CMa专用），这个文件是上述所有协议书签订的基础。该文件与标准版的 A201－2007 的主要区别在于其第二条关于合同管理的规定。该条同时规定了建筑师和 CM 经理在施工阶段拥有的责任和义务。建筑师和 CM 经理作为独立的两方根据 A201 CMa－1992 共同进行合同管理。从这些文件的编号可以看出，以上这些文件已经多年没有出版新版本。

风险型 CM 经理在工程项目建设中的角色更接近于传统意义上的承包商。风险型 CM 经理既在项目设计及策划阶段提供专业服务也负责具体的施工。用于这一领域的两个 AIA 合同范本都是与及美国总承包商会（AGC）联合出版的。

如果业主需要在施工合同中规定最高限定价格，则应与 CM 经理签订 A121 CMc－2003。在项目开始阶段，CM 经理向业主提出包含保证最高价格（GMP）的建议书，业主可以接受或拒绝该建议书，或以此为依据进行谈判。当业主接受该建议书后，CM 经理开始准备工程实施。该协议书将 CM 经理的服务分为施工前阶段与施工阶段两部分。为了加快工程进度，这两个阶段的一些工作可同时进行。值得注意的是，该文件只能与 97 版的 A201 及 B151（业主与建筑师协议书简要格式）配合使用，而不应与 AIA 及美国总承包商会（AGC）出版的其他建筑工程管理合同范本配合使用。

业主为了能够直接监控工程成本，也可采用成本补偿而非 GMP 的方式与 CM 经理签订协议书 A131 CMc－2003。该文件也必须与旧版的 A201 和 B151 配合使用。

表 9－4 中总结了以上有关 CM 模式的各种合同范本。

表 9－4　　AIA 合同范本组合关系：CM 模式

<table>
<tr><th>CM 类型</th><th>适用状况</th><th>业主与承包商协议书</th><th>业主与建筑师协议书</th><th>业主与 CM 经理协议书</th><th>核心文件</th></tr>
<tr><td rowspan="2">代理型</td><td>CM 经理为独立一方</td><td>A101 CMa</td><td>B141 CMa</td><td>B801 CMa</td><td rowspan="2">A201 CMa 以及 A511 CMa</td></tr>
<tr><td>建筑师兼任 CM 经理</td><td>A101（总价）或 A111（成本补偿）</td><td>B141 及 B144 ARCH－CM</td><td>建筑师兼任 CM 经理</td></tr>
<tr><td rowspan="2">风险型</td><td>最大价格保证</td><td>A121 CMc</td><td rowspan="2">B151（97 版）
B511（01 版）</td><td rowspan="2">CM 经理即承包商</td><td rowspan="2">A201（97 版）</td></tr>
<tr><td>成本补偿合同，无最大价格保证</td><td>A131 CMc</td></tr>
</table>

（三）设计-施工总承包模式

AIA 近期没有对其设计-施工总承包合同范本进行改版，基本上保留了 2004 年版的全套文件。AIA 设计-施工总承包全套文本的核心部分是业主与设计-施工总承包商协议书之间的协议 A141。该文件包括协议书和三个主要组成部分：

（1）合同条件。相当于传统模式中的 A201，因此不需与 A201 配合使用。

（2）确定工程费用的方法。当双方约定采用固定总价的时候，则不使用该部分。

（3）保险和担保，规定了保险和担保所应涵盖的内容。

协议中还要求各方从以下三种定价方式中选定一种：固定总价，成本补偿加设计-施工总承包商的佣金，以及成本补偿加设计-施工总承包商的佣金并有保证最高价格。

业主在项目前期可以与建筑师或者其他专业咨询人员签订 B142－2004，业主考虑使用设计-施工总承包模式时与咨询机构协议书标准格式。根据这项协议，专业咨询人员可以协助业主进行项目前期规划、概预算、确定项目指标等工作。如果业主最终决定采用设计-施工总承包方式，则应使用 B143 - 2004 设计-施工总承包商与建筑师协议书标准格式。然后，设计-施工总承包商可以与施工承包商签订 A142 - 2004。

表 9 - 5 中总结了以上有关设计-施工总承包模式的各种合同范本。

表 9 - 5　　AIA 合同范本组合关系：设计-施工总承包模式

业主与设计-施工总承包商协议书	A141	设计-施工总承包商与建筑师协议书	B143
业主与咨询机构协议书	B142	设计-施工总承包商与施工承包商协议书	A142

（四）集成化项目管理合同范本

集成化项目管理（Integrated Project Delivery，IPD）是 AIA 在 2007 年提出的一个新概念，要求项目参与各方竭诚合作，努力为业主提供最大价值，减少浪费，在项目建设的全过程中最大限度地提高效率。集成化项目管理的原则适用于各种工程项目管理模式，而不仅限于传统模式里的业主、建筑师和承包商之间的三角关系。这种方法的原则似乎类似于起源于英国的伙伴关系（Partnering）。根据 AIA 的规定，实现集成化项目管理的方法有两种，分别使用 2008 年发布的四种标准合同范本。

作为一个过渡措施，项目参与各方之间可以使用一系列与目前合同体系类似的协议书来确定各方之间的关系。A195 - 2008 是业主与承包商使用集成化项目管理时应签订的协议书标准格式。这一文件只规定业主与承包商之间的业务关系，例如计费方式等，而不包括承包商具体的工作范围。该文件还要求承包商提供保证最高价格。B195 - 2008 是业主与建筑师之间应签订的协议书标准格式。同样这一文件只确立业主与建筑师之间的业务关系，而不规定建筑师具体的工作范围。A295 - 2008 专门用于规定承包商和建筑师在项目建设各个阶段的责任与义务，其功能与 A201 十分类似。该文件还为 A195 - 2008 和 B195 - 2008 提供很多的具体的合同条款规定。这一合同范本还具体规定各方在项目建设的各个阶段如何协调工作。该文件规定各方必须同意使用建筑信息模型（Building Information Model，BIM）。

另外，各方也可以只使用一个合同范本 C195 - 2008，来规定各方之间的合作关系。这样，各方从项目建设的一开始就能够为了共同制定的目标和预计的成本而共同努力，共享风险与收益。通过签订这一文件，业主、建筑师、承包商以及其他重要项目组成员都成为一个有限责任公司的一部分。成立该公司的唯一目的，就是使用集成化项目管理的原则进行项目设计与施工。这个文件目前仅仅是一个框架协议，其目的是创立一个各方之间合作的环境，使各方能为共同确立的项目目标而努力。所成立的有限责任公司与业主之间还需签订投资合同，与建筑师、CM 经理和承包商专门就他们提供的服务分别签订合同。公司与除了业主以外的任何其他合作方之间的合同都与具体的业绩挂钩，并奖励各方之间的合作，迅速解决任何可能出现的问题。建立这种关系的目的，是为业主提供高质量的工程，并为其他各方带来显著的经济效益和其他的奖励。目前，C195 - 2008 是 AIA 在该系列中发布的唯一范本。AIA 会在近期内发布用于公司以及项目参与各方之间的合同范本。

表 9 - 6 列出的是本段提到的各种合同范本。

表 9-6　　AIA 合同范本组合关系：集成化项目管理

阶　段	业主与承包商协议书	业主与建筑师协议书	核心文件
过渡阶段	A195	B195	A295
最终形式	C195，以及待发布的辅助文件		

（五）特殊用途的合同范本

除了与项目管理直接挂钩的合同范本以外，AIA 还为一些特殊的项目类型、使用情况以及业务类型制定了一些专用合同范本。

AIA 为了方便美国建筑师在海外市场开展业务，发布了一个专用的业主-建筑师协议书标准格式，称为 B161-2002 业主与咨询机构协议书标准格式。通常由于专业注册与当地法律规定等原因，美国建筑师在海外市场仅可为工程设计提供咨询服务而不能直接承担工程设计。因此，在原文中，业主一词使用的是“Client”，而不是如同在其他 AIA 文件中使用“Owner”，一词，而把建筑师称为“咨询机构（Consultant)"。业主必须直接雇用当地的建筑师承担设计任务，美国建筑师一般只起辅助作用。该文件可用于规范与澄清项目各方之间的基本关系以及各方的权利与义务。

在美国，室内设计、家具、装修及设备设计也是在建筑师的相关业务范畴之内的。因此，AIA 专门为此出版了一套合同范本，见表 9-7。

表 9-7　　AIA 合同范本组合关系-室内设计与装修

工程类别	核心文件	业主与供应商协议书	业主与建筑师协议书
家具、装修与设备	A251	A151	B152 或者 B153
室内设计	A251	不适用	B152

除了上述与合同管理直接相关的范本以外，AIA 还出版了其他与工程建设相关的辅助性范本。这些范本涉及工程项目建设的各个方面，例如招投标，资质声明，担保与保证等。详见表 9-8。

表 9-8　　AIA 出版的其他范本

编　号	名　称	编　号	名　称
A305-1986	承包商资质声明	A751-2007	家具、装修与设备报价邀请与须知
A310-1970	投标担保	B305-1993	建筑师资质声明
A312-1984	履约担保与支付担保	B352-2000	建筑师的项目代表的责任、义务与权限
A701-1997	投标人须知		

五、AIA 文件 A201《施工合同通用条件》2007 年版的主要变化

2007 年版 A201 合同范本集中考虑了过去 10 年里来自建筑工业各个层面的用户的反映，对很多条款都作了不同程度的修改。下面就简要介绍一下主要的修改内容。

1. 初始裁定人、索赔与仲裁

A201 多年以来一直规定建筑师作为“独立的第三方”，负责解决业主和承包商之间的争议。然而对业主方来说，很难接受受雇于业主的建筑师会作出不利于己方的决定。长

期以来，承包商普遍认为建筑师不可能完全做到公正对待业主和承包商。而建筑师也越来越不愿意卷入到业主与承包商之间的纷争之中。因此，新版 A201 引入了一个新的角色，称为“初始裁定人”（Initial Decision Maker，IDM），作为真正的独立第三方来解决业主和承包商之间的争议。根据合同规定，在提出调解、仲裁，以至诉讼之前，各方必须首先将争议提交给初始裁定人裁定。如果合同中没有明确设定初始裁定人，则由建筑师充任。鉴于新版 A201 设立了初始裁定人，索赔与仲裁事宜就不再是建筑师的专有责任了。因此，新版 A201 把关于索赔与仲裁的规定从第四条有关建筑师的规定中分离出来，移到了整个文件的最后，形成了一个新条款—第 15 条。

2. 电子文件的使用

计算机绘图在建筑师和设计机构使用非常广泛，往往整套设计图都以电子文件形式存在。但是，在施工阶段转交给承包商的却往往还是图纸。人们发现，如果把设计图以电子方式交给承包商，更为方便而且比较经济。可是，这样各方之间必须就知识产权问题达成协议。新版 A201 特别提到了这一点，AIA 还为这一目的制定了一些专用的范本。

3. 财务状况的披露与支付工程款

1997 年版 A201 允许承包商要求业主披露其财务状况，并可以在得到业主答复前停工等待。业主方面则认为这一规定不够具体，承包商有可能会借故滥用这一规定。因此，新版 A201 规定，承包商只有在下列情况下才能要求业主披露其财务状况：

（1）业主未能按规定付款。

（2）发生对工程造价有重大影响的工程变更。

（3）承包商以书面形式提出理由怀疑业主的支付能力。

新版 A201 关于复工的规定与 1997 年版相同，业主仍必须提供足够的证据证明工程款已备齐以后，承包商才能复工。

同时，业主根据新版 A201 的规定，可以要求承包商提供证据证明已经向分包商支付了工程款。如果有必要，业主可以向承包商和分包商/供应商支付联名支票，以保证分包商/供应商及时得到支付。

4. 承包商审阅项目文件

新版 A201 与旧版之间用词的差别不是十分明显，只在语意上稍微加以调整。新版 A201 淡化了承包商在审阅项目文件时可能承担的责任。承包商不可能像专业设计人员一样审阅工程图纸与设计资料，其责任仅限于向业主和建筑师报告所发现的任何问题。

5. 业主/建筑师的及时回应与批准

1997 年版 A201 规定，建筑师和业主在对承包商作出回应的时候需要遵守具体的时限，一般是 15 天。新版的 A201 不再规定具体的时限，而是规定业主和建筑师应该在“合理的时限”内作出回复。但是，这样如果双方对这个问题没有提前达成共识，很有可能会导致争议。

6. 业主/建筑师对指定现场管理人员的意见

新版 A201 规定，业主和建筑师在开工之前可以依据适当理由拒绝接受承包商提出的现场管理人员人选。同时还规定，未经业主允许，承包商不得随意撤换现场管理人员。而在 1997 年版中只规定，承包商需要提供称职的现场管理人员。

7. 建筑师管理合同的责任

新版 A201 在文字上进一步淡化建筑师管理合同的责任。整个第 4 条的标题从“合同管理”改成了“建筑师”，第 4.2 款的标题从“建筑师的合同管理”改成了“合同管理”。建筑师视察现场的主要目的不再包括随时向业主报告工程进展，也不再包括“尽力向业主保证工程没有施工缺陷”。不过，建筑师还是要保证业主对工程进展要有适当的了解(Reasonably Informed)。这些变化反映了近年来在美国，建筑师在工程管理中的角色正在逐渐削弱。

8. 承包商责任保险

1997 年版 A201 规定，业主可以要求承包商通过购买工程管理责任保险（Project Management Protective Liability Insurance，PMPLI）为业主和建筑师可能出现的失误投保。新版 A201 不再要求承包商这样做，而是要求承包商把业主和建筑师作为额外投保人加到承包商根据合同需要购买的一般商业保险之中。

9. 终止合同

新版 A201 允许业主在通知承包商 10 天之后雇用他人或者自行接管工程施工。而 1997 年版 A201 则要求业主遵守更为繁琐的程序才能终止与承包商的合同关系，业主在 10 天内必须给承包商两次通知，给承包商改正其过失的机会。

思 考 题

1. 与我国标准施工合同通用条款比较，FIDIC 编制的施工合同条件相应的条款有哪些不同之处？

2. 英国工程施工合同为了保障合作伙伴利益，在条款中做了哪些规定？

3. 美国 AIA 施工合同针对风险型 CM，设定的保证工程最大费用的条款对实际工程费用与 GMP 比较，超支或节省的金额如何处理？

第十章　争　议　解　决

基　本　要　求

- ◆ 掌握争议评审组的组成及争议评审程序
- ◆ 熟悉争议的仲裁与诉讼
- ◆ 熟悉争议的和解与调解
- ◆ 了解争议产生的原因及主要解决方式

合同争议的解决对于工程项目的顺利实施以及各方利益的保障都有十分重要的作用。本章主要介绍工程中较为常见的争议及其解决方式，并详细说明各种争议解决方式的特点和程序。

第一节　争议及其解决方式

在合同实施过程中，出现争议、甚至争端是正常现象，因为合同双方都站在维护自己利益的角度审视合同中没有具体阐明的问题，对出现的合同问题持不同的观点。一个高明的合同管理者，无论是业主的或承包商的项目经理以及咨询（监理）工程师，都应该正视合同争议，仔细参阅合同文件中的有关条款及规定，及时而公正地提出解决意见，进行交流谈判，尽量达成一致的解决办法，使合同争端消灭于萌芽状态，这样就达到了避免争论的目的。

避免合同争端的核心问题，是对出现的合同风险及其产生的经济损失进行合理的再分配，让合同双方各自承担相应的份额，达到公正的解决。

一、产生争议的原因

在工程项目建设过程中，合同双方由于对合同条件的含义理解不同，或在施工中出现重大的工程变更造成工程造价大量增加及工期显著延长，或对索赔要求长期达不成解决协议，都会引起合同争端。

工程承包涉及的方面广泛而且复杂，每一方面又都可能牵涉到劳务、质量、进度、安全、计量和支付等问题。所有这一切均需在有关的合同中加以明确规定，以免合同执行中发生异议。但是尽管施工承包合同定得十分详细，有的国际工程甚至制订了洋洋数十多册，仍难免有某些缺陷和疏漏、考虑不周或双方理解不一致之处；而且，几乎所有的合同条款都同成本、价格、支付和责任等发生联系，直接影响业主和承包商的权利、义务和损益，这些也容易使合同双方为了各自的利益各持己见，引起争议是很难免的。加之工程承包合同一般的履行时间较长，特别是对于大型工程，往往需要持续几年甚至十多年的工期，在漫长的履约过程中，难免会遇到国际和国内环境条件、法律法规和管理条例以及业主意愿的变化，这些变化又都可能导致双方在履行合同上发生争议。

二、解决争议的原则

1. 协商优先原则

在各种解决合同争议的方式中，和解是成本最低、效率最高的解决方式。因此在合同争议发生后，合同当事人应首先尽量选择和解的方式解决争议。以和解作为解决合同纠纷的优先选择项，不仅能够节约当事人的时间和社会资源，同时还能保持缔约双方良好的互信关系，继续推动交易的顺利进行，也有利于为未来继续合作积累基础。正是由于和解的这种优势，《合同法》第128条规定："当事人可以通过和解或者调解解决合同争议。当事人不愿和解、调解或者和解、调解不成的，可以根据仲裁协议向仲裁机构申请仲裁。"在实践中，争议解决条款也常含有"因本合同发生的争议，双方应当通过友好协商的方式解决"等类似内容。和解是当事人的法定权利，即便当事人不约定和解，商事合同发生争议之后，当事人通常首先寻求通过友好协商的方式解决争议。

2. 继续履行原则

合同争议解决前，基于诚实信用原则和合同减损原则，合同当事人不应中止对合同义务的履行，相反，合同当事人仍应尽力促成合同目的的实现。如《2007版标准文件》通用合同条款第3.5.2款中规定："总监理工程师应将商定或确定的事项通知合同当事人，并附详细依据。对总监理工程师的确定有异议的，构成争议，根据第24条的约定处理。

在争议解决前，双方应暂按总监理工程师的确定执行，根据第24条的约定对总监理工程师的确定作出修改的，按修改后的结果执行。"

需要说明的是，并非所有的合同在发生争议之后都应当绝对地坚持不中止履行原则。如争议的一方继续履行合同将会给自己造成更大的损失的，该方当事人可以及时中止履行合同。另外，如果争议一方符合行使同时履行抗辩权、先履行抗辩权及不安抗辩权情形的，该方当事人亦可以中止履行合同。合同争议发生后，是否需要中止履行，应当综合多方面的因素考虑，如继续履行是否经济、是否符合法定的可以中止履行的情形、中止履行后是否会引起对方的反索赔等，因此，建议合同当事人在发生争议之后就是否中止履行以及应当采取的措施等征求专业机构的意见。

3. 合法性原则

合同争议发生之后，当事人应当通过和解、调解、争议评审、诉讼、仲裁等合法的途径和方式解决争议，避免以不合法的方式解决争议。在招标采购合同的履行中，常常出现当事人发生争议之后，围困施工项目部、破坏施工现场、殴打项目管理人员等情形，前述方式与现行法律规定相悖，不但无法得到法律支持，甚至可能构成犯罪。因此，当事人应当避免采用暴力的、非理性的、不合法的方式解决争议；否则，不仅正当的权利难以得到保护，还会受到法律严厉的制裁。

4. 及时解决纠纷原则

合同争议发生之后，当事人应积极地、及时地采取措施加以解决。如果当事人拖延解决争议，一方面可能造成证据灭失，进而导致案件事实难以查清；另一方面还会导致权利的丧失。如对于合同的解除，《合同法》第95条规定："法律规定或者当事人约定解除权行使期限，期限届满当事人不行使的，该权利消灭。法律没有规定或者当事人没有约定解除权行使期限，经对方催告后在合理期限内不行使的，该权利消灭。”此外，诉讼时效制度、撤销权行使的除斥期间制度等都要求当事人及时行使权利，否则，超过法律规定的权利行使期限的，该等权利将失去法律保护。除法律规定外，合同条款也可以约定权利的行使期间，如《2007版标准文件》要求承包人应在知道或应当知道索赔事件发生后28天内，向监理人递交索赔意向通知书，并说明发生索赔事件的事由。承包人未在前述28天内发出索赔意向通知书的，丧失要求追加付款和（或）延长工期的权利。

三、解决争议的方式

解决争议是维护当事人正当合法权益，保证工程施工顺利进行的重要手段。工程项目合同解决争议的方式有：监理人裁定、和解、调解、仲裁和诉讼。

1. 监理人裁定

对合同双方的争议，以及承包商提出的索赔要求，先由监理人作出决定。在施工合同中，作为第一调解人，监理人有权解释合同，并在合同双方索赔（反索赔）解决过程中决定合同价格的调整和工期（保修期）的延长。但监理人的公正性可能会由于以下原因不能得到保证。

（1）监理人受雇于业主，作为业主的代理人，为业主服务，在争议解决过程中往往倾向于业主。

（2）有些干扰事件直接是由于监理人责任造成的，例如下达错误的指令、工程管理失误、拖延发布图纸和批准等。而监理人从自身的责任和面子等角度出发往往会不公正的对待承包商的索赔要求。

（3）在许多工程中，项目前期的咨询、勘察设计和项目管理由一个单位承担，它的好处是可以保证项目管理的连续性，但会对承包商产生极为不利的影响，例如计划错误、勘察设计不全、出现错误或不及时，监理人会从自己的利益角度出发，不能正确对待承包商的索赔要求。

这些都会影响承包商的履约能力和积极性。当然，承包商可以将争议提交仲裁，仲裁人员可以重新审议监理人的指令和决定。

2. 和解

和解是指当事人在自愿互谅的基础上，就已经发生的争议进行协商并达成协议，是当事人自行解决争议的一种方式。在解决纠纷的各种方式中，和解是成本最低、效率最高的争议解决方式，和解的核心价值在于其一般不会破坏缔约双方的良好关系，能够促进交易的顺利推进。因而，在世界各国，履行工程施工承包合同中的争议，绝大多数是通过和解方式解决的。但是另一方面，解决合同争议也有很大的局限性。有的争议本身比较复杂；有的争议当事人之间分歧和争议很大，难以统一；还有的争议存在故意不法侵害行为等。在这些情况下，没有外界力量的参与，当事人自身很难自行和解达成协议。在我国，如果正常的索赔要求得不到解决，或双方要求差距较大，难以达成一致，还可以找业主的上级主管部门进行申述，作再度协商。此外，为了有效维护自身合法权益，在双方意见难以统一或者得知对方确无诚意和解时，就应及时寻求其他解决争议的方法，避免久商不成。

3. 调解

调解是指当事人双方自愿将争议提交给1个第三方（国家机关、社会组织、个人等），在调解人主持下，查清事实，分清是非，明确责任，促进双方和解，解决争议。对工程施工承包合同，业主与承包商间的争议，一般可请监理人或工程咨询单位进行调解；当双方同属一系统时，也可请上级行政主管部门为调解人。此外，还有仲裁机构进行的仲裁调解和法院主持的司法调解。

4. 评审

评审是由业主和承包商共同协商成立一个由一些具有合同管理和工程实践经验的专家争议调解组来解决双方的争议，或者请政府主管部门推荐或通过行业合同争议调解机构来聘请相应的专家。

当出现争议时，利益受损方可以向调解组提交申诉报告，被诉方则进行申辩，由争议调解组邀请双方和监理人等有关人员举行听证会，并由争议调解组进行评审，提出评审意见，若双方都接受评审意见，则由监理人按评审意见拟定一份争议解决议定书，经双方签字后执行。

5. 仲裁和诉讼

争议双方不愿通过和解或调解，或者经过和解和调解仍不能解决争议时，可以选择由仲裁机构进行仲裁或法院进行诉讼审判的方式。

我国实行“或裁或审制”，即当事人只能选择仲裁或诉讼两种解决争议方式中的一种。当双方签订的合同中有仲裁条款或事后订有书面仲裁协议，则应申请仲裁，且经过仲裁的合同争议不得再向法院起诉。合同条款中没有仲裁条款，且事后又未达成仲裁协议者，则通过诉讼解决争议。

上述几种合同争端解决途径的比较见表 10－1。

表 10－1　合同争端解决途径比较表

序号	解决途径	争端形成时	解决速度	所需费用	保密程度	对协作影响
1	监理人裁定	随时进行	发生时，由监理人决定	无需花费	可以做到完全保密	监理人据理裁定，不影响协作关系
2	和解	随时进行	发生时，双方立即协商，达成一致	无需花费	纯属合同双方讨论，完全保密	据理协商，不影响协作关系
3	调解	邀请调解者，需时数周	调解者分头探讨，一般需 1 个月	费用较少	可以做到完全保密	对协作影响不大
4	评审	共同协商成立一个争议调解组	争议调解组提出评审决定，需 1 个月左右	成立争议调解组，费用较多	为内部评审，可以保密	有对立情绪，影响协作
5	仲裁	申请仲裁，组成仲裁厅，需 1～2 个月	仲裁庭审，一般 4～6 个月	请仲裁员，费用较高	仲裁庭审，可以保密	对立情绪较大，影响协作
6	诉讼	向法院申请立案，需时一年，甚至更久	法院庭审，需时甚久	请律师等花费很高	一般属公开审判，不能保密	敌对情绪，协作关系破坏

第二节 和解与调解

一、争议的和解

（一）和解的特点

1. 效率高

无论诉讼还是仲裁，都要经过一个复杂的程序，且需经历较长的时间。然而，和解仅需通过双方的磋商即可以实现，无须经历复杂且严格的程序，只要双方有和解的诚意，且都能够愿意作出让步，则纠纷的解决会很快得到实现。

2. 成本低

通过诉讼或仲裁解决争议的，当事人需要支付大量的费用，这些费用包括诉讼费、仲裁费、律师费、公证费、鉴定费等，而通过和解解决纠纷的，这些费用则无须支付，因此，和解与诉讼或仲裁相比，能够节省较多的费用开支。

3. 保持良好的商事合作关系

双方当事人一旦通过仲裁或诉讼解决争议，通常存在剑拔弩张的情形，影响到当事人之间相对友好的气氛，争论、相互提防、相互指责接踵而至，且在一般情况下，一旦开始仲裁或诉讼，双方往往不再会有合作的前景。但和解的情况下，双方是通过互谅互让的方式解决纠纷的，友好合作的气氛未被打破，双方仍然存在继续合作的较大可能。

4. 和解协议不具有强制履行的效力

和解解决争议虽然便捷、高效，但与仲裁裁决书、法院判决书具有强制执行力不同，和解协议并不具有强制履行的效力。在和解协议达成之后，如当事人不根据和解协议约定的内容履行各自义务，守约方不能依据和解协议向人民法院请求强制执行违约方。

（二）促成和解的注意事项

争议当事人能够达成和解依赖于诸多方面的因素，但是一般而言，要促成和解应当考虑以下事项。

1. 交易双方存在和解诚意

和解的实现以双方当事人具有和解诚意为前提，任何一方没有和解的诚意，和解达成的可能性都会非常小，因此，争议当事人如果希望通过和解解决争议的，就应当向对方表现出和解的诚意。这种诚意表现在诸多方面，比如对于非原则性问题不予斤斤计较甚至寸土必争；不以和解为理由拖延履行义务的时间；不以敌意的态度与对方谈判等。

2. 交易当事人存在让步意愿

和解并不必然以查清事实、分清是非、划清责任为前提。因此，为了和解目标的实现，争议当事人不应抱着有理寸步不让的态度。对于己方合理的且在事实上或法律上都能得到支持的事项，当事人亦可以适当作出让步。如承发包双方达成了结算协议并约定了支付时间，但发包人未能在限定的时间向承包人支付工程款进而形成争议的，如承发包双方拟通过和解方式解决该等争议的，为实现和解的目标，承包人可作出适当让步，如允许发包人分期付款、放弃追究发包人支付逾期付款违约金的权利等。

3. 及时锁定和解成果

尽管和解不需要经历复杂程序，但并非所有和解都可以通过一次谈判实现。对于复杂的争议，往往需要很多个阶段、很多轮次的谈判才能最终达成。此种情况下，每一阶段的谈判都可能达成一定的共识，为了避免争议当事人事后反悔或对已达成一致意思的事项再生争议，当事人应当在每一共识达成之后及时以书面形式将合意的内容予以固定。

二、争议的调解

（一）调解概述

如果交易双方经过协商谈判不能就索赔的解决达成一致，则可以邀请中间人进行调解。交易争议的调解，是指当事人双方在第三者即调解人的主持下，在查明事实、分清是非、明确责任的基础上，对争议双方进行斡旋、劝说，促使他们相互谅解，进行协商，以自愿达成协议，消除纷争的活动。它有三个特征：一是有第三方（国家机关、社会组织、个人等）主持协商，与无人从中主持，完全是当事人双方自行协商的和解不同；二是第三方即调解人只是斡旋、劝说，而不作裁决，与仲裁不同；三是争议当事人共同以国家法律、法规为依据，自愿达成协议，消除纷争，不是行使仲裁、司法权力进行强制解决。

需要指出的是，第三方的角色是积极的。调解人经过分析索赔和反索赔报告，了解交易实施过程和干扰事件实情，作出自己的判断，提出新的解决方案。平衡和拉近当事人要求，并劝说双方再作商讨，都降低要求，达成一致，仍以和平的方式解决争执。调解人必须站在公正的立场上，不偏袒或歧视任何一方，按照国家法令、政策和合同规定，在查清事实、分清责任、辩明是非的基础上，对争执双方进行说服，提出解决方案，调解结果必须公正、合理、合法。在合同实施过程中，日常索赔争执的调解人为监理人。他作为中间人和了解实际情况的专家，对索赔争执的解决起着重要作用。如果对争执不能通过协商达成一致，双方都可以请监理人出面调解。监理人了解工程合同，参与工程施工全过程，了解合同实施情况，他的调解有利于争执的解决。对于较大的索赔，可以聘请知名的工程专家、法律专家、DAB 成员、仲裁人，或请对双方都有影响的人物作调解人。

实践证明，用调解方式解决争议，程序简便，当事人易于接受，解决争议迅速及时，不至于久拖不决，从而避免经济损失的扩大，也有利于消除当事人双方之间的隔阂和对立，调整和改善当事人之间的关系，促进了解，加强协作。还由于调解协议是在分清是非、明确责任、当事人双方共同提高认识的基础上自愿达成的，所以可以使争议得到比较彻底地解决，协议的内容也比较容易全面履行。

（二）调解的分类

合同争议的调解，有社会调解、行政调解、仲裁调解和司法调解。

1. 社会调解

社会调解是指根据当事人的请求，由社会组织或个人主持进行的调解。

2. 行政调解

行政调解是指根据一方或双方当事人申请，当事人双方在其上级机关或业务主管部门主持下，通过说服教育、相互协商、自愿达成协议，从而解决合同争议的一种方式。

3. 仲裁调解

仲裁调解是由仲裁机构主持的发生于仲裁活动中的调解。仲裁活动中的调解和仲裁是整个进程的两个不同阶段，又在统一的仲裁程序中密切相连。仲裁程序开始后，仲裁人员应首先对合同争议进行调解，调解不成方能进行仲裁。

4. 司法调解

司法调解又称诉讼调解，即在法院主持下发生于诉讼活动中的调解。它是一种诉讼活动，是解决争议、结束诉讼的一种重要途径。

（三）调解的原则

无论采用何种调解方法，都应遵守自愿和合法两项原则。

(1) 自愿原则具体包括两个方面的内容：一是争议的调解必须出于当事人双方自愿。合同争议发生后能否进行调解，完全取决于当事人双方的意愿。如果争议当事人双方或一方根本不愿用调解方式解决争议，就不能进行调解；二是调解协议的达成也必须出于当事人双方的自愿。达成协议，平息争议，是进行调解的目的。因此，调解人在调解过程中要竭尽全力，促使当事人双方互谅互让，达成协议。其中包括对当事人双方进行说服教育，耐心疏导，晓之以理、动之以情，还包括向当事人双方提出建议方案等。但是，进行这些工作不能带有强制性。调解人既不能代替当事人达成协议，也不能把自己的意志强加于人。争议当事人不论是对协议的全部内容有意见，还是对协议的部分内容有意见而坚持不下，协议均不能成立。

(2) 合法原则是合同争议调解活动的主要原则。国家现行的法律、法规是调解争议的唯一依据，当事人双方达成的协议的内容，不得同法律和法规相违背。

（四）调解书

调解成功，制作调解书。由双方当事人和参加调解的人员签字盖章。重要争议的调解书，要加盖参加调解单位的公章。但是，社会调解和行政调解达成的调解协议或制作的调解书没有强制执行的法律效力，如果当事人一方或双方反悔，不能申请法院予以强制执行，而只能再通过其他方式解决争议；仲裁调解达成的调解协议和制作的调解书，一经作出便立即产生法律效力，如果调解书生效后，争执一方不执行调解决议，则被认为是违法行为，对方即可申请人民法院强制执行。法院调解所达成的协议和制作的调解书，其性质是一种司法文件，也具有与仲裁调解书相同的法律效力。

（五）调解的优点

(1) 提出调解能较好地表达承包商对谈判结果的不满意和争取公平合理解决争执的决心。

(2) 由于调解人的介入，增加了索赔解决的公正性。业主要顾忌到自己的影响和声誉等，通常容易接受调解人的劝说和意见。而且由于调解决议是当事人双方选择的，所以一般比仲裁决议更容易执行。

(3) 灵活性较大，有时程序上也很简单（特别是请监理人调解）。一方面双方可以继续协商谈判；另一方面，调解决定没有法律约束力，承包商仍有机会追求更高层次的解决方法。

(4) 节约时间和费用。

(5) 双方关系比较友好，气氛平和，不伤感情。

第三节 仲 裁

当争执双方不能通过协商和调解达成一致时，可按双方仲裁协议（包括合同中的仲裁条款）的规定采用仲裁方式解决，其结果对双方都有约束力。

一、仲裁的含义

仲裁亦称“公断”，是当事人双方在争议发生前或争议发生后达成协议，自愿将争议交给仲裁机构做出裁决，并负有自动履行义务的一种解决争议的方式。这种争议解决方式必须是自愿的，因此必须有仲裁协议（包括合同中的仲裁条款）。如果当事人之间有仲裁协议，争议发生后又无法通过和解和调解解决，则应及时将争议提交仲裁机构仲裁。招标的仲裁，就是通过仲裁解决招标投标中的争议。

可以通过仲裁解决争议的有以下几种情况：

（1）民事主体间没有仲裁合意，但发生争议后达成了仲裁条款。

（2）双方发生争议是在合同订立后，合同中约定了仲裁条款。

（3）招标文件规定通过仲裁解决招标投标中的争议，投标文件明确接受仲裁作为解决争议的方式。

在工程项目采购仲裁中，有以下几项原则：

（1）自愿原则。解决合同争议是否选择仲裁方式以及选择仲裁机构本身并无强制力。

（2）公平合理原则。仲裁的公平合理，是仲裁制度的生命力所在。这一原则要求仲裁机构要充分收集证据，听取纠纷双方的意见。仲裁应当根据事实。同时，仲裁应当符合法律规定。

（3）仲裁依法独立进行原则。仲裁机构是独立的组织，相互间也无隶属关系。仲裁依法独立进行，不受行政机关、社会团体和个人的干涉。

（4）一裁终局原则。由于仲裁是当事人基于对仲裁机构的信任作出的选择，因此其裁决是立即生效的。裁决作出后，当事人就同一纠纷再申请仲裁或者向人民法院起诉的，仲裁委员会或者人民法院不予受理。

二、仲裁机构

仲裁机构应由当事人双方协议选定。仲裁不实行级别管辖和地域管辖。仲裁委员会独立于行政机关，与行政机关没有隶属关系，各仲裁委员会之间也没有隶属关系。

在我国，实行一裁终局制度。裁决作出后，当事人就同一争执再申请仲裁，或向人民法院起诉，则不再予以受理。

对国际合同争议，很多国家的商会、非政府间的国际或地区行业协会，相继成立了常设仲裁机构并制定了相应的仲裁规则，形成了一系列的仲裁国际惯例，都可供选用。例如，巴黎国际商会（ICC）仲裁院、联合国国际贸易法委员会（UNCITRAL）、瑞典斯德哥尔摩商会仲裁院、瑞士苏黎世商会仲裁院、纽约美国仲裁协会、罗马意大利仲裁院、东京日本国际商事仲裁协会、英国伦敦仲裁院、中国对外经济贸易仲裁委员会等。

仲裁地点的选择，按国际惯例一般是：当双方国家都有国际性仲裁机构，则在被诉国仲裁；当一方有国际性仲裁机构而另一方没有，则在有仲裁机构的国家仲裁；如对上述选择有异议，则也可由双方协商，选择在第三国进行仲裁。

当采用FIDIC合同条款时，如果没有在第二部分专用条款中就仲裁规则和仲裁机构作出专门规定，则就以国际商会仲裁规则为准，仲裁地点由国际商会仲裁庭选择。

三、仲裁时效与仲裁申请条件

1. 仲裁时效

仲裁时效，是指当事人获得、丧失仲裁权利的一种时间上的效力。权利人在此期限内不行使其权利，就不能再向仲裁机构申请仲裁。按照《合同法》的规定，这个期限是两年。

仲裁时效的开始，是自当事人知道或应当知道其权利被侵害之日起计算，而不是自当事人权利事实上被侵害之日起开始。仲裁时效的计算是指权利人连续地不行使其权利的时间。例如债权人如果在对方违约不履行债务以后两年之内，不向仲裁机构申请仲裁，待到两年之后再申请，则仲裁机构便不能保护其权利。但是，如果在此两年中，虽然债权人未向仲裁机构申请仲裁，但向债务人主张了权利，可发生时效的中断。

2. 仲裁申请条件

合同仲裁是合同当事人双方自愿选择的一种解决合同争议的方法。合同争议是否通过仲裁解决，完全根据当事人双方的意愿决定。当事人申请仲裁，必须具有仲裁协议。仲裁协议可以是合同中订立有出现合同纠纷由仲裁解决的条款或者是以其他形式在出现合同纠纷后，双方达成请求仲裁的书面协议。没有仲裁协议的，仲裁机构不予受理。

仲裁协议是指当事人把经济合同纠纷提交仲裁解决的书面共同意思表示。

仲裁协议应包括以下内容：①请求仲裁的意思表示；②仲裁事项；③选定的仲裁委员会。

仲裁协议有以下作用：①合同当事人均受仲裁协议的约束；②是仲裁机构对纠纷进行仲裁的先决条件；③排除了法院对纠纷的管辖权；④仲裁机构应按仲裁协议进行仲裁。

当事人申请仲裁，除仲裁协议外，还应向仲裁委员会递交仲裁申请书及副本。仲裁申请书应当载明下列事项：

（1）当事人的姓名、性别、年龄、职业、工作单位和住所、法人或者其他组织的名称、地址和法定代表人或者主要负责人的姓名、职务。

（2）仲裁请求和所根据的事实、理由。

（3）证据和证据来源、证人姓名和住所。

四、仲裁程序

1. 申请和受理

（1）当事人向选定的仲裁委员会递交仲裁协议、仲裁申请书及副本。

（2）仲裁委员会收到仲裁申请书之日起5日内，认为符合受理条件的，应当受理，并通知当事人；认为不符合受理条件的，应当书面通知当事人不予受理，并说明理由。

（3）仲裁委员会受理仲裁申请后，应在仲裁规则规定的期限内将仲裁规则和仲裁员名册送达申请人。并将仲裁申请书副本、仲裁规则、仲裁员名册送达被申请人。

被申请人收到仲裁申请书副本后，应在仲裁规则规定的期限内向仲裁委员会提交答辩书。仲裁委员会收到答辩书后，应当在仲裁规则规定期限内将答辩书副本送达申请人。

当事人申请仲裁后，仍可以自行和解，达成和解协议，申请人可以放弃或变更仲裁请求，被申请人可以承认或者反驳仲裁请求。

2. 组成仲裁庭

（1）仲裁庭可以由三名仲裁员或者一名仲裁员组成。当事人约定由三名仲裁员组成仲裁庭的，则必须设首席仲裁员，并且应当各自选定或者各自委托仲裁委员会主任指定一名仲裁员，第三名仲裁员由当事人共同选定或者共同委托仲裁委员会主任指定，第三名仲裁员是首席仲裁员。

当事人约定由一名仲裁员成立仲裁庭的，仲裁员的选定与上述首席仲裁员的选定方法相同，即应当由当事人共同选择或委托仲裁委员会主任指定。

（2）仲裁庭组成后，仲裁委员会应将仲裁庭组成情况书面通知当事人。

3. 开庭和裁决

仲裁应按仲裁规则进行。

（1）仲裁应开庭进行。仲裁委员会应在规定期限内将开庭日期及地点通知双方当事人。也可按当事人协议不开庭，而按仲裁申请书、答辩书以及其他材料作出裁决。

（2）申请人经书面通知，无正当理由不到庭或者未经仲裁庭许可中途退庭的，可以视为撤回仲裁申请。被申请人发生上述情况的，可以缺席裁决。

（3）仲裁庭应将开庭情况记入笔录。笔录应由仲裁员、记录人员、当事人和其他仲裁参与人签名或盖章。

当事人可以提供证据，仲裁庭可以进行调查，收集证据，也可以进行专门鉴定。

仲裁人有权公开、审查和修改监理人或争执裁决委员会的任何决定。

（4）仲裁庭做出裁决前，可先行调解。调解达成协议的，仲裁庭应制作调解书，调解书与裁决书具有同等法律效力。

（5）仲裁庭调解不成，应及时做出裁决。裁决应当按多数仲裁员意见做出。

仲裁决定按多数仲裁员的意见作出，它自作出之日起产生法律效力。

工程竣工之前或之后均可开始仲裁，但在工程进行过程中，合同双方的各自义务不得因正在进行仲裁而改变。

（6）裁决书应当写明仲裁请求、争议事实、裁决理由、裁决结果、仲裁费用的负担和裁决日期。裁决书由仲裁员签名，加盖仲裁委员会印章。对裁决持不同意见的仲裁员可以签名，也可以不签名。

（7）裁决书自做出之日起发生法律效力。

五、仲裁裁决的执行与撤销

1. 仲裁的撤销

根据《中华人民共和国仲裁法》的规定，当事人提出证据证明裁决有下列情形之一的，可以向仲裁委员会所在地的中级人民法院申请撤销裁决：

（1）没有仲裁协议的。

（2）裁决的事项不属于仲裁协议的范围或者仲裁委员会无权仲裁的。

（3）仲裁庭的组成或者仲裁的程序违反法定程序的。

（4）裁决所根据的证据是伪造的。

(5) 对方当事人隐瞒了足以影响公正裁决的证据的。

(6) 仲裁员在仲裁该案时有索贿受贿、徇私舞弊、贪赃枉法裁决行为的。

人民法院经组成合议庭审查核实裁决有前款规定情形之一的，应当裁定撤销。

人民法院认定该裁决违背社会公共利益的，应当裁定撤销。

当事人申请撤销裁决的，应当自收到裁决书之日起六个月内提出。

2. 仲裁的执行

合同争议经仲裁庭仲裁后，由仲裁庭做出裁决，裁决书自做出之日起发生法律效力。当事人应当履行裁决，一方当事人不履行的，另一方当事人可以请求人民法院强制执行，受申请的人民法院应当执行。

合同争议经仲裁后，当事人就同一争议再申请仲裁或向人民法院起诉，仲裁机构和人民法院不再受理。

涉外合同的当事人可以根据仲裁协议向中国仲裁机构或其他仲裁机构申请仲裁。为了解决各国在承认和执行外国仲裁裁决问题上的分歧，1958 年在纽约召开的国际商事仲裁会议上，通过了《承认及执行外国仲裁裁决公约》。1986 年 12 月 2 日，我国第六届全国人民代表大会常务委员会第 18 次会议通过了关于批准我国加入这一国际公约的决定。我国同其他国家一样，也对公约的适用范围作出了声明，即“互惠保留”和“商事保留”的声明。声明表明，我国根据公约规定所承担的承认和执行外国仲裁裁决的义务，只是限于在公约缔约国作出的商事案件仲裁裁决。除此之外，还有我国政府和外国政府之间签订的条约、协定等，也是承认和执行仲裁裁决的法律保证。

第四节 诉 讼

一、民事诉讼的含义

工程项目采购争议中的诉讼主要涉及民事诉讼，民事诉讼是指民事活动的当事人依法请求人民法院行使审判权，审理双方之间发生的争议，做出有国家强制保证实现其合法权益、从而解决纠纷的审判活动。

在工程项目采购活动中，当事人如果未约定仲裁协议、争议发生后也无法达成仲裁协议，则只能以诉讼作为解决争议的最终方式。在工程项目采购中发生的所有民事争议都可以通过民事诉讼得到解决。

二、诉讼参与人及其权利和义务

合同争议案件诉讼活动必须有明确的原告和被告。经济组织与非经济组织参与争议案件的诉讼活动人应是法定代表人，即本单位的主要负责人。

如果法定代表人不能参加诉讼活动，可以委托别人代办诉讼（可以委托本单位与争议有关的主管业务的负责人，也可以委托律师），但是必须向法院提交由本人亲自签名盖章的授权委托书。

原告和被告在诉讼过程中有平等的权利和义务。双方都有申请回避、提供证据、进行辩论、请求调解、提起上诉、申请保全或执行、使用本民族语言诉讼的权利。原告和被告都有遵守诉讼程序和自动执行发生法律效力的调解、裁定和判决的义务。

三、民事诉讼的基本制度

在工程项目采购争议的民事诉讼中，依照法律规定实行合议、回避、公开审判和两审终审制度。

1. 合议制度

人民法院审理第一审民事案件，由审判员、陪审员共同组成合议庭或者由审判员组成合议庭。合议庭的成员人数，必须是单数。适用简易程序审理的民事案件，由审判员一人独任审理。陪审员在执行陪审职务时，与审判员有同等的权利义务。当然，由于工程项目采购一般标的额较大，较为复杂，一般都不适用简易程序。人民法院审理第二审民事案件，由审判员组成合议庭。合议庭的成员人数，必须是单数。

2. 回避制度

审判人员有下列情形之一的，应当自行回避，当事人有权用口头或者书面方式申请他们回避：①是本案当事人或者当事人、诉讼代理人的近亲属；②与本案有利害关系；③与本案当事人、诉讼代理人有其他关系，可能影响对案件公正审理的。

审判人员接受当事人、诉讼代理人请客送礼，或者违反规定会见当事人、诉讼代理人的，当事人有权要求他们回避。

审判人员有上述规定的行为的，应当依法追究法律责任。关于审判人员的回避规定，适用于书记员、翻译人员、鉴定人和勘验人。

3. 公开审判制度

人民法院审理民事案件，除涉及国家秘密、个人隐私或者法律另有规定的以外，应当公开进行。公开审判制度是对人民法院进行监督的基础。

4. 两审终审制度

工程项目采购案件经过两级人民法院审理，第二审人民法院的裁判，是发生法律效力的终审判决。第一审人民法院的裁判不是终审裁判，当事人有权上诉。

四、民事诉讼的管辖

招标投标民事诉讼的管辖，既涉及地域管辖，也涉及级别管辖。

1. 级别管辖

级别管辖是指不同级别人民法院受理第一审工程项目采购的权限分工。一般情况下基层人民法院管辖第一审民事案件。中级人民法院管辖以下案件：重大涉外案件、在本辖区有重大影响的案件、最高人民法院确定由中级人民法院管辖的案件。高级人民法院管辖在本辖区有重大影响的第一审民事案件。最高人民法院管辖在全国有重大影响的案件和认为应当由本院审理的案件。在工程项目采购中，判断是否在本辖区有重大影响的依据主要是争议的标的金额。

2. 地域管辖

地域管辖是指同级人民法院在受理第一审工程项目采购的权限分工。

如果工程项目采购发生时，合同已经成立，如已经发出中标通知书，则按照合同争议确定地域管辖。对于一般的合同争议，由被告住所地或合同履行地人民法院管辖。我国的民事诉讼法也允许合同当事人在书面协议中选择被告住所地、合同履行地、合同签订地、原告住所地、标的物所在地人民法院管辖。如果工程项目采购发生时，合同尚未成立，又可以分为两种情况，一种是追究对方的缔约过失责任，也应当按照合同争议确定管辖；另一种是追究对方的侵权责任，则由侵权行为地或者被告住所地人民法院管辖。两个以上人民法院都有管辖权的诉讼，原告可以向其中一个人民法院起诉；原告向两个以上有管辖权的人民法院起诉的，由最先立案的人民法院管辖。

五、民事诉讼中的证据

证据是证明待证事实是否客观存在的材料。证据是人民法院认定案件事实的根据，因此，证据充分与否将直接决定案件的胜败。

1. 证据种类

证据的种类有下列几种：当事人的陈述；书证；物证；视听资料；电子数据；证人证言；当事人的陈述；鉴定意见；勘验笔录等。

2. 举证责任

当事人对自己提出的主张，有责任提供证据。当事人及其诉讼代理人因客观原因不能自行收集的证据，或者人民法院认为审理案件需要的证据，人民法院应当调查收集。人民法院应当按照法定程序，全面地、客观地审查核实证据。当事人对自己提出的主张应当及时提供证据。人民法院根据当事人的主张和案件审理情况，确定当事人应当提供的证据及其期限。当事人在该期限内提供证据确有困难的，可以向人民法院申请延长期限，人民法院根据当事人的申请适当延长。当事人逾期提供证据的，人民法院应当责令其说明理由；拒不说明理由或者理由不成立的，人民法院根据不同情形可以不予采纳该证据，或者采纳该证据但予以训诫、罚款。

3. 证据的出示和质证

证据应当在法庭上出示，并由当事人互相质证。对涉及国家秘密、商业秘密和个人隐私的证据应当保密，需要在法庭出示的，不得在公开开庭时出示。经过法定程序公证证明的法律事实和文书，人民法院应当作为认定事实的根据，但有相反证据足以推翻公证证明的除外。书证应当提交原件。物证应当提交原物。提交原件或者原物确有困难的，可以提交复制品、照片、副本、节录本。提交外文书证，必须附有中文译本。人民法院对视听资料，应当辨别真伪，并结合本案的其他证据，审查确定能否作为认定事实的根据。

4. 专门性问题的鉴定

当事人可以就查明事实的专门性问题向人民法院申请鉴定。

当事人申请鉴定的，由双方当事人协商确定具备资格的鉴定人；协商不成的，由人民法院指定。当事人未申请鉴定，人民法院对专门性问题认为需要鉴定的，应当委托具备资格的鉴定人进行鉴定。鉴定人有权了解进行鉴定所需要的案件材料，必要时可以询问当事人、证人。鉴定人应当提出书面鉴定意见，在鉴定书上签名或者盖章。与仲裁中的情况相似，建设工程合同纠纷往往涉及工程质量、工程造价等专门性的问题，在诉讼中一般也需要进行鉴定。

六、合同争议案件的审理

我国实行两审终审制度。各级人民法院都有权审理第一审案件。争议案件当事人双方的任何一方，如果对第一审判决不服，有权向上一级人民法院上诉。上一级人民法院对不服第一审判决的案件的审理，称第二审。第二审将对第一审的判决或裁定进行审查，认定事实是否正确；引用法律是否得当；诉讼程序是否合法。第二审案件的判决、裁定是终审的，不准上诉。

按照民事诉讼法的规定，人民法院在对案件进行审理过程中进行调解，在调解的过程中对案件进行审理，调解贯穿于整个诉讼活动的全过程。在诉讼开始以后到作出判决之前，当事人随时可以向人民法院申请调解，人民法院认为可以调解时也随时可以调解。也就是说，法院在对案件的审理过程中，不论是在准备阶段，还是在庭审阶段都可以进行调解，一审程序、二审程序和再审程序，均是如此。申请调解，是合同当事人的一项诉讼权利，人民法院在判决生效之前的任何阶段，都要注意贯彻“调解为主”的方针。

1. 第一审程序

第一审程序是民事诉讼中的基本程序，分为第一审普通程序和简易程序。简易程序适用于事实清楚、权利义务关系明确、争议不大的简单的民事案件，由于招标投标纠纷一般争议数额较大，且较为复杂，一般都适用普通程序。第一审普通程序主要内容为：

（1）起诉和受理。起诉必须符合下列条件：①原告是与本案有直接利害关系的公民、法人和其他组织。与本案有直接利害关系，是指当事人自己的民事权益受到侵害或者与他人发生争议；②有明确的被告；③有具体的诉讼请求和事实、理由；④属于人民法院受理民事诉讼的范围和受诉人民法院管辖。

人民法院对因工程项目采购产生的下列起诉，区分不同情形予以处理：①依照行政诉讼法的规定，属于行政诉讼受案范围的，告知原告提起行政诉讼；②依照法律规定，双方当事人达成书面仲裁协议申请仲裁、不得向人民法院起诉的，告知原告向仲裁机构申请仲裁；③依照法律规定，应当由其他机关处理的争议，告知原告向有关机关申请解决；④对不属于本院管辖的案件，告知原告向有管辖权的人民法院起诉；⑤对判决、裁定、调解书已经发生法律效力的案件，当事人又起诉的，告知原告申请再审，但人民法院准许撤诉的裁定除外；⑥依照法律规定，在一定期限内不得起诉的案件，在不得起诉的期限内起诉的，不予受理。人民法院收到起诉状，经审查，认为符合起诉条件的，应当在 7 日内立案，并通知当事人；认为不符合起诉条件的，应当在 7 日内裁定不予受理；原告对裁定不服的，可以提起上诉。

（2）审理前的准备。人民法院应当在立案之日起 5 日内将起诉状副本发送被告，被告应当在收到之日起 15 日内提出答辩状。答辩状应当记明被告的姓名、性别、年龄、民族、职业、工作单位、住所、联系方式；法人或者其他组织的名称、住所和法定代表人或者主要负责人的姓名、职务、联系方式。人民法院应当在收到答辩状之日起 5 日内将答辩状副本发送原告。被告不提出答辩状的，不影响人民法院审理。

（3）开庭审理。人民法院审理工程项目采购案件，除涉及国家秘密、个人隐私或者法律另有规定的以外，应当公开进行。如果争议涉及商业秘密，当事人申请不公开审理的，可以不公开审理。

开庭审理的程序中主要是法庭调查和辩论。

法庭调查按照下列顺序进行：①当事人陈述；②告知证人的权利义务，证人作证，宣读未到庭的证人证言；③出示书证、物证、视听资料和电子数据；④宣读鉴定意见；⑤宣读勘验笔录。

法庭辩论按照下列顺序进行：①原告及其诉讼代理人发言；②被告及其诉讼代理人答辩；③第三人及其诉讼代理人发言或者答辩；④互相辩论。

法庭辩论终结，由审判长按照原告、被告、第三人的先后顺序征询各方最后意见。

原告经传票传唤，无正当理由拒不到庭的，或者未经法庭许可中途退庭的，可以按撤诉处理；被告反诉的，可以缺席判决。被告经传票传唤，无正当理由拒不到庭的，或者未经法庭许可中途退庭的，可以缺席判决。

（4）判决和裁定。民事判决是人民法院通过法定程序，行使国家审判权，对所受理的民事案件，经过审理，依法做出的解决当事人民事纠纷的判定。人民法院对公开审理或者不公开审理的案件，一律公开宣告判决。判决书应当写明判决结果和做出该判决的理由。

判决书内容包括：①案由、诉讼请求、争议的事实和理由；②判决认定的事实和理由、适用的法律和理由；③判决结果和诉讼费用的负担；④上诉期间和上诉的法院。

判决书由审判人员、书记员署名，加盖人民法院印章。裁定则是人民法院对案件审理过程中所发生的程序问题做出的处理决定，如不予受理等程序问题适用裁定。

2. 第二审程序

第二审程序是指上级人民法院根据当事人的上诉，对第一审人民法院未发生法律效力的民事判决、裁定进行审理的程序。第二审普通程序主要内容为：

（1）提起上诉。当事人不服地方人民法院第一审判决的，有权在判决书送达之日起15日内向上一级人民法院提起上诉。当事人不服地方人民法院第一审裁定的，有权在裁定书送达之日起10日内向上一级人民法院提起上诉。

（2）开庭审理。第二审人民法院应当对上诉请求的有关事实和适用法律进行审查。第二审人民法院对上诉案件，应当组成合议庭，开庭审理。经过阅卷、调查和询问当事人，对没有提出新的事实、证据或者理由，合议庭认为不需要开庭审理的，可以不开庭审理。

（3）判决和裁定。第二审人民法院对上诉案件，经过审理，按照下列情形，分别处理：

1）原判决、裁定认定事实清楚，适用法律正确的，以判决、裁定方式驳回上诉，维持原判决、裁定。

2）原判决、裁定认定事实错误或者适用法律错误的，以判决、裁定方式依法改判、撤销或者变更。

3）原判决认定基本事实错误，或者原判决认定事实不清，证据不足，裁定撤销原判决，发回原审人民法院重审，或者查清事实后改判。

4）原判决遗漏当事人或者违法缺席判决等严重违反法定程序的，裁定撤销原判决，发回原审人民法院重审。原审人民法院对发回重审的案件做出判决后，当事人提起上诉的，第二审人民法院不得再次发回重审。

3. 审判监督程序

各级人民法院院长对本院已经发生法律效力的判决、裁定、调解书，发现确有错误，认为需要再审的，应当提交审判委员会讨论决定。最高人民法院对地方各级人民法院已经发生法律效力的判决、裁定、调解书，上级人民法院对下级人民法院已经发生法律效力的判决、裁定、调解书，发现确有错误的，有权提审或者指令下级人民法院再审。当事人对已经发生法律效力的判决、裁定，认为有错误的，可以向原审人民法院或者上一级人民法院申请再审，但不停止判决、裁定的执行。

当事人对已经发生法律效力的调解书，提出证据证明调解违反自愿原则或者调解协议的内容违反法律的，可以申请再审。经人民法院审查属实的，应当再审。当事人申请再审，应当在判决、裁定发生法律效力后两年内提出。

人民法院按照审判监督程序再审的案件，发生法律效力的判决、裁定是由第一审法院做出的，按照第一审程序审理，所做的判决、裁定，当事人可以上诉；发生法律效力的判决、裁定是由第二审法院做出的，按照第二审程序审理，所做的判决、裁定，是发生法律效力的判决、裁定；上级人民法院按照审判监督程序提审的，按照第二审程序审理，所做的判决、裁定是发生法律效力的判决、裁定。人民法院审理再审案件，应当另行组成合议庭。

七、执行

对已发生法律效力的调解书、裁定书和判决书，当事人应自觉执行。对无正当理由拒不执行的，由原审法院执行人员强制执行。在执行中发现调解、裁定和判决有错误的，应提出报告，按审判监督程序再审。

申请执行的期间为两年，从法律文书规定履行期间的最后一日起计算；法律文书规定分期履行的，从规定的每次履行期间的最后一日起计算。执行员接到申请执行书或者移交执行书，应当向被执行人发出执行通知，并可以立即采取强制执行措施。

被执行人未按执行通知履行法律文书确定的义务，人民法院有权向有关单位查询被执行人的存款、债券、股票、基金份额等财产情况，有权根据不同情形扣押、冻结、划拨、变价被执行人的财产，但查询、扣押、冻结、划拨、变价的财产不得超出被执行人应当履行义务的范围。人民法院决定扣押、冻结、划拨、变价财产，应当做出裁定，并发出协助执行通知书，有关单位必须办理。

被执行人未按执行通知履行法律文书确定的义务，人民法院有权扣留、提取被执行人应当履行义务部分的收入。但应当保留被执行人及其所扶养家属的生活必需费用。人民法院扣留、提取收入时，应当做出裁定，并发出协助执行通知书，被执行人所在单位、银行、信用合作社和其他有储蓄业务的单位必须办理。

被执行人未按执行通知履行法律文书确定的义务，人民法院有权查封、扣押、冻结、拍卖、变卖被执行人应当履行义务部分的财产。但应当保留被执行人及其所扶养家属的生活必需品。人民法院查封、扣押财产时，被执行人是公民的，应当通知被执行人或者他的成年家属到场；被执行人是法人或者其他组织的，应当通知其法定代表人或者主要负责人到场。拒不到场的，不影响执行。被执行人是公民的，其工作单位或者财产所在地的基层组织应当派人参加。对被查封、扣押的财产，执行员必须造具清单，由在场人签名或者盖章后，交被执行人一份。被执行人是公民的，也可以交他的成年家属一份。

法律文书指定交付的财物或者票证，由执行员传唤双方当事人当面交付，或者由执行员转交，并由被交付人签收。有关单位持有该项财物或者票证的，应当根据人民法院的协助执行通知书转交，并由被交付人签收。有关公民持有该项财物或者票证的，人民法院通知其交出。拒不交出的，强制执行。

强制迁出房屋或者强制退出土地，由院长签发公告，责令被执行人在指定期间履行。被执行人逾期不履行的，由执行员强制执行。强制执行时，被执行人是公民的，应当通知被执行人或者他的成年家属到场；被执行人是法人或者其他组织的，应当通知其法定代表人或者主要负责人到场。拒不到场的，不影响执行。被执行人是公民的，其工作单位或者房屋、土地所在地的基层组织应当派人参加。执行员应当将强制执行情况记入笔录，由在场人签名或者盖章。强制迁出房屋被搬出的财物，由人民法院派人运至指定处所，交给被执行人。

在执行中，需要办理有关财产权证照转移手续的，人民法院可以向有关单位发出协助执行通知书，有关单位必须办理。

被执行人未按判决、裁定和其他法律文书指定的期间履行给付金钱义务的，应当加倍支付迟延履行期间的债务利息。被执行人未按判决、裁定和其他法律文书指定的期间履行其他义务的，应当支付迟延履行金。

思 考 题

1. 试分析工程争议与索赔的关系。

2. 合同争执的解决通常有几种方法？各有什么适用条件？各有什么优缺点？

3. 分析监理人作为第一调解人的角色解决合同争执的公正性，合理性和有效性。

4. 评价争议解决方式的好坏的标准是什么？

5. 争议发生时，和解、调解、仲裁和诉讼这四种争议解决方式能否由当事人随机选用？如果不是，请给出它们之间使用的先后次序。

6. 请比较仲裁与诉讼两种方式的特点及优缺点。

参 考 文 献

[1] 王卓甫，杨高升．工程项目管理原理与案例［M］．3版．北京：中国水利水电出版社，2014.
[2] 杨高升，杨志勇，李红仙，等．工程项目管理合同策划与履行［M］．北京：中国水利水电出版社，2011.
[3] 何伯森，张永波．国际工程合同管理［M］．2版．北京：中国建筑工业出版社，2011.
[4] 李启明，黄文杰，黄有亮．建设工程合同管理［M］．2版．北京：中国建筑工业出版社，2009.
[5] 成虎．工程合同管理［M］．北京：中国建筑工业出版社，2005.
[6] 李启明，等．土木工程合同管理实务［M］．南京：东南大学出版社，2009.
[7] 胡文发．项目采购管理［M］．上海：同济大学出版社，2007.
[8] 何佰洲，宿辉．建设工程施工合同（示范文本）条文注释与应用指南［M］．北京：中国建筑工业出版社，2013.
[9] 张建边，卜永军．建设工程项目采购管理［M］．北京：中国计划出版社，2007.
[10] 吴守荣．项目采购管理［M］．北京：机械工业出版社，2013.
[11] 白丽君，傅培华．项目采购管理［M］．北京：中国物资出版社，2009.
[12] 白均生．建设工程项目投标案例成败分析［M］．北京：中国电力出版社，2007.
[13] 汪世宏，陈勇强．国际工程咨询设计与总承包企业管理［M］．北京：中国建筑工业出版社，2010.
[14] 焦媛媛．项目采购管理［M］．天津：南开大学出版社，2006.
[15] 李效飞，马卫周，卢毅，等．工程项目采购管理［M］．北京：中国建筑工业出版社，2014.
[16] 殷焕武．项目管理导论［M］．3版．北京：机械工业出版社，2012.
[17] 夏志宏．国际工程承包风险与规避［M］．北京：中国建筑工业出版社，2004.
[18] 赵振宇．项目管理案例分析［M］．北京：北京大学出版社，2013.
[19] 王五仁．EPC工程总承包管理［M］．北京：中国建筑工业出版社，2008.
[20] 吴芳，胡季英．工程项目采购管理［M］．北京：中国建筑工业出版社，2008.
[21] 王志毅．中华人民共和国标准设计施工总承包招标文件（2012年版）合同条款评注［M］．北京：中国建材工业出版社，2012.
[22] 王志毅．建设项目工程总承包合同示范文本（试行）GF—2011—2016评注［M］．北京：中国建材工业出版社，2012.
[23] 王志毅．建设工程施工合同（示范文本）（GF—2013—0201）与房屋和市政工程标准施工招标文件（2010年版）合同条款对照解读［M］．北京：中国建材工业出版社，2014.
[24] 方志达．ECC中的“早期警告”［J］．国际经济合作，2001（01）．
[25] 方志达．ECC合同中的“争端解决”程序［J］．国际经济合作，2001（04）．
[26] 方志达．ECC合同中的“补偿事件”及处理［J］．国际经济合作，2001（06）．
[27] 方志达．ECC合同中的“风险分摊”程序［J］．国际经济合作，2001（11）．
[28] 杨志勇，高景泉．工程延误慎言罚［J］．水利经济，2007（5）．
[29] 杨志勇，吕苏榆．对建设工程合同中发包人自便解约权的探讨［J］．水利经济，2007．（3）．
[30] 杨志勇，王卓甫，丁继勇．河道采砂交易合同计价模型研究［J］．水利水电技术，2012（7）．
[31] 杨志勇，欧阳红祥，方茜，等．从风险角度对评标的再认识［J］．基建优化，2002（11）．